U0480230

电子科技大学“十四五”规划研究生教育精品教材

空分复用光纤理论与器件

武保剑　编著

科学出版社
北京

内 容 简 介

为了突破光纤非线性对系统传输容量的限制，进一步提高光纤的带宽利用率，人们开始发展并利用新的光纤复用维度——空分复用(SDM)。空分复用技术与密集波分复用(DWDM)系统的融合应用，有助于实现多维复用光纤网络的发展目标。本书从空分复用角度重新梳理光纤的相关知识，总结空分复用光纤的最新成果，形成了较为完整的空分复用光纤理论体系，并介绍相关器件的工作机理和性能参数等。

本书共9章，内容包括电介质中光波的传播、均匀光导波系统的特点、阶跃光纤的导波模式、少模光纤的模式耦合、多芯光纤串扰与超模、多模磁光与声光器件、少模掺铒光纤放大器、少模光纤非线性理论、轨道角动量光纤传输。

本书聚焦空分复用前沿热点，具有较强的学术参考价值，可作为光纤技术、光纤传感、光纤通信等研究方向的研究生教材或参考书，也可供相关技术领域的科研人员、工程技术人员阅读。

图书在版编目(CIP)数据

空分复用光纤理论与器件 / 武保剑编著. — 北京：科学出版社，2023.6
电子科技大学“十四五”规划研究生教育精品教材
ISBN 978-7-03-075824-8

Ⅰ. ①空…　Ⅱ. ①武…　Ⅲ. ①空分复接－光纤器件－研究生－教材
Ⅳ. ①TN761②TN253

中国国家版本馆 CIP 数据核字(2023)第 105425 号

责任编辑：潘斯斯 / 责任校对：王　瑞
责任印制：张　伟 / 封面设计：迷底书装

科学出版社 出版
北京东黄城根北街 16 号
邮政编码：100717
http://www.sciencep.com
北京虎彩文化传播有限公司 印刷
科学出版社发行　各地新华书店经销
*
2023 年 6 月第　一　版　开本：787×1092　1/16
2023 年12月第二次印刷　印张：14
字数：358 000

定价：98.00 元

(如有印装质量问题，我社负责调换)

前　　言

光纤通信经过五十多年的发展，高速率、大容量、长距离光纤传输已经实现，其中时分复用(TDM)、波分复用(WDM)、偏振复用(PDM)和高阶调制等通信技术发挥了重要作用。然而，传统单模光纤的传输容量已接近非线性香农极限，迫切需要寻找新的维度来进一步提高光纤容量。空分复用(SDM)技术被认为是破解光传输网络带宽危机的一个重要技术方向，近年来世界各国纷纷投入大量人力和物力对其进行攻关。党的二十大报告指出："我们加快推进科技自立自强，全社会研发经费支出从一万亿元增加到二万八千亿元，居世界第二位，研发人员总量居世界首位。"一方面，国家正在加快构建新发展格局，建设现代化产业体系，推动战略性新兴产业融合集群发展，构建新一代信息技术、人工智能等一批新的增长引擎；另一方面，加快实施创新驱动发展战略，强化现代化建设人才支撑，加快实现高水平科技自立自强。为此，国家重点研发计划启动实施了"宽带通信和新型网络"重点专项，将"高效传输技术"列为三个技术创新链之一。期望通过新的空分复用维度和扩展新的通信波段方式，满足光纤传输网干线带宽每 9～12 个月翻一番的未来应用需求，并在光通信领域达到国际先进水平。

空分复用光纤技术主要包括成束光纤(BF)、多芯光纤(MCF)、少模光纤(FMF)、少模多芯光纤(FM-MCF)和轨道角动量(OAM)等几种形态。例如，模分复用(MDM)技术可利用一根 FMF 实现若干个空间模式的同时传输，大大提高了并行信道的总体数量；每个空间模式上可调制不同用户的数据信息，从而实现超大容量的光纤传输。少模掺铒光纤放大器(FM-EDFA)可同时放大多个光纤导模，延长 MDM 信号传输距离的同时，还可大大降低 MDM 系统成本。SDM 技术与密集波分复用(DWDM)系统的融合应用，有助于实现多维复用光纤网络的发展目标。SDM 技术也可以应用于光通信以外的领域，例如利用 FMF 中模式干涉效应进行温度和应变传感等。

SDM 光纤通信系统的构建离不开模式复用/解复用器、少模光放大器、模式转换器、模式可重构光分插复用器(ROADM)以及相关的扇入扇出器件等。目前，SDM 技术还面临着不少的挑战，器件和系统的标准化工作尚未成熟，商用化进程也受到成本、技术等方面的制约。在 SDM 新型光纤设计、制作和应用中，需要额外考虑一些新的属性，如模式相关损耗、模式差分群时延、模间或芯间串扰、模间色散等因素。为了促进 SDM 光纤技术的发展，本书从空分复用角度重新梳理光纤的相关知识，总结空分复用光纤最新成果，形成了以模式耦合微扰方法为基础的空分复用光纤理论体系，主要包括阶跃光纤的导波模式、少模光纤的模式耦合、多芯光纤串扰与超模、少模光纤非线性理论、轨道角动量光纤传输等；同时，还介绍了多模干涉器件、少模光纤光栅、模式选择耦合器、光子灯笼、多模磁光 Bragg 器件、声光模式转换器、少模掺铒光纤放大器等空分复用器件的工作机理及其性能参数。

本书为电子科技大学"十四五"规划研究生教改项目"光纤传感与通信前沿"精品课

程建设项目的配套教材，感谢电子科技大学研究生院对教材编写的支持，以及对教材出版的资助。作者所承担的国家重点研发计划子课题“空分复用光纤新型光放大关键技术研究(2018YFB1801003)”和国家自然科学基金项目“基于模态综合表征的软件定义少模掺铒光纤放大器增益控制技术研究(62171078)”为本书部分章节提供了重要支撑，这些成果凝聚着作者研究团队以及合作单位同事、研究生的心血，借此对他们表示诚挚的感谢。特别感谢团队负责人邱昆教授的大力支持，他为团队提供了良好的科研平台和学术环境。感谢科学出版社的编辑们为本书所付出的努力。

全书由武保剑执笔和统稿，感谢江歆睿博士提供了空分复用光纤中模场分布的仿真图和 7.4.2 节的实验数据。由于作者知识所限，书中不妥之处在所难免，恳请读者批评指正。

作　者

2023 年 5 月于清水河

目　录

第 1 章　电介质中光波的传播

本章从光波的电磁理论出发，介绍均匀平面光波在无限大各向同性和各向异性电介质中的传播特点，主要涉及光波的偏振态表示、反射和透射特性、光场的干涉以及晶体的双折射等内容。针对各向异性介质中光波的传播，给出了电光效应的折射率椭球分析方法，以及各向同性基础上的时域微扰波动方程，为分析光波导器件性能提供理论基础。

1.1　光波的电磁理论基础

电磁场的基本规律可由麦克斯韦方程组、媒质的本构关系和电磁场的边界条件加以描述，它们是分析电磁场与电磁波问题的出发点。光具有波粒二象性，目前，人们利用最多的是光的波动性，并将其视为电磁波进行处理。本书以电磁场理论为基础[1]，描述光在电介质(特别是光纤)中的传播特性。

1.1.1　媒质的本构关系

麦克斯韦方程组涉及的电磁场量有电场强度($\boldsymbol{E}$，单位为 V/m)、磁感应强度($\boldsymbol{B}$，单位为 T)、电位移矢量($\boldsymbol{D}$，单位为 C/m^2)和磁场强度($\boldsymbol{H}$，单位为 A/m)等。媒质对电磁场的响应包括极化、磁化和导电特性，分别采用电容率、磁导率和电导率三个特性参数来表征，它们之间的关系可由媒质本构关系描述。在光频中，通常只需考虑媒质的电极化特性，因此，光场也主要指光波的电场。

1. 电介质的极化

外电场(或自身)的作用导致电荷重新分布，偏离原有的平衡状态(位置或方向等)的现象，称为极化。介质极化后在媒质表面上或体积内出现均匀的或非均匀的净电荷，称为束缚(极化)电荷，从而形成一系列电偶极子，如图 1.1.1 所示[2]。定义电偶极矩为 $\boldsymbol{p}_{\mathrm{e}} = q_{\mathrm{P}}\Delta\boldsymbol{l}$，其中，$\Delta\boldsymbol{l}$ 的方向由极化电荷 $-q_{\mathrm{P}}$ 指向 $+q_{\mathrm{P}}$，其大小为两者之间的距离。

电极化强度 $\boldsymbol{P}$ 用电偶极矩的体密度来表示(单位为 C/m^2)，即

$$\boldsymbol{P} = \lim_{\Delta V \to 0} \frac{\sum \boldsymbol{p}_{\mathrm{e}}}{\Delta V} = \lim_{\Delta V \to 0} \frac{\sum q_{\mathrm{P}}\Delta\boldsymbol{l}}{\Delta V} \tag{1.1.1}$$

可以证明，介质内部的电极化电荷密度为 $\rho_{\mathrm{P}} = -\nabla\cdot\boldsymbol{P}$，介质表面的极化电荷面密度为 $\rho_{\mathrm{SP}} = \boldsymbol{P}\cdot\boldsymbol{e}_{\mathrm{n}}$，$\boldsymbol{e}_{\mathrm{n}}$ 为介质表面外法向。

介质内的宏观电场是自由电荷和极化电荷所产生电场的叠加。为简化分析，引入电位移矢量 $\boldsymbol{D} = \varepsilon_0\boldsymbol{E} + \boldsymbol{P}$，其中，真空介电常数 $\varepsilon_0 = 8.854\times10^{-12}\ \mathrm{F/m}$。因此，电介质的本构关系可用电位移矢量 $\boldsymbol{D}$ (或电极化强度 $\boldsymbol{P}$)与电场强度 $\boldsymbol{E}$ 之间的关系加以描述。

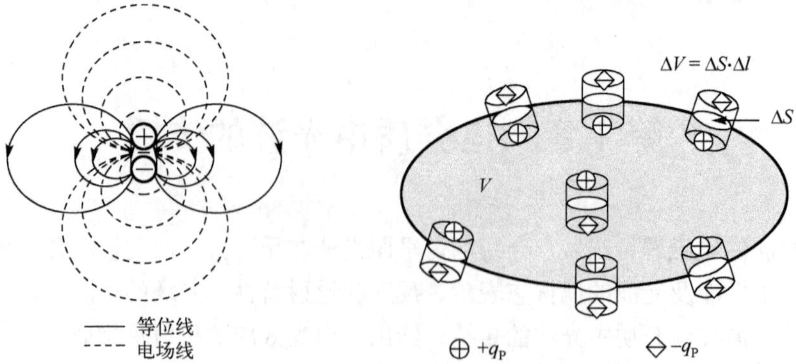

(a) 电偶极子的电场分布　　(b) 极化电荷密度示意图

图 1.1.1　电偶极子和极化电荷密度[2]

(1) 对于线性、各向同性电介质，$\boldsymbol{P}=\varepsilon_0\chi_e\boldsymbol{E}$，其中，$\chi_e$ 为电极化率。此时，本构关系可表示为

$$\boldsymbol{D}=\varepsilon_0\boldsymbol{E}+\boldsymbol{P}=\varepsilon_0\varepsilon_r\boldsymbol{E}=\varepsilon\boldsymbol{E} \tag{1.1.2}$$

式中，$\varepsilon_r=1+\chi_e$ 称为相对介电常数；$\varepsilon=\varepsilon_0\varepsilon_r$ 为介电常数。

(2) 对于线性、电各向异性媒质，电极化强度与电场方向有关，即 $\boldsymbol{P}=\varepsilon_0\boldsymbol{\chi}_e\cdot\boldsymbol{E}$，$\boldsymbol{\chi}_e$ 为电极化率张量。此时，本构关系可表示为

$$\boldsymbol{D}=\boldsymbol{\varepsilon}\cdot\boldsymbol{E}\Leftrightarrow\begin{bmatrix}D_x\\D_y\\D_z\end{bmatrix}=\begin{bmatrix}\varepsilon_{xx}&\varepsilon_{xy}&\varepsilon_{xz}\\\varepsilon_{yx}&\varepsilon_{yy}&\varepsilon_{yz}\\\varepsilon_{zx}&\varepsilon_{zy}&\varepsilon_{zz}\end{bmatrix}\begin{bmatrix}E_x\\E_y\\E_z\end{bmatrix} \tag{1.1.3}$$

式中，介电常数张量 $\boldsymbol{\varepsilon}=\varepsilon_0(\boldsymbol{I}+\boldsymbol{\chi}_e)=[\varepsilon_{ij}]$ $(i,j=x,y,z)$ 为二阶张量，它的每个分量有两个下标，共有 $3^2=9$ 个元素，其中，$\boldsymbol{I}$ 为单位矩阵。介电常数张量的具体表达式与材料的结构对称性及其所表现出的不同物理效应(如电光、声光、磁光、光学非线性等)有关。

(3) 对于光学非线性媒质，电极化强度可以表示为

$$\boldsymbol{P}=\varepsilon_0\boldsymbol{\chi}_e^{(1)}\cdot\boldsymbol{E}+\varepsilon_0\boldsymbol{\chi}_e^{(2)}\cdot\boldsymbol{EE}+\varepsilon_0\boldsymbol{\chi}_e^{(3)}\cdot\boldsymbol{EEE}+\cdots \tag{1.1.4}$$

式中，$\boldsymbol{\chi}_e^{(n)}(n=1,2,3,\cdots)$ 为 n 阶电极化率张量。

顺便指出，标量可以看作零阶张量，它只有一个分量，不含下标；矢量可以看作一阶张量，它的三个分量包含一个下标，如电场强度 $\boldsymbol{E}$ 的三个分量为 E_x、E_y、E_z。类似地，三阶张量的每个分量有三个下标，即 $i,j,k=x,y,z$，共有 $3^3=27$ 个分量。

2. *磁介质的磁化*

在外磁场(或自发磁化)作用下，介质中分子磁矩的定向排列，宏观上显示出磁性，这种现象称为磁化。磁化产生束缚电流(磁化电流)，形成磁偶极子，即小圆环形电流回路，如图 1.1.2 所示。磁偶极矩定义为 $\boldsymbol{p}_m=I_M\Delta\boldsymbol{S}$，式中，$I_M$ 和 $\Delta\boldsymbol{S}$ 分别为磁偶极子的环形回路电流和面积，电流方向与 $\Delta\boldsymbol{S}$ 法向之间符合右手螺旋关系。

磁化强度用磁偶极矩体密度表示(单位为 A/m)，即

$$\boldsymbol{M}=\lim_{\Delta V\to 0}\frac{\sum \boldsymbol{p}_{\mathrm{m}}}{\Delta V}=\lim_{\Delta V\to 0}\frac{\sum I_{\mathrm{M}}\Delta \boldsymbol{S}}{\Delta V} \tag{1.1.5}$$

可以证明，介质内部的磁化电流密度 $\boldsymbol{J}_{\mathrm{M}}=\nabla\times\boldsymbol{M}$，介质表面的磁化电流面密度为 $\boldsymbol{J}_{\mathrm{SM}}=\boldsymbol{M}\times\boldsymbol{e}_{\mathrm{n}}$，$\boldsymbol{e}_{\mathrm{n}}$ 为介质表面外法向。

介质磁化后，空间中的总磁场为磁介质(磁偶极子)产生的磁场与外加磁场之和。为简化分析，引入一个辅助矢量，即磁场强度矢量 $\boldsymbol{H}=\boldsymbol{B}/\mu_0-\boldsymbol{M}$，其中，真空磁导率 $\mu_0=4\pi\times10^{-7}\ \mathrm{H/m}$。磁介质的本构关系可用磁感应强度 $\boldsymbol{B}$（或磁化强度 $\boldsymbol{M}$）与磁场强度 $\boldsymbol{H}$ 的关系加以描述。

(1) 对于磁各向同性介质，$\boldsymbol{M}=\chi_{\mathrm{m}}\boldsymbol{H}$，$\chi_{\mathrm{m}}$ 为磁化率。于是，本构关系可表示为

$$\boldsymbol{B}=\mu_0(\boldsymbol{H}+\boldsymbol{M})=\mu_0\mu_{\mathrm{r}}\boldsymbol{H}=\mu\boldsymbol{H} \tag{1.1.6}$$

式中，$\mu_{\mathrm{r}}=1+\chi_{\mathrm{m}}$ 称为相对磁导率；$\mu=\mu_0\mu_{\mathrm{r}}$ 为磁导率。

(2) 对于磁各向异性介质，磁化强度与磁场强度方向有关，即 $\boldsymbol{M}=\boldsymbol{\chi}_{\mathrm{m}}\cdot\boldsymbol{H}$，则有

$$\boldsymbol{B}=\boldsymbol{\mu}\cdot\boldsymbol{H}\Leftrightarrow\begin{bmatrix}B_x\\B_y\\B_z\end{bmatrix}=\begin{bmatrix}\mu_{xx}&\mu_{xy}&\mu_{xz}\\\mu_{yx}&\mu_{yy}&\mu_{yz}\\\mu_{zx}&\mu_{zy}&\mu_{zz}\end{bmatrix}\begin{bmatrix}H_x\\H_y\\H_z\end{bmatrix} \tag{1.1.7}$$

式中，$\boldsymbol{\mu}=\mu_0\boldsymbol{\mu}_{\mathrm{r}}$ 为磁导率张量；$\boldsymbol{\mu}_{\mathrm{r}}=1+\boldsymbol{\chi}_{\mathrm{m}}$；$\boldsymbol{\chi}_{\mathrm{m}}$ 为磁化率张量。

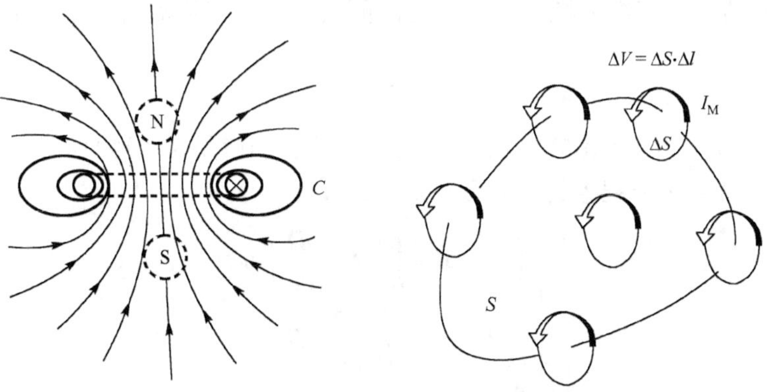

(a) 磁偶极子的磁场分布　　(b) 磁化电流密度示意图

图 1.1.2　磁偶极子与磁化电流密度[2]

3. 导电媒质的传导特性

导电媒质中存在可自由移动的带电粒子。一方面，在电场作用下可形成定向移动的电流；另一方面，电场提供的功率以焦耳热的形式消耗在导电媒质的电阻上。电阻的单位为欧姆(Ω)；电阻的倒数称为电导，单位为西门子(S)。

导线电阻可由 $R=\rho l/S=l/(\sigma S)$ 计算，其中，S 和 l 分别为导线横截面面积和长度，ρ 和 $\sigma=1/\rho$ 分别为电阻率和电导率。据此，可推导欧姆定律 $I=U/R$ 的微分形式，即导电媒质的本构关系：

$$\boldsymbol{J}=\sigma\boldsymbol{E} \tag{1.1.8}$$

有些媒质(如石墨烯)也具有电导各向异性，其电导率为张量，此时电阻率与电导率不再是简单的倒数关系，而是逆张量关系。

通常情况下，绝缘体的电导率$<10^{-7}$S/m量级，半导体的电导率在$10^{-7}\sim10^{4}$S/m量级，导体的电导率$>10^{5}$S/m量级。为简化分析，通常将电介质视为理想介质($\sigma=0$)。当媒质中传导电流$J=\sigma E$远大于位移电流$J_d=|\partial \boldsymbol{D}/\partial t|=\omega\varepsilon E$时，该媒质可视为良导体，$\omega$为时谐电场的角频率。与传导电流不同，位移电流$J_d$只表示电场的变化率，它不产生热效应。

1.1.2 麦克斯韦方程组

麦克斯韦在电磁学三大实验定律(库仑定律、安培定律和法拉第电磁感应定律)基础上，通过“有旋电场”和“位移电流”两个科学假设，提出了麦克斯韦方程组。麦克斯韦方程组描述了宏观电磁现象所遵循的基本规律，是电磁场的基本方程，也是电动力学的基本方程之一。麦克斯韦对宏观电磁理论的重大贡献是预言了电磁波的存在，后来被著名的“赫兹实验”所证实。

亥姆霍兹定理告诉我们，在有限的区域V内，任一矢量场$\boldsymbol{F}(\boldsymbol{r})$可由它的散度、旋度及边界条件(即限定区域$V$的闭合面$S$上矢量场的分布)唯一地确定，且可表示为无旋场和无散场两部分之和，即$\boldsymbol{F}(\boldsymbol{r})=-\nabla u(\boldsymbol{r})+\nabla\times\boldsymbol{A}(\boldsymbol{r})$。因此，一个矢量场的性质可由它的散度和旋度来度量，或者说，分析矢量场时总是从它的散度和旋度着手，从而得到矢量场微分形式的基本方程(适用于连续区域)，也可以由闭面通量和闭线环流得到积分形式的基本方程。

1. *积分形式*

麦克斯韦方程组的积分形式描述了任意空间(闭合面或闭合线)内场与场源之间的关系，具有通用性。麦克斯韦方程组的积分形式为

$$\begin{cases}\oint_C \boldsymbol{H}\cdot \mathrm{d}\boldsymbol{l}=\int_S\left(\boldsymbol{J}+\dfrac{\partial \boldsymbol{D}}{\partial t}\right)\cdot \mathrm{d}\boldsymbol{S}\\ \oint_C \boldsymbol{E}\cdot \mathrm{d}\boldsymbol{l}=-\int_S\dfrac{\partial \boldsymbol{B}}{\partial t}\cdot \mathrm{d}\boldsymbol{S}\\ \oint_S \boldsymbol{B}\cdot \mathrm{d}\boldsymbol{S}=0\\ \oint_S \boldsymbol{D}\cdot \mathrm{d}\boldsymbol{S}=q\end{cases}\tag{1.1.9}$$

麦克斯韦方程组(1.1.9)中，第一式对应于安培环路定理，表明传导电流$\boldsymbol{J}$和位移电流$\boldsymbol{J}_d$是磁场强度的涡流源，变化的电场也产生磁场。

第二式对应于法拉第电磁感应定律，表明变化的磁场产生涡旋电场。

第三式表明磁场感应强度无通量源，即磁通连续性，自然界不存在磁荷。

第四式对应于高斯定理，表明电荷是电场的源，或者说电场有通量源。

2. *微分形式*

麦克斯韦方程组的微分形式又称为点函数形式，描述了空间任意场点的变化规律，适用于连续介质情形。麦克斯韦方程组的微分形式为

$$\begin{cases}\nabla\times\boldsymbol{H}=\boldsymbol{J}+\dfrac{\partial\boldsymbol{D}}{\partial t}\\ \nabla\times\boldsymbol{E}=-\dfrac{\partial\boldsymbol{B}}{\partial t}\\ \nabla\cdot\boldsymbol{B}=0\\ \nabla\cdot\boldsymbol{D}=\rho\end{cases}\tag{1.1.10}$$

麦克斯韦方程组的积分形式与微分形式之间可以通过旋度定理(又称斯托克斯定理)或散度定理(又称高斯定理)进行转换。

由麦克斯韦方程组可推导出电流连续性方程，它也可由电荷守恒定律得到。根据麦克斯韦方程组的第一式$\nabla\times\boldsymbol{H}=\boldsymbol{J}+\partial\boldsymbol{D}/\partial t$，可推出$\nabla\cdot(\boldsymbol{J}+\partial\boldsymbol{D}/\partial t)=0$，也就是说，在时变电磁场中，只有传导电流与位移电流之和才是连续的。再由第四式$\nabla\cdot\boldsymbol{D}=\rho$可得电流连续性方程：

$$\nabla\cdot\boldsymbol{J}+\frac{\partial\rho}{\partial t}=0\Leftrightarrow\oint_S\boldsymbol{J}\cdot\mathrm{d}\boldsymbol{S}=-\frac{\mathrm{d}q}{\mathrm{d}t}\tag{1.1.11}$$

对于静态或准静态电磁场，麦克斯韦方程组可进一步简化。静态电磁场是指电磁场量不随时间变化的电磁场形态。就激励特征而言，静态电磁场的场源(电荷或电流)不随时间变化，即电场和磁场相互独立。存在三种形态的静态电磁场：静电场、恒定电场和恒定磁场。当电流不随时间变化时，$\boldsymbol{J}$为恒流场(无散场)，它与恒定电场和恒定磁场相伴。

在时变电磁场中，当忽略磁感应强度或电位移矢量随时间的变化项时，麦克斯韦方程简化为准静态近似，它们分别对应于电准静态场(忽略$-\partial\boldsymbol{B}/\partial t$项)和磁准静态场(忽略$-\partial\boldsymbol{D}/\partial t$项)。例如，分析磁性薄膜中微波静磁波的激发时，就用到静磁近似下的麦克斯韦方程。

1.1.3　电磁场边界条件

边界条件是指不同媒质分界面两侧的电磁场量(如$\boldsymbol{H}$、$\boldsymbol{E}$、$\boldsymbol{B}$、$\boldsymbol{D}$等)之间应满足的关系，其中，分界面两侧媒质的本征参数ε、μ或σ有所不同。边界条件可由麦克斯韦方程的积分形式得到，它是基本方程在媒质分界面的一种表现形式，是电磁场基本规律的要求。利用边界条件可确定满足基本方程的电磁场量的定解形式。

分界面可视为二维平面，可将场矢量分解为平行于界面的切向(包括横切方向$\boldsymbol{e}_\mathrm{t}$和纵切方向$\boldsymbol{e}_\mathrm{T}$)分量和垂直于界面的法向($\boldsymbol{e}_\mathrm{n}$)分量，$\boldsymbol{e}_\mathrm{t}$、$\boldsymbol{e}_\mathrm{T}$和$\boldsymbol{e}_\mathrm{n}$是符合右手正交关系的单位矢量(相当于$\hat{\boldsymbol{x}}$、$\hat{\boldsymbol{y}}$和$\hat{\boldsymbol{z}}$基矢)。若分界面的法向单位矢量$\boldsymbol{e}_\mathrm{n}$由媒质 2 指向媒质 1，边界条件的一般形式可用矢量表示为

$$\begin{cases}\boldsymbol{e}_\mathrm{n}\times(\boldsymbol{H}_1-\boldsymbol{H}_2)=\boldsymbol{J}_\mathrm{S}\\ \boldsymbol{e}_\mathrm{n}\times(\boldsymbol{E}_1-\boldsymbol{E}_2)=0\\ \boldsymbol{e}_\mathrm{n}\cdot(\boldsymbol{B}_1-\boldsymbol{B}_2)=0\\ \boldsymbol{e}_\mathrm{n}\cdot(\boldsymbol{D}_1-\boldsymbol{D}_2)=\rho_\mathrm{S}\end{cases}\tag{1.1.12}$$

式中，ρ_S为面电荷密度；$\boldsymbol{J}_\mathrm{S}$为面电流密度矢量。

边界条件的一般形式适用于任何媒质，其矢量表达形式与静态电磁场的麦克斯韦方程的微分形式之间有一定的相似之处。同样地，很容易表示出极化强度和磁化强度的边界条件，

即 $\rho_{\mathrm{P}} = -\nabla \cdot \boldsymbol{P} \Rightarrow \rho_{\mathrm{SP}} = -\boldsymbol{e}_{\mathrm{n}} \cdot (\boldsymbol{P}_1 - \boldsymbol{P}_2)$，$\boldsymbol{J}_{\mathrm{M}} = \nabla \times \boldsymbol{M} \Rightarrow \boldsymbol{J}_{\mathrm{SM}} = \boldsymbol{e}_{\mathrm{n}} \times (\boldsymbol{M}_1 - \boldsymbol{M}_2)$，据此可计算极化电荷面密度 ρ_{SP} 和磁化电流面密度 $\boldsymbol{J}_{\mathrm{SM}}$。

边界条件也可用分量形式表示为

$$\begin{cases} H_{1\mathrm{t}} - H_{2\mathrm{t}} = J_{\mathrm{ST}} \\ E_{1\mathrm{t}} = E_{2\mathrm{t}} \\ B_{1\mathrm{n}} = B_{2\mathrm{n}} \\ D_{1\mathrm{n}} - D_{2\mathrm{n}} = \rho_{\mathrm{S}} \end{cases} \tag{1.1.13}$$

式中，J_{ST} 为面电流密度矢量 $\boldsymbol{J}_{\mathrm{S}}$ 在纵切方向（$\boldsymbol{e}_{\mathrm{T}} = \boldsymbol{e}_{\mathrm{n}} \times \boldsymbol{e}_{\mathrm{t}}$）的分量。

面电流密度矢量 $\boldsymbol{J}_{\mathrm{S}}$ 可由体电流密度矢量 $\boldsymbol{J} = \sigma \boldsymbol{E}$ 来定义，即 $\boldsymbol{J}_{\mathrm{S}} = \lim\limits_{\Delta h \to 0} (\boldsymbol{J} \cdot \Delta h)$，$\Delta h$ 为厚度。显然，当两种媒质的电导率均为有限值时（$\boldsymbol{J}$ 有限），界面不存在面电流（$\boldsymbol{J}_{\mathrm{S}} = \boldsymbol{0}$），此时只有体电流模型；或者从工程角度理解，分界面上的传导电流的贡献相对于媒质内部可以忽略。

由式(1.1.13)可知：①当界面不存在面电流时（$\boldsymbol{J}_{\mathrm{S}} = \boldsymbol{0}$），$H_{1\mathrm{t}} = H_{2\mathrm{t}}$，即磁场强度 $\boldsymbol{H}$ 的切向分量连续；②分界面上，电场强度 $\boldsymbol{E}$ 的切向分量总是连续的，$\boldsymbol{B}$ 的法向分量总是连续的；③当界面上不存在自由电荷面密度（$\rho_{\mathrm{S}} = 0$）时，$D_{1\mathrm{n}} = D_{2\mathrm{n}}$，即电位移矢量 $\boldsymbol{D}$ 的法向分量连续。因此，对于媒质 1 和媒质 2 均为理想介质的情形，由于理想介质不导电，所以理想介质分界面上不存在自由电荷和电流（$\rho_{\mathrm{S}} = 0,\ J_{\mathrm{S}} = 0$），除非特殊放置。此时，$H_{\mathrm{t}}$、$E_{\mathrm{t}}$、$B_{\mathrm{n}}$、$D_{\mathrm{n}}$ 均连续。

在理想介质界面上，电场强度 $\boldsymbol{E}$ 和磁场强度 $\boldsymbol{H}$ 的方向关系如下：

$$\frac{E_{1\mathrm{t}}/E_{1\mathrm{n}}}{E_{2\mathrm{t}}/E_{2\mathrm{n}}} = \frac{\tan\theta_1}{\tan\theta_2} = \frac{\varepsilon_1}{\varepsilon_2}, \qquad \frac{H_{1\mathrm{t}}/H_{1\mathrm{n}}}{H_{2\mathrm{t}}/H_{2\mathrm{n}}} = \frac{\tan\theta_1}{\tan\theta_2} = \frac{\mu_1}{\mu_2} \tag{1.1.14}$$

式中，θ_1 和 θ_2 分别为两种介质中 $\boldsymbol{E}$ 或 $\boldsymbol{H}$ 与界面法向的夹角。

需说明的是，在麦克斯韦方程组中，两个散度方程可由两个旋度方程和电流连续性方程导出，在这种意义上讲，所对应的 4 个边界条件并不独立。因此，对于无初值的时谐场情形，E_{t} 与 B_{n} 的边界条件等价，H_{t} 与 D_{n} 的边界条件等价。

1.1.4 时谐光场的复数表示

用复数方法表示时谐电磁场，能够简化时谐电磁场问题的分析，如媒质存在损耗的情形。尽管时谐电磁场可用复数表示，但只有相应的实部才具有实际的意义。

一个具有实际意义的时谐矢量 $\boldsymbol{F}(\boldsymbol{r},t)$ 与其复数表示 $\dot{\boldsymbol{F}}(\boldsymbol{r})$ 之间的关系为

$$\boldsymbol{F}(\boldsymbol{r},t) = \mathrm{Re}\left[\dot{\boldsymbol{F}}(\boldsymbol{r})\mathrm{e}^{\mathrm{j}\omega t}\right] \tag{1.1.15}$$

式中，$\dot{\boldsymbol{F}}(\boldsymbol{r})$ 上面的点表示复数，它包含了场量的振幅 $\boldsymbol{A}(\boldsymbol{r})$ 和相位 $\varphi(\boldsymbol{r})$ 的信息，即 $\dot{\boldsymbol{F}}(\boldsymbol{r}) = \boldsymbol{A}(\boldsymbol{r})\mathrm{e}^{\mathrm{j}\varphi(\boldsymbol{r})}$，称为时谐矢量 $\boldsymbol{F}(\boldsymbol{r},t)$ 的复振幅矢量。为简化表示，$\dot{\boldsymbol{F}}(\boldsymbol{r})$ 上面的点通常省略，需要根据公式形式或上下文来判断它具体表示的是实数还是复数。同时还需注意实数或复数表示对有关场量公式的影响。只有频率相同的时谐场才能用其复振幅矢量 $\dot{\boldsymbol{F}}(\boldsymbol{r})$ 来简化表示，否则必须带上相应的时谐因子 $\mathrm{e}^{\mathrm{j}\omega t}$。

对于复数表示的时谐场 $\dot{\boldsymbol{F}}(\boldsymbol{r},t) = \dot{\boldsymbol{F}}(\boldsymbol{r})\mathrm{e}^{\mathrm{j}\omega t}$，由式(1.1.15)可知：

$$\frac{\partial \boldsymbol{F}(\boldsymbol{r},t)}{\partial t}=\frac{\partial}{\partial t}\mathrm{Re}\left[\dot{\boldsymbol{F}}(\boldsymbol{r},t)\right]=\mathrm{Re}\left\{\mathrm{j}\omega\dot{\boldsymbol{F}}(\boldsymbol{r},t)\right\} \tag{1.1.16}$$

显然，当时谐电磁场矢量用复数形式表示时，有 $\frac{\partial}{\partial t}[\boldsymbol{H},\boldsymbol{E},\boldsymbol{B},\boldsymbol{D}]\to \mathrm{j}\omega[\boldsymbol{H},\boldsymbol{E},\boldsymbol{B},\boldsymbol{D}]$，麦克斯韦方程组可重新表达为

$$\begin{cases}\nabla\times\boldsymbol{H}=\boldsymbol{J}+\mathrm{j}\omega\boldsymbol{D}\\ \nabla\times\boldsymbol{E}=-\mathrm{j}\omega\boldsymbol{B}\\ \nabla\cdot\boldsymbol{B}=0\\ \nabla\cdot\boldsymbol{D}=\rho\end{cases} \tag{1.1.17}$$

式中，所有电磁场量 $[\boldsymbol{H},\boldsymbol{E},\boldsymbol{B},\boldsymbol{D}]$ 可以是复振幅表示(不带时谐因子 $\mathrm{e}^{\mathrm{j}\omega t}$)，也可以是包含时谐因子 $\mathrm{e}^{\mathrm{j}\omega t}$ 的完整表示。

根据时谐场满足的麦克斯韦方程

$$\nabla\times\boldsymbol{H}=\boldsymbol{J}+\mathrm{j}\omega\boldsymbol{D}=\sigma\boldsymbol{E}+\mathrm{j}\omega\varepsilon\boldsymbol{E}=\mathrm{j}\omega\varepsilon_{\mathrm{c}}\boldsymbol{E} \tag{1.1.18}$$

导电媒质的欧姆损耗可以“负”虚部形式(与频率有关)反映到本构关系 $\boldsymbol{D}=\varepsilon_{\mathrm{c}}\boldsymbol{E}$ 中，其中，$\varepsilon_{\mathrm{c}}=\varepsilon-\mathrm{j}\sigma/\omega$。可见，对于同一导电媒质，在低频时可能是良导体(相当于增大导电率)，高频时可能变为绝缘体(相当于减小导电率)，体现了导体传输线的高频截止特性。由式(1.1.18)可知，在形式上，导电媒质中电磁波的传播特性可按无源空间中的麦克斯韦方程处理，只需将原来的电容率用等效复电容率代替。

当场矢量用复数表示时，根据本构关系，时变场中的 ε、μ、σ 也随频率变化，且一般为复数。当 ε 或 μ 的虚部为负时，媒质中传播的电磁波幅度逐渐衰减，衰减大小与媒质的损耗特性和电磁场频率有关。具体讲：①当电介质受到极化时，存在电极化损耗，可用复电容率(复介电系数) $\varepsilon(\omega)=\varepsilon'(\omega)-\mathrm{j}\varepsilon''(\omega)$ 表示；②当磁介质受到磁化时，存在磁化损耗，可用复磁导率 $\mu(\omega)=\mu'(\omega)-\mathrm{j}\mu''(\omega)$ 表示；③当导电媒质的电导率为有限时，存在欧姆损耗，$\sigma(\omega)$ 的影响可用等效复电容率 $\varepsilon_{\mathrm{c}}=\varepsilon-\mathrm{j}\sigma/\omega$ 表示。工程上，上述三种媒质损耗特性可用相应的损耗角正切值表征，损耗角越大，能量损耗越大。具体讲，电介质的损耗角正切值为 $\tan\delta_{\mathrm{e}}=\varepsilon''/\varepsilon'$，磁介质的损耗角正切值为 $\tan\delta_{\mathrm{m}}=\mu''/\mu'$，导电媒质的损耗角正切值为 $\tan\delta_{\mathrm{c}}=\sigma/(\omega\varepsilon)$。

1.1.5 Kramers-Kronig 关系

电磁场量用复数表示时，媒质的损耗特性很方便地包含在复数形式的本构关系和麦克斯韦方程中，所满足的波动方程在形式上也与无损耗情形类似。

根据傅里叶变换性质，在线性、各向同性、色散介质中，复电极化强度与电场强度之间有如下关系：

$$\boldsymbol{P}(\omega)=\varepsilon_0\chi(\omega)\boldsymbol{E}(\omega)\Leftrightarrow\boldsymbol{P}(t)=\varepsilon_0\int_0^{\infty}\chi(\tau)\boldsymbol{E}(t-\tau)\mathrm{d}\tau \tag{1.1.19}$$

式中，考虑了极化对电场响应的因果条件(当 $\tau<0$ 时，电极化率 $\chi(\tau)=0$)。

当电场 $\boldsymbol{E}(t)$ 的时谐因子取 $\mathrm{e}^{\mathrm{j}\omega t}$ 形式时，电极化率可表示为

$$\begin{aligned}\chi(\omega)&=\varepsilon_{\mathrm{r}}(\omega)-1\\&=\chi'(\omega)-\mathrm{j}\chi''(\omega)=\int_0^{\infty}\chi(\tau)\mathrm{e}^{-\mathrm{j}\omega\tau}\mathrm{d}\tau\end{aligned} \tag{1.1.20}$$

由于 $\chi(\tau)$ 为实数，则 $\chi(-\omega)=\chi^*(\omega)$，表明复电极化率的实部和虚部分别为频率的偶函数和奇函数，即

$$\chi'(-\omega)=\chi'(\omega),\ \chi''(-\omega)=-\chi''(\omega) \tag{1.1.21}$$

由式(1.1.20)可知，若在复频率的上半平面积分(如 $\omega'=\mathrm{j}\omega$)，则 $\chi(\omega')$ 发散。因此，在复频率的下半平面内对 $\chi(\omega')$ 积分(积分路径实轴上有奇点 $\omega'=\omega$)，利用柯西主值定理，有

$$\chi(\omega)=\frac{\mathrm{j}}{\pi}\mathrm{PV}\int_{-\infty}^{\infty}\frac{\chi(\omega')}{\omega'-\omega}\mathrm{d}\omega' \tag{1.1.22}$$

式中，PV 表示主值积分。

由式(1.1.19)～式(1.1.21)可得 $\chi(\omega)$ 实部与虚部之间满足的 Kramers-Kronig(克拉默斯-克勒尼希)关系[3]：

$$\begin{cases}\chi'(\omega)=\dfrac{1}{\pi}\mathrm{PV}\displaystyle\int_{-\infty}^{\infty}\frac{\chi''(\omega')}{\omega'-\omega}\mathrm{d}\omega'\\ \chi''(\omega)=-\dfrac{1}{\pi}\mathrm{PV}\displaystyle\int_{-\infty}^{\infty}\frac{\chi'(\omega')}{\omega'-\omega}\mathrm{d}\omega'\end{cases} \tag{1.1.23}$$

由式(1.1.19)可知，对于弱吸收材料，材料折射率 $n(\omega)$ 和光功率吸收系数 $\alpha(\omega)$ 与 $\chi(\omega)$ 的实、虚部之间有如下关系：

$$n(\omega)=\sqrt{\varepsilon_{\mathrm{r}}}=\sqrt{1+\chi'(\omega)},\quad \alpha(\omega)\approx k_0\chi''(\omega)/n(\omega) \tag{1.1.24}$$

式中，$k_0=\omega/c$ 为真空中波数；c 为真空中光速。

由式(1.1.22)和式(1.1.23)可知，通过测量材料的吸收谱 $\alpha(\omega)$，利用 Kramers-Kronig 关系可获得色散 $n(\omega)$ 信息，反之亦然。在慢光延迟技术中，Kramers-Kronig 关系有重要的指导作用。

1.2　各向同性介质中的光波

1.2.1　波动方程

在时变情形下，电场与磁场相互激励，并在空间进行传播，形成电磁波。由麦克斯韦方程，可以建立光波的波动方程。在无源空间中($\rho=0$ 和 $\boldsymbol{J}=0$)，麦克斯韦方程组可简化为

$$\begin{cases}\nabla\times\boldsymbol{H}=\dfrac{\partial\boldsymbol{D}}{\partial t}\\ \nabla\times\boldsymbol{E}=-\dfrac{\partial\boldsymbol{B}}{\partial t}\\ \nabla\cdot\boldsymbol{B}=0\\ \nabla\cdot\boldsymbol{D}=0\end{cases} \tag{1.2.1}$$

对于均匀、线性、各向同性介质情形，由方程组(1.2.1)的前两式可得电场强度 $\boldsymbol{E}$ 和磁场强度 $\boldsymbol{H}$ 的波动方程为

$$\nabla^2\boldsymbol{E}-\mu\varepsilon\frac{\partial^2\boldsymbol{E}}{\partial t^2}=0\quad 或\quad \Box^2\boldsymbol{E}=0\ (不含\ \boldsymbol{H}) \tag{1.2.2}$$

$$\nabla^2 \boldsymbol{H} - \mu\varepsilon \frac{\partial^2 \boldsymbol{H}}{\partial t^2} = 0 \quad 或 \quad \Box^2 \boldsymbol{H} = 0\ (不含\ \boldsymbol{E}) \tag{1.2.3}$$

式中，达朗贝尔算符$\Box^2 = \nabla^2 - \mu\varepsilon \frac{\partial^2}{\partial t^2} = \nabla^2 - \frac{1}{v^2}\frac{\partial^2}{\partial t^2}$，$v = \frac{1}{\sqrt{\mu\varepsilon}}$为媒质中电磁波的相速。显然，波动方程是时空域(四维)的二阶矢量微分方程，揭示了电磁场的波动性。

光场分布可归结为给定边界条件和初始条件下波动方程的求解问题。更一般地说，在分析有界区域的时变电磁场问题时，要给出麦克斯韦方程的定解，需要给定初始条件和边界条件，具体由唯一性定理表述：在以闭合曲面 S 为边界的有界区域 V 内，若给定电场强度 $\boldsymbol{E}$ 和磁场强度 $\boldsymbol{H}$ 的初始值($t=0$)，并给定$t \geqslant 0$时边界面 S 上的电场强度 $\boldsymbol{E}$（或者磁场强度 $\boldsymbol{H}$）的切向分量，那么在$t>0$时，区域 V 内的电磁场可由麦克斯韦方程唯一地确定。该定理指出了要获得电磁场的唯一解所必须满足的条件。

1.2.2　简单媒质中的均匀平面波

均匀平面波是电磁波远离激励源的一种理想情形，体现了电磁波的主要特性。平面电磁波的等相位面为平面。进一步地，在垂直于电磁波传播方向的无限大横向平面内，若场矢量的大小(幅度和相位)和方向均保持不变，而只沿传播方向变化，这样的电磁波称为均匀平面波。在某些场合，采用均匀平面波近似，可大大简化问题的分析过程。

无损耗、均匀、线性、各向同性的介质，又称简单媒质。本节考虑简单媒质中的均匀平面波。对于时谐变化的光场（$e^{j\omega t}$），其波动方程(1.2.2)和方程(1.2.3)可简化为齐次亥姆霍兹方程：

$$\nabla^2[\boldsymbol{E},\boldsymbol{H}] + k^2[\boldsymbol{E},\boldsymbol{H}] = 0 \quad 或 \quad \Box^2[\boldsymbol{E},\boldsymbol{H}] = 0 \tag{1.2.4}$$

式中，达朗贝尔算符$\Box^2 = \nabla^2 - \mu\varepsilon \frac{\partial^2}{\partial t^2} = \nabla^2 + k^2$；$k = \omega\sqrt{\mu\varepsilon}$。

在直角坐标系中，对于沿$+z$ 方向传播的均匀平面波情形，场矢量$\boldsymbol{F} = [\boldsymbol{E},\boldsymbol{H}]$满足

$$\frac{\partial \boldsymbol{F}}{\partial z} \neq 0, \quad \frac{\partial \boldsymbol{F}}{\partial x} = \frac{\partial \boldsymbol{F}}{\partial y} = 0 \tag{1.2.5}$$

再根据无源空间中麦克斯韦方程$\nabla \cdot [\boldsymbol{E},\boldsymbol{H}] = 0$，以及时谐场的亥姆霍兹方程(1.2.4)可知，$\boldsymbol{E}$ 和 $\boldsymbol{H}$ 只有横向分量，且仅在传播方向变化，即只有分量$E_{x,y}(z)$和$H_{x,y}(z)$，这种电磁波称为横电磁波(TEM 波)。

TEM 波满足的波动方程为

$$\frac{\partial^2}{\partial z^2}\begin{bmatrix} E_t \\ H_t \end{bmatrix} + k^2 \begin{bmatrix} E_t \\ H_t \end{bmatrix} = 0, \qquad t = x, y \tag{1.2.6}$$

其通解为$E_t(z) = A_1 e^{-jkz} + A_2 e^{jkz}$，传播因子$e^{\mp jkz}$分别对应于沿$\pm z$ 方向传播，A_1和A_2为待定系数。

在无界的均匀媒质中不存在反射波，即只存在一个方向传播的波。在任意坐标系下，均匀平面波的电场矢量的复数表示形式为

$$\boldsymbol{E}(\boldsymbol{r},t) = \boldsymbol{E}(\boldsymbol{r}) e^{j\omega t} = \boldsymbol{E}_m e^{j\phi} e^{j(\omega t - \boldsymbol{k}\cdot\boldsymbol{r})} = \boldsymbol{E}_m e^{j(\omega t - \boldsymbol{k}\cdot\boldsymbol{r} + \phi)} \tag{1.2.7}$$

式中，$\boldsymbol{E}(\boldsymbol{r})=\boldsymbol{E}_m \mathrm{e}^{\mathrm{j}\phi}\mathrm{e}^{-\mathrm{j}\boldsymbol{k}\cdot\boldsymbol{r}}$ 为复振幅表示；$\boldsymbol{E}_m$ 为常矢量；$\boldsymbol{k}=\boldsymbol{e}_k k$ 为波矢量。有些文献用式(1.2.7)的共轭形式表示平面波：$\boldsymbol{E}(\boldsymbol{r},t)=\boldsymbol{E}_m \mathrm{e}^{-\mathrm{i}(\omega t-\boldsymbol{k}\cdot\boldsymbol{r}+\phi)}=\boldsymbol{E}_m \mathrm{e}^{-\mathrm{i}\phi}\mathrm{e}^{\mathrm{i}(\boldsymbol{k}\cdot\boldsymbol{r}-\omega t)}$，两者之间可用 $\mathrm{j}=-\mathrm{i}$ 进行转换。因此，研究电磁波的传播特性时，必须明确所得结果是采用哪种平面波复数表示形式给出的，这一点不可忽视。

均匀平面波的传播特性如下：①等相位面是垂直于 $\boldsymbol{e}_k$ 的平面，等相位面的方程为 $\boldsymbol{k}\cdot\boldsymbol{r}=$ 常数；②电场矢量垂直于传播方向，即 $\nabla\cdot\boldsymbol{E}=-\mathrm{j}\boldsymbol{k}\cdot\boldsymbol{E}=0$；③同相面(波阵面)传播的速度称为相速，即 $v=\omega/k=1/\sqrt{\mu\varepsilon}=c/n$，$n$ 为介质的折射率；④电磁波的时谐周期 $T=2\pi/\omega$，频率 $f=1/T=\omega/2\pi$，波长 $\lambda=vT=2\pi/k$；⑤相位传播常数(波数)为 $k=\omega\sqrt{\mu\varepsilon}=\omega/v=2\pi/\lambda$。

均匀平面电磁波的电场与磁场之间有如下关系：

$$\boldsymbol{H}(\boldsymbol{r})=\frac{1}{\eta}\boldsymbol{e}_k\times\boldsymbol{E}(\boldsymbol{r}),\qquad \boldsymbol{E}(\boldsymbol{r})=\eta\boldsymbol{H}(\boldsymbol{r})\times\boldsymbol{e}_k \tag{1.2.8}$$

式中，$\eta=\sqrt{\mu/\varepsilon}$，具有阻抗的量纲，称为波阻抗，又称为媒质的本征阻抗或特性阻抗。真空中波阻抗 $\eta_0=\sqrt{\mu_0/\varepsilon_0}=120\pi\approx 377\Omega$。由于均匀平面电磁波传播方向 $\boldsymbol{e}_k$ 与能流密度矢量 $\boldsymbol{S}=\boldsymbol{E}\times\boldsymbol{H}$ 方向相同，所以电场强度 $\boldsymbol{E}$、磁场强度 $\boldsymbol{H}$ 和传播方向 $\boldsymbol{e}_k$ 相互垂直，即 $[\boldsymbol{E},\eta\boldsymbol{H},\boldsymbol{e}_k]$ 遵循右手螺旋关系。

无损耗介质中，均匀平面电磁波的波阻抗为实数，电场与磁场同相位，电场与磁场振幅 H_m 和 E_m 保持不变，此时 $\eta=|\boldsymbol{E}|/|\boldsymbol{H}|=E_m/H_m$，电场和磁场的能量密度相等，即

$$w_\mathrm{e}=\frac{1}{2}\varepsilon E^2=\frac{1}{2}\varepsilon(\eta H)^2=\frac{1}{2}\mu H^2=w_m \tag{1.2.9}$$

坡印亭矢量为

$$\boldsymbol{S}=\boldsymbol{E}\times\boldsymbol{H}=\boldsymbol{E}\times\frac{1}{\eta}(\boldsymbol{e}_k\times\boldsymbol{E})=\boldsymbol{e}_k\frac{1}{\eta}E^2=\boldsymbol{e}_k\eta H^2=(w_\mathrm{e}+w_m)\boldsymbol{v} \tag{1.2.10}$$

注意，式(1.2.9)和式(1.2.10)中的 $\boldsymbol{E}$ 和 $\boldsymbol{H}$ 是实数场。这种情形下，电磁能量沿着电磁波传播方向流动，能量的传输速度等于相速。

平均坡印亭矢量为

$$\boldsymbol{S}_\mathrm{av}=\frac{1}{2}\mathrm{Re}[\boldsymbol{E}\times\boldsymbol{H}^*]=\boldsymbol{e}_k\frac{1}{2\eta}|\boldsymbol{E}|^2=\boldsymbol{e}_k\frac{1}{2\eta}E_m^2 \tag{1.2.11}$$

式中，$\boldsymbol{E}$ 和 $\boldsymbol{H}$ 为复数场。

1.2.3　光波的偏振态表示

在无界空间中，均匀平面电磁波的 $\boldsymbol{E}$ 和 $\boldsymbol{H}$ 矢量只有横向分量，称为横波(TEM 波)。一般地，横波可视为由两列具有独立振动方向的电磁波合成，当两个分量的振动完全不相关时，振动的合成方向是随机的，称为非极化波；当两者完全相关时，合成为完全极化波。因此，电磁波可分为完全极化波、部分极化波和完全非极化波(如自然光)三类。习惯上，在光学领域将光波的极化称为偏振。

光的偏振特性可用解析几何、琼斯矢量、斯托克斯矢量(庞加莱球)等方法加以描述。琼斯矢量与电场的振幅和相位相关，仅适用于完全偏振光情形；斯托克斯矢量与光强成正比，适用范围更广。

1. 电磁波的极化

电磁波的极化是指电磁波电场强度 $\boldsymbol{E}$ 的取向随时间变化的方式，可用空间给定点处电场强度 $\boldsymbol{E}$ 的矢端随时间变化的轨迹来描述。极化方向的规定如下：大拇指方向为传播方向，$\boldsymbol{E}$ 矢量旋转方向为四指方向，符合右手规则的极化波为右旋极化波，符合左手规则的极化波为左旋极化波。

用极化状态的概念可描述平面波的极化特征，将完全极化波分为直线极化、圆极化和椭圆极化三种极化状态，它们取决于电场强度 $\boldsymbol{E}$ 的两个分量的相位和振幅关系，以及电磁波的传播方向。

下面默认均匀平面波沿 $+z$ 方向传播来讨论电磁波的极化状态，实际中需根据具体的传播情况加以判断。在直角坐标系中，任意电磁波的电场强度 $\boldsymbol{E}$ 都可以分解为 E_x 和 E_y 分量，换句话说，它也可以视为频率相同、传播方向相同、振动方向相互垂直的两个单色线极化平面波的合成波，即

$$\begin{cases} E_x(z,t) = E_{xm}\cos(\omega t - kz + \varphi_x) \\ E_y(z,t) = E_{ym}\cos(\omega t - kz + \varphi_y) \end{cases} \tag{1.2.12}$$

式中，E_{xm} 和 E_{ym} 为两个分量的振幅（正值）；φ_x 和 φ_y 为两个分量的初相位。当传播因子取 $e^{j(\omega t - kz)}$ 形式时，与式(1.2.12)对应的复数表示为

$$\boldsymbol{E}(z,t) = (\hat{\boldsymbol{x}}E_{xm}e^{j\varphi_x} + \hat{\boldsymbol{y}}E_{ym}e^{j\varphi_y})e^{j(\omega t - kz)} \tag{1.2.13}$$

分析表明：

(1) 当 $\Delta\varphi = \varphi_y - \varphi_x = 0,\pi$ 时，电场强度 $\boldsymbol{E}$ 的矢端轨迹始终在一条直线上，称为直线极化波(LP)。传播过程中，线极化波的振动面为一平面，振动面与 x 轴的夹角(方位角) ϕ 满足 $\tan\phi = E_y/E_x = \pm E_{ym}/E_{xm}$（常数）。当 $\Delta\varphi = 0$ 时偏振面在Ⅰ、Ⅲ象限($\phi > 0$)；当 $\Delta\varphi = \pi$ 时偏振面在Ⅱ、Ⅳ象限($\phi < 0$)。

(2) 当 $\Delta\varphi = \varphi_y - \varphi_x = \pm\pi/2$ 且 $E_{xm} = E_{ym}$ 时，电场强度 $\boldsymbol{E}$ 的矢端轨迹始终在圆方程 $E_x^2 + E_y^2 = E_m^2$ 上，称为圆极化波(CP)。$\boldsymbol{E}$ 矢量与 x 轴的夹角 α 满足 $\tan\alpha = E_y/E_x = \mp\tan(\omega t - kz + \varphi_x)$，即 $\alpha = \mp(\omega t - kz + \varphi_x)$，表明 $\Delta\varphi = \pm\pi/2$ 时 $\boldsymbol{E}$ 矢量分别以角速度 ω 顺时针和逆时针旋转(逆着光传播方向观察，在 xoy 平面内逆时针旋转时角度 α 为正)，分别对应于左旋圆极化波(LCP)或右旋圆极化波(RCP)（大拇指指向 $+z$ 方向）。

(3) 其他情况下，当 $0 < \Delta\varphi < \pi$ 时，电场强度 $\boldsymbol{E}$ 矢端顺时针旋转，对应于左旋椭圆极化波(LEP)；当 $-\pi < \Delta\varphi < 0$ 时，电场强度 $\boldsymbol{E}$ 矢端逆时针旋转，对应于右旋椭圆极化波(REP)。

一般说来，光波的偏振态总可以根据式(1.2.12)给出的实数分量形式进行判断。具体讲，根据电场强度分量之间的振幅比 $\tan\psi = E_{ym}/E_{xm}$（$0 \leqslant \psi \leqslant \pi/2$）和初相位差 $\Delta\varphi = \varphi_y - \varphi_x$（$-\pi < \varphi_x, \varphi_y, \Delta\varphi \leqslant \pi$），以及光波传播方向 $\boldsymbol{e}_k$，可以判断出其合成波的极化状态。分析表明，在第Ⅰ象限内，极化旋转方向总是指向初相位滞后(初相位小)的分量。

一般情形下，通过消去两个偏振分量中的 $(\omega t - kz)$ 可得到电场强度 $\boldsymbol{E}$ 的矢端轨迹，即椭圆方程：

$$\frac{E_x^2}{E_{xm}^2}+\frac{E_y^2}{E_{ym}^2}-\frac{2E_xE_y}{E_{xm}E_{ym}}\cos\Delta\varphi=\sin^2\Delta\varphi \tag{1.2.14}$$

椭圆的几何外形及其空间取向可用椭圆短轴与长轴之比值b/a、长轴与x轴夹角(方位角)ϕ两个参量描述，极化旋转方向由$\Delta\varphi$确定，如图 1.2.1 所示。

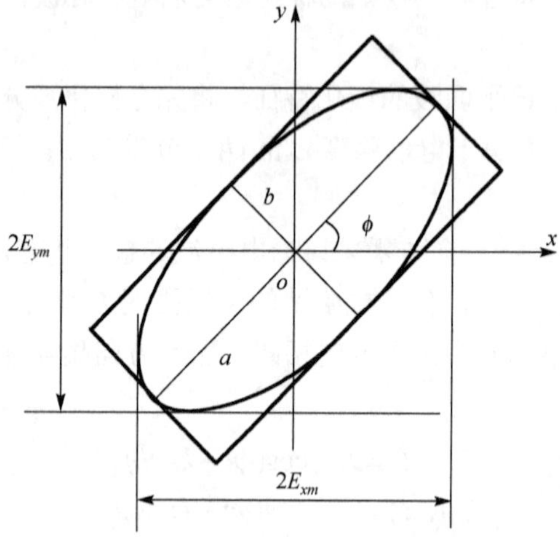

图 1.2.1　椭圆极化波的电矢量轨迹

椭圆方位角ϕ（$-\pi/2<\phi\leqslant\pi/2$）满足：

$$\tan(2\phi)=\frac{2E_{xm}E_{ym}}{E_{xm}^2-E_{ym}^2}\cos\Delta\varphi=\tan(2\psi)\cos\Delta\varphi \tag{1.2.15}$$

式中，$\tan\psi=E_{ym}/E_{xm}$。定义椭圆率η_e和椭圆率角θ（$-\pi/4\leqslant\theta\leqslant\pi/4$）为

$$\eta_e=\tan\theta=\pm\frac{b}{a} \tag{1.2.16}$$

式中，“±”表示极化方向逆时针和顺时针旋转(与$\Delta\varphi$的符号相反)，分别对应于右旋和左旋椭圆极化波。椭圆率角θ满足$\sin(2\theta)=-\sin(2\psi)\sin\Delta\varphi$，根据椭圆率(角)的正负就可以判断极化的旋转方向(与正负角度的定义一致)。可见，用椭圆方位角和椭圆率角两个角度，就可以表示一个偏振态。

2. 琼斯矢量法

电场强度的复振幅矢量也可以用一个二维列向量形式表示，称为琼斯矢量。以$\hat{\boldsymbol{x}}$和$\hat{\boldsymbol{y}}$线偏振为基矢的琼斯矢量可表示为

$$\boldsymbol{J}=\begin{bmatrix}E_{xm}\mathrm{e}^{\mathrm{j}\varphi_x}\\E_{ym}\mathrm{e}^{\mathrm{j}\varphi_y}\end{bmatrix} \tag{1.2.17}$$

由式(1.2.13)可知，$\boldsymbol{E}(z,t)=[\hat{\boldsymbol{x}}\quad\hat{\boldsymbol{y}}]\boldsymbol{J}\mathrm{e}^{\mathrm{j}(\omega t-kz)}$。显然，琼斯矢量包含电场强度的振幅和相位全部信息。琼斯矢量法特别适用于偏振光通过双折射元件或偏振片传输的问题。

用归一化琼斯矢量表示更加方便，即满足$\boldsymbol{J}^*\cdot\boldsymbol{J}=1$，式中，$\boldsymbol{J}^*$表示$\boldsymbol{J}$的复共轭矢量。此时，椭圆偏振态的琼斯矢量可以表示为

$$J(\psi,\Delta\varphi)=\begin{bmatrix}\cos\psi\\ e^{j\Delta\varphi}\sin\psi\end{bmatrix} \tag{1.2.18}$$

式中，$\tan\psi=E_{ym}/E_{xm}$；$\Delta\varphi=\varphi_y-\varphi_x$。

任何偏振态都可以表示为两个正交偏振态的叠加。特殊地，水平和垂直线偏振光 $\hat{\boldsymbol{x}}$ 和 $\hat{\boldsymbol{y}}$，左、右圆偏振光 $\hat{\boldsymbol{L}}$ 和 $\hat{\boldsymbol{R}}$ 可分别表示为

$$\hat{\boldsymbol{x}}=\begin{bmatrix}1\\0\end{bmatrix}=\frac{1}{\sqrt{2}}(\hat{\boldsymbol{R}}+\hat{\boldsymbol{L}}),\quad \hat{\boldsymbol{y}}=\begin{bmatrix}0\\1\end{bmatrix}=\frac{j}{\sqrt{2}}(\hat{\boldsymbol{R}}-\hat{\boldsymbol{L}}) \tag{1.2.19}$$

$$\hat{\boldsymbol{L}}=\frac{1}{\sqrt{2}}\begin{bmatrix}1\\j\end{bmatrix}=\frac{1}{\sqrt{2}}(\hat{\boldsymbol{x}}+j\hat{\boldsymbol{y}}),\quad \hat{\boldsymbol{R}}=\frac{1}{\sqrt{2}}\begin{bmatrix}1\\-j\end{bmatrix}=\frac{1}{\sqrt{2}}(\hat{\boldsymbol{x}}-j\hat{\boldsymbol{y}}) \tag{1.2.20}$$

显然，$\hat{\boldsymbol{x}}^*\cdot\hat{\boldsymbol{y}}=0,\ \hat{\boldsymbol{L}}^*\cdot\hat{\boldsymbol{R}}=0$。换句话说，任何一对完备的正交归一化偏振态都可以作为琼斯矢量的基矢，基矢之间的变换矩阵为幺正矩阵。

光的偏振态与电场强度横向分量的复振幅比具有一一对应关系，定义复振幅比 χ 为

$$\chi=\frac{E_{ym}e^{j\varphi_y}}{E_{xm}e^{j\varphi_x}}=e^{j\Delta\varphi}\tan\psi \tag{1.2.21}$$

椭圆偏振态的方位角 ϕ 和椭圆率角 θ 也可由复振幅比 χ 确定，即

$$\tan 2\phi=\frac{2\mathrm{Re}[\chi]}{1-|\chi|^2},\quad \sin 2\theta=-\frac{2\mathrm{Im}[\chi]}{1+|\chi|^2} \tag{1.2.22}$$

因此，光的偏振态也可用复振幅比 χ 在复平面上的点来表示。

当光波的偏振态用琼斯矢量表示时，光偏振器件的传输矩阵可由 2×2 的琼斯矩阵表示。当双折射晶体的光轴平行于晶体前后表面时，晶体表面的法向与光轴形成主截面，垂直晶体表面入射的光波电场会在平行和垂直于主截面的方向具有分量，分别对应于非寻常光(e 光)和寻常光(o 光)，它们有不同的折射率 n_e 和 n_o，导致两个正交分量有不同的相位延迟(相应的方向称为快轴或慢轴)，这样的器件称为相位延迟片(也称波片)。关于晶体双折射的详细描述可参见 1.3.2 节。在快慢轴坐标系中，波片的琼斯矩阵可表示为

$$\boldsymbol{M}_{\mathrm{WP}}=\begin{bmatrix}t_s e^{-jn_s k_0 d} & 0\\ 0 & t_f e^{-jn_f k_0 d}\end{bmatrix} \tag{1.2.23}$$

式中，d 为波片厚度；n_f 和 n_s 分别为快慢轴折射率；t_f 和 t_s 分别为快慢轴透射系数；$k_0=2\pi/\lambda_0$ 为真空中波数。快慢轴的光程差为 $\Lambda=(n_s-n_f)d$，当 $\Lambda=(m+1/2)\lambda_0$ 时，称为半波片；当 $\Lambda=(m+1/4)\lambda_0$ 时，称为四分之一波片，其中，$m=0,1,2,\cdots$。

在实验室坐标系中，设光波的输入和输出琼斯矢量分别为 $\boldsymbol{J}_{\mathrm{in}}$ 和 $\boldsymbol{J}_{\mathrm{out}}$，而波片的快慢轴坐标系 (s,f,z) 相对于实验室坐标系 (x,y,z) 旋转了角 $\varPsi$，则波片的琼斯矩阵为

$$\boldsymbol{M}=R(-\varPsi)\boldsymbol{M}_{\mathrm{WP}}R(\varPsi) \tag{1.2.24}$$

式中，$R(\varPsi)=\begin{bmatrix}\cos\varPsi & \sin\varPsi\\ -\sin\varPsi & \cos\varPsi\end{bmatrix}$ 为坐标旋转矩阵，并有 $\boldsymbol{J}_{\mathrm{out}}=\boldsymbol{M}\boldsymbol{J}_{\mathrm{in}}$。可以证明，波片的琼斯矩阵为幺正矩阵，即 $\boldsymbol{M}^\dagger=\boldsymbol{M}^{-1}$，$\boldsymbol{M}^\dagger$ 为 $\boldsymbol{M}$ 的转置共轭。

3. 斯托克斯矢量法

前面几种分析光偏振态的方法只适用于描述单色平面波的完全偏振情形，若要同时能够描述准单色的平面波和非完全偏振光波的偏振特性，则可采用斯托克斯参量法或庞加莱球表示。

光源的偏振态会在 10ns 的时间内改变，当偏振态的变化速度超过观察速度，即探测器的时间常数 $\tau_D \gg 1/\Delta\omega$ 时（$\Delta\omega$ 为窄带光源的频带），所显示的偏振态为其平均值。在 τ_D 内经时间平均的斯托克斯参量定义为

$$\begin{cases} S_0 = \left\langle E_{xm}^2 + E_{ym}^2 \right\rangle = \left\langle \left|E_x\right|^2 + \left|E_y\right|^2 \right\rangle \\ S_1 = \left\langle E_{xm}^2 - E_{ym}^2 \right\rangle = \left\langle \left|E_x\right|^2 - \left|E_y\right|^2 \right\rangle \\ S_2 = \left\langle 2E_{xm}E_{ym}\cos\Delta\varphi \right\rangle = \left\langle E_x E_y^* + E_x^* E_y \right\rangle \\ S_3 = \left\langle 2E_{xm}E_{ym}\sin\Delta\varphi \right\rangle = \mathrm{j}\left\langle E_x E_y^* - E_x^* E_y \right\rangle \end{cases} \tag{1.2.25}$$

斯托克斯参量具有强度的量纲，它们满足 $S_1^2 + S_2^2 + S_3^2 \leqslant S_0^2$，其中，“等号”对应于完全偏振光。因此，可定义偏振度(DOP)为

$$\mathrm{DOP} = \frac{\sqrt{S_1^2 + S_2^2 + S_3^2}}{S_0} \times 100\% \tag{1.2.26}$$

通常，人们更为关心各分量的相对强度，将斯托克斯参量 (S_1, S_2, S_3) 相对于 S_0 进行归一化，用相应的小写字母表示。因此，可用坐标点或斯托克斯矢量 $\boldsymbol{s} = (s_1, s_2, s_3)$ 表示光的偏振态，它被限制在单位球表面上（完全偏振波）或球体内（部分偏振波），这样的球体又称为庞加莱球，如图 1.2.2 所示[3]。庞加莱球特别适合描述光纤中光偏振态的演化。

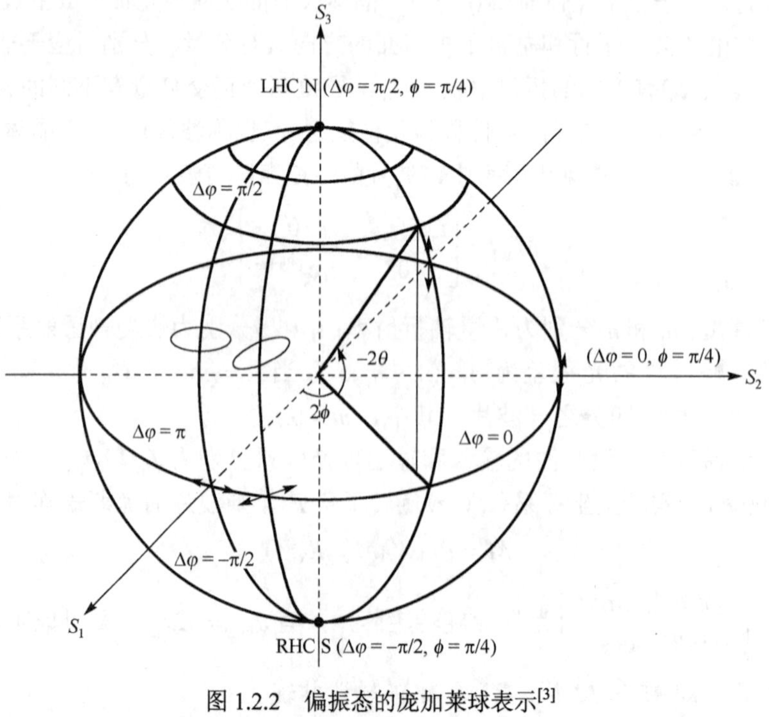

图 1.2.2　偏振态的庞加莱球表示[3]

对于复振幅比 $\chi = \mathrm{e}^{\mathrm{j}\Delta\varphi}\tan\psi$ 所表示的偏振态，相应的斯托克斯参量为

$$s_1 = \cos(2\psi),\ s_2 = \sin(2\psi)\cos\Delta\varphi,\ s_3 = \sin(2\psi)\sin\Delta\varphi \tag{1.2.27}$$

显然，对于完全偏振波，$s_1^2 + s_2^2 + s_3^2 = 1$。还可以知道，斯托克斯参量与椭圆偏振态方位角 ϕ 和椭圆率角 θ 的关系为

$$\tan(2\phi) = s_2/s_1,\ \sin(2\theta) = -s_3 \tag{1.2.28}$$

因此，部分偏振光的斯托克斯矢量可以表示为

$$\boldsymbol{s} = \begin{bmatrix} s_0 \\ s_1 \\ s_2 \\ s_3 \end{bmatrix} = \begin{bmatrix} 1 \\ \mathrm{DOP}\cdot\cos(2\theta)\cos(2\phi) \\ \mathrm{DOP}\cdot\cos(2\theta)\sin(2\phi) \\ -\mathrm{DOP}\cdot\sin(2\theta) \end{bmatrix} \tag{1.2.29}$$

在庞加莱球上，同一条子午线或称经线(连接南北极的半圆)上的点有相同的方位角，同一纬线上的点有相同的椭圆率角。也就是说，用椭圆方位角和椭圆率角两个角度，就可以表示庞加莱球上的一个点，代表一个偏振态，它的经度和纬度分别为 2ϕ 和 -2θ。庞加莱球的赤道对应不同振动方向的线偏振光，北半球和南半球上的点分别对应于左旋和右旋椭圆偏振光。庞加莱球上关于球心对称的两个偏振态 $\boldsymbol{s}$ 和 $\boldsymbol{s}' = -\boldsymbol{s}$ 相互正交。例如，$(s_1 = \pm 1, 0, 0)$ 分别表示水平和垂直极化的线偏振态，$(0, s_2 = \pm 1, 0)$ 分别表示振动方向为 $\pm 45^\circ$ 的线偏振态，$(0, 0, s_3 = \pm 1)$ 分别表示左旋(LHC)和右旋(RHC)圆偏振态。

当光波经过一个光学器件后，输入和输出斯托克斯矢量之间可通过 4×4 矩阵 $\boldsymbol{M}$ 相联系，该矩阵被称为缪勒(Mueller)矩阵，即 $\boldsymbol{S}_{\text{out}} = \boldsymbol{M}\boldsymbol{S}_{\text{in}}$。例如，光偏振器的缪勒(Mueller)矩阵可以表示为

$$\boldsymbol{M}_{\mathrm{P}} = t_x^2 \begin{bmatrix} 1+r^2 & 1-r^2 & 0 & 0 \\ 1-r^2 & 1+r^2 & 0 & 0 \\ 0 & 0 & 2r & 0 \\ 0 & 0 & 0 & 2r \end{bmatrix} \tag{1.2.30}$$

式中，$r^2 = t_y^2 / t_x^2$ 为偏振器的消光比；t_x 和 t_y 分别为两个正交方向的透射系数。

与式(1.2.24)类似，当偏振器件所在的斯托克斯矢量空间相对于实验室中庞加莱球的 S_3 轴旋转角 $\varPsi$ 时($|\varPsi| \leqslant \pi/2$)，偏振器件的缪勒矩阵变为

$$\boldsymbol{M}(\varPsi) = R(-\varPsi)\boldsymbol{M}(0)R(\varPsi) \tag{1.2.31}$$

式中，旋转矩阵为 $R(\varPsi) = \begin{bmatrix} 1 & 0 & 0 & 0 \\ 0 & \cos(2\varPsi) & \sin(2\varPsi) & 0 \\ 0 & -\sin(2\varPsi) & \cos(2\varPsi) & 0 \\ 0 & 0 & 0 & 1 \end{bmatrix}$。

对于一个完全偏振光，既可以用琼斯矢量表示，也可以用斯托克斯矢量表示，两者之间的关系可用泡利(Pauli)自旋矩阵表达为

$$S_i = \boldsymbol{J}^{\dagger}\boldsymbol{\sigma}_i\boldsymbol{J},\quad i = 0,1,2,3 \tag{1.2.32}$$

式中，$\boldsymbol{J}^{\dagger}$ 表示琼斯矢量 $\boldsymbol{J}$ 的转置共轭；S_i 为斯托克斯参量；泡利(Pauli)自旋矩阵为

$\boldsymbol{\sigma}_0=\begin{bmatrix}1 & 0\\0 & 1\end{bmatrix}$，$\boldsymbol{\sigma}_1=\begin{bmatrix}1 & 0\\0 & -1\end{bmatrix}$，$\boldsymbol{\sigma}_2=\begin{bmatrix}0 & 1\\1 & 0\end{bmatrix}$，$\boldsymbol{\sigma}_3=\begin{bmatrix}0 & -\mathrm{j}\\\mathrm{j} & 0\end{bmatrix}$。利用式(1.2.32)还可以给出琼斯矩阵与缪勒矩阵之间的关系[4]。

可以证明，任意两个偏振态a和b的斯托克斯矢量与琼斯矢量之间满足关系[3]：

$$\left|\boldsymbol{J}_a^*\cdot\boldsymbol{J}_b\right|^2=\frac{1}{2}(1+\boldsymbol{s}_a\cdot\boldsymbol{s}_b) \tag{1.2.33}$$

1.2.4 光波的反射与透射

1. 反射定律与折射定律

空间中媒质特性参数的不连续性会导致电磁波的反射。任意极化波总可以分解为两个正交的线极化波，或者将其视为两者的合成。入射波的波矢量与分界面法向矢量构成的平面称为入射面。当入射波的电场强度与入射平面成任意角度时，可以将其分解为垂直于入射面的电场强度分量(称为垂直极化波或 s 波)和平行于入射平面的电场强度分量(称为平行极化波或 p 波)，如图 1.2.3(a)所示。根据电磁场边值关系，在界面上发生反射和折射过程中，p 波和 s 波相互独立，即入射波为平行极化波时，反射波和透射波只有平行极化分量，不可能产生垂直极化分量，反之亦然。因此，可以分别对 p 波和 s 波加以分析。

为了便于分析，规定两种极化情形的参考振动方向为：p 波和 s 波电场强度$\boldsymbol{E}_\mathrm{p}$和$\boldsymbol{E}_\mathrm{s}$的参考正方向与波矢$\boldsymbol{k}$方向，符合右手直角坐标系关系，如图 1.2.3(a)所示；相应的磁化强度参考方向满足坡印亭矢量$\boldsymbol{E}\times\boldsymbol{H}=\boldsymbol{S}$关系，如图 1.2.3(b)和(c)所示。图 1.2.3(b)为垂直极化情形下电磁场量的正方向选取，媒质中电场强度的参考方向保持一致；图 1.2.3(c)为平行极化情形下电磁场量的正方向选取，媒质中磁场强度的参考方向保持一致。

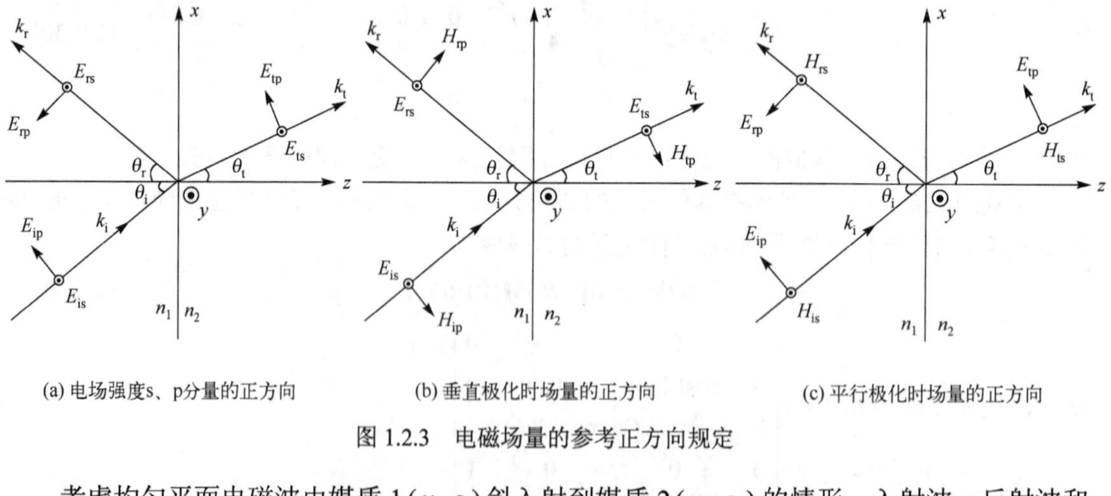

图 1.2.3　电磁场量的参考正方向规定

考虑均匀平面电磁波由媒质 1(μ_1,ε_1)斜入射到媒质 2(μ_2,ε_2)的情形。入射波、反射波和透射波分别用下标$l=\mathrm{i,r,t}$表示，它们的波矢($\boldsymbol{k}_\mathrm{i},\boldsymbol{k}_\mathrm{r},\boldsymbol{k}_\mathrm{t}$)与界面法向的夹角分别用入射角$\theta_\mathrm{i}$、反射角$\theta_\mathrm{r}$和透射角$\theta_\mathrm{t}$表示。将它们的电场强度统一表示为如下形式：

$$\boldsymbol{E}_l(\boldsymbol{r},t)=\boldsymbol{E}_{lm}\mathrm{e}^{\mathrm{j}(\omega_l t-\boldsymbol{k}_l\cdot\boldsymbol{r})},\quad l=\mathrm{i,r,t} \tag{1.2.34}$$

式中，$\boldsymbol{E}_{lm}$ 为电场强度的复振幅矢量(含初相位信息)。

在两种媒质界面上任意点 $\boldsymbol{r}=\boldsymbol{r}_0$ 处，根据电场强度切向分量(τ)连续的条件

$$E_{im}^{(\tau)}\mathrm{e}^{\mathrm{j}(\omega_i t-\boldsymbol{k}_i\cdot\boldsymbol{r}_0)}+E_{rm}^{(\tau)}\mathrm{e}^{\mathrm{j}(\omega_r t-\boldsymbol{k}_r\cdot\boldsymbol{r}_0)}=E_{tm}^{(\tau)}\mathrm{e}^{\mathrm{j}(\omega_t t-\boldsymbol{k}_t\cdot\boldsymbol{r}_0)} \tag{1.2.35}$$

可得如下结论。

(1) 频率关系：$\omega_i=\omega_r=\omega_t$，频率相等，即光子能量守恒；

(2) 相位关系：$k_i\sin\theta_i=k_r\sin\theta_r=k_t\sin\theta_t$，称为相位匹配条件，即动量守恒，意味着三波共面。根据传播常数与媒质折射率之间的关系，有 $k_i=k_r=n_1k_0$ 和 $k_t=n_2k_0$，其中，$k_0=2\pi/\lambda_0$ 为真空中波数。于是，可得斯涅耳(Snell)反射定律和折射定律：

$$\theta_i=\theta_r \tag{1.2.36}$$

$$n_1\sin\theta_i=n_2\sin\theta_t \Leftrightarrow \frac{\sin\theta_t}{\sin\theta_i}=\frac{k_i}{k_t}=\frac{n_1}{n_2} \tag{1.2.37}$$

(3) 幅度关系：$E_{im}^{(\tau)}+E_{rm}^{(\tau)}=E_{tm}^{(\tau)}$，电场强度之间的复振幅(含初相位信息)关系将由菲涅耳公式给出。

2. 菲涅耳公式

定义反射系数 $\varGamma_m=E_{rm}/E_{im}$，透射系数 $\tau_m=E_{tm}/E_{im}$，这里，下标 m 赋予了更多含义，一方面表示复振幅，另一方面表示极化分量 $(m=\mathrm{s,p})$。对于入射波、反射波和透射波都是平面波的情形，根据磁场与电场之间的关系，以及 $\boldsymbol{E}$ 和 $\boldsymbol{H}$ 切向分量连续的边界条件(意味着界面没有面电流)，可推导垂直极化波($\boldsymbol{E}_s,\boldsymbol{H}_p$)和平行极化波($\boldsymbol{E}_p,\boldsymbol{H}_s$)的菲涅耳公式。

垂直极化波以电场量 $\boldsymbol{E}_{ls}(\boldsymbol{r})=\boldsymbol{e}_yE_{lm}\mathrm{e}^{-\mathrm{j}\boldsymbol{k}_l\cdot\boldsymbol{r}}$ $(l=i,r,t)$ 为切入点，如图 1.2.3(b)所示。根据透射和反射系数的定义，它们的复振幅之间满足如下关系：$E_{rm}=\varGamma_sE_{im}$，$E_{tm}=\tau_sE_{im}$；进一步地，可由电场表示磁场，即 $\boldsymbol{H}_{lp}(\boldsymbol{r})=\dfrac{1}{\eta_l}\boldsymbol{e}_{kl}\times\boldsymbol{E}_{ls}(\boldsymbol{r})=(\boldsymbol{e}_{kl}\times\boldsymbol{e}_y)\dfrac{E_{lm}}{\eta_l}\mathrm{e}^{-\mathrm{j}\boldsymbol{k}_l\cdot\boldsymbol{r}}$，则有菲涅耳公式：

$$\begin{cases}\varGamma_s=\dfrac{\eta_2\cos\theta_i-\eta_1\cos\theta_t}{\eta_2\cos\theta_i+\eta_1\cos\theta_t}\\[2ex]\tau_s=1+\varGamma_s=\dfrac{2\eta_2\cos\theta_i}{\eta_2\cos\theta_i+\eta_1\cos\theta_t}\end{cases} \tag{1.2.38}$$

平行极化波以磁场量 $\boldsymbol{H}_{ls}(\boldsymbol{r})=\boldsymbol{e}_yH_{lm}\mathrm{e}^{-\mathrm{j}\boldsymbol{k}_l\cdot\boldsymbol{r}}=\boldsymbol{e}_y\dfrac{E_{lm}}{\eta_l}\mathrm{e}^{-\mathrm{j}\boldsymbol{k}_l\cdot\boldsymbol{r}}$ $(l=\mathrm{i,r,t})$ 为切入点(此处用 E_{lm} 表达)，如图 1.2.3(c)所示。根据透射和反射系数的定义，$E_{rm}=\varGamma_pE_{im}$，$E_{tm}=\tau_pE_{im}$，则磁场量振幅之间满足 $H_{rm}=\varGamma_pH_{im}$，$\eta_tH_{tm}=\tau_p\eta_iH_{im}$。进一步地，可由磁场表示电场，即 $\boldsymbol{E}_{lp}(\boldsymbol{r})=\eta_l\boldsymbol{H}_{ls}(\boldsymbol{r})\times\boldsymbol{e}_{kl}=(\boldsymbol{e}_y\times\boldsymbol{e}_{kl})E_{lm}\mathrm{e}^{-\mathrm{j}\boldsymbol{k}_l\cdot\boldsymbol{r}}$，则有菲涅耳公式：

$$\begin{cases}\varGamma_p=\dfrac{\eta_1\cos\theta_i-\eta_2\cos\theta_t}{\eta_1\cos\theta_i+\eta_2\cos\theta_t}\\[2ex]\tau_p=\dfrac{\eta_2}{\eta_1}(1+\varGamma_p)=\dfrac{2\eta_2\cos\theta_i}{\eta_1\cos\theta_i+\eta_2\cos\theta_t}\end{cases} \tag{1.2.39}$$

显然，根据反射系数与透射系数之间的关系，可知 $\varGamma+\tau\neq1$。需指出的是：①垂直入射

时，平行极化波与垂直极化波的反射系数表达式相反，这是由两者的正方向选取不同造成的，二者本质上是一致的。②对于导电媒质，当两导电媒质的电导率为有限值时，$\boldsymbol{J}_{\rm S}=0$，$\varGamma$ 和 τ 的表达式与理想介质分界面上的反射系数和透射系数公式类似，只是导电媒质的波阻抗为复数，即 $\eta_{\rm c}=\sqrt{\mu/\varepsilon_{\rm c}}=\eta\big/\sqrt{1-{\rm j}\sigma/\omega\varepsilon}$。

对于非磁性媒质（$\mu_1=\mu_2=\mu_0$）情形，式(1.2.38)和式(1.2.39)可进一步简化为

$$\begin{cases}\varGamma_{\rm s}=\dfrac{\cos\theta_{\rm i}-\sqrt{\varepsilon_2/\varepsilon_1-\sin^2\theta_{\rm i}}}{\cos\theta_{\rm i}+\sqrt{\varepsilon_2/\varepsilon_1-\sin^2\theta_{\rm i}}}=-\dfrac{\sin(\theta_{\rm i}-\theta_{\rm t})}{\sin(\theta_{\rm i}+\theta_{\rm t})}\\ \tau_{\rm s}=\dfrac{2\cos\theta_{\rm i}}{\cos\theta_{\rm i}+\sqrt{\varepsilon_2/\varepsilon_1-\sin^2\theta_{\rm i}}}=\dfrac{2\cos\theta_{\rm i}\sin\theta_{\rm t}}{\sin(\theta_{\rm i}+\theta_{\rm t})}\end{cases}\tag{1.2.40}$$

$$\begin{cases}\varGamma_{\rm p}=\dfrac{(\varepsilon_2/\varepsilon_1)\cos\theta_{\rm i}-\sqrt{\varepsilon_2/\varepsilon_1-\sin^2\theta_{\rm i}}}{(\varepsilon_2/\varepsilon_1)\cos\theta_{\rm i}+\sqrt{\varepsilon_2/\varepsilon_1-\sin^2\theta_{\rm i}}}=\dfrac{\tan(\theta_{\rm i}-\theta_{\rm t})}{\tan(\theta_{\rm i}+\theta_{\rm t})}\\ \tau_{\rm p}=\dfrac{2\sqrt{\varepsilon_2/\varepsilon_1}\cos\theta_{\rm i}}{(\varepsilon_2/\varepsilon_1)\cos\theta_{\rm i}+\sqrt{\varepsilon_2/\varepsilon_1-\sin^2\theta_{\rm i}}}=\dfrac{2\cos\theta_{\rm i}\sin\theta_{\rm t}}{\sin(\theta_{\rm i}+\theta_{\rm t})\cos(\theta_{\rm i}-\theta_{\rm t})}\end{cases}\tag{1.2.41}$$

3. 全反射和全透射

由均匀平面波的平均坡印亭矢量定义 $\boldsymbol{S}_{\rm av}=\dfrac{1}{2}{\rm Re}[\boldsymbol{E}\times\boldsymbol{H}^*]=\boldsymbol{e}_z\dfrac{1}{2\eta}|\boldsymbol{E}|^2$ 可知，一束均匀平面电磁波斜入射到介质分界面的光强(单位面积上的功率)为

$$I_{lm}=\boldsymbol{S}_{\rm av}\cdot\boldsymbol{e}_{\rm n}=\frac{1}{2\eta_l}|E_{lm}|^2\cos\theta_l=\frac{1}{2}\sqrt{\frac{\varepsilon_l}{\mu_l}}|E_{lm}|^2\cos\theta_l,\quad l={\rm i,r,t};\ m={\rm s,p}\tag{1.2.42}$$

则反射率 R_m 和透射率 T_m 分别为

$$R_m=\frac{I_{{\rm r}m}}{I_{{\rm i}m}}=|\varGamma_m|^2,\quad T_m=\frac{I_{{\rm t}m}}{I_{{\rm i}m}}=\frac{n_2\cos\theta_{\rm t}}{n_1\cos\theta_{\rm i}}|\tau_m|^2,\quad m={\rm s,p}\tag{1.2.43}$$

显然，反射率等于反射系数模的平方，也就是说，反射率与反射系数有直接的物理对应关系。因此，可用反射系数讨论均匀平面波的全反射或全透射特性。另外，在界面法向，能量的流动特性遵从 $R_m+T_m=1$。

对于 $\varepsilon_1<\varepsilon_2$ 的非磁性介质情形，$\varGamma_m$ 和 τ_m 均为实数，其正、负意味着反射波或透射波的电场与入射波同相、反相。$\varGamma_m$ 和 τ_m 随入射角 $\theta_{\rm i}$ 的变化如图 1.2.4(a)所示，可以看出，透射波与入射波电场同相位（$\tau_m\geqslant0$），垂直极化的反射波与入射波电场反相位（$\varGamma_{\rm s}<0$）。当电磁波由光疏介质正入射到光密介质（$\varepsilon_1<\varepsilon_2$）界面时，如图 1.2.4(b)所示，反射波（$\varGamma_{\rm s}<0,\ \varGamma_{\rm p}>0$）相对于入射波会产生 π 相位突变，这种现象称为半波损失，它在干涉中有重要意义。

对于 $\varepsilon_1>\varepsilon_2$ 的非磁性介质情形，当 $\theta_{\rm i}\leqslant\theta_{\rm c}=\arcsin(k_2/k_1)=\arcsin\sqrt{\varepsilon_2/\varepsilon_1}$ 时，$\varGamma_m$ 和 τ_m 仍为实数。电磁波正入射时，有 $\varGamma_{\rm s}>0,\ \varGamma_{\rm p}<0$，反射波没有半波损失，如图 1.2.5 所示。当 $\theta_{\rm i}\geqslant\theta_{\rm c}$ 时 $\varGamma_m={\rm e}^{-{\rm j}2\delta_m}$，$|\varGamma_m|=1$ 意味着发生了全反射，$\theta_{\rm c}$ 称为全反射临界角（$\theta_{\rm i}=\theta_{\rm c}$ 时，$\varGamma_m=1$）。此

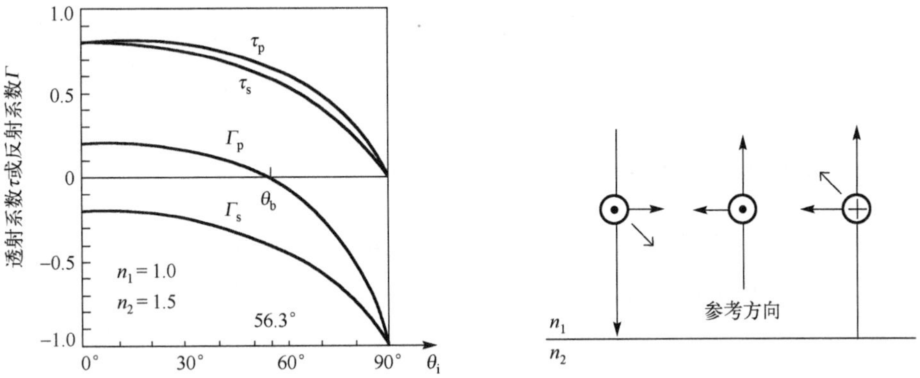

(a) $\varepsilon_1 < \varepsilon_2$时反射与透射系数随入射角的变化　　(b) 正入射时产生π相位突变($n_1 < n_2$)

图 1.2.4　电磁波由光疏介质入射到光密介质的情形[5]

时，反射波相对于入射波有 $-2\delta_m$ 的相移，其中，$\delta_m = \arctan\dfrac{\sqrt{\sin^2\theta_i - \varepsilon_2/\varepsilon_1}}{(\varepsilon_2/\varepsilon_1)^{\delta_{m,p}}\cos\theta_i}$，当 $m = \mathrm{p}$ (TM 波)时，$\delta_{m,p} = 1$；当 $m = \mathrm{s}$ (TE 波)时，$\delta_{m,p} = 0$。因此，电磁波在理想介质界面上发生全反射的条件是由光密介质入射到光疏介质($\varepsilon_1 > \varepsilon_2$)，且

$$\theta_i \geqslant \theta_c = \arcsin\sqrt{\varepsilon_2/\varepsilon_1} \tag{1.2.44}$$

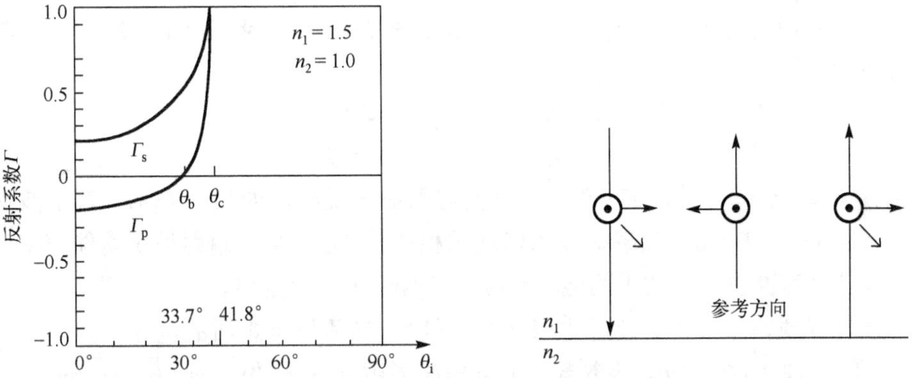

(a) $\varepsilon_1 > \varepsilon_2$时反射系数随入射角的变化　　(b) 正入射时无相位突变($n_1 > n_2$)

图 1.2.5　电磁波由光密介质入射到光疏介质的情形[5]

需指出的是，发生全反射时媒质 2 中仍存在透射波，但不是通常意义上的透射波，而是表面波，它主要存在于分界面附近(第 2 种介质侧的薄层内)，并沿界面方向传播，此时，媒质 2 起着吞吐电磁能量的作用。全反射有着重要的实用价值，根据光纤的内全反射原理可实现光纤通信。

由图 1.2.4 和图 1.2.5 可知，不管 ε_1 和 ε_2 的相对大小如何，当 $\Gamma_p = 0$ 时，平行极化波功率全部透射到媒质 2，称为全透射，对应的入射角称为布儒斯特角(θ_b)，即

$$\theta_i = \theta_b = \arctan\sqrt{\varepsilon_2/\varepsilon_1} \tag{1.2.45}$$

可以证明，透射波矢与反射波矢相互垂直，即 $\theta_t = 90° - \theta_b$ (或 $\theta_b + \theta_t = 90°$)。对于任意极化

的电磁波，当以θ_b入射到两种非磁性媒质分界面上时，反射波中只有垂直极化分量而没有水平极化分量，这样可实现极化滤波的作用，故θ_b又称为极化角。注意，只有p波的反射系数才可能为0。

4. 垂直入射到分界面的情形

假设入射的均匀平面波为线极化波$\boldsymbol{E}_i(z)=\boldsymbol{e}_x E_{im}e^{-\gamma_1 z}$，并沿$\boldsymbol{e}_z$方向垂直入射到媒质分界面（$xOy$平面）。不妨按垂直极化波情形处理，如图1.2.6所示，其中，$\boldsymbol{e}_x$方向为电场强度$\boldsymbol{E}$的参考正方向。

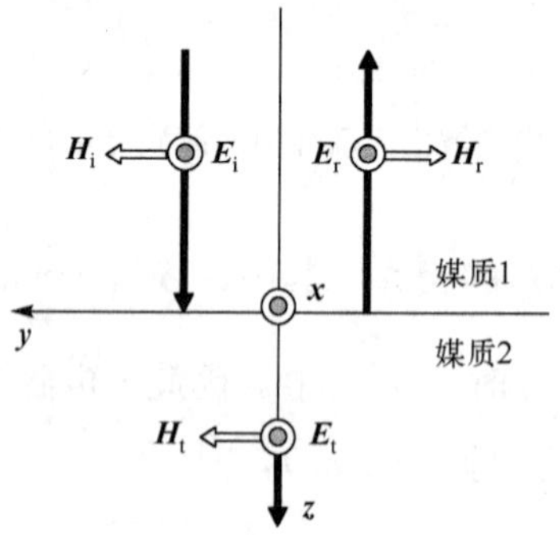

图1.2.6　垂直入射到分界面的情形

对于理想介质情形，由式(1.2.38)可知，由理想介质1入射到理想介质2的反射系数和透射系数分别为

$$\Gamma=\frac{\eta_2-\eta_1}{\eta_2+\eta_1},\quad \tau=\frac{2\eta_2}{\eta_2+\eta_1} \tag{1.2.46}$$

显然，当$\eta_2<\eta_1\ (\varepsilon_1<\varepsilon_2)$时，$\Gamma<0$，反射波与入射波反相，即相位差$\pi$，有半波损失；当$\eta_2>\eta_1\ (\varepsilon_1>\varepsilon_2)$时，$\Gamma>0$，反射波与入射波同相位。可以证明，透射波平均能流密度等于入射波平均能流密度减去反射波平均能流密度，符合能量守恒定律。

对于损耗媒质情形，可类比导电媒质进行处理（当两导电媒质的电导率为有限值时，界面上$\boldsymbol{J}_S=0$），它们的波阻抗均为复数，如导电媒质中$\eta_c=\sqrt{\mu/\varepsilon_c}=\eta\big/\sqrt{1-j\sigma/\omega\varepsilon}$。因此，在损耗媒质分界面上，$\Gamma$和$\tau$的表达式与理想介质情形类似，即

$$\Gamma_s=\frac{E_{rm}}{E_{im}}=\frac{\eta_{2c}-\eta_{1c}}{\eta_{2c}+\eta_{1c}},\quad \tau_s=1+\Gamma_s=\frac{E_{tm}}{E_{im}}=\frac{2\eta_{2c}}{\eta_{2c}+\eta_{1c}} \tag{1.2.47}$$

一般情况下，Γ和τ为复数，表示反射波、透射波与入射波之间存在相位差。

1.2.5　光场的干涉叠加

两束或多束光波在空间相遇时，光场相互叠加，在某些区域始终加强，在另一些区域始终减弱，形成稳定的明暗相间的条纹，称为干涉现象。发生明显干涉现象的条件是：①两束光波的频率相同；②在相遇点，光偏振方向基本一致；③在观察时间内，相位差保持恒定。

在许多干涉结构中，发生干涉的两束光波来自同一光源，只是所经历的延时光路不同，其他量都相同。在这种情况下，光场$\boldsymbol{E}(t)$的时间相干特性可由归一化自相关系数$\gamma(\tau)$描述：

$$\gamma(\tau)=\frac{\left\langle \boldsymbol{E}^{*}(t)\cdot\boldsymbol{E}(t+\tau)\right\rangle}{\sqrt{\left\langle \boldsymbol{E}^{*}(t)\cdot\boldsymbol{E}(t)\right\rangle\left\langle \boldsymbol{E}^{*}(t+\tau)\cdot\boldsymbol{E}(t+\tau)\right\rangle}} \tag{1.2.48}$$

式中，$\langle\bullet\rangle$ 表示对时间求平均；τ 为时延。通常，$|\gamma(\tau)|$ 是关于 τ 的递减函数。若 $\tau\geqslant\tau_c$ 时 $|\gamma(\tau)|=0$，则称 τ_c 为相干时间；相应地，$L_c=v\tau_c$ 为相干长度，v 为光速。当两束光的光程差不超过 L_c 时，可产生干涉条纹。根据维纳-欣钦定理，光场的功率谱密度为自相关函数的傅里叶变换，由此可知单色激光相干时间与其光谱线宽 Δf 呈倒数关系，即

$$\tau_c=\frac{2\pi}{\Delta\omega}=\frac{1}{\Delta f} \tag{1.2.49}$$

在光纤中，频率为ω的两束平面光波沿+z 方向传播，其电场强度分别表示为

$$\boldsymbol{E}_i(x,y,z;t)=\hat{\boldsymbol{p}}_i A_i(z,t) f_i(x,y)\mathrm{e}^{\mathrm{j}[\omega t-\beta_i z+\phi_i(t)]},\quad i=1,2 \tag{1.2.50}$$

式中，$\hat{\boldsymbol{p}}_i$ 和 $f_i(x,y)$ 分别为光波的偏振态和横向分布(空间模式)；β_i、$A_i(z,t)$ 和 $\phi_i(t)$ 分别为光波的传播常数、振幅(实数)和相位。光波的电磁场量满足矢量叠加原理，叠加后总场的瞬时光强(在光学周期 $T=2\pi/\omega$ 内的平均坡印亭矢量大小)为

$$\begin{aligned}I(x,y,z;t)&\propto|\boldsymbol{E}_1+\boldsymbol{E}_2|^2=|\boldsymbol{E}_1|^2+|\boldsymbol{E}_2|^2+2\operatorname{Re}\left(\boldsymbol{E}_1^{*}\cdot\boldsymbol{E}_2\right)\\&=|A_1(z,t)f_1(x,y)|^2+|A_2(z,t)f_2(x,y)|^2\\&\quad+2\{(\hat{\boldsymbol{p}}_1\cdot\hat{\boldsymbol{p}}_2)[f_1(x,y)f_2(x,y)][A_1(z,t)A_2(z,t)]\}\cos[\Delta\beta z-\Delta\phi(t)]\end{aligned} \tag{1.2.51}$$

式中，$\Delta\beta=\beta_1-\beta_2$ 和 $\Delta\phi(t)=\phi_1(t)-\phi_2(t)$ 分别为模式差拍和相位差。式(1.2.51)中最后一项为相干项，它依赖于两个光波的光偏振态、空间模式、振幅(或光功率)和相位关系。

对于连续光波而言，在远大于光学周期的时间 τ_D 内，相干项对平均光强的贡献为[3]

$$I_c\propto 2\{(\hat{\boldsymbol{p}}_1\cdot\hat{\boldsymbol{p}}_2)[f_1(x,y)f_2(x,y)][A_1(z)A_2(z)]\}|\gamma_{12}|\cos(\Delta\beta z-\phi_c) \tag{1.2.52}$$

式中，相干系数 $\gamma_{12}=|\gamma_{12}|\mathrm{e}^{\mathrm{j}\phi_c}=\frac{1}{\tau_D}\int_0^{\tau_D}\mathrm{e}^{-\mathrm{j}\Delta\phi(t)}\mathrm{d}t$ 依赖于相位差的时变特性；τ_D 为检测系统的时间常数。当 $|\gamma_{12}|=1$ 时，两束光波完全相干；当 $|\gamma_{12}|=0$ 时，两束光波完全不相干；其他情形为部分相干。

1.3 各向异性介质中的光波

1.3.1 折射率椭球

介质中不存在传导电流，焦耳损耗功率密度 $p_T=0$，电磁能量守恒定律的微分表达式为 $\partial w/\partial t+\nabla\cdot\boldsymbol{S}=0$，其中，$w=w_m+w_e$ 为电磁能量密度。据此可以证明，均匀透明的电各向异性介质(磁各向同性)的介电张量具有对称性，即 $\varepsilon_{ij}=\varepsilon_{ji}\ (i,j=x,y,z)$，这样，介电张量的 9 个元素只有 6 个是独立的。此时，电能密度可以表示为二次型椭球方程：

$$\begin{aligned}w_e&=\frac{1}{2}\varepsilon_0\sum_{i,j}E_i\varepsilon_{rij}E_j\\&=\frac{1}{2}\varepsilon_0\left(\varepsilon_{rxx}E_x^2+\varepsilon_{ryy}E_y^2+\varepsilon_{rzz}E_z^2+2\varepsilon_{rxy}E_xE_y+2\varepsilon_{ryz}E_yE_z+2\varepsilon_{rzx}E_zE_x\right)\end{aligned} \tag{1.3.1}$$

式中，ε_{rij}为相对介电张量的元素。

在主轴坐标系中，式(1.3.1)简化为

$$w_e = \frac{1}{2}\varepsilon_0(\varepsilon_{rx}E_x^2 + \varepsilon_{ry}E_y^2 + \varepsilon_{rz}E_z^2) = \frac{1}{2\varepsilon_0}\left(\frac{D_x^2}{n_x^2} + \frac{D_y^2}{n_y^2} + \frac{D_z^2}{n_z^2}\right) \tag{1.3.2}$$

式中，$\varepsilon_{rx} = n_x^2, \varepsilon_{ry} = n_y^2, \varepsilon_{rz} = n_z^2$为椭球主轴方向的介电常数；$n_x$、$n_y$、$n_z$称为主折射率。

若令$x = \frac{D_x}{\sqrt{2\varepsilon_0 w_e}}, y = \frac{D_y}{\sqrt{2\varepsilon_0 w_e}}, z = \frac{D_z}{\sqrt{2\varepsilon_0 w_e}}$，则式(1.3.2)可以表示为如下椭球方程：

$$\frac{x^2}{n_x^2} + \frac{y^2}{n_y^2} + \frac{z^2}{n_z^2} = 1 \tag{1.3.3}$$

式(1.3.3)表示折射率椭球(又称光率体)，由晶体的光学性质(主折射率)唯一确定。

折射率椭球是描述晶体光学性质最常用的几何图形，其物理意义是：以椭球中心为原点，椭球面上任意一点的位置矢量的方向和大小分别表示光波电位移矢量方向及其对应的折射率。根据折射率椭球，可分析给定光传播方向所对应的两个特定线振光$\boldsymbol{D}$矢量的折射率。

1.3.2　双折射现象

在均匀的、非磁性的、无源(传导电流密度$J = 0$和自由电荷密度$\rho = 0$)媒质中，若均匀平面波的电磁场矢量$[\boldsymbol{H}, \boldsymbol{E}, \boldsymbol{B}, \boldsymbol{D}]$的传播因子取$e^{j(\omega t - \boldsymbol{k}\cdot\boldsymbol{r})}$形式，则复数形式的麦克斯韦方程组中$\nabla$和$\partial/\partial t$可分别用$-j\boldsymbol{k}$和$j\omega$代替。此时，均匀平面波的传播特性可用如下方程组描述：

$$\begin{cases} \boldsymbol{k} \times \boldsymbol{H} = -\omega \boldsymbol{D} \\ \boldsymbol{k} \times \boldsymbol{E} = \omega \mu_0 \boldsymbol{H} \\ \boldsymbol{k} \cdot \boldsymbol{H} = 0 \\ \boldsymbol{k} \cdot \boldsymbol{D} = 0 \end{cases} \tag{1.3.4}$$

由式(1.3.4)可知，$\boldsymbol{D}$、$\boldsymbol{E}$、$\boldsymbol{k}$、$\boldsymbol{S}$在同一平面内，它们都垂直于$\boldsymbol{H}$，如图1.3.1所示。两组三重正交矢($\boldsymbol{D}$、$\boldsymbol{H}$、$\boldsymbol{k}$)和($\boldsymbol{E}$、$\boldsymbol{H}$、$\boldsymbol{S}$)分别构成右手螺旋正交关系，它们会绕$\boldsymbol{H}$相对旋转一个角度。

根据式(1.3.4)，还可以得到均匀非磁性介质中均匀平面波的波动方程：

$$\begin{aligned} \boldsymbol{D} &= -\frac{\boldsymbol{k} \times \boldsymbol{H}}{\omega} = -\frac{\boldsymbol{k} \times (\boldsymbol{k} \times \boldsymbol{E})}{\omega^2 \mu_0} \\ &= \frac{1}{\omega^2 \mu_0}\left[k^2 \boldsymbol{E} - \boldsymbol{k}(\boldsymbol{k} \cdot \boldsymbol{E})\right] = \varepsilon_0 n^2 \left[\boldsymbol{E} - \boldsymbol{e}_k(\boldsymbol{e}_k \cdot \boldsymbol{E})\right] \end{aligned} \tag{1.3.5}$$

式中，$\boldsymbol{e}_k$为波矢$\boldsymbol{k}$的单位矢量，$k = n\omega/c$；n为光波折射率。

一束单色光入射到各向异性介质(晶体)表面时，在晶体内部可能会产生两束折射率不同的线偏振光，它们的振动方向相互垂直，这种现象称为晶体的双折射。根据式(1.3.5)可以证明，在各向异性介质中，对于一个给定的传播方向$\boldsymbol{e}_k$，有两个不相等的光折射率n_1和n_2，它们对应于两个相互垂直的线振光波$\boldsymbol{D}$矢量，具体确定方法如图1.3.2所示。经过折射率椭球的原点作一个平面，所得截面为椭圆，该截面的法向平行于光波传播方向，椭圆的长、短轴方向即为两个允许存在的光波 $\boldsymbol{D}$ 矢量方向，长、短轴的长度分别等于这两个线振光波的折射率。

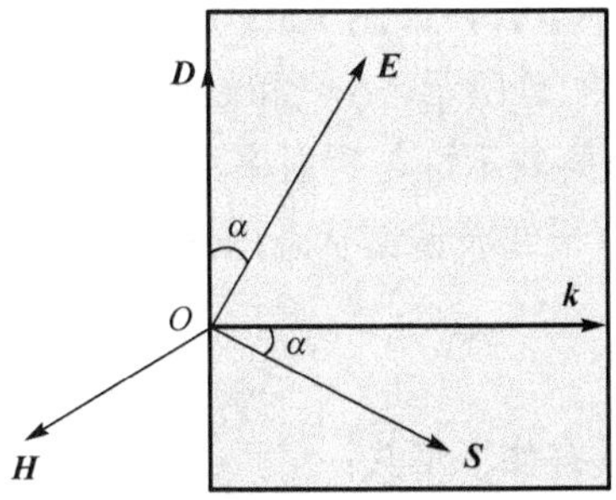

图 1.3.1　各向异性晶体中电磁场量关系

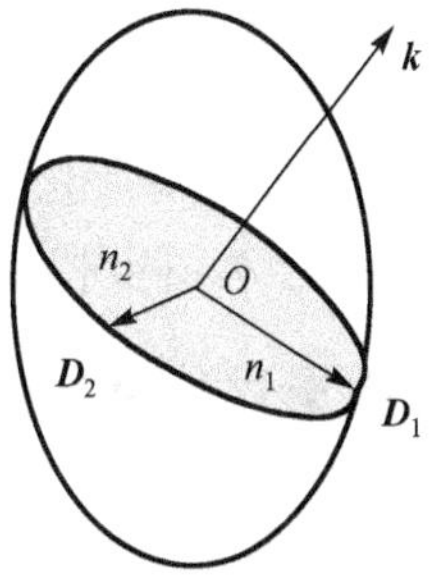

图 1.3.2　晶体的双折射

在主坐标系中，根据主介电常数的不同特征，可将晶体分为各向同性晶体（$\varepsilon_x=\varepsilon_y=\varepsilon_z$，如立方晶系）、单轴晶体（$\varepsilon_x=\varepsilon_y\neq\varepsilon_z$，如三方、四方、六方晶系）和双轴晶体（$\varepsilon_x<\varepsilon_y<\varepsilon_z$，如正交、单斜、三斜晶系）三大类，它们分别有无数个光轴、一个光轴和两个光轴。晶体光轴（c 轴）是指这样的特殊方向，当光沿该方向传播时不发生双折射，即经过折射率椭球中心且垂直于光轴的截面为一个圆。在晶体内部的每一点都可以确定出一条光轴。

人们研究和应用较多的是单轴晶体。对于单轴晶体，主折射率分别为 $n_x=n_y=n_\mathrm{o}$ 和 $n_z=n_\mathrm{e}$，当 $n_\mathrm{e}>n_\mathrm{o}$ 时，称为正单轴晶体，如冰、水晶、硫化锌等；当 $n_\mathrm{e}<n_\mathrm{o}$ 时，称为负单轴晶体，如铌酸锂、方解石、磷酸二氢钾（KDP）等。单轴晶体中，对于任意给定的波矢 $\boldsymbol{k}$，可以有两个不同的折射率，对应着两种特定振动方向的光波，它们的 $\boldsymbol{D}$（或 $\boldsymbol{E}$）矢量彼此垂直。一种是寻常光（o 光），其折射率与波矢方向无关，即 $n'=n_\mathrm{o}$，类似于各向同性介质情形；o 光的电场方向总是垂直于光轴，$\boldsymbol{D}$ 与 $\boldsymbol{E}$ 矢量平行，$\boldsymbol{k}$ 与其光线（$\boldsymbol{S}$）方向一致，如图 1.3.3(a)所示。

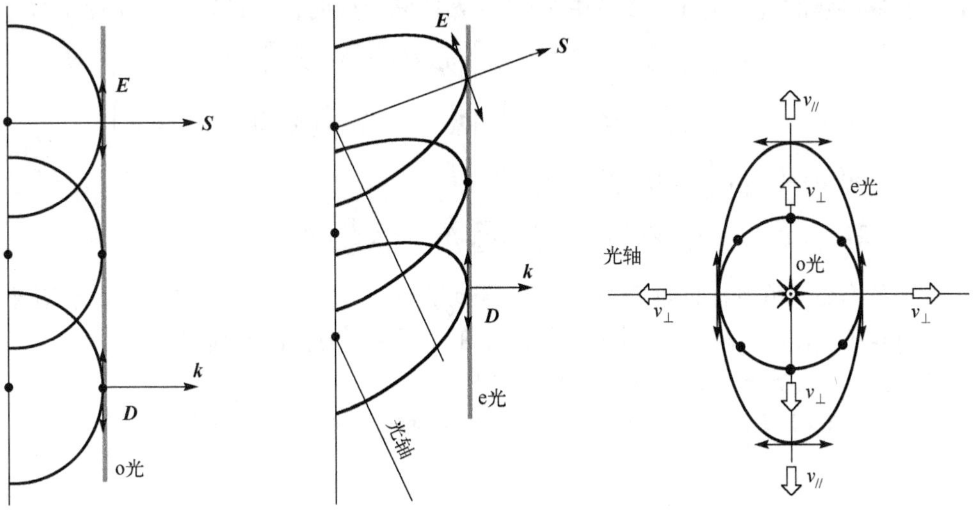

(a) o光的传播　(b) e光的传播　(c) 负单轴晶体中子波传播速度

图 1.3.3　光波在双折射晶体中的传播[6]

另一种是非寻常光(e光)，其折射率 $n''=n_o n_e\Big/\sqrt{n_o^2\sin^2\theta+n_e^2\cos^2\theta}$ 依赖于 $\boldsymbol{k}$ 与光轴(c 轴)的夹角 θ，球面的外法向为相位传播方向($\boldsymbol{k}$)，$\boldsymbol{D}$ 的方向与主截面内球面切线一致。此时，一般情形下，$\boldsymbol{D}$ 与 $\boldsymbol{E}$ 矢量不平行，$\boldsymbol{k}$ 与光线($\boldsymbol{S}$)方向也不重合，如图 1.3.3(b)所示。

光波在负单轴双折射晶体中的传播规律如图 1.3.3(c)所示，o 光和 e 光在光线方向($\boldsymbol{S}$ 方向)的传播速度分别用点光源到圆球面和椭球面的距离表示，与折射率椭球相对应；在光轴方向两个球面相切，两种光具有相同的折射率，此时平面波偏振状态保持不变。

1.3.3　各向异性传播特性

不考虑介质损耗时，晶体的相对介电张量通常具有如下形式：

$$\boldsymbol{\varepsilon}_r=\begin{bmatrix}\varepsilon_{r11} & \varepsilon_{r12} & \varepsilon_{r13}\\ \varepsilon_{r12}^* & \varepsilon_{r22} & \varepsilon_{r23}\\ \varepsilon_{r13}^* & \varepsilon_{r23}^* & \varepsilon_{r33}\end{bmatrix} \tag{1.3.6}$$

利用本构关系 $\boldsymbol{D}=\varepsilon_0\boldsymbol{\varepsilon}_r\cdot\boldsymbol{E}$，由式(1.3.5)可得

$$n_{\text{eff}}^2[\boldsymbol{E}-\boldsymbol{e}_k(\boldsymbol{e}_k\cdot\boldsymbol{E})]-\boldsymbol{\varepsilon}_r\cdot\boldsymbol{E}=0 \tag{1.3.7}$$

这里，光波的有效折射率用 n_{eff} 表示。

式(1.3.7)写成矩阵形式为

$$\begin{bmatrix} n_{\text{eff}}^2(1-\alpha^2)-\varepsilon_{r11} & -n_{\text{eff}}^2\alpha\beta-\varepsilon_{r12} & -n_{\text{eff}}^2\alpha\gamma-\varepsilon_{r13}\\ -n_{\text{eff}}^2\alpha\beta-\varepsilon_{r12}^* & n_{\text{eff}}^2(1-\beta^2)-\varepsilon_{r22} & -n_{\text{eff}}^2\beta\gamma-\varepsilon_{r23}\\ -n_{\text{eff}}^2\alpha\gamma-\varepsilon_{r13}^* & -n_{\text{eff}}^2\beta\gamma-\varepsilon_{r23}^* & n_{\text{eff}}^2(1-\gamma^2)-\varepsilon_{r33}\end{bmatrix}\begin{bmatrix}E_x\\ E_y\\ E_z\end{bmatrix}=0 \tag{1.3.8}$$

式中，α、β、γ 表示波矢 $\boldsymbol{k}$ 相对于坐标轴的方向余弦。

$\boldsymbol{E}$ 具有非零解的条件是式(1.3.8)中 3×3 系数矩阵对应的行列式为 0，由此可得[2]

$$\begin{aligned}&\left[n_{\text{eff}}^2(1-\alpha^2)-\varepsilon_{r11}\right]\left[n_{\text{eff}}^2(1-\beta^2)-\varepsilon_{r22}\right]\left[n_{\text{eff}}^2(1-\gamma^2)-\varepsilon_{r33}\right]\\ &-\left|n_{\text{eff}}^2\beta\gamma+\varepsilon_{r23}\right|^2\left[n_{\text{eff}}^2(1-\alpha^2)-\varepsilon_{r11}\right]-\left|n_{\text{eff}}^2\alpha\beta+\varepsilon_{r12}\right|^2\left[n_{\text{eff}}^2(1-\gamma^2)-\varepsilon_{r33}\right]\\ &-\left|n_{\text{eff}}^2\alpha\gamma+\varepsilon_{r13}\right|^2\left[n_{\text{eff}}^2(1-\beta^2)-\varepsilon_{r22}\right]\\ &-2\,\text{Re}\left[(n_{\text{eff}}^2\alpha\beta+\varepsilon_{r12})(n_{\text{eff}}^2\alpha\gamma+\varepsilon_{r13}^*)(n_{\text{eff}}^2\beta\gamma+\varepsilon_{r23})\right]=0\end{aligned} \tag{1.3.9}$$

在立方对称晶体或各向同性介质中，$\varepsilon_{r11}=\varepsilon_{r22}=\varepsilon_{r33}=\varepsilon_r$；进一步地，考虑非对角元素的影响($\varepsilon_{r12}\neq 0,\ \varepsilon_{r13}=\varepsilon_{r23}=0$)，并分析导波光在如下两个方向的传播特性。

(1) 导波光沿 $+z$ 方向传播($\alpha=\beta=0,\ \gamma=1$)。

由式(1.3.8)可得两个本征模的有效折射率及其对应光场：

$$\begin{cases}n_{\text{eff}}^2=\varepsilon_r\pm|\varepsilon_{r12}|\\ E_y/E_x=\pm\varepsilon_{r12}^*/|\varepsilon_{r12}|=\mathrm{e}^{\mathrm{j}\delta}\end{cases} \tag{1.3.10}$$

当 $\delta=0,\pi$ 时，对应于线偏振光；当 $0<\delta<\pi$ 时，对应于左旋椭圆极化波(LEP)；当 $-\pi<\delta<0$ 时，对应于右旋椭圆极化波(REP)。

特殊地，对于磁光介质中沿光传播方向的磁化情形，$\varepsilon_{r12}=\mathrm{j}\kappa_m\ (\kappa_m>0)$，$E_y/E_x=$

$\mp$j ($\delta=\mp\pi/2$) 分别为右旋圆极化波(RCP)和左旋圆极化波(LCP)，其有效折射率为 $n_{\rm eff}=\sqrt{\varepsilon_{\rm r}\pm|\kappa_m|}$，可用于解释磁光法拉第(Faraday)效应和磁圆双折射现象。

(2) 导波光沿 $+x$ 方向传播($\alpha=1,\ \beta=\gamma=0$)。

由式(1.3.8)可得两个本征模：一个本征模的有效折射率为 $n_{\rm eff}=\sqrt{\varepsilon_{\rm r}-|\varepsilon_{\rm r12}|^2/\varepsilon_{\rm r}}$，对应的场解为 $E_y=-\varepsilon_{\rm r}\varepsilon_{\rm r12}^*E_x/|\varepsilon_{\rm r12}|^2$；另一个本征模的有效折射率为 $n_{\rm eff}=\sqrt{\varepsilon_{\rm r}}$，$E_z$ 为任意值。这种情形对应于垂直于光传播方向的磁化情形，可用于解释磁线振双折射现象，习惯上也称为科顿-穆顿(Cotton-Mouton)效应或瓦格特(Voigt)效应。

1.3.4 介电张量微扰分析

1. 逆介电张量微扰

为了分析附加介电张量微扰对折射率椭球的影响，可引入逆介电张量(inverse permittivity tensor)形式[3]：

$$\boldsymbol{\eta}=\frac{\varepsilon_0}{\boldsymbol{\varepsilon}}=\left(\frac{1}{\boldsymbol{n}^2}\right) \tag{1.3.11}$$

显然，$\boldsymbol{\eta\varepsilon}=\varepsilon_0$。对式(1.3.11)求微分可得附加介电张量为 $\Delta\boldsymbol{\varepsilon}=-\boldsymbol{\varepsilon}(\Delta\boldsymbol{\eta})\boldsymbol{\varepsilon}/\varepsilon_0$，其中，附加逆介电张量为

$$\Delta\boldsymbol{\eta}=\Delta\left(\frac{1}{\boldsymbol{n}^2}\right) \tag{1.3.12}$$

相应的折射率椭球也会改变为

$$\sum_{i,j}\left[\eta_{ij}^{(0)}+(\Delta\boldsymbol{\eta})_{ij}\right]x_ix_j=1 \tag{1.3.13}$$

式中，$\eta_{ij}^{(0)}$ 为无微扰情形的逆介电张量；$(\Delta\boldsymbol{\eta})_{ij}=\Delta(1/\boldsymbol{n}^2)_{ij}$ 为附加逆介电张量，它取决于晶体结构的对称性，以及外场的施加类型和方式等；x_i 和 x_j 对应于 x、y、z 坐标。

若 $\Delta\boldsymbol{\eta}$ 为对称张量，可将其分量形式简记为

$$\begin{cases}(\Delta\eta)_{xx}=\Delta\left(\dfrac{1}{\boldsymbol{n}^2}\right)_{xx}=\Delta\left(\dfrac{1}{\boldsymbol{n}^2}\right)_1, & (\Delta\eta)_{yy}=\Delta\left(\dfrac{1}{\boldsymbol{n}^2}\right)_{yy}=\Delta\left(\dfrac{1}{\boldsymbol{n}^2}\right)_2\\(\Delta\eta)_{zz}=\Delta\left(\dfrac{1}{\boldsymbol{n}^2}\right)_{zz}=\Delta\left(\dfrac{1}{\boldsymbol{n}^2}\right)_3, & (\Delta\eta)_{yz}=\Delta\left(\dfrac{1}{\boldsymbol{n}^2}\right)_{yz}=\Delta\left(\dfrac{1}{\boldsymbol{n}^2}\right)_4\\(\Delta\eta)_{zx}=\Delta\left(\dfrac{1}{\boldsymbol{n}^2}\right)_{zx}=\Delta\left(\dfrac{1}{\boldsymbol{n}^2}\right)_5, & (\Delta\eta)_{xy}=\Delta\left(\dfrac{1}{\boldsymbol{n}^2}\right)_{xy}=\Delta\left(\dfrac{1}{\boldsymbol{n}^2}\right)_6\end{cases} \tag{1.3.14}$$

则主轴坐标系中微扰情形下的折射率椭球为

$$\begin{aligned}&\left[(1/n_x^2)+\Delta(1/\boldsymbol{n}^2)_1\right]x^2+\left[(1/n_y^2)+\Delta(1/\boldsymbol{n}^2)_2\right]y^2+\left[(1/n_z^2)+\Delta(1/\boldsymbol{n}^2)_3\right]z^2\\&+2yz\Delta(1/\boldsymbol{n}^2)_4+2zx\Delta(1/\boldsymbol{n}^2)_5+2xy\Delta(1/\boldsymbol{n}^2)_6=1\end{aligned} \tag{1.3.15}$$

外加电场强度 $\boldsymbol{E}$ 可以引起晶体中电荷的重新分配和晶格的微小变形，称为晶体的光电效应。一般地，施加外部电场时，折射率椭球的主轴方向或主轴长度可能会发生改变，具体依

赖于外加电场的大小和方向。所产生的附加逆介电张量可表示为

$$\begin{bmatrix}\Delta(1/\boldsymbol{n}^2)_1\\ \Delta(1/\boldsymbol{n}^2)_2\\ \Delta(1/\boldsymbol{n}^2)_3\\ \Delta(1/\boldsymbol{n}^2)_4\\ \Delta(1/\boldsymbol{n}^2)_5\\ \Delta(1/\boldsymbol{n}^2)_6\end{bmatrix}=\begin{bmatrix}\gamma_{11} & \gamma_{12} & \gamma_{13}\\ \gamma_{21} & \gamma_{22} & \gamma_{23}\\ \gamma_{31} & \gamma_{32} & \gamma_{33}\\ \gamma_{41} & \gamma_{42} & \gamma_{43}\\ \gamma_{51} & \gamma_{52} & \gamma_{53}\\ \gamma_{61} & \gamma_{62} & \gamma_{63}\end{bmatrix}\begin{bmatrix}E_x\\ E_y\\ E_z\end{bmatrix}=\boldsymbol{\gamma}\cdot\boldsymbol{E} \tag{1.3.16}$$

式中，线性电光系数矩阵$\boldsymbol{\gamma}=[\gamma_{ij}]$有$6\times3=18$个元素，它们的取值依赖于七大晶系的群对称性。注意：反演对称晶体中不存在线性电光效应。

例如，$LiNbO_3$晶体具有$3m$群对称性，其电光系数具有如下形式[3]：

$$\boldsymbol{\gamma}=\begin{bmatrix}0 & \gamma_{12}=-\gamma_{22} & \gamma_{13}\\ 0 & \gamma_{22} & \gamma_{23}=\gamma_{13}\\ 0 & 0 & \gamma_{33}\\ 0 & \gamma_{42}=\gamma_{51} & 0\\ \gamma_{51} & 0 & 0\\ \gamma_{61}=-\gamma_{22} & 0 & 0\end{bmatrix} \tag{1.3.17}$$

$LiNbO_3$晶体为单轴晶体，$n_x=n_y=n_{\mathrm{o}}=2.286$，$n_z=n_{\mathrm{e}}=2.2$。在$z$轴方向施加电场时，式(1.3.15)进一步简化为

$$\left[(1/n_{\mathrm{o}}^2)+\gamma_{13}E_z\right]x^2+\left[(1/n_{\mathrm{o}}^2)+\gamma_{13}E_z\right]y^2+\left[(1/n_{\mathrm{e}}^2)+\gamma_{33}E_z\right]z^2=1 \tag{1.3.18}$$

式中，$\gamma_{13}=9.6\ \mathrm{pm/V}$；$\gamma_{33}=30.9\ \mathrm{pm/V}$。可以看出，外加电场强度$E_z$只是使折射率椭球的各半轴长度发生了变化，仍保持了单轴晶体特性，此时最大的折射率变化为$\Delta n_z=-\dfrac{1}{2}n_{\mathrm{e}}^3\gamma_{33}E_z$。

2. *微扰波动方程*

在光与非磁性媒质($\mu=\mu_0$)的相互作用中，光的电场参量起到了重要作用。将材料的相对介电张量$\boldsymbol{\varepsilon}_{\mathrm{r}}$表示为$\boldsymbol{\varepsilon}_{\mathrm{r}}(\omega)=\varepsilon_{\mathrm{r0}}(\omega)\boldsymbol{I}+\Delta\boldsymbol{\varepsilon}_{\mathrm{r}}(\omega)$，$\Delta\boldsymbol{\varepsilon}_{\mathrm{r}}$项可视为各向同性介质情形下($\varepsilon_{\mathrm{r0}}$)的附加相对介电张量微扰，$\boldsymbol{I}$为单位矩阵。由电位移矢量的定义式

$$\boldsymbol{D}=\varepsilon_0\boldsymbol{E}+\boldsymbol{P}=\varepsilon_0\boldsymbol{\varepsilon}_{\mathrm{r}}\cdot\boldsymbol{E}=\varepsilon_0\varepsilon_{\mathrm{r0}}\boldsymbol{E}+\Delta\boldsymbol{P} \tag{1.3.19}$$

电极化强度微扰可表示为$\Delta\boldsymbol{P}=\varepsilon_0\Delta\boldsymbol{\varepsilon}_{\mathrm{r}}(\omega)\cdot\boldsymbol{E}$。

根据麦克斯韦方程，可得无源空间中波动方程的一般形式：

$$\nabla\times(\nabla\times\boldsymbol{E})=-\mu_0\frac{\partial^2\boldsymbol{D}}{\partial t^2} \tag{1.3.20}$$

进一步地，由$\nabla\cdot\boldsymbol{D}=0$，并利用公式$\nabla\times(\nabla\times\boldsymbol{E})=\nabla(\nabla\cdot\boldsymbol{E})-\nabla^2\boldsymbol{E}$，可得[2]

$$\nabla\cdot\boldsymbol{E}=-[\rho_A/\varepsilon_0+(\nabla\varepsilon_{\mathrm{r0}})\cdot\boldsymbol{E}]/\varepsilon_{\mathrm{r0}} \tag{1.3.21}$$

$$\nabla^2\boldsymbol{E}-\frac{1}{c^2}\frac{\partial^2(\boldsymbol{\varepsilon}_{\mathrm{r}}\cdot\boldsymbol{E})}{\partial t^2}=-\nabla\left[\frac{\rho_A}{\varepsilon_0\varepsilon_{\mathrm{r0}}}+\left(\frac{\nabla\varepsilon_{\mathrm{r0}}}{\varepsilon_{\mathrm{r0}}}\right)\cdot\boldsymbol{E}\right] \tag{1.3.22}$$

式中，c 为真空中光速；$\rho_A = \nabla \cdot (\Delta \boldsymbol{P}) = \varepsilon_0 \sum_{i=1}^{3}\sum_{j=1}^{3}\left[\frac{\partial(\Delta\varepsilon_{\mathrm{r}ij})}{\partial x_i}E_j + (\Delta\varepsilon_{\mathrm{r}ij})\frac{\partial E_j}{\partial x_i}\right]$ 为电极化强度微扰的贡献。

对于均匀介质中（$\nabla\varepsilon_{\mathrm{r0}} = 0$）的微扰情形（$\Delta\boldsymbol{\varepsilon}_{\mathrm{r}} \ll \varepsilon_{\mathrm{r0}}$），式(1.3.22)等号右边的项可以忽略，得到时域微扰波动方程：

$$\nabla^2 \boldsymbol{E} - \frac{1}{v^2}\frac{\partial^2 \boldsymbol{E}}{\partial t^2} = \mu_0 \frac{\partial^2(\Delta \boldsymbol{P})}{\partial t^2} \tag{1.3.23}$$

式中，v 为媒质中光波传播速度。

式(1.3.23)是微扰方法分析电光、磁光、声光、光学非线性等诸多物理效应的理论基础，弱各向异性媒质中光的传播特性也可通过电极化强度微扰进行分析，关键是获得附加相对介电张量微扰 $\Delta\boldsymbol{\varepsilon}_{\mathrm{r}}$ 的具体表达形式。

思　考　题

1.1　光波在透明介质传播时，电极化强度与光波电场强度之间可通过电极化率或介电系数描述。请解释媒质的各向同性和各向异性、光学线性和非线性、均匀和非均匀性的物理含义。

1.2　光波也是电磁波，麦克斯韦方程组、物质本构关系和电磁场边界条件是电磁场与电磁波满足的基本规律，请简述其具体含义。

1.3　光波的电场有时简称为光场，请指出复数表示的时谐光场所代表的实际物理含义，光场采用复数形式表示会带来哪些方便？

1.4　分别用复介电系数(或者复极化率)实部和虚部表示材料折射率 n 和光功率吸收系数 α，并描述 Kramers-Kronig(克拉默斯-克勒尼希)关系。

1.5　写出均匀、线性、各向同性介质中，时谐光场满足的齐次亥姆霍兹方程，并说明关系式 $k = \omega\sqrt{\mu\varepsilon}$ 的重要性。

1.6　请说明麦克斯韦方程、波动方程、亥姆霍兹方程之间的联系。

1.7　均匀平面电磁波为横电磁波(TEM 波)，电场与磁场之间用波阻抗联系，请写出均匀平面电磁波满足的亥姆霍兹方程及其场解的一般形式。

1.8　均匀平面光波的光强和光功率均可由平均坡印亭矢量计算，写出其物理表达式。

1.9　光的偏振态是指给定空间位置处光波电场强度矢端随时间的演化轨迹特征，如何根据光场两个正交分量之间的幅度和相位关系，以及光传播方向判断偏振态？

1.10　光的偏振特性可用解析几何、琼斯矢量、斯托克斯矢量(庞加莱球)等方法进行表示，请加以描述。

1.11　根据两种媒质界面上任意点电场强度切向分量连续的边界条件，可以得到均匀平面波的反射和透射特性，请描述反射定律和折射定律的内容。

1.12　菲涅耳公式给出了反射波、透射波与入射波之间的复振幅关系，具体表达式依赖于光波的垂直极化和平行极化特性，请给出发生半波损失、全反射和全透射现象的条件。

1.13　根据光强的反射率和透射率公式，分析光纤端面的反射和透射特性。

1.14 结合光场表达式，说明发生明显干涉现象的条件；什么是相干时间和相干长度？

1.15 什么是折射率椭球？怎样利用折射率椭球分析双折射晶体中光波的传播规律？

1.16 写出各向异性透明介质中光波电场强度满足的波动方程，并用其分析磁圆双折射和磁线振双折射现象。

1.17 介电张量微扰对折射率椭球的影响可用附加逆介电张量元素简化表示，请分析 $LiNbO_3$ 晶体的线性电光效应。

1.18 无损耗的线性各向同性均匀介质又称为简单媒质，在微扰分析中将复杂媒质视为在简单媒质基础上附加了一个电极化微扰，请写出时域微扰波动方程的一般形式。

参 考 文 献

[1] 谢处方, 饶克谨, 杨显清, 等. 电磁场与电磁波[M]. 5 版. 北京: 高等教育出版社, 2019.

[2] 武保剑. 光通信中的电磁场与波基础[M]. 北京: 科学出版社, 2017.

[3] YARIV A, YEH P. 光子学——现代通信光电子学[M]. 6 版. 陈鹤鸣, 施伟华, 汪静丽, 等译. 北京: 电子工业出版社, 2009.

[4] 廖延彪. 偏振光学[M]. 北京: 科学出版社, 2003.

[5] 叶玉堂, 饶建珍, 肖峻, 等. 光学教程[M]. 北京: 清华大学出版社, 2005.

[6] HECHT E. 光学[M]. 5 版. 秦克诚, 林福成, 译. 北京: 电子工业出版社, 2019.

第 2 章　均匀光导波系统的特点

本章介绍均匀光导波系统的特点，包括波型分类、光导波系统的电磁场分析方法以及光导波模式的一般规律等。均匀光导波系统具有纵向平移不变性，其电磁场量的空间分布在纵向(光传播方向)和横向(垂直于光传播方向)可分离。

首先，以三层平板介质波导为例描述光导波系统的电磁场分析方法，根据麦克斯韦方程和边界条件确定导波光的模场分布及其传播常数满足的特征方程(色散关系)。利用三层平板介质波导模型和等效折射率法，可分析复杂波导结构中导波光的模式特性。接下来，分析平面波导中多模干涉(MMI)特性，总结了 MMI 耦合器一般干涉和约束干涉两种机制下的自成像规律。上述内容在光子芯片的波导结构设计中会用到。最后，根据麦克斯韦方程，推导标量和矢量波动方程，分别用于描述导波光的标量和矢量模式，并给出本征模式的正交性和传播常数互易关系等一般规律。

2.1　光导波系统的波型

导波系统是指引导电磁波沿一定方向传播的装置(或称波导)，被引导的电磁波称为导行波(导波)。若波导的横截面特性(如形状、尺寸、材料性质等)在光传播方向(纵向)不改变，则称为均匀导波系统。可以证明，均匀导波系统中，电场和磁场的横向分布与纵向分布可分离。

直角坐标系中，场矢量 $\boldsymbol{F}=[\boldsymbol{E},\boldsymbol{H}]$ 在无源区域满足的亥姆霍兹方程为

$$\nabla^2 F_i(\boldsymbol{r}_t,z)+k^2 F_i(\boldsymbol{r}_t,z)=0 \tag{2.1.1}$$

式中，$i=t(x,y),z$ 分别表示横向和纵向分量；$\nabla^2=\nabla_t^2+\partial^2/\partial z^2$；$k=\omega\sqrt{\mu\varepsilon}$。对于均匀光导波系统，电磁场量可表示为 $F_i(\boldsymbol{r}_t,z)=f_i(\boldsymbol{r}_t)g_i(z)$，并代入式(2.1.1)，则有

$$\frac{1}{f_i(\boldsymbol{r}_t)}\nabla_t^2 f_i(\boldsymbol{r}_t)+\frac{1}{g_i(z)}\frac{\partial^2 g_i(z)}{\partial z^2}+k^2=0 \tag{2.1.2}$$

若令 $\dfrac{1}{g_i(z)}\dfrac{\partial^2 g_i(z)}{\partial z^2}=\gamma^2$，则 $g_i(z)=g_{im}\mathrm{e}^{\pm\gamma z}$，$g_{im}$ 为待定系数。当 $\gamma=\mathrm{j}\beta$ 为虚数时，对应于导行波，其中，$\mathrm{e}^{-\gamma z}$ 表示沿+z 方向传播。同时，还可以得到电磁场量的横向分布满足的方程：

$$\nabla_t^2 f_i(\boldsymbol{r}_t)+(\gamma^2+k^2)f_i(\boldsymbol{r}_t)=[\nabla_t^2+k_{\mathrm{C}}^2]f_i(\boldsymbol{r}_t)=0 \tag{2.1.3}$$

式中，$k_{\mathrm{C}}=\sqrt{\gamma^2+k^2}$ 为横向波数。利用边界条件，可确定每一个 γ 值所对应的 $f_i(\boldsymbol{r}_t)$。

因此，均匀光导波系统中电磁场量可以表示为 $\boldsymbol{F}(x,y,z)=\boldsymbol{f}(x,y)\mathrm{e}^{-\gamma z}$ 形式。具体讲，在均匀、理想光导波系统中，时谐光波的电磁场量可表示为如下复矢量形式：

$$\begin{cases}\boldsymbol{E}(x,y,z)=\boldsymbol{E}(x,y)\mathrm{e}^{-\gamma z}\\ \boldsymbol{H}(x,y,z)=\boldsymbol{H}(x,y)\mathrm{e}^{-\gamma z}\end{cases} \tag{2.1.4}$$

式中，传播常数γ以及电磁场量的横向分布$\boldsymbol{E}(x,y)$和$\boldsymbol{H}(x,y)$由光导波系统的边界条件确定。

在直角坐标系中，由时谐电磁场满足的麦克斯韦方程可知，均匀光导波系统中所有横向场分量(E_x,E_y,H_x,H_y)均可用两个纵向场分量(E_z,H_z)表示为[1]

$$\begin{cases} H_x = -\dfrac{1}{k_{\mathrm{C}}^2}\left(\gamma\dfrac{\partial H_z}{\partial x} - \mathrm{j}\omega\varepsilon\dfrac{\partial E_z}{\partial y}\right) \\ H_y = -\dfrac{1}{k_{\mathrm{C}}^2}\left(\gamma\dfrac{\partial H_z}{\partial y} + \mathrm{j}\omega\varepsilon\dfrac{\partial E_z}{\partial x}\right) \\ E_x = -\dfrac{1}{k_{\mathrm{C}}^2}\left(\gamma\dfrac{\partial E_z}{\partial x} + \mathrm{j}\omega\mu\dfrac{\partial H_z}{\partial y}\right) \\ E_y = -\dfrac{1}{k_{\mathrm{C}}^2}\left(\gamma\dfrac{\partial E_z}{\partial y} - \mathrm{j}\omega\mu\dfrac{\partial H_z}{\partial x}\right) \end{cases} \tag{2.1.5}$$

式中，纵向场分量(E_z,H_z)的横向分布满足二维亥姆霍兹方程：

$$\nabla_t^2\begin{bmatrix} E_z(\boldsymbol{r}_t) \\ H_z(\boldsymbol{r}_t) \end{bmatrix} + k_{\mathrm{C}}^2\begin{bmatrix} E_z(\boldsymbol{r}_t) \\ H_z(\boldsymbol{r}_t) \end{bmatrix} = 0 \tag{2.1.6}$$

式中，$k_{\mathrm{C}}^2 = \gamma^2 + k^2$；$k = \omega\sqrt{\mu\varepsilon}$。对于导行波情形，要求$\gamma^2 = k_{\mathrm{C}}^2 - k^2 < 0$，即$k > k_{\mathrm{C}}$；此时，$k_{\mathrm{C}}$又称为截止波数，它由波导的形状、尺寸和传播波型决定。根据边界条件可得到传播常数γ满足的特征方程，进而可分析导行波的传播特性，这种分析方法称为纵向场分析法。类似地，也可以在圆柱坐标系中分析光纤中导波光的传播特性。

在均匀波导中，导行电磁波的传播特性依赖于具体的波导结构，所支持的导波类型和模式表示方法也有所不同。根据电场强度和磁场强度的纵向分量存在与否，可将导行电磁波分为如下波型。

(1)横电磁(TEM)波：$H_z = E_z = 0$。由于TEM波没有纵向场分量，因此不能直接用纵向场分析法，可用二维静态场分析法或传输线方程进行分析。

(2)横磁(TM)波：$H_z = 0,\ E_z \neq 0$，故又称为E波。

(3)横电(TE)波：$E_z = 0,\ H_z \neq 0$，故又称为H波。

(4)混合波：$E_z \neq 0,\ H_z \neq 0$，可视为TM波和TE波的叠加。

需指出的是，导波系统支持什么波型，取决于具体的波导类型。例如，空心金属波导等单导体波导可支持TE波和TM波，但不支持TEM波，因为不存在产生横向磁场的纵向传导或位移电流源；同轴波导可支持TE波、TM波、TEM波三种波型；光纤介质波导中可支持TE波、TM波和混合波，但不支持TEM波。

2.2　平板光波导的电磁场分析

光导波系统中光波的传输问题属于电磁场边值问题，即通过求解给定边界条件下电磁波的波动方程，可分析各种光导波系统中电磁场分布和电磁波的传播特性。

介质光波导通常由芯层和包层介质组成。从垂直于光传播方向的波导横截面来看，若场量在横向分布均匀，则介质光波导属于一维波导结构(波导在横向二维无限均匀)，如一维光子晶体等。当芯层宽度远大于芯层厚度时，其可视为在厚度方向受限制，而在宽度方向场量分布均匀的平板波导，属于二维波导结构(波导在宽度方向一维无限均匀)，如三层平板介质波导。实际中，很多光波导结构在芯层厚度和宽度方向上均受到限制，属于三维波导结构，如各种条形波导、光纤等。

2.2.1　均匀平板波导的模式

平板介质波导中只支持 TE 和 TM 两种波型[2]。下面用解析方法分析三层平板波导的传光特性，描述光导波系统的一般分析过程[3]。三层平板介质波导结构(如单层光学薄膜等)通常由空气、薄膜和基底组成，它们的折射率分别为 n_1、n_2 和 n_3，如图 2.2.1 所示。

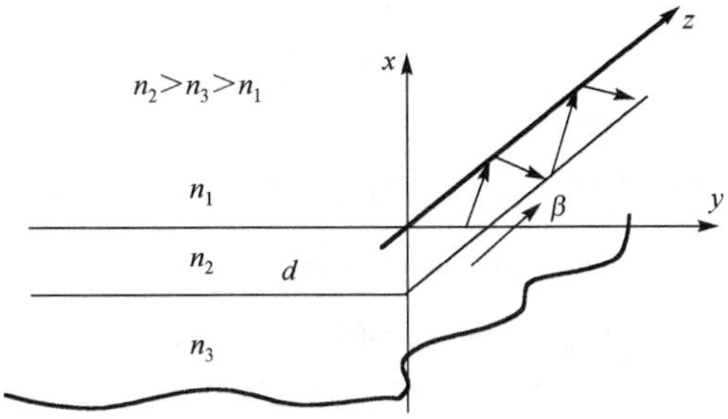

图 2.2.1　三层均匀介质波导

设光导波沿+z 方向传播，波导芯层(中间层)厚度为 d，它在 x 方向受限，y 方向为无限大，对应于二维波导结构情形。这种情形下，**E** 和 **H** 的场解形式与坐标 y 无关($\partial/\partial y=0$)，即

$$\begin{cases}\boldsymbol{E}(x,z,t)=\boldsymbol{E}_m(x)\exp[\mathrm{j}(\omega t-\beta z)]\\ \boldsymbol{H}(x,z,t)=\boldsymbol{H}_m(x)\exp[\mathrm{j}(\omega t-\beta z)]\end{cases} \tag{2.2.1}$$

式中，传播常数 $\beta=n_{\text{eff}}k_0$，n_{eff} 和 k_0 分别为均匀介质波导的有效折射率和真空中光波数；$\boldsymbol{E}_m(x)$ 和 $\boldsymbol{H}_m(x)$ 为电磁场量的横向分布函数。

对于任何无损耗的介质波导(如平板波导、矩形波导和圆柱波导等)都有如下模式正交性：

$$\iint [\boldsymbol{E}^{(l)}\times\boldsymbol{H}^{(m)*}]_z\mathrm{d}x\mathrm{d}y=0,\quad l\neq m \tag{2.2.2}$$

式中，(l) 和 (m) 可以表示导模或辐射模。对于有损耗的波导，由于其传播常数为复数，上述正交性不再成立。

光导波的平均功率等于平均能流密度在波导横截面(xy 平面)上的通量。由于在 y 方向上波导被视为无限，因此计算 y 方向单位长度内传输的电磁功率，沿平板厚度积分可得

$$P=\int_{-\infty}^{+\infty}\boldsymbol{S}_{\text{av}}\cdot\hat{\boldsymbol{e}}_z\mathrm{d}x \tag{2.2.3}$$

式中，$\hat{\boldsymbol{e}}_z$ 为导波光传播方向(z 轴方向)的单位矢量。

1. TE 波

对于 TE 波，只有 E_y、H_x、H_z 分量，它们的横向分布之间有如下关系：

$$H_{zm}(x)=\frac{\mathrm{j}}{\omega_{\mathrm{TE}}\mu}\frac{\partial E_{ym}(x)}{\partial x},\quad H_{xm}(x)=\frac{\beta_{\mathrm{TE}}}{\omega_{\mathrm{TE}}\mu}E_{ym}(x) \tag{2.2.4}$$

式中，TE 波电场分量 E_{ym} 满足的波动方程为

$$\frac{\partial^2}{\partial x^2}E_{ymi}(x)+\gamma_i^2E_{ymi}(x)=0 \tag{2.2.5}$$

式中，$\gamma_i^2=n_i^2k_0^2-\beta_{\mathrm{TE}}^2$，$n_i$ 为相应介质层（$i=1,2,3$）的折射率。

式(2.2.5)的一般形式解为

$$E_{ymi}(x)=A_i\exp(-\mathrm{j}\gamma_i x)+B_i\exp(\mathrm{j}\gamma_i x) \tag{2.2.6}$$

式中，$A_i,B_i(i=1,2,3)$ 为待定系数，由边界条件确定。

对于导行波，芯层中 γ_2 应取实数，而 γ_1 和 γ_3 应取纯虚数，即层 1 和层 3 中为隐失波。令 $\gamma_3=\mathrm{j}p$，$\gamma_2=h$ 和 $\gamma_1=\mathrm{j}q$，其中，$h=\sqrt{n_2^2k_0^2-\beta_{\mathrm{TE}}^2}$，$q=\sqrt{\beta_{\mathrm{TE}}^2-n_1^2k_0^2}$，$p=\sqrt{\beta_{\mathrm{TE}}^2-n_3^2k_0^2}$，$k_0=\omega_{\mathrm{TE}}/c$。将波导芯层中的光场用三角函数表示，式(2.2.6)可重写为

$$\begin{cases}E_{ym3}(x)=A_3\mathrm{e}^{px}+B_3\mathrm{e}^{-px}\\E_{ym2}(x)=A\cos(hx)+B\sin(hx)\\E_{ym1}(x)=A_1\mathrm{e}^{-qx}+B_1\mathrm{e}^{qx}\end{cases} \tag{2.2.7}$$

当 $x\to\pm\infty$ 时，光场幅度不可能为无穷大，因此 $B_1=B_3=0$。其余系数可根据“电场强度和磁场强度的切向分量连续”的边界条件确定。

(1) 电场强度的切向分量连续：在 $z=0$ 界面上，有 $E_{ym2}(0)=E_{ym1}(0)$，得 $A_1=A$；在 $x=-d$ 界面上，有 $E_{ym3}(-d)=E_{ym2}(-d)$，得 $A_3=[A\cos(hd)-B\sin(hd)]\mathrm{e}^{pd}$。

(2) 磁场强度的切向分量连续：在界面 $x=0$ 和 $x=-d$ 处，由边值条件 $H_{zm2}(0)=H_{zm1}(0)$，$H_{zm3}(-d)=H_{zm2}(-d)$ 可得关于系数 A 和 B 的方程组：

$$\begin{cases}qA+hB=0\\\left[h\sin(hd)-p\cos(hd)\right]A+\left[h\cos(hd)+p\sin(hd)\right]B=0\end{cases} \tag{2.2.8}$$

由式(2.2.8)可确定 A、B 之间的关系：$B=-qA/h$。于是，TE 波的电场横向分布函数 $E_{ym}(x)$ 可表示为

$$E_{ym}(x)=\begin{cases}A\mathrm{e}^{-qx}, & 0<x<+\infty\\A\left[\cos(hx)-\dfrac{q}{h}\sin(hx)\right], & -d\leqslant x\leqslant 0\\A\left[\cos(hd)+\dfrac{q}{h}\sin(hd)\right]\mathrm{e}^{p(x+d)}, & -\infty<x<-d\end{cases} \tag{2.2.9}$$

式中，A 可由初始条件确定或由正交归一化条件给出。

同时，根据 A、B 有非零解的条件，可得 TE 波的特征方程(或色散方程)：

$$\tan(hd)=\frac{h(q+b)}{h^2-pq} \tag{2.2.10}$$

由于正切函数的周期性，式(2.2.10)可能存在一系列导模传播常数 $\beta_{\mathrm{TE}}^{(m)}$，$m$ 表示模式指数。

对于 TE 波，$\boldsymbol{S}_{\mathrm{av}}=\dfrac{1}{2}\mathrm{Re}\left[(E_yH_z^*)\hat{\boldsymbol{e}}_x-(E_yH_x^*)\hat{\boldsymbol{e}}_z\right]$，其中，$\hat{\boldsymbol{e}}_x$ 为 x 轴的单位矢量。利用式(2.2.4)和式(2.2.9)，由式(2.2.3)可得 TE 波在 y 方向单位长度的传输功率为

$$
\begin{aligned}
P&=-\frac{1}{2}\int_{-\infty}^{\infty}E_yH_x^*\mathrm{d}x=\frac{\beta_{\mathrm{TE}}}{2\omega_{\mathrm{TE}}\mu}\int_{-\infty}^{\infty}\left[E_{ym}(x)\right]^2\mathrm{d}x\\
&=\frac{\beta_{\mathrm{TE}}A^2}{4\omega_{\mathrm{TE}}\mu h^2}(h^2+q^2)\left[d+\frac{1}{p}+\frac{1}{q}\right]
\end{aligned}
\tag{2.2.11}
$$

若选择 $P=1\mathrm{W}$，即功率归一化，则有

$$
A=2h\sqrt{\frac{\omega_{\mathrm{TE}}\mu}{\left|\beta_{\mathrm{TE}}^{(m)}\right|(d+1/p+1/q)(h^2+q^2)}}
\tag{2.2.12}
$$

此时，$E_{ym}^{(l,m)}(x)$ 满足的模式正交归一化条件为

$$
\int_{-\infty}^{\infty}E_{ym}^{(l)}(x)E_{ym}^{(m)}(x)\mathrm{d}x=\frac{2\omega_{\mathrm{TE}}\mu}{\beta_{\mathrm{TE}}^{(m)}}\delta_{l,m}
\tag{2.2.13}
$$

由式(2.2.13)可知，当 $l=m$ 时，$\int_{-\infty}^{\infty}\left[E_{ym}^{(l)}(x)\right]^2\mathrm{d}x=2Z_{\mathrm{TE}}^{(l)}$)，其中，$Z_{\mathrm{TE}}^{(l)}=\dfrac{\omega_{\mathrm{TE}}\mu}{\beta_{\mathrm{TE}}^{(l)}}$ 为 TE 波的波阻抗，此时 $E_{ym}^{(l)}(x)$ 为功率归一化电场。

一般地，若令 $f(x)=E_{ym}^{(l)}(x)\Big/\sqrt{2Z_{\mathrm{TE}}^{(l)}P}$，则 $\int_{-\infty}^{+\infty}|f(x)|^2\mathrm{d}x=1$，可称 $f(x)$ 为电场 $E_{ym}^{(l)}(x)$ 的归一化分布函数。

2. TM 波

对于 TM 波，只有 H_y、E_x、E_z 分量，它们的横向分布之间有如下关系：

$$
E_{zm}(x)=\frac{-\mathrm{j}}{\omega_{\mathrm{TM}}\varepsilon_0\varepsilon_{\mathrm{r}}}\frac{\partial H_{ym}(x)}{\partial x},\quad E_{xm}(x)=\frac{\beta_{\mathrm{TM}}}{\omega_{\mathrm{TM}}\varepsilon_0\varepsilon_{\mathrm{r}}}H_{ym}(x)
\tag{2.2.14}
$$

式中，TM 波的磁场分量满足的波动方程为

$$
\frac{\partial^2}{\partial x^2}H_{ymi}(x)+\gamma_i^2H_{ymi}(x)=0
\tag{2.2.15}
$$

式中，$\gamma_i^2=n_i^2k_0^2-\beta_{\mathrm{TM}}^2$，$k_0=\omega_{\mathrm{TM}}/c$。

与 TE 波的分析过程类似，根据 TM 波导模存在的条件以及 $x\to\pm\infty$ 时场量有限的条件，可得

$$
\begin{cases}
H_{ym3}(x)=C_3\mathrm{e}^{px}\\
H_{ym2}(x)=C\cos(hx)+D\sin(hx)\\
H_{ym1}(x)=C_1\mathrm{e}^{-qx}
\end{cases}
\tag{2.2.16}
$$

式中，$h=\sqrt{n_2^2k_0^2-\beta_{\mathrm{TM}}^2}$；$q=\sqrt{\beta_{\mathrm{TM}}^2-n_1^2k_0^2}$；$p=\sqrt{\beta_{\mathrm{TM}}^2-n_3^2k_0^2}$。

利用界面 $x=0$ 和 $x=-d$ 处“磁场强度切向分量 $H_{ym}(x)$ 连续”的边界条件可得 $C_1=C$ 和

$C_3 = [C\cos(hd) - D\sin(hd)]\mathrm{e}^{pd}$；利用 $x=0$ 和 $x=-d$ 界面上“电场强度切向分量 $E_{zm}(x)$ 连续”的边界条件，可得如下关于系数 C、D 的方程组：

$$\begin{cases} C\dfrac{q}{n_1^2} + D\dfrac{h}{n_2^2} = 0 \\ C\left[-\dfrac{h}{n_2^2}\sin(hd) + \dfrac{q}{n_1^2}\cos(hd)\right] = D\left[\dfrac{p}{n_3^2}\sin(hd) + \dfrac{h}{n_2^2}\dfrac{p}{q}\dfrac{n_1^2}{n_3^2}\cos(hd)\right] \end{cases} \tag{2.2.17}$$

由式(2.2.17)可确定 C 和 D 之间的关系为 $C=-hD/\overline{q}$。于是，TM 波的磁场横向分布函数 $H_{ym}(x)$ 可表示为

$$H_{ym}(x) = \begin{cases} -\dfrac{h}{\overline{q}}D\mathrm{e}^{-qx}, & 0 < x < +\infty \\ D\left[-\dfrac{h}{\overline{q}}\cos(hx) + \sin(hx)\right], & -d \leqslant x \leqslant 0 \\ -D\left[\dfrac{h}{\overline{q}}\cos(hd) + \sin(hd)\right]\mathrm{e}^{p(x+d)}, & -\infty < x < -d \end{cases} \tag{2.2.18}$$

式中，系数 D 由初始条件或归一化条件确定。

根据 C、D 有非零解的条件可得 TM 波的色散方程：

$$\tan(hd) = \frac{h(\overline{q} + \overline{p})}{h^2 - \overline{p}\overline{q}} \tag{2.2.19}$$

式中，$\overline{p} = \dfrac{n_2^2}{n_3^2}p$；$\overline{q} = \dfrac{n_2^2}{n_1^2}q$。

对于 TM 波，有 $\boldsymbol{S}_{\mathrm{av}} = \dfrac{1}{2}\mathrm{Re}\left[-(E_z H_y^*)\hat{\boldsymbol{e}}_x + (E_x H_y^*)\hat{\boldsymbol{e}}_z\right]$。利用式(2.2.14)和式(2.2.18)，由式(2.2.3)可得 TM 波在 y 方向单位长度的传输功率为

$$\begin{aligned} P &= \frac{1}{2}\int_{-\infty}^{\infty} E_x H_y^* \mathrm{d}x = \frac{\beta_{\mathrm{TM}}}{2\omega_{\mathrm{TM}}\varepsilon_0}\int_{-\infty}^{\infty}\frac{[H_{ym}(x)]^2}{\varepsilon_{\mathrm{r}}}\mathrm{d}x \\ &= \frac{\beta_{\mathrm{TM}}D^2}{4\omega_{\mathrm{TM}}\varepsilon_0}\left[\frac{h^2+\overline{q}^2}{\overline{q}^2}\left(\frac{d}{n_2^2} + \frac{1}{n_3^2 p}\frac{h^2+p^2}{h^2+\overline{p}^2} + \frac{1}{n_1^2 q}\frac{h^2+q^2}{h^2+\overline{q}^2}\right)\right] \end{aligned} \tag{2.2.20}$$

同样地，若选择 $P=1\mathrm{W}$，则有

$$D = 2\sqrt{\frac{\omega_{\mathrm{TM}}\varepsilon_0}{\beta_{\mathrm{TM}}t_{\mathrm{eff}}}} \tag{2.2.21}$$

式中，$t_{\mathrm{eff}} = \dfrac{h^2+\overline{q}^2}{\overline{q}^2}\left(\dfrac{d}{n_2^2} + \dfrac{1}{n_3^2 p}\dfrac{h^2+p^2}{h^2+\overline{p}^2} + \dfrac{1}{n_1^2 q}\dfrac{h^2+q^2}{h^2+\overline{q}^2}\right)$。

由 $H_{ym}^{(l,m)}(x)$ 的正交性 $\dfrac{\beta_{\mathrm{TM}}^{(m)}}{2\omega_{\mathrm{TM}}\varepsilon_0}\displaystyle\int_{-\infty}^{\infty}\frac{1}{n^2}H_{ym}^{(l)}(x)H_{ym}^{(m)*}(x)\mathrm{d}x = P\delta_{l,m}$，可得 $E_{xm}^{(m)}(x)$ 满足的正交归一化条件为

$$\int_{-\infty}^{\infty}\varepsilon_{\mathrm{r}}E_{xm}^{(l)}(x)E_{xm}^{(m)}(x)\mathrm{d}x = \frac{2\beta_{\mathrm{TM}}^{(m)}}{\omega_{\mathrm{TM}}\varepsilon_0}\delta_{l,m} \tag{2.2.22}$$

由式(2.2.22)可知，在弱导近似下，当 $l=m$ 时，$\int_{-\infty}^{\infty}\left[E_{xm}^{(l)}(x)\right]^2\mathrm{d}x=2Z_{\mathrm{TM}}^{(l)}$，其中，$Z_{\mathrm{TM}}^{(l)}=\dfrac{\beta_{\mathrm{TM}}^{(m)}}{\omega_{\mathrm{TM}}\varepsilon}$ 为 TM 波的波阻抗，$\varepsilon=\varepsilon_0\varepsilon_{\mathrm{r}}$ 为材料的介电系数。

2.2.2　TE 波和 TM 波的模式截止特性

导模能够在波导中传输的条件是导模的有效折射率 n_{eff} 满足关系：$n_1\leqslant n_3<n_{\mathrm{eff}}<n_2$。当 $n_{\mathrm{eff}}\leqslant n_3$ 时，导模不复存在时，产生辐射模，即导模截止。当临界截止状态时，$p=\overline{p}=0$。由 TE 和 TM 的色散关系式(2.2.10)和式(2.2.19)可知，第 m 阶导模的截止芯层厚度为

$$d_{\mathrm{c}}^{(m)}=\frac{1}{k_0\sqrt{n_2^2-n_3^2}}(m\pi+\arctan\alpha_{\mathrm{c}})\tag{2.2.23}$$

式中，$\alpha_{\mathrm{c}}=\left(\dfrac{n_2^2}{n_1^2}\right)^{\delta_{\mathrm{TM}}}\sqrt{\dfrac{n_3^2-n_1^2}{n_2^2-n_3^2}}=\sqrt{a}\left(\dfrac{n_2^2}{n_1^2}\right)^{\delta_{\mathrm{TM}}}$，$a=\dfrac{n_3^2-n_1^2}{n_2^2-n_3^2}$ 为非对称参数，当光导波模式为 TM_m 波时，$\delta_{\mathrm{TM}}=1$；否则 $\delta_{\mathrm{TM}}=0$，对应于 TE_m 波。显然，对于相同的导模阶数 m，TE_m 模比 TM_m 模的截止芯层厚度要小。

当波导芯层厚度 $d>d_{\mathrm{c}}^{(m)}$ 时，三层介质波导可支持第 m 阶的导模。由式(2.2.23)可知，相邻导模的截止芯层厚度间距为

$$\Delta d_{\mathrm{c}}=\frac{\lambda_0}{2\sqrt{n_2^2-n_3^2}}\tag{2.2.24}$$

式中，λ_0 为真空中波长。

由式(2.2.23)可知，基模 TE_0 或 TM_0 的截止芯层厚度为

$$d_{\mathrm{c}}^{(0)}=\frac{\lambda_0}{2\pi\sqrt{n_2^2-n_3^2}}\arctan\alpha_{\mathrm{c}}\tag{2.2.25}$$

对于对称型波导($n_1=n_3$)，$d_{\mathrm{c}}^{(0)}=0$，表明基模 TE_0 或 TM_0 总能够在对称型波导中传输。对于非对称型波导($n_1\neq n_3$)，$d_{\mathrm{c}}^{(0)}\neq 0$。

许多实际应用下，$n_1\ll n_3\approx n_2$，此时 $\arctan\alpha_{\mathrm{c}}\approx\pi/2$，则

$$d_{\mathrm{c}}^{(m)}\approx\frac{(2m+1)\lambda_0}{4\sqrt{n_2^2-n_3^2}}=\left(m+\frac{1}{2}\right)\Delta d_{\mathrm{c}}\tag{2.2.26}$$

可以看出，导模阶数 m 越大，或工作波长 λ_0 越大，或芯与包层的折射率差越小，所要求的导模截止芯层厚度也越大；反过来讲，芯层厚度越大，波导中所能传输的导模数就越多。

2.2.3　TE 波和 TM 波的色散曲线

根据 TE 波和 TM 波的色散方程(2.2.10)和方程(2.2.19)，可计算非对称的三层平板波导中导波光的色散曲线，导波光的有效折射率 n_{eff} 随相对芯层厚度 d/λ_0 的变化关系如图 2.2.2 所示，其中，$n_1=1$，$n_2=2$，$n_3=1.7$。TE 波和 TM 波的色散方程也可由几何光学方法加以分析，如图 2.2.3 所示。

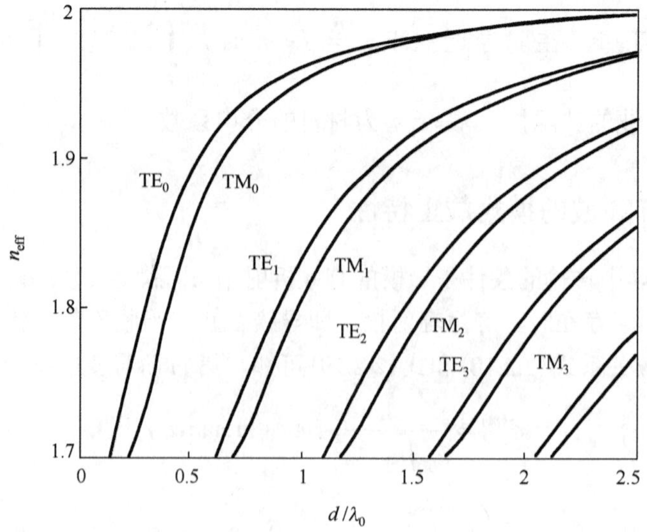

图 2.2.2　三层平板波导中导波光的色散曲线[2]

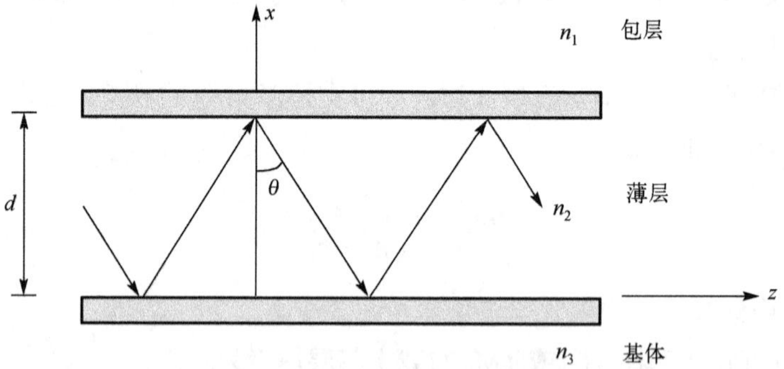

图 2.2.3　三层平板波导中光线的传播[3]

在三层平板波导中，光导模的传播常数 $\beta = n_{eff}k_0 = n_2k_0\sin\theta$，沿厚度方向的相位常数 $h = k_0\sqrt{n_2^2 - n_{eff}^2} = n_2k_0\cos\theta$，其中，$\theta$ 为芯层内光线的入射角或反射角。显然，$\beta^2 + h^2 = (n_2k_0)^2$。设上、下分界面上每次内全反射引起的相移分别为 $2\delta_1$ 和 $2\delta_3$，发生横向谐振的条件是“总相移为 2π 的整数倍”，即

$$2hd - 2\delta_1 - 2\delta_3 = 2\pi m \tag{2.2.27}$$

式中，d 为薄膜厚度，相移量 δ_1 和 δ_3 满足如下关系：

$$\tan\delta_1 = \left(\frac{n_2^2}{n_1^2}\right)^{\delta_{TM}} \frac{\sqrt{(n_2\sin\theta)^2 - n_1^2}}{n_2\cos\theta} = \left(\frac{n_2^2}{n_1^2}\right)^{\delta_{TM}} \sqrt{\frac{n_{eff}^2 - n_1^2}{n_2^2 - n_{eff}^2}} = \left(\frac{n_2^2}{n_1^2}\right)^{\delta_{TM}} \sqrt{\frac{a+b}{1-b}}$$

$$\tan\delta_3 = \left(\frac{n_2^2}{n_3^2}\right)^{\delta_{TM}} \frac{\sqrt{(n_2\sin\theta)^2 - n_3^2}}{n_2\cos\theta} = \left(\frac{n_2^2}{n_3^2}\right)^{\delta_{TM}} \sqrt{\frac{n_{eff}^2 - n_3^2}{n_2^2 - n_{eff}^2}} = \left(\frac{n_2^2}{n_3^2}\right)^{\delta_{TM}} \sqrt{\frac{b}{1-b}}$$

式中，$a = \dfrac{n_3^2 - n_1^2}{n_2^2 - n_3^2}$ 为非对称参数；$b = \dfrac{n_{eff}^2 - n_3^2}{n_2^2 - n_3^2}$ 为归一化传播常数；TM 波时，$\delta_{TM} = 1$；TE 波时，$\delta_{TM} = 0$。

在弱导近似下（$n_2 \approx n_3$），$n_{\text{eff}} = n_3\sqrt{1+b\dfrac{n_2^2-n_3^2}{n_3^2}} \approx n_3 + b(n_2-n_3)$。若令归一化频率 $V=\dfrac{1}{2}k_0 d\sqrt{n_2^2-n_3^2}$，则由式(2.2.27)可得

$$2V\sqrt{1-b} = m\pi + \arctan\left[\left(\frac{n_2^2}{n_1^2}\right)^{\delta_{\text{TM}}}\sqrt{\frac{a+b}{1-b}}\right] + \arctan\left[\left(\frac{n_2^2}{n_3^2}\right)^{\delta_{\text{TM}}}\sqrt{\frac{b}{1-b}}\right] \tag{2.2.28}$$

根据式(2.2.28)可计算 TE_m 波归一化传播常数 b 随归一化频率 V 变化的色散曲线 $b(V)$，如图 2.2.4 所示。在相同的归一化频率下，对称三层平板波导较非对称波导有更大的传播常数。

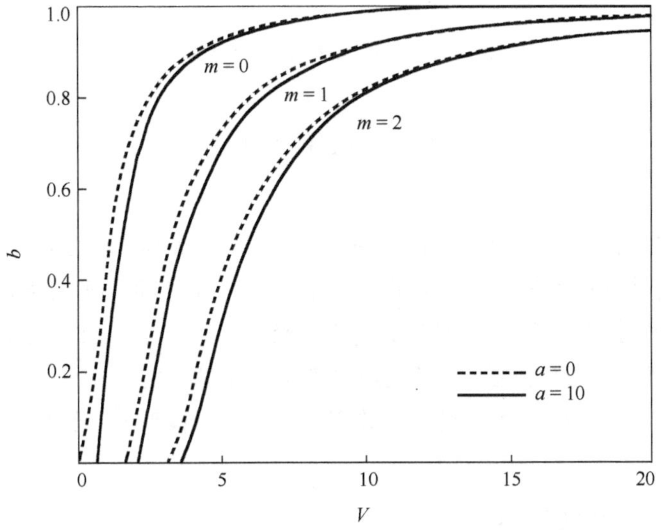

图 2.2.4　TE 波的归一化色散曲线[3]

2.2.4　等效折射率法

复杂结构的条形波导可通过某种近似方法等效为平板波导或矩形波导进行分析。下面以图 2.2.5 所示的脊形波导为例，说明等效折射率法的步骤[3]。

(1) 将脊形波导沿 y 方向对称地将其分为Ⅰ、Ⅱ、Ⅲ三个区域，即将二维受限波导看作 x 方向受限的三层平板波导的组合。

(2) 将三个区域的波导结构均按三层平板波导处理，利用色散关系式(2.2.28)求得归一化传播常数 b_i(i = Ⅰ，Ⅱ，Ⅲ)，进而求出每个区域的有效折射率 $n_{\text{eff}}^{(i)} \approx n_3 + b_i(n_2-n_3)$。

(3) 将脊形波导等效为由Ⅰ、Ⅱ、Ⅲ三个区域组成的 y 方向受限的三层平板波导结构，每层的材料折射率为 $n_i = n_{\text{eff}}^{(i)}$。

(4) 采用与步骤(2)相同的方法，求出等效折射率 $N_{\text{eq}} \approx n_{\text{eff}}^{(\text{Ⅲ})} + b_{\text{eq}}\left[n_{\text{eff}}^{(\text{Ⅱ})} - n_{\text{eff}}^{(\text{Ⅲ})}\right]$，式中，$b_{\text{eq}}$ 为等效归一化传播常数。

类似地，对于矩形波导，首先将其看作 x 方向受限的三层平板介质波导，光导波的传播常数为 $\beta_x = \sqrt{(n_2 k_0)^2 - h_x^2} = n_{\text{eff}} k_0$，其有效折射率用 n_{eff} 表示；然后，将有效折射率 n_{eff} 等效为一个 y 方向受限的三层平板介质波导的材料折射率，此时的等效光导波传播常数等于矩形波

导中光导波的传播常数，即 $\beta=\sqrt{\beta_x^2-h_y^2}=N_{eq}k_0$， N_{eq} 为矩形波导中光导波的等效折射率。可见，矩形波导中光导波的传播常数满足 $\beta^2=(n_2k_0)^2-h_x^2-h_y^2=\beta_x^2-h_y^2$。

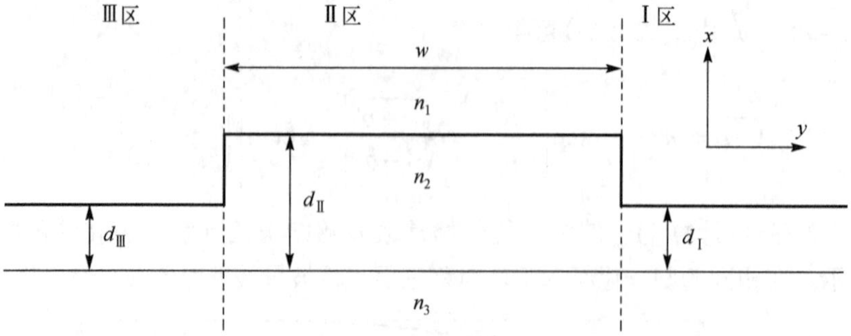

图 2.2.5　脊形波导的等效折射率法

2.3　平面多模干涉耦合器

基于平面波导型的多模干涉(multimode interference, MMI)耦合器在光子集成器件中有着广泛的应用，它具有插入损耗低、频带宽、制作工艺简单和容差性强等优点[4]。多模干涉的发生离不开一个支持多个模式(≥3)的波导。多模波导的一个重要特性是自成像效应，即沿导波光传播方向会周期地产生输入光场的单个或者多个像，它是光波导中激励的多个模式之间相长干涉的结果。为了注入和引出光，通常还有多个单模输入和输出波导与之相连，从而形成多种 MMI 耦合器件。

2.3.1　平面多模干涉结构

对于一个三维的多模波导，当其横截面宽度远大于厚度时，可将其视为二维薄膜波导，在厚度方向仅支持单模。通过等效折射率法，实际的三维多模波导也可以用二维多模波导进行分析。

二维多模波导的结构如图 2.3.1(a)所示，波导横截面宽度为 W，芯层和包层的折射率分别为 n_{co} 和 n_{cl}。导波光模式几乎完全受限在该波导内(强导模)，横向模式分布以半波长为周期，即半波周期的整数倍，如图 2.3.1(b)所示。每个模式在宽度 y 方向的波数 k_{ym} 和沿+z 方向的传播常数 β_m 之间满足色散方程：

$$k_{ym}^2+\beta_m^2=n_{co}^2k_0^2,\quad k_{ym}=(m+1)\pi/W_{em},\quad m=0,1,\cdots,M \tag{2.3.1}$$

式中，$k_0=2\pi/\lambda_0$ 为真空中波数；W_{em} 为模式的有效宽度，与古斯-汉欣(Goos-Hahnchen)边界移动有关。对于芯层和包层折射率差较大的波导，W_{em} 与波导宽度差别很小，可用基模的有效宽度表示为[4]

$$W_{em}\simeq W_e=W+\frac{\lambda_0/\pi}{\sqrt{n_{co}^2-n_{cl}^2}}\left(\frac{n_{cl}}{n_{co}}\right)^{2\delta_{TM}},\quad \delta_{TM}=\begin{cases}0, & \text{TE模}\\ 1, & \text{TM模}\end{cases} \tag{2.3.2}$$

导模传播常数 β_m 非常接近 $n_{co}k_0$，由式(2.3.1)可知 $k_{ym}^2\ll n_{co}^2k_0^2$(傍轴近似)，且有

$$\beta_m \simeq n_{co}k_0 - \frac{(m+1)^2\pi\lambda_0}{4n_{co}W_e^2} = n_{co}k_0 - \frac{(m+1)^2\pi}{3L_\pi} \tag{2.3.3}$$

式中，$L_\pi = \dfrac{\pi}{\beta_0-\beta_1} \simeq \dfrac{4n_{co}W_e^2}{3\lambda_0}$ 为两个最低阶模式之间的拍长。基模与其他导模的传输常数差为

$$\delta_m = \beta_0 - \beta_m = \frac{m(m+2)\pi}{3L_\pi} \tag{2.3.4}$$

相应地，该二维波导所支持的本征导模模场分布如图 2.3.1(b)所示，用正弦函数表示为

$$\psi_{ym} = \sin(k_{ym}y) = \sin\left[\pi(m+1)\frac{y}{W_e}\right] \tag{2.3.5}$$

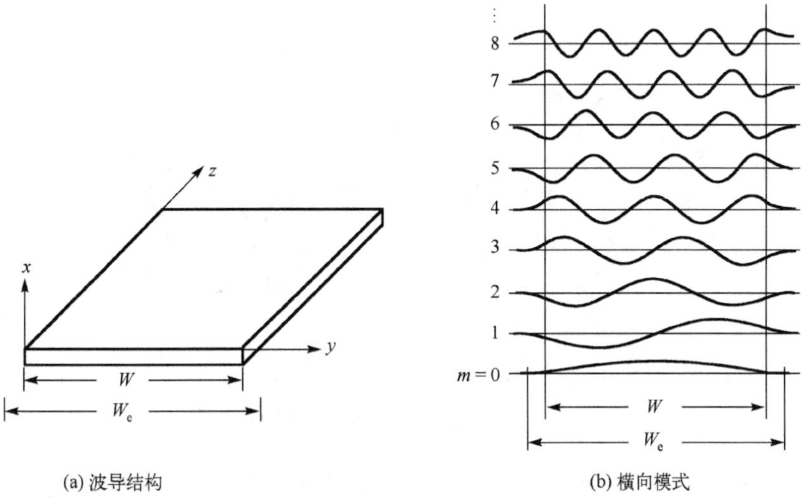

图 2.3.1　二维多模波导结构及其所支持的模式

将光场表示为 $E = \Psi(y,z)\mathrm{e}^{\mathrm{j}(\omega t-\beta_0 z)}$ 形式，β_0 为基模传播常数。将输入光场用所有本征模场(包括导模和辐射模)展开：

$$\Psi(y,0) = \sum_m C_m \psi_{ym}(y) \tag{2.3.6}$$

式中，$C_m = \int \Psi(y,0)\psi_{ym}(y)\mathrm{d}y \Big/ \int \psi_{ym}^2(y)\mathrm{d}y$ 为本征模式激发系数。

当输入光场的空间谱足够窄时，不会激发辐射模，只需考虑导模的叠加。对于位置 z 处的光场 $\Psi(y,z)$，可用强导本征模表示为

$$\Psi(y,z) = \sum_m C_m \psi_{ym}(y)\mathrm{e}^{\mathrm{j}(\beta_0-\beta_m)z} = \sum_m C_m \psi_{ym}(y)\mathrm{e}^{\mathrm{j}\delta_m z} \tag{2.3.7}$$

式中，$\delta_m = \beta_0 - \beta_m = m(m+2)\pi/(3L_\pi)$。由式(2.3.7)可知，$\Psi(y,z=L)$ 的横向分布取决于模式激发系数 C_m 和相位因子 $\mathrm{e}^{\mathrm{j}\delta_m L}$，$L$ 为器件长度。在一定条件下，$\Psi(y,z=L)$ 可重现输入光场的分布，称为自成像效应。

2.3.2　MMI 的自成像效应

通过与模式激发无关的一般干涉机制，或者通过激发一定模式的约束干涉机制，可实现自成像。

1. 一般干涉机制

为了利用傅里叶级数展开并确定自成像位置，对本征模和输入光场在虚拟的 MMI 段进行反对称扩展，然后周期地布满整个 y 轴，如图 2.3.2 所示[5]。以输入光场为例，先将原输入函数 $\Psi(y,0)$ 反对称到 $-W_e \leqslant y \leqslant 0$ 区域，即 $-\Psi(-y,0)$，再以 $2W_e$ 为周期对 $-W_e \leqslant y \leqslant W_e$ 段进行扩展，以方便用正弦函数进行傅里叶级数展开。扩展到整个 y 轴的输入函数可表示为

$$\Psi_{in}(y)=\sum_{k=-\infty}^{\infty}\left[\Psi(y-2W_e k,0)-\Psi(-y+2W_e k,0)\right] \tag{2.3.8}$$

显然，在 $0 \leqslant y \leqslant W_e$ 段，$\Psi_{in}(y)=\Psi(y,0)$，对应于实际的输入光场。

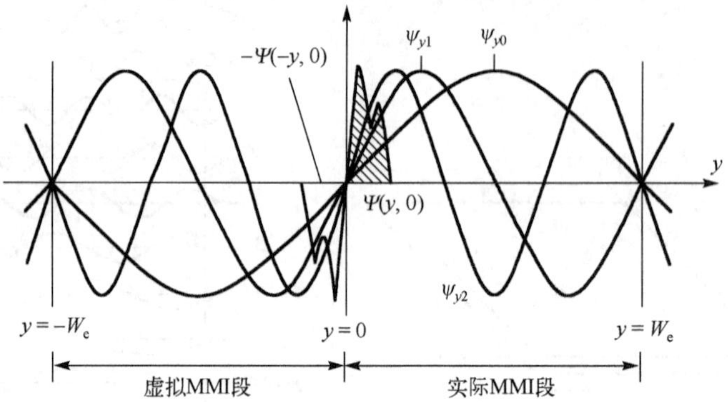

图 2.3.2　输入光场和 MMI 本征模的扩展[5]

与式(2.3.6)和式(2.3.7)类似，对扩展输入函数 $\Psi_{in}(y)$ 和 $z=L_N^{(p)}=(3L_\pi)\cdot p/N$ 处的输出函数 $\Psi_{out}(y,z=L_N^{(p)})$ 用强导本征模场进行展开：

$$\Psi_{in}(y)=\sum_{m=0}^{\infty}a_m\psi_{ym}(y) \tag{2.3.9}$$

$$\Psi_{out}(y,z=L_N^{(p)})=\sum_{m=0}^{\infty}a_m\psi_{ym}(y)e^{j\delta_m L_N^{(p)}}=\frac{1}{C}\sum_{q=0}^{N-1}\Psi_{in}(y-y_q)e^{j\varphi_q} \tag{2.3.10}$$

式中，$a_m=\dfrac{2}{W_e}\int_0^{W_e}\Psi(y,0)\psi_{ym}(y)\mathrm{d}y$；$y_q=W_e(2q-N)p/N$；$\varphi_q=\pi q(N-q)p/N$；$p$ 和 N 为互质的正整数（若 p 和 N 有公共因子，则意味着同一位置的成像有重叠）；$C=\sum_{q=0}^{N-1}\exp\left(-j\pi\dfrac{y_q}{W_e}+j\varphi_q\right)$ 为复归一化常数，由能量守恒条件可知 $|C|=\sqrt{N}$。

由式(2.3.10)可知，当 $z=L_N^{(p)}$ 时，在横向 N 个位置 $y_q(q=0,1,\cdots,N-1)$ 会出现与扩展输入函数分布相同的像，第 q 个像的相位为 φ_q。扩展输入函数的 N 个像都会部分地出现在实际 MMI 段（$0 \leqslant y \leqslant W_e$），对应于实际输入光场 $\Psi(y,0)$ 的 N 个像，一部分像场的分布与输入相同（同像），另一部分则发生了反转（镜像）。

当 p=1 时，器件的长度最短，成像位置及其分布特点如图 2.3.3 所示[5]。在这种情形下，可实现 $N\times N$ 的 MMI 光耦合器，成像过程中输入到输出之间的相移为[4]

$$\varphi_{rs}=\begin{cases}\pi[1+(s-1)(2N+r-s)/(4N)], & (r+s)\text{为偶数}\\ \pi(r+s-1)(2N-r-s+1)/(4N), & (r+s)\text{为奇数}\end{cases}\tag{2.3.11}$$

式中，$N\times N$ MMI 光耦合器的输入波导端口从下到上编号（$r=1,2,\cdots,N$），输出波导端口按相反次序从上到下编号（$s=1,2,\cdots,N$），如图 2.3.4 所示。

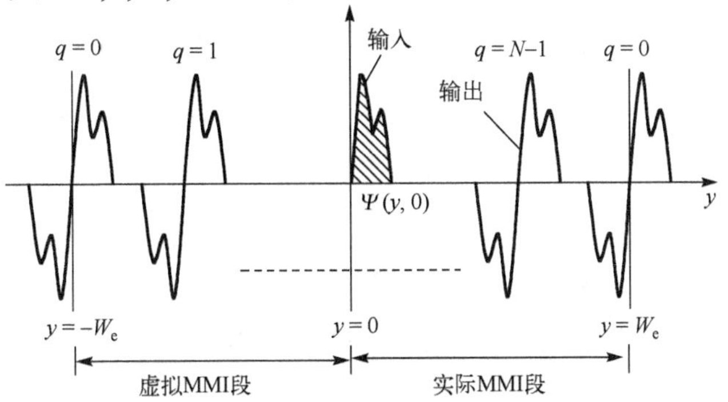

图 2.3.3　当 p=1 时输入光场及其自成像函数分布[5]

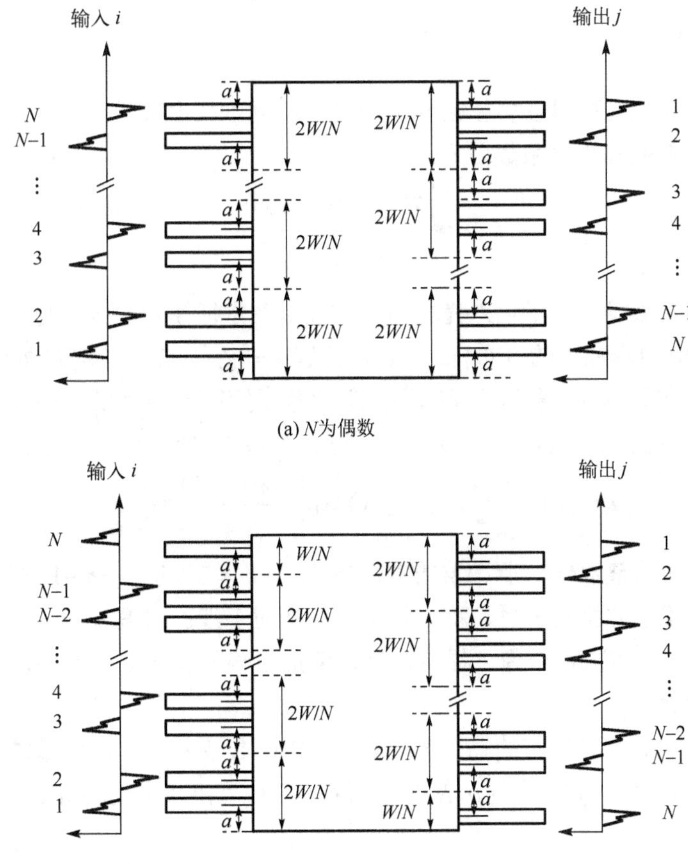

(a) N为偶数

(b) N为奇数

图 2.3.4　MMI 耦合器输入/输出波导的排布[4]

根据式(2.3.10)可分析 MMI 的自成像规律，如图 2.3.5 所示[4]，具体描述如下。

(1) 在 $z=L_1^{(p)}=p(3L_\pi)$ 处可形成单个像（$N=1$）。由 $y_{q=0}=-pW_e$ 和 $\varphi_{q=0}=0$ 可知，当 p 为

奇数时，为镜像分布，像场与输入光场关于 MMI 波导中心轴线（$y=W_e/2$）反对称；当 p 为偶数时，为同像分布，像场与输入光场出现在同一横向位置。

(2) 在 $z=L_2^{(p)}=p(3L_\pi/2)$ 处（p 为奇数），在相邻单像所在的 MMI 长度中间位置，会形成两个像（$N=2$）。由 $y_{q=0,1}=\{-pW_e,\ 0\}$ 和 $\varphi_{q=0,1}=\{0,\ p\pi/2\}$ 可知，存在相位正交的两个像——同像和镜像，其分布关于 MMI 波导中心轴线（$y=W_e/2$）对称。

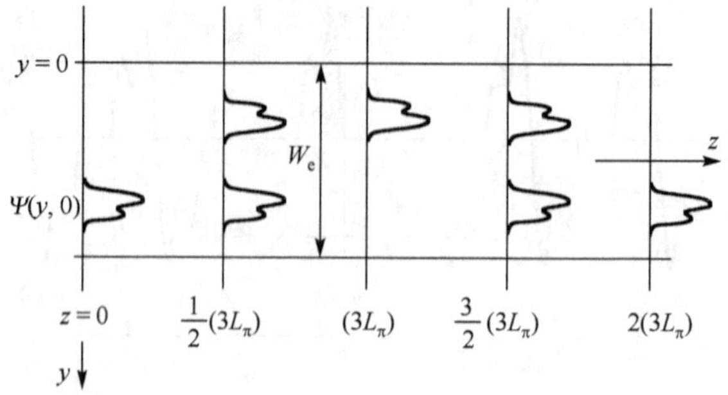

图 2.3.5　MMI 的自成像位置与像场分布特点(忽略相位信息)[4]

2. 约束干涉机制

约束干涉是指输入光场只在多模波导中激发出部分本征模式的干涉情形，与模式的选择性激发相联系。由本征模激发系数公式：

$$C_m=\frac{\int \Psi(y,0)\psi_{ym}(y)\mathrm{d}y}{\int \psi_{ym}^2(y)\mathrm{d}y} \tag{2.3.12}$$

可知，模式的选择性激发依赖于输入光场的对称性以及本征模式的分布特点。

根据图 2.3.1(b) 中本征模的分布特点，若在位置 $y=W_e/3$ 或 $y=2W_e/3$ 处注入一个偶对称分布的光场，则在这些位置具有奇对称性的模式不会被激发，即 $C_m=0$，其中，$m=2,5,8,\cdots,3n-1$（n 为正整数）。进一步地，当 $z=L_\pi\cdot p/N$ 时，由式(2.3.7)可得

$$\Psi(y,z)=\sum_{m\neq 3n-1}C_m\psi_{ym}(y)\exp\left[\mathrm{j}\frac{m(m+2)}{3}\pi\frac{p}{N}\right] \tag{2.3.13}$$

式中，$m(m+2)$ 为 3 的整数倍。所激发的本征模式中（$m\neq 2,5,8,\cdots,3n-1$）每组相邻序号的本征模式对之间有着相似的相对关系，称这种机制为成对干涉。研究表明，成对干涉机制下，在 $z=L_\pi\cdot p/N$ 长度可形成 N 个像。显然，这种情形下输入波导数限制到两个，从而可实现 $2\times N$ 的 MMI 耦合器。

类似地分析，一个对称分布的输入光场在 MMI 中心注入，可以仅激发偶对称模，称这种机制为对称干涉。当 $z=(3L_\pi/4)\cdot p/N$ 时，可在 MMI 宽度上对称地形成 N 个像，像场可表示为

$$\Psi(y,z)=\sum_{m=2n}C_m\psi_{ym}(y)\exp\left[\mathrm{j}\frac{m(m+2)}{4}\pi\frac{p}{N}\right] \tag{2.3.14}$$

式中，$m(m+2)$ 为 4 的整数倍。采用对称干涉机制，可实现 $1\times N$ 的光分路器，经验表明多模波导至少支持 $N+1$ 个模式[4]。

2.4　光导波模式一般规律

2.4.1　矢量波动方程

在非磁性介质中，当时谐场取 $\mathrm{e}^{-\mathrm{i}\omega t}$ 形式时，无源空间（$\rho=0, J=0$）的麦克斯韦方程可表示为

$$\begin{cases}\nabla\times\boldsymbol{E}=\mathrm{i}\omega\mu_0\boldsymbol{H}\\ \nabla\cdot(\boldsymbol{n}^2\cdot\boldsymbol{E})=0\\ \nabla\times\boldsymbol{H}=-\mathrm{i}\omega\varepsilon_0(\boldsymbol{n}^2\cdot\boldsymbol{E})\\ \nabla\cdot\boldsymbol{H}=0\end{cases} \tag{2.4.1}$$

式中，$\boldsymbol{n}^2=\boldsymbol{\varepsilon}_\mathrm{r}$ 表示介电张量。

由式(2.4.1)可得亥姆霍兹(Helmholtz)方程一般形式为

$$\nabla^2\boldsymbol{E}+k_0^2(\boldsymbol{n}^2\cdot\boldsymbol{E})=\nabla(\nabla\cdot\boldsymbol{E}) \tag{2.4.2}$$

式中，$k_0=\omega/c$ 为真空中波数，拉普拉斯算符 $\nabla^2\boldsymbol{E}=\nabla_t^2\boldsymbol{E}_t+\hat{\boldsymbol{z}}\nabla_t^2E_z+\dfrac{\partial\boldsymbol{E}}{\partial z^2}$，并有[6]

$$\begin{aligned}\nabla_t^2\boldsymbol{E}_t&=\nabla_t^2\begin{bmatrix}E_x\\E_y\end{bmatrix}_{\text{直角坐标系}}=\nabla_t^2\begin{bmatrix}E_+\\E_-\end{bmatrix}_{\text{左右旋圆坐标系}}\\&=\begin{bmatrix}\nabla_t^2-\dfrac{1}{r^2} & \dfrac{-2}{r^2}\dfrac{\partial}{\partial\phi}\\ \dfrac{2}{r^2}\dfrac{\partial}{\partial\phi} & \nabla_t^2-\dfrac{1}{r^2}\end{bmatrix}\begin{bmatrix}E_r\\E_\phi\end{bmatrix}_{\text{柱极坐标系}}\end{aligned} \tag{2.4.3}$$

由式(2.4.3)可知，算符 $\nabla_t^2\boldsymbol{E}_t$ 不会使直角坐标系中的线偏振(LP)或左右旋圆坐标中的圆偏振(CP)分量发生耦合，但会使圆柱极坐标系中的电场分量发生耦合。式(2.4.2)第二项 $k^2(\boldsymbol{n}^2\cdot\boldsymbol{E})$ 表明，在各向异性媒质中，偏振依赖性占主导；对角各向异性使每个电场偏振分量有不同的折射率，非对角各向异性使电场偏振分量发生耦合。各向同性媒质中，$\nabla(\nabla\cdot\boldsymbol{E})=-\nabla(\boldsymbol{E}\cdot\nabla\ln n^2)$。

对于沿+z 方向均匀的平移不变波导(均匀波导)，电场复振幅的纵向和横向空间依赖性可分离，即

$$\boldsymbol{E}(\boldsymbol{r}_t,z;t)=\left[\boldsymbol{e}_t(\boldsymbol{r}_t)+\hat{\boldsymbol{z}}e_z(\boldsymbol{r}_t)\right]\mathrm{e}^{\mathrm{i}(\beta z-\omega t)} \tag{2.4.4}$$

式中，$\boldsymbol{r}_t=(x,y)=(r_+,r_-)=(r,\phi)$ 分别为三种坐标系中场点的横向坐标；$\boldsymbol{e}_t$ 和 e_z 分别为横截面上电场的横向和纵向分量，即 $\boldsymbol{e}=\boldsymbol{e}_t+\hat{\boldsymbol{z}}e_z$。其他场量也有类似形式。

进一步地，由式(2.4.2)可得各向异性介质中波动方程的一般形式为[6]

$$[\nabla_t^2+k_0^2\boldsymbol{n}^2(\boldsymbol{r}_t)-\beta^2]\boldsymbol{e}(\boldsymbol{r}_t)=(\nabla_t+\mathrm{i}\beta\hat{\boldsymbol{z}})\left[(\nabla_t\cdot\boldsymbol{e}_t)+\mathrm{i}\beta e_z\right] \tag{2.4.5}$$

对于各向同性介质情形，由式(2.4.1)的第二个方程可知 $e_z(\boldsymbol{r}_t)=\mathrm{i}(\beta n^2)^{-1}\nabla_t\cdot(n^2\boldsymbol{e}_t)$，代入式(2.4.5)消去 e_z 分量，可得如下矢量波动方程(VWE)：

$$\left[\nabla_t^2 + k_0^2 n^2(\boldsymbol{r}_t) - \beta^2\right]\boldsymbol{e}_t(\boldsymbol{r}_t) = -\nabla_t\left[\boldsymbol{e}_t \cdot \nabla_t \ln n^2(\boldsymbol{r}_t)\right] \tag{2.4.6}$$

该式表示横向电场分量 $\boldsymbol{e}_t$ 对横向坐标 $\boldsymbol{r}_t$ 的依赖性。显然，式(2.4.6)的右边项 $\hat{H}_{\text{pol}}\boldsymbol{e}_t = -\nabla_t[\boldsymbol{e}_t \cdot \nabla_t \ln n^2(\boldsymbol{r}_t)]$ 会导致各向同性介质中光的偏振效应。在弱导近似下，当折射率分布为 $n^2(\boldsymbol{r}_t) = n_{\text{co}}^2[1 - 2\varDelta f(\boldsymbol{r}_t)]$ 时，$\nabla_t \ln n^2(\boldsymbol{r}_t) \approx -2\varDelta\nabla_t f(\boldsymbol{r}_t)$，其中，相对折射率差 $\varDelta = \frac{1}{2}\left(1 - n_{\text{cl}}^2/n_{\text{co}}^2\right) \approx \frac{n_{\text{co}} - n_{\text{cl}}}{n_{\text{co}}} \ll 1$，$f(\boldsymbol{r}_t)$ 为分布函数。

当忽略 $\hat{H}_{\text{pol}}\boldsymbol{e}_t$ 时，直角(或圆)坐标系中两个 LP(或 CP)偏振分量不会发生耦合，对应于偏振无关的传播。若用 $\psi(\boldsymbol{r}_t)$ 代表 $\boldsymbol{e}_t(\boldsymbol{r}_t)$ 的相互正交偏振分量，则式(2.4.6)可简化为如下标量波动方程(SWE)：

$$\left[\nabla_t^2 + k_0^2 n^2(\boldsymbol{r}_t) - \beta^2\right]\psi(\boldsymbol{r}_t) = 0 \tag{2.4.7}$$

显然，$\boldsymbol{e}_t(\boldsymbol{r}_t)$ 的两个偏振分量有着相同的传播常数，对应两个简并的模态。

在微扰近似处理方法中，各向同性介质情形下矢量波动方程式(2.4.6)的解可以用标量波动方程(2.4.7)的解来组合构建，其中矢量波动方程中 $\hat{H}_{\text{pol}}\boldsymbol{e}_t$ 的存在必然导致特殊的线性组合。值得指出的是，对于对角各向异性媒质情形($n_1 \neq n_2$)，两个 LP 或 CP 分量满足不同的标量波动方程，它们对应不同的传播常数，称为线双折射或圆双折射；在这种非简并情形下，矢量波动方程的解不能通过相应标量波动方程解的线性组合来构建[6]。

根据麦克斯韦方程(2.4.1)，各向同性波导中其他场量也可由横向电场分量 $\boldsymbol{e}_t$ 表达，即

$$\begin{cases} e_z(\boldsymbol{r}_t) = \mathrm{i}(\beta n^2)^{-1}\nabla_t \cdot (n^2\boldsymbol{e}_t) = \mathrm{i}\beta^{-1}\left[\nabla_t \cdot \boldsymbol{e}_t + (\boldsymbol{e}_t \cdot \nabla_t)\ln n^2\right] \\ \boldsymbol{h}_t = (\omega\mu_0)^{-1}\hat{\boldsymbol{z}} \times (\beta\boldsymbol{e}_t + \mathrm{i}\nabla_t e_z) \\ h_z = \mathrm{i}\beta^{-1}\nabla_t \cdot \boldsymbol{h}_t \end{cases} \tag{2.4.8}$$

由式(2.4.8)可知，对于无材料吸收的波导情形(n 为实数)，若光场的横向分量($\boldsymbol{e}_t, \boldsymbol{h}_t$)都取实数，则纵向场量($e_z, h_z$)应取虚数。因此，多数文献按此惯例，用实数形式给出横向分量($\boldsymbol{e}_t, \boldsymbol{h}_t$)的表达式。与式(2.4.4)相对应，对于反向传播光场，在 $\beta_- \to -\beta_+ = -\beta$ 变换下，若保持 $\boldsymbol{e}_t$ 的表达式不变，则正反向传播光场量之间具有如下关系[7]：

$$\boldsymbol{e}_- = \boldsymbol{e}_{t+} - \hat{\boldsymbol{z}}e_{z+}, \quad \boldsymbol{h}_- = -\boldsymbol{h}_{t+} + \hat{\boldsymbol{z}}h_{z+} \tag{2.4.9}$$

式中，下标“±”表示正反向传播光波的电磁场量。可见，在上述约定下，非吸收波导中有 $\boldsymbol{e}_- = (\boldsymbol{e}_+)^*$，$\boldsymbol{h}_- = (-\boldsymbol{h}_+)^*$。

2.4.2 互易定理及其应用

互易定理描述了满足麦克斯韦方程组的两个场解之间的积分关系。互易定理的二维形式非常适合分析平移不变波导(均匀波导)的模式特性，可用于证明模式正交性，推导耦合模方程、传播常数和群速的表达式等。

互易定理有共轭($\boldsymbol{F}_{\text{c}} = \boldsymbol{E}_1 \times \boldsymbol{H}_2^* + \boldsymbol{E}_2^* \times \boldsymbol{H}_1$)和非共轭($\boldsymbol{F} = \boldsymbol{E}_1 \times \boldsymbol{H}_2 - \boldsymbol{E}_2 \times \boldsymbol{H}_1$)两种形式，下标 1、2 对应两个不同波导的场量。二维互易定理的两种形式可统一表示为[7]

$$\frac{\partial}{\partial z}\int_{A\infty}\begin{bmatrix}\boldsymbol{F}_{\mathrm{c}}\cdot\hat{z}\\ \boldsymbol{F}\cdot\hat{z}\end{bmatrix}\mathrm{d}A=\int_{A\infty}\begin{bmatrix}\nabla\cdot\boldsymbol{F}_{\mathrm{c}}\\ \nabla\cdot\boldsymbol{F}\end{bmatrix}\mathrm{d}A \tag{2.4.10}$$

式中，$A\infty$ 表示对整个横截面积分。

共轭形式可用能流密度进行物理解释，较为常用。互易定理共轭形式是在无吸收波导条件下进行推导的，也适用于弱吸收波导。实际波导中材料吸收效应非常小，可将其作为无吸收波导基础上的微扰进行处理。

1. 模式正交性

根据互易定理的共轭形式，可推导无吸收波导中沿$+z$ 方向传播的任意两个模式j 和 k(导模或辐射模)的正交性：

$$\int_{A\infty}(\boldsymbol{e}_j\times\boldsymbol{h}_k^*)\cdot\hat{z}\mathrm{d}A=\int_{A\infty}(\boldsymbol{e}_k^*\times\boldsymbol{h}_j)\cdot\hat{z}\mathrm{d}A=0 \tag{2.4.11}$$

每个导模与所有的辐射模也是正交的。式(2.4.11)常用于耦合模方程的推导中。

根据互易定理的非共轭形式，可推导吸收波导情形下模式的正交性：

$$\int_{A\infty}(\boldsymbol{e}_j\times\boldsymbol{h}_k)\cdot\hat{z}\mathrm{d}A=\int_{A\infty}(\boldsymbol{e}_k\times\boldsymbol{h}_j)\cdot\hat{z}\mathrm{d}A=0 \tag{2.4.12}$$

按照前面的约定，横向场分量都是实数，这样可将式(2.4.11)中复数共轭符号去掉，便于与式(2.4.12)有相同的形式。因此，式(2.4.12)也适用于无吸收波导情形。

2. 模式的传播常数

考虑具有相同空间模式的正向和反向传播的两个光波，由共轭形式的互易定理可推导各向同性、吸收波导中光波的传播常数[7]：

$$\beta=\frac{k_0}{2}\int_{A\infty}\left[\sqrt{\mu_0/\varepsilon_0}\boldsymbol{h}^2+\sqrt{\varepsilon_0/\mu_0}(n^2)^*\boldsymbol{e}^2\right]\mathrm{d}A\Big/\int_{A\infty}(\boldsymbol{e}\times\boldsymbol{h}^*)\cdot\hat{z}\mathrm{d}A \tag{2.4.13}$$

对于无吸收波导，式(2.4.13)可以简化为

$$\beta=k_0\sqrt{\mu_0/\varepsilon_0}\int_{A\infty}n^2(\boldsymbol{e}\times\boldsymbol{h}^*)\cdot\hat{z}\mathrm{d}A\Big/\int_{A\infty}n^2|\boldsymbol{e}|^2\,\mathrm{d}A \tag{2.4.14}$$

3. 传播常数的互易关系

另一种求传播常数的方法是，利用无吸收均匀波导中已知模式$\overline{\boldsymbol{e}}$ 和传播常数 $\overline{\beta}$ ，求另一个波导的模式$\boldsymbol{e}$ 和传播常数 β 。根据互易定理，传播常数 β 用矢量模式表示为[7]

$$\beta=\overline{\beta}+k_0\sqrt{\varepsilon_0/\mu_0}\int_{A\infty}(n^2-\overline{n}^2)\boldsymbol{e}\cdot\overline{\boldsymbol{e}}^*\mathrm{d}A\Big/\int_{A\infty}(\boldsymbol{e}\times\overline{\boldsymbol{h}}^*+\overline{\boldsymbol{e}}^*\times\boldsymbol{h})\cdot\hat{z}\mathrm{d}A \tag{2.4.15}$$

类似地，假设两个波导的模式$\overline{\psi}$ 和 ψ 均满足标量波动方程(2.4.7)，相应的折射率分布和传播常数分别为 $\overline{n}$ (n) 和 $\overline{\beta}$ (β)，则它们之间满足如下互易关系：

$$\beta^2-\overline{\beta}^2=k_0^2\int_{A\infty}(n^2-\overline{n}^2)\psi\overline{\psi}\mathrm{d}A\Big/\int_{A\infty}\psi\overline{\psi}\mathrm{d}A \tag{2.4.16}$$

式中，$A\infty$ 表示对整个横截面积分。

可以证明，式(2.4.16)是式(2.4.15)在弱导极限下的结果，它们可用于对比分析两个波导之间的参数关系，如椭圆光纤与圆光纤、多芯光纤与单芯光纤等；还可以将微扰波导与无

微扰波导进行对比分析，将微扰波导的模场分布用已知的无微扰波导模场分布代替（$\psi \approx \overline{\psi}$），从而计算微扰波导的传播常数 β。

思 考 题

2.1　均匀光波导具有纵向平移不变性，可用纵向场分析方法研究。请写出均匀光导波系统中电场和磁场的纵向分量满足的亥姆霍兹方程，指出导行波的截止条件。

2.2　根据电场强度和磁场强度的纵向分量存在与否，导行电磁波可分为哪几种波型？平板光波导和圆柱形光纤可分别支持哪些导波光波型？

2.3　以三层平板介质波导为例，描述光导波系统的电磁场分析过程，如何根据麦克斯韦方程和边界条件确定导波光的色散方程？

2.4　写出三层平板介质波导中 TE 模和 TM 模电场满足的模式正交和功率归一化条件，比较两种模式的有效折射率随波导参数和工作波长的变化特点。

2.5　三层平板介质波导模型是简化分析复杂波导结构电磁特性的基础，请以脊形波导为例描述等效折射率法。

2.6　多模干涉(MMI)耦合器在光子集成器件中有着广泛的应用，请说明自成像效应的原理。

2.7　说明 MMI 耦合器自成像的一般干涉机制和约束干涉机制特点，总结两种机制下的自成像规律。

2.8　写出各向同性介质组成的均匀波导中导波光满足的矢量波动方程(VWE)，并分析其偏振相关性。

2.9　在无材料吸收的波导中，当导波光场复包络的横向分量都用实数表示时，相应的纵向场量应取虚数，请说明这种选取方式的特点。

2.10　利用电磁互易定理，证明波导中模式的正交性。

2.11　描述两个无吸收均匀波导中模式传播常数的互易关系，并说明它在微扰波导分析中的应用。

参 考 文 献

[1] 谢处方, 饶克谨, 杨显清, 等. 电磁场与电磁波[M]. 5 版. 北京: 高等教育出版社, 2019.

[2] YARIV A, YEH P. 光子学——现代通信光电子学[M]. 6 版. 陈鹤鸣, 施伟华, 汪静丽, 等译. 北京: 电子工业出版社, 2009.

[3] 武保剑. 光通信中的电磁场与波基础[M]. 北京: 科学出版社, 2017.

[4] SOLDANO L B, PENNINGS E. Optical multi-mode interference devices based on self-imaging: principles and applications[J]. Journal of lightwave technology, 1995, 13(4): 615-627.

[5] BACHMANN M, BESSE P A, MELCHIOR H. General self-imaging properties in N×N multimode interference couplers including phase relations[J]. Applied optics, 1994, 33(18): 3905-3911.

[6] BLACK R J, GAGNON L. Optical waveguide modes: polarization, coupling, and symmetry[M]. 北京: 科学出版社, 2012.

[7] SNYDER A W, LOVE J D. Optical waveguide theory[M]. New York: Chapman and Hall, 1983.

第 3 章　阶跃光纤的导波模式

本章介绍阶跃光纤中导波光的模式和单模光纤的传输特性。首先，采用电磁理论方法推导圆形阶跃光纤中能够支持的 TE 波、TM 波和 HE/EH 混合波三类波型的特征方程，分析导模的截止特性，并给出精确模场的表达式。然后，在弱导近似下分析光纤中导波光的线偏振(LP)解，给出 LP 模式的特征方程和空间分布特点，以及用 LP 模近似构建精确模式的组合规律。最后，介绍单模光纤的传输特性，主要涉及光纤的损耗和色散特性、群速色散引起的光脉冲展宽、偏振模色散和光纤双折射现象，以及偏振主态等概念。

3.1　阶跃光纤中导波光精确模式

3.1.1　光纤模式的电磁理论分析

光导纤维简称光纤，可以按截面折射率分布、光纤中传输模数、材料、工作波长等进行分类。理想阶跃光纤的结构可视为圆柱形均匀介质波导，它由纤芯和包层组成，如图 3.1.1 所示。常用的通信光纤由石英(二氧化硅)制成，通过掺杂可使纤芯折射率 n_1 略大于包层折射率 n_2，单模光纤和多模光纤的相对折射率差 $\Delta=(n_1-n_2)/n_1$ 分别为 0.3%～0.6%和 1%～2%。石英光纤存在 850nm、1310nm 和 1550nm 三个低损耗通信窗口。为了保护裸纤，还会在其表面涂上聚氨基甲酸乙酯或硅酮树脂等涂敷层，外面还有保护套层。

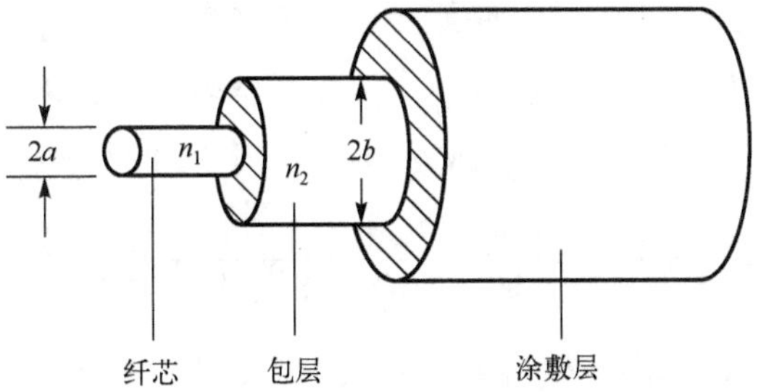

图 3.1.1　阶跃光纤的波导结构

根据光纤传输的模数和折射率分布，光纤可分为阶跃型多模光纤、渐变型多模光纤及阶跃型单模光纤等常用类型。光纤的导光原理可用内全反射加以解释，光能量主要集中在纤芯内传输。光纤中导波光模式可用电磁理论分析，具体步骤如下。

(1) 根据光纤波导的结构和折射率分布特点，选取适当的电磁场量表达式，如均匀波导中可采用分离变量的平面波形式。

(2) 采用纵向场分析方法，根据麦克斯韦方程组，用两个纵向分量(E_z,H_z)表示所有电磁场量的横向分量。

(3) 由纵向分量(E_z,H_z)满足的亥姆霍兹方程和媒质本构关系确定纤芯和包层中纵向分量的横向分布函数(包含若干个待定系数)，并用于表达横向电磁场量。

(4)根据光纤结构的对称性和纤芯/包层边界条件(E_t、H_t、D_n、B_n 连续)，可得到一个关于待定系数的齐次方程组。

(5)令齐次方程组系数矩阵的行列式为 0，可得到模式传播常数满足的特征方程及其对应的待定系数非零解，从而确定模场的具体表达式。

下面采用电磁理论方法分析光纤中导波光波型和模场分布。在圆柱坐标系(r, ϕ, z)中，设光波沿 $+z$ 方向传播，均匀光纤中导波光的电磁场复数形式为

$$\boldsymbol{E}(r,\phi,z)=\boldsymbol{e}(r,\phi)\mathrm{e}^{-\mathrm{j}\beta z},\quad \boldsymbol{H}(r,\phi,z)=\boldsymbol{h}(r,\phi)\mathrm{e}^{-\mathrm{j}\beta z} \tag{3.1.1}$$

式中，省略了时谐因子 $\mathrm{e}^{\mathrm{j}\omega t}$；$\beta$ 为传播常数；$\boldsymbol{e}(r,\phi)$ 和 $\boldsymbol{h}(r,\phi)$ 为复振幅。

在各向同性的无源介质中，导波光的电场和磁场矢量满足麦克斯韦方程：

$$\nabla\times\begin{bmatrix}\boldsymbol{E}(r,\phi,z)\\ \boldsymbol{H}(r,\phi,z)\end{bmatrix}=\mathrm{j}\omega\begin{bmatrix}-\mu\boldsymbol{H}(r,\phi,z)\\ \varepsilon\boldsymbol{E}(r,\phi,z)\end{bmatrix} \tag{3.1.2}$$

可以看出，它们之间有对偶关系：$\boldsymbol{E}\rightarrow\boldsymbol{H},\boldsymbol{H}\rightarrow-\boldsymbol{E},\mu\leftrightarrow\varepsilon$。利用对偶关系，在圆柱坐标系中，可用$\boldsymbol{e}(r,\phi)$和$\boldsymbol{h}(r,\phi)$的纵向场分量表示横向分量，即

$$\begin{cases}e_\phi=-\dfrac{\mathrm{j}}{k_\mathrm{C}^2}\left(\dfrac{\beta}{r}\dfrac{\partial e_z}{\partial\phi}-\omega\mu\dfrac{\partial h_z}{\partial r}\right)\\ e_r=-\dfrac{\mathrm{j}}{k_\mathrm{C}^2}\left(\beta\dfrac{\partial e_z}{\partial r}+\dfrac{\omega\mu}{r}\dfrac{\partial h_z}{\partial\phi}\right)\\ h_\phi=-\dfrac{\mathrm{j}}{k_\mathrm{C}^2}\left(\dfrac{\beta}{r}\dfrac{\partial h_z}{\partial\phi}+\omega\varepsilon\dfrac{\partial e_z}{\partial r}\right)\\ h_r=-\dfrac{\mathrm{j}}{k_\mathrm{C}^2}\left(\beta\dfrac{\partial h_z}{\partial r}-\dfrac{\omega\varepsilon}{r}\dfrac{\partial e_z}{\partial\phi}\right)\end{cases} \tag{3.1.3}$$

式中，$k_\mathrm{C}^2=\omega^2\mu\varepsilon-\beta^2=n^2k_0^2-\beta^2$，$k_0=\omega\sqrt{\mu_0\varepsilon_0}$ 为真空中波数。由式(2.1.6)可知，在线性、均匀、各向同性介质中，纵向场分量e_z(或h_z)满足如下二阶微分方程：

$$\nabla_t^2e_z+k_\mathrm{C}^2e_z=\frac{\partial^2e_z}{\partial r^2}+\frac{1}{r}\frac{\partial e_z}{\partial r}+\frac{1}{r^2}\frac{\partial^2e_z}{\partial\phi^2}+k_\mathrm{C}^2e_z=0 \tag{3.1.4}$$

采用分离变量法，令 $e_z(r,\phi)=F(r)\varPhi(\phi)$ 并代入式(3.1.4)可得

$$\begin{cases}\dfrac{\mathrm{d}^2\varPhi(\phi)}{\mathrm{d}\phi^2}+m^2\varPhi(\phi)=0\\ r^2\dfrac{\mathrm{d}^2F(r)}{\mathrm{d}r^2}+r\dfrac{\mathrm{d}F(r)}{\mathrm{d}r}+(k_\mathrm{C}^2r^2-m^2)F(r)=0\end{cases} \tag{3.1.5}$$

式中，m^2 为分离变量过程中引入的一个常数。

式(3.1.5)中第一个方程的解可表示为复数形式 $\varPhi(\phi)=\mathrm{e}^{\mathrm{j}m\phi}$，也可表示为实数形式 $\cos(m\phi)$ 和 $\sin(m\phi)$ 的线性组合[1]，它们分别为 ϕ 的偶函数和奇函数。显然，$\varPhi(\phi)=\varPhi(\phi+2\pi m)$，整数 m 称为角向模式指数。第二个方程为径向分布函数 $F(r)$ 满足的贝塞尔方程，函数的具体表达式取决于 $k_\mathrm{C}^2r^2-m^2$ 的值。

由光纤的导波特性可知，纤芯（$r \leqslant a$）中场解振荡，且 $r=0$ 时取值有限；包层（$r>a$）中场解随 r 的增加而单调减小，且 $r \to \infty$ 时，场解趋于 0。光纤中导波光的纵向场量可表示为如下形式[2]：

$$e_z(r,\phi)=\begin{cases} AJ_m(ur/a)\mathrm{e}^{\mathrm{j}m\phi}, & r \leqslant a \\ CK_m(wr/a)\mathrm{e}^{\mathrm{j}m\phi}, & r>a \end{cases} \tag{3.1.6}$$

$$h_z(r,\phi)=\begin{cases} BJ_m(ur/a)\mathrm{e}^{\mathrm{j}m\phi}, & r \leqslant a \\ DK_m(wr/a)\mathrm{e}^{\mathrm{j}m\phi}, & r>a \end{cases} \tag{3.1.7}$$

式中，A、B、C、D 为待定系数；$u^2=(n_1^2k_0^2-\beta^2)a^2$；$w^2=(\beta^2-n_2^2k_0^2)a^2$；$n_1$ 和 n_2 分别为纤芯和包层的材料折射率；a 为纤芯半径；$J_m(z)$ 和 $K_m(z)$ 分别为第一类普通的贝塞尔函数和第二类修正的贝塞尔函数，如图 3.1.2 所示。m 为整数时，贝塞尔函数 $J_m(z)$ 和 $K_m(z)$ 具有如下性质：

$$J_{-m}(z)=(-1)^m J_m(z), \quad K_{-m}(z)=K_m(z)$$

$$z\left[J_{m+1}(z)+J_{m-1}(z)\right]=2mJ_m(z), \quad J_{m+1}(z)-J_{m-1}(z)=-2J_m'(z)$$

$$z\left[K_{m+1}(z)-K_{m-1}(z)\right]=2mK_m(z), \quad K_{m+1}(z)+K_{m-1}(z)=-2K_m'(z)$$

$$\frac{J_m'(u)}{uJ_m(u)}=\frac{J_{m-1}(u)}{uJ_m(u)}-\frac{m}{u^2}=-\frac{J_{m+1}(u)}{uJ_m(u)}+\frac{m}{u^2}$$

$$\frac{K_m'(w)}{wK_m(w)}=-\frac{K_{m-1}(w)}{wK_m(w)}-\frac{m}{w^2}=-\frac{K_{m+1}(w)}{wK_m(w)}+\frac{m}{w^2}$$

将式(3.1.6)和式(3.1.7)代入式(3.1.3)可得到光纤纤芯和包层中导波光电场和磁场的横向分量[3]。

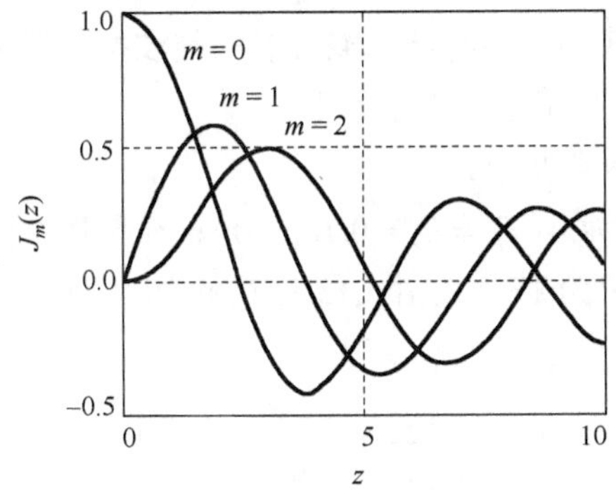

(a) 第一类普通的贝塞尔函数$J_m(z)$

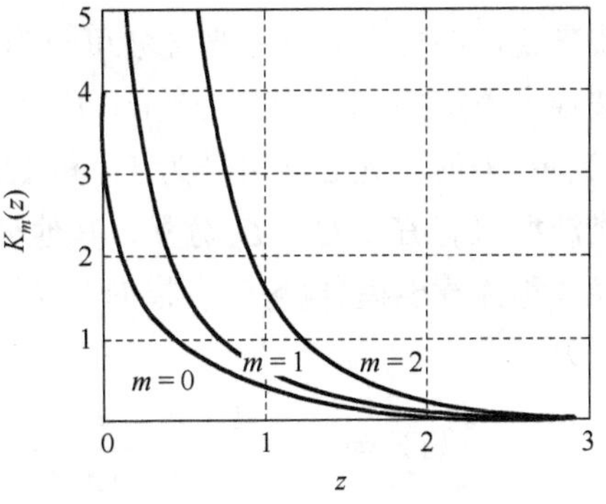

(b) 第二类修正的贝塞尔函数$K_m(z)$

图 3.1.2　两类贝塞尔函数的曲线[2]

3.1.2　特征方程与精确模式表示

根据纤芯和包层边界处（$r=a$）“电场强度切向分量（e_ϕ 和 e_z）和磁场强度切向分量（h_ϕ 和 h_z）连续”的边界条件，可确定待定系数 A、B、C、D 之间的关系。

由 $r=a$ 处 e_z 和 h_z 连续的边界条件，可分别得到

$$AJ_m(u)=CK_m(w)\,,\quad BJ_m(u)=DK_m(w) \tag{3.1.8}$$

进一步地，利用$r=a$处e_ϕ和h_ϕ连续的边界条件，可得关于待定系数A和B联立方程[2]

$$\begin{cases}\beta m\left(\dfrac{1}{u^2}+\dfrac{1}{w^2}\right)A+\mathrm{j}\omega\mu\left[\dfrac{J_m'(u)}{uJ_m(u)}+\dfrac{K_m'(w)}{wK_m(w)}\right]B=0\\ \omega\varepsilon_0\left[\dfrac{n_1^2J_m'(u)}{uJ_m(u)}+\dfrac{n_2^2K_m'(w)}{wK_m(w)}\right]A+\mathrm{j}\beta m\left(\dfrac{1}{u^2}+\dfrac{1}{w^2}\right)B=0\end{cases} \tag{3.1.9}$$

根据待定系数A和B有非零解的条件，即式(3.1.9)的系数行列式为0，可得如下特征方程：

$$\left[\frac{J_m'(u)}{uJ_m(u)}+\frac{K_m'(w)}{wK_m(w)}\right]\left[\frac{n_1^2J_m'(u)}{uJ_m(u)}+\frac{n_2^2K_m'(w)}{wK_m(w)}\right]=\left(\frac{\beta m}{k_0}\right)^2\left(\frac{1}{u^2}+\frac{1}{w^2}\right)^2 \tag{3.1.10}$$

式中，$k_0=\omega\sqrt{\mu_0\varepsilon_0}$为真空中波数。

根据β、u和w之间的关系，即$u^2=(n_1^2k_0^2-\beta^2)a^2$和$w^2=(\beta^2-n_2^2k_0^2)a^2$，式(3.1.10)也可表示为另一种形式：

$$\left[\frac{J_m'(u)}{uJ_m(u)}+\frac{K_m'(w)}{wK_m(w)}\right]\left[\frac{n_1^2J_m'(u)}{un_2^2J_m(u)}+\frac{K_m'(w)}{wK_m(w)}\right]=m^2\left(\frac{n_1^2}{n_2^2}\frac{1}{u^2}+\frac{1}{w^2}\right)\left(\frac{1}{u^2}+\frac{1}{w^2}\right) \tag{3.1.11}$$

圆柱形光纤中，当角向模式指数m取定一个整数时，导波光传播常数β所满足的特征方程(3.1.10)或方程(3.1.11)会存在多个解β_{mn}（$n=1,2,3,\cdots$）；由式(3.1.5)可知，这些传播常数也对应着不同的径向分布$F_{mn}(r)$，其中，$n=1$对应着较大的β值。不同的电场空间分布特征意味着不同的光导波传输模式，因此，可用m、n两个参数(取整数)来标记光导波的模式，如$e_z(r,\phi)=F_{mn}(r)\Phi_m(\phi)$，其中，$m$为角向模式指数，$n$表示本征方程的第$n$个根(也称径向模式指数)。

一般来说，圆柱形光纤中光导波可分为TE波、TM波和混合波三类波型，严格讲，光纤介质波导中不支持TEM波。光纤中光导波的精确模式表示如下。

(1)当$m=0$时，光导波可分为TE和TM两类波型。

一类波型只有H_z、H_r、E_ϕ分量，其他分量为0（$E_z=E_r=0,H_\phi=0$）；在传播方向无电场分量的模式称为横电模(电场只有横向分量)，记为TE_{0n}。由式(3.1.10)可知，TE_{0n}模满足的特征方程为

$$(\text{TE 模})\quad \frac{J_0'(u)}{uJ_0(u)}+\frac{K_0'(w)}{wK_0(w)}=0 \quad 或 \quad \frac{J_1(u)}{uJ_0(u)}=-\frac{K_1(w)}{wK_0(w)} \tag{3.1.12}$$

另一类波型只有E_z、E_r、H_ϕ分量，其他分量为0（$H_z=H_r=0,E_\phi=0$）；在传播方向无磁场分量的模式称为横磁模(磁场只有横向分量)，记为TM_{0n}。由式(3.1.10)可知，TM_{0n}模满足的特征方程为

$$(\text{TM 模})\quad \frac{n_1^2J_0'(u)}{uJ_0(u)}+\frac{n_2^2K_0'(w)}{wK_0(w)}=0 \quad 或 \quad \frac{J_1(u)}{uJ_0(u)}=-\frac{n_2^2}{n_1^2}\frac{K_1(w)}{wK_0(w)} \tag{3.1.13}$$

(2)当$m\neq0$时，导波光的六个电磁场分量都存在，这种模式称为混合模。

混合模满足的特征方程也由式(3.1.10)给出，通常有两个根，分别对应于HE_{mn}和EH_{mn}两

种类型，HE_{mn} 较 EH_{mn} 有更大的传播常数，它们分别满足特征方程[4]：

$$(\text{HE 模})\quad \frac{J_{m-1}(u)}{uJ_m(u)} = -\left(\frac{n_1^2+n_2^2}{2n_1^2}\right)\frac{K'_m(w)}{wK_m(w)} + T_m \tag{3.1.14}$$

$$(\text{EH 模})\quad \frac{J_{m+1}(u)}{uJ_m(u)} = +\left(\frac{n_1^2+n_2^2}{2n_1^2}\right)\frac{K'_m(w)}{wK_m(w)} + T_m \tag{3.1.15}$$

式中，$T_m = \dfrac{m}{u^2} - \sqrt{\left(\dfrac{n_1^2-n_2^2}{2n_1^2}\right)\left(\dfrac{K'_m(w)}{wK_m(w)}\right)^2 + \left(\dfrac{m\beta}{n_1k_0}\right)^2\left(\dfrac{1}{u^2}+\dfrac{1}{w^2}\right)^2}$。

为了进一步说明光纤中导波光的模式特点，定义归一化频率 V 为

$$V = k_0a\sqrt{n_1^2-n_2^2} = k_0a\cdot \text{NA} \tag{3.1.16}$$

式中，$k_0 = 2\pi/\lambda_0$，λ_0 为真空中光波波长；$\text{NA} = \sin\theta_c = \sqrt{n_1^2-n_2^2} \approx n_1\sqrt{2\Delta}$ 为数值孔径，$\Delta = (n_1-n_2)/n_1$ 为纤芯与包层的相对折射率差。V 是一个无量纲的数，光纤的许多特性都与该参数密切相关。图 3.1.3 给出了阶跃光纤中几个低阶模式的归一化传输常数 b 和有效折射率 n_{eff} 随归一化频率 V 变化的色散曲线，其中，$b = \dfrac{w^2}{V^2} = \dfrac{(\beta/k_0)^2 - n_2^2}{n_1^2 - n_2^2}$，$n_{\text{eff}} = \beta/k_0$。由图 3.1.3 可知，对于相同的归一化频率 V，HE_{mn} 较 EH_{mn} 有更大的传播常数。

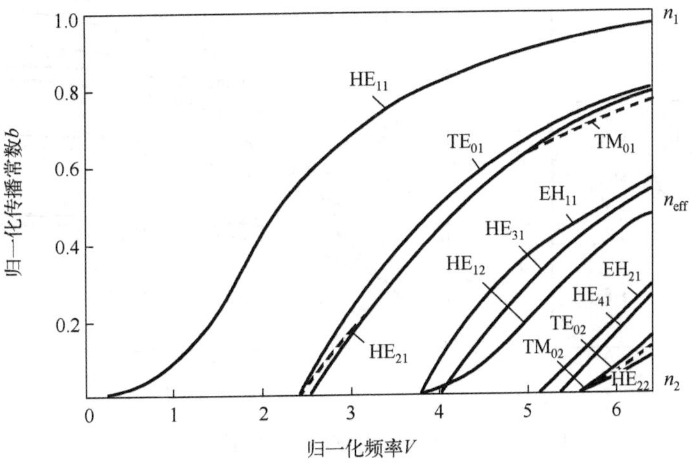

图 3.1.3　归一化传输常数 b 和有效折射率 n_{eff} 随归一化频率 V 的变化曲线

3.1.3　导模的截止特性

导模的传播常数应满足 $n_2k_0 \leqslant \beta \leqslant n_1k_0$。由图 3.1.3 可知，当归一化传输常数 $b=0$ 时，模式开始截止。根据关系式 $V^2 = u^2 + w^2$，模式截止的临界条件为 $w=0, u=V$；相应地，当 $w\to\infty$ $(V\to\infty)$ 时，模式远离截止。根据模式的特征方程式(3.1.11)可知模式截止和远离截止的条件，如表 3.1.1 所示[5]。对于给定的模式而言，从模式截止到远离截止之间的 u 值区域为导模存在的范围。

表 3.1.1　模式截止和远离截止的条件

模式	截止临界条件：$w=0,u=V$	远离截止条件：$w,V\to\infty$
TE_{0n} TM_{0n}	$J_0(u)=0$	$J_1(u)=0$
EH_{mn}（$m\geqslant1$）	$J_m(u)=0$	$J_{m+1}(u)=0$
HE_{1n}	$J_1(u)=0$	$J_0(u)=0$
HE_{mn}（$m\geqslant2$）	$\dfrac{u}{m-1}\dfrac{J_{m-2}(u)}{J_{m-1}(u)}=\dfrac{-2\Delta}{1-2\Delta}$	$J_{m-1}(u)=0$

图 3.1.4 给出了几个导模对应的 u 值范围和模式的 u-V 特征曲线，其中，$u=V$ 这条线对应于模式截止条件，与 $J_m(u)$ 零点之间有对应关系[5]。根据 $J_0(u)$ 的零点(2.405，5.520，8.654，…)和 $J_1(u)$ 的零点(0，3.832，7.016，10.173，…)可知 TE_{0n} 和 TM_{0n} 模式对应的 u 值范围：当 $n=1$ 时，$u=2.405\sim3.832$；当 $n=2$ 时，$u=5.520\sim7.016$；等等。由图 3.1.4 还可以看出，当 $0<V\leqslant2.405$ 时，存在唯一的 HE_{11}（LP_{01}）模式，称为光纤的基模，它不会出现截止现象；当 $V>2.405$ 时，开始出现 TE_{01}、TM_{01}、HE_{21} 等高阶模式。因此，光纤的单模传输条件是 $V\leqslant2.405$，通常被设计在 $2.0\leqslant V\leqslant2.405$ 范围。

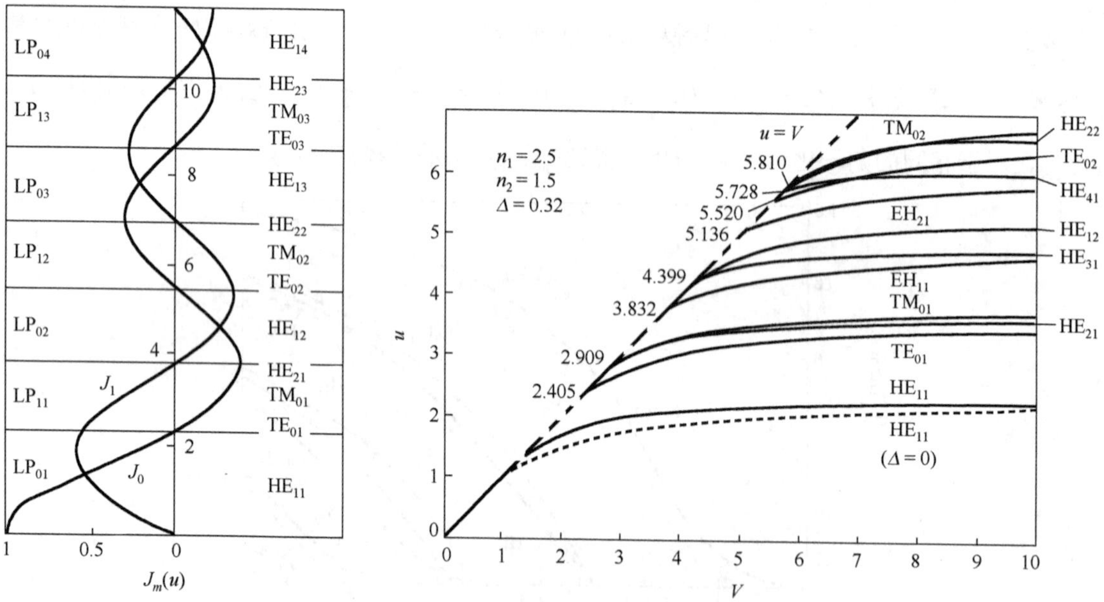

图 3.1.4　$J_m(u)$ 曲线与 u-V 模式特征曲线[5]

3.1.4　精确模式的电磁场量

按照约定，无材料吸收波导中光场的横向分量($\boldsymbol{e}_t,\boldsymbol{h}_t$)可用实数表示，相应的纵向场量($e_z,h_z$)应取虚数。此时，光场对方位角的依赖性需用 $\cos(m\phi)$ 或 $\sin(m\phi)$ 表示，可用函数 $f_m(\phi)=\begin{bmatrix}\cos(m\phi)\\ \sin(m\phi)\end{bmatrix}$ 简化表示，上、下元素分别对应偶模和奇模。将 $f_m(\phi)$ 的空间分布图顺时针旋转 $\pi/2m$ 后的图像可以用函数 $f_m\left(\phi+\dfrac{\pi}{2m}\right)=\begin{bmatrix}-\sin(m\phi)\\ \cos(m\phi)\end{bmatrix}$ 表示。此外，为了方便表示，令

$\tilde{J}_{m(\pm1)}=J_{m(\pm1)}(uR)/J_m(u)$，它仅适用于纤芯内（$r\leqslant a$）；令 $\tilde{K}_{m(\pm1)}=K_{m(\pm1)}(wR)/K_m(w)$，它仅适用于包层内，其中，$R=r/a$，$a$ 为纤芯半径。例如，$\tilde{J}_{1-1}=J_0(uR)/J_1(u)$，$\tilde{J}_1=J_1(uR)/J_1(u)$。

下面列出阶跃光纤中导模的电磁场量表达式[5]。

1. TE_{0n} 模式的电磁场量

$$\begin{cases} e_\phi=-(\tilde{J}_1+\tilde{K}_1) \\ h_r=\dfrac{1}{\eta_0}\dfrac{\beta}{k_0}(\tilde{J}_1+\tilde{K}_1) \\ h_z=-\mathrm{j}\dfrac{1}{\eta_0}\dfrac{u}{k_0 a}(\tilde{J}_{1-1}-\tilde{K}_{1-1}) \end{cases} \tag{3.1.17}$$

式中，$\eta_0=\sqrt{\mu_0/\varepsilon_0}$ 为真空波阻抗。

2. TM_{0n} 模式的电磁场量

$$\begin{cases} h_\phi=\dfrac{1}{\eta_0}\dfrac{n_{\mathrm{co}}^2 k_0}{\beta}(\tilde{J}_1+\tilde{K}_1) \\ e_r=\tilde{J}_1+\dfrac{n_{\mathrm{co}}^2}{n_{\mathrm{cl}}^2}\tilde{K}_1 \\ e_z=-\mathrm{j}\dfrac{1}{\beta a}\left(u\tilde{J}_{1-1}-\dfrac{n_{\mathrm{co}}^2}{n_{\mathrm{cl}}^2}w\tilde{K}_{1-1}\right) \end{cases} \tag{3.1.18}$$

式中，n_{co} 和 n_{cl} 分别为纤芯和包层的折射率。

3. HE_{mn} 和 EH_{mn} 模式的电磁场量

$$\begin{cases} e_r=f_m(\phi)\left[(a_1\tilde{J}_{m-1}+a_2\tilde{J}_{m+1})-\dfrac{u}{w}(a_1\tilde{K}_{m-1}-a_2\tilde{K}_{m+1})\right] \\ e_\phi=-f_m\left(\phi+\dfrac{\pi}{2m}\right)\left[(a_1\tilde{J}_{m-1}-a_2\tilde{J}_{m+1})+\dfrac{u}{w}(a_1\tilde{K}_{m-1}+a_2\tilde{K}_{m+1})\right] \\ e_z=\mathrm{j}f_m(\phi)\dfrac{u}{\beta a}(\tilde{J}_m+\tilde{K}_m) \\ h_r=f_m\left(\phi+\dfrac{\pi}{2m}\right)\dfrac{1}{\eta_0}\dfrac{n_{\mathrm{co}}^2 k_0}{\beta}\left[(a_3\tilde{J}_{m-1}-a_4\tilde{J}_{m+1})+\dfrac{u}{w}(a_5\tilde{K}_{m-1}+a_6\tilde{K}_{m+1})\right] \\ h_\phi=-f_m(\phi)\dfrac{1}{\eta_0}\dfrac{n_{\mathrm{co}}^2 k_0}{\beta}\left[(a_3\tilde{J}_{m-1}+a_4\tilde{J}_{m+1})+\dfrac{u}{w}(a_5\tilde{K}_{m-1}-a_6\tilde{K}_{m+1})\right] \\ h_z=\mathrm{j}f_m\left(\phi+\dfrac{\pi}{2m}\right)\dfrac{1}{\eta_0}\dfrac{uF_2}{k_0 a}(\tilde{J}_m+\tilde{K}_m) \end{cases} \tag{3.1.19}$$

式中，$a_1=\dfrac{F_2-1}{2}$，$a_2=\dfrac{F_2+1}{2}$，$a_3=\dfrac{F_1-1}{2}$，$a_4=\dfrac{F_1+1}{2}$，$a_5=\dfrac{F_1-1+2\Delta}{2}$，$a_6=\dfrac{F_1+1-2\Delta}{2}$；

$$F_1=\left(\frac{uw}{V}\right)^2\frac{b_1+(1-2\Delta)b_2}{m}，F_2=\left(\frac{V}{uw}\right)^2\frac{m}{b_1+b_2}；b_1=\frac{1}{2u}(\tilde{J}_{m-1}-\tilde{J}_{m+1})，b_2=-\frac{1}{2w}(\tilde{K}_{m-1}+\tilde{K}_{m+1})。$$

HE_{mn} 和 EH_{mn} 精确模式在光纤横截面上的光场分布特点如下：①空间模式的奇偶对称性可根据横向电场分量 e_r 中函数 $f_m(\phi)$ 在横截面上的分布来判断；②电场的两个横向分量 e_r 和 e_ϕ 在任意点合成的电场为线极化，极化方向通常随位置变化。

阶跃折射率少模光纤也可用 COMSOL 软件进行仿真，图 3.1.5 画出了 4 个近简并模群在纤芯横截面的光场强度和偏振分布，其中光纤的仿真参数为：包层折射率 1.44，数值孔径 NA=0.13，纤芯直径 D_1=18.5μm，包层直径 D_2=125μm，工作波长 λ=1550nm。根据光偏振分布关于 x 轴的奇、偶对称性，可将 HE_{mn}（或 EH_{mn}）的两个简并模场（传播常数相同）分别用下标 “o” 和 “e” 表示。由图 3.1.5 可以看出：①基模 HE_{11} 在光纤横截面上具有一致的线偏振方向，因此也用 LP_{01x} 和 LP_{01y} 表示；②HE_{21} 在光纤横截面上的偏振方向随位置变化，TE_{01} 模式的偏振方向沿角向奇对称分布，TM_{01} 模式的偏振方向沿径向偶对称分布；③HE_{31} 和 EH_{11} 模式的传播常数十分接近，它们是近简并的；④HE_{12o} 和 HE_{12e} 为简并模，光强极大值分布在两个圆环上，对应于 n=2 的情形。

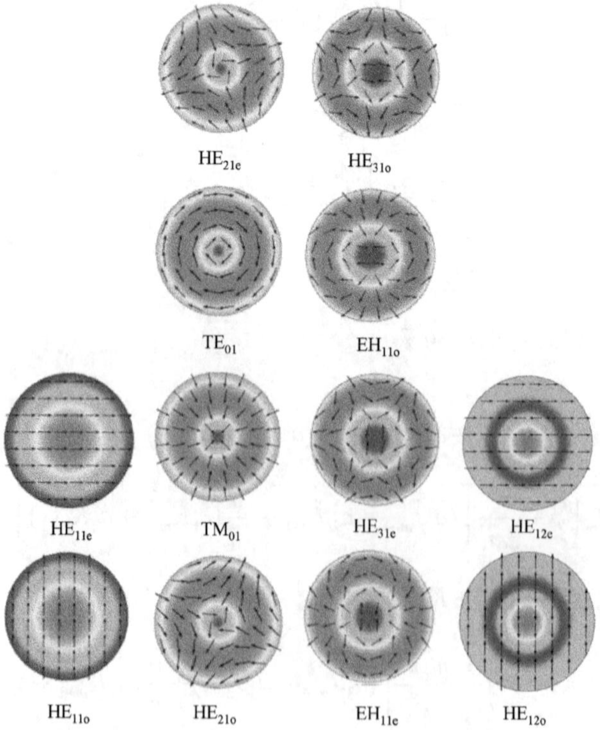

彩图

图 3.1.5　阶跃折射率少模光纤中导波光的模场分布

3.2　弱导光纤的线偏振模式

一般情况下，直接求解矢量波动方程是十分困难的。当纤芯和包层的折射率变化量不大，即 $n_1 \approx n_2$ 或相对折射率差 $\Delta \ll 1$ 时，光纤的导光能力较弱，称为弱导近似。在弱导近似下，为简化光纤导模光场的分析过程，在直角坐标系中将导波光场分解为 E_x 和 E_y 两组线偏振模(linearly polarized mode，LP 模)，此时横向场量之间的关系可近似用 TEM 波来描述。

与精确的电磁场分析结果相比，弱导近似下传播常数的计算误差在 $(\sqrt{2\Delta})^3$ 量级。对于通信用多模光纤相对折射率差 $\Delta=1\%\sim2\%$，相应的折射率差约为 10^{-3}，单模光纤情形的误差更小。因此，人们常用 HE_{11} 或 LP_{01} 表示光纤的基模，严格讲，LP_{01} 只是 HE_{11} 的近似表示。例如，HE_{11} 偶模的电场和磁场分量可分别展开为如下形式[5]：

$$\begin{cases}\boldsymbol{e}=e_x^{(0)}\hat{\boldsymbol{x}}+\Delta^{1/2}e_z^{(1/2)}\hat{\boldsymbol{z}}+\Delta\left[e_x^{(1)}\hat{\boldsymbol{x}}+e_y^{(1)}\hat{\boldsymbol{y}}\right]+\Delta^{3/2}e_z^{(3/2)}\hat{\boldsymbol{z}}+\cdots\\ \boldsymbol{h}=h_y^{(0)}\hat{\boldsymbol{y}}+\Delta^{1/2}h_z^{(1/2)}\hat{\boldsymbol{z}}+\Delta\left[h_x^{(1)}\hat{\boldsymbol{x}}+h_y^{(1)}\hat{\boldsymbol{y}}\right]+\Delta^{3/2}h_z^{(3/2)}\hat{\boldsymbol{z}}+\cdots\end{cases}\tag{3.2.1}$$

式中，上角标(0)、(1/2)等表示相应修正量的近似级数。由式(3.2.1)可知，$\mathrm{LP}_{01}^{\mathrm{ex}}$ 是 $\mathrm{HE}_{11}^{\mathrm{e}}$ 在 Δ 的零级近似下的结果。

3.2.1　弱导近似下导模的特征方程

线偏振(LP)模强调模场在光纤横截面上具有相同的极化方向(均匀极化)，电场的振动面为平面。或者说，LP 模寻求的是弱导光纤中 $E_x(E_y=0)$ 和 $E_y(E_x=0)$ 两组近似场解，其纵向分量可以忽略(准 TEM)。

在弱导近似下($\beta\approx n_1k_0\approx n_2k_0$)，阶跃型光纤的特征方程(3.1.10)可以简化为

$$\frac{J_m'(u)}{uJ_m(u)}+\frac{K_m'(w)}{wK_m(w)}=\pm m\left(\frac{1}{u^2}+\frac{1}{w^2}\right)\tag{3.2.2}$$

式中，$u^2=(n_1^2k_0^2-\beta^2)a^2$；$w^2=(\beta^2-n_2^2k_0^2)a^2$；$a$ 为光纤纤芯半径。

当 $m=0$ 时，TE_{0n} 波和 TM_{0n} 波具有相同形式的特征方程：

$$\frac{J_1(u)}{uJ_0(u)}+\frac{K_1(w)}{wK_0(w)}=0\tag{3.2.3}$$

显然，弱导近似下 TE_{0n} 波和 TM_{0n} 波的传播常数是简并的。

当 $m\neq0$ 时，由贝塞尔函数的性质以及式(3.1.14)和式(3.1.15)可知，若式(3.2.2)中取“+”，则可得弱导近似下 EH_{mn} 波的特征方程：

$$\frac{J_{m+1}(u)}{uJ_m(u)}+\frac{K_{m+1}(w)}{wK_m(w)}=0\tag{3.2.4}$$

若式(3.2.2)中取“−”，则可得弱导近似下 HE_{mn} 的特征方程：

$$\frac{J_{m-1}(u)}{uJ_m(u)}-\frac{K_{m-1}(w)}{wK_m(w)}=0\tag{3.2.5}$$

由式(3.2.4)和式(3.2.5)以及贝塞尔函数 $J_m(z)$ 和 $K_m(z)$ 的性质可知，在弱导近似下，$\mathrm{EH}_{l-1,n}$ 模和 $\mathrm{HE}_{l+1,n}$ 模具有相同的特征方程，它们的传播常数是简并的，对应于同一线偏振模群，用 LP_{ln} 表示。因此，LP_{ln} 模的色散方程为

$$\frac{J_l(u)}{uJ_{l-1}(u)}+\frac{K_l(w)}{wK_{l-1}(w)}=\frac{J_l(u)}{uJ_{l+1}(u)}-\frac{K_l(w)}{wK_{l+1}(w)}=0\tag{3.2.6}$$

后面的分析将表明，弱导近似下一个线偏振模 LP_{ln} 可以看作传播常数相近的几个精确模

的叠加，它们之间的对应关系如下：

$$\begin{cases} l=0,\ \mathrm{LP}_{0n}=\mathrm{HE}_{1n}(2) \\ l=1,\ \mathrm{LP}_{1n}=\mathrm{TE}_{0n}(1)+\mathrm{TM}_{0n}(1)+\mathrm{HE}_{2n}(2) \\ l\geqslant 2,\ \mathrm{LP}_{ln}=\mathrm{EH}_{l-1,n}(2)+\mathrm{HE}_{l+1,n}(2) \end{cases} \tag{3.2.7}$$

式中，括号“()”里的数字表示相应模式的简并数，2 表示奇模和偶模两重简并。当$l=0$时，$\mathrm{LP}_{0n}(\mathrm{HE}_{1n})$是 2 重简并的，对应于$x$和$y$两个偏振态；当$l\neq 0$时，$\mathrm{LP}_{ln}$模式是 4 重简并的。

与精确模类似，也可以画出 LP 模的色散曲线，分析其截止特性。图 3.2.1 给出了 6 个低阶 LP 模的有效折射率$n_{\mathrm{eff}}=\beta/k_0$与归一化频率$V$的变化关系，其中，基模$\mathrm{LP}_{01}$对应于$\mathrm{HE}_{11}$。$\mathrm{LP}_{ln}$模的截止特性仍可由贝塞尔函数的零点确定，高阶模的截止频率近似为[4]

$$V_{\mathrm{cutoff}}(\mathrm{LP}_{ln})\approx\left[l+2(n-1)+\frac{1}{2}\right]\frac{\pi}{2}=\left(N+\frac{1}{2}\right)\frac{\pi}{2} \tag{3.2.8}$$

式中，$N=l+2(n-1)$代表模群(MG)的阶数。由式(3.2.8)可知，N值相等的LP_{ln}模具有相同的截止频率，它们的传播常数非常接近，通常将它们归于同一模群。

对于一个给定的LP_{ln}模，其模场的空间分布还可以用奇或偶模进一步区分；若再附加相应的线偏振态信息，则构成$\mathrm{LP}_{ln}^{\mathrm{ex}}$、$\mathrm{LP}_{ln}^{\mathrm{ey}}$、$\mathrm{LP}_{ln}^{\mathrm{ox}}$、$\mathrm{LP}_{ln}^{\mathrm{oy}}$四种模态表示。对于$V$较大的多模阶跃光纤，可支持的模态数目[6](包括不同的奇偶模和偏振态)为$M\approx\mathrm{Int}[V^2/2]$，$\mathrm{Int}[\cdot]$表示向下取整数。需指出，模式截止并不意味着纤芯中的光功率一定为 0。例如，$\mathrm{LP}_{l,n}$模式截止时，纤芯功率的限制因子为$\Gamma_{\mathrm{co}}\approx 1-l^{-1}$。

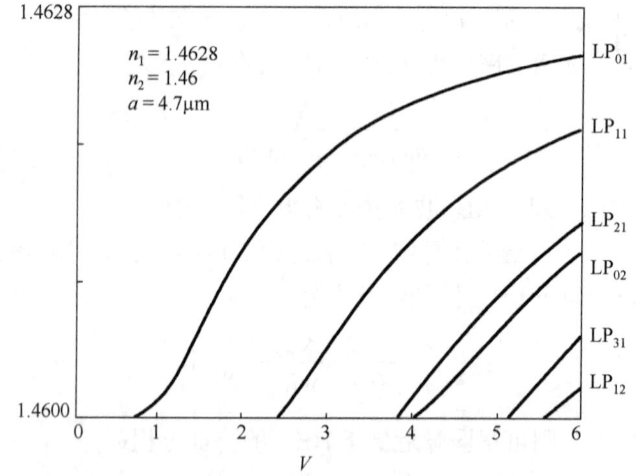

图 3.2.1　线偏振(LP)模的有效折射率n_{eff}与归一化频率V的变化曲线[4]

3.2.2　线偏振模式的空间分布

弱导近似下$\nabla_t \ln n^2(\boldsymbol{r}_t)\approx 0$，由波导结构或折射率的不均匀分布导致的偏振效应可以忽略。由式(2.4.3)可知，在直角或左右旋圆坐标系中，$\boldsymbol{e}_t(\boldsymbol{r}_t)$的两个正交偏振分量$\psi(\boldsymbol{r}_t)$满足如下标量波动方程(SWE)：

$$[\nabla_t^2+k_0^2n^2(\boldsymbol{r}_t)-\overline{\beta}^2]\psi(\boldsymbol{r}_t)=0 \tag{3.2.9}$$

式中，$\bar{\beta}$ 为弱导近似下线偏振模式的传播常数，可由式(3.2.6)计算。根据 2.4 节的分析，算符 $\nabla_t^2 \boldsymbol{E}_t$ 不会使直角坐标系中的线偏振(LP)或左右旋圆坐标中的圆偏振(CP)分量发生耦合。因此，ψ 所表示的两个相互正交线偏振(LP)或圆偏振(CP)分量有相同的传播常数，它们是简并的。显然，SWE 只能给出空间依赖信息，矢量场方向可由波导的偏振特性及其对称性加以确定。

对于 LP_{ln} $(l \geqslant 1)$ 模，式(3.2.9)的解有两组标量模：偶模 $\psi_{ln}^{\mathrm{e}} = F_{ln}(r)\cos(l\phi)$，奇模 $\psi_{ln}^{\mathrm{o}} = F_{ln}(r)\sin(l\phi)$。令 $R = r/a$，a 为光纤纤芯半径，则 $F_l(R)$ 满足常微分方程：

$$\left[\frac{\mathrm{d}^2}{\mathrm{d}R^2} + \frac{1}{R}\frac{\mathrm{d}}{\mathrm{d}R} - \frac{l^2}{R^2} + \bar{u}^2 - V^2 f(R)\right] F_l(R) = 0 \tag{3.2.10}$$

式中，$f(R)$ 为分布函数。

对于阶跃折射率分布光纤 $f(R) = \begin{cases} 0, & 0 \leqslant R < 1 \\ 1, & 1 < R < \infty \end{cases}$，式(3.2.10)的解可表达为

$$F_l(R) = \begin{cases} J_l(\bar{u}R)/J_l(\bar{u}), & 0 \leqslant R \leqslant 1 \\ K_l(\bar{w}R)/K_l(\bar{w}), & 1 \leqslant R < \infty \end{cases} \tag{3.2.11}$$

式中，$\bar{u}^2 = (n_1^2 k_0^2 - \bar{\beta}^2)a^2$；$\bar{w}^2 = (\bar{\beta}^2 - n_2^2 k_0^2)a^2$。

表 3.2.1 给出了直角和旋转坐标系中的标量模(空间分布)与 LP/CP 矢量模(包含偏振信息)，它们分别满足相应的标量波动方程和零级近似下的矢量波动方程[7]。LP_{ln} $(l \geqslant 1)$ 模除了具有 $\hat{\boldsymbol{x}}$ 和 $\hat{\boldsymbol{y}}$ 线偏振信息外，还分为奇模和偶模，它们具有相同的传播常数；$\mathrm{LP}_{ln}^{\mathrm{o}}$ 模场顺时针旋转 $\pi/(2l)$ 可得到 $\mathrm{LP}_{ln}^{\mathrm{e}}$ 模场分布。类似地，CP_{ln} $(l \geqslant 1)$ 模除了具有 $\hat{\boldsymbol{R}} = (\hat{\boldsymbol{x}} - \mathrm{j}\hat{\boldsymbol{y}})/\sqrt{2}$ 和 $\hat{\boldsymbol{L}} = (\hat{\boldsymbol{x}} + \mathrm{j}\hat{\boldsymbol{y}})/\sqrt{2}$ 圆偏振信息外，还有不同的相位旋转因子 $\mathrm{e}^{\pm\mathrm{j}l\phi}$，对应于轨道角动量拓扑荷 $\pm l$ (可参见第 9 章内容)。

表 3.2.1　标量波动方程和零级近似矢量波动方程的解[7]

l	直角标量模	LP 矢量模	旋转标量模	CP 矢量模
$l=0$	$\psi_{0n} = F_{0n}(R)$	$\mathrm{LP}_{0n}^{\mathrm{ex}} = \psi_{0n}\hat{\boldsymbol{x}}$ $\mathrm{LP}_{0n}^{\mathrm{ey}} = \psi_{0n}\hat{\boldsymbol{y}}$	$\psi_{0n} = F_{0n}(R)$	$\mathrm{CP}_{0n}^{R} = \psi_{0n}\hat{\boldsymbol{R}}$ $\mathrm{CP}_{0n}^{L} = \psi_{0n}\hat{\boldsymbol{L}}$
$l \geqslant 1$	$\psi_{ln}^{\mathrm{e}} = F_{ln}(R)\cos(l\phi)$	$\mathrm{LP}_{ln}^{\mathrm{ex}} = \psi_{ln}^{\mathrm{e}}\hat{\boldsymbol{x}}$ $\mathrm{LP}_{ln}^{\mathrm{ey}} = \psi_{ln}^{\mathrm{e}}\hat{\boldsymbol{y}}$	$\psi_{ln}^{+} = F_{ln}(R)\mathrm{e}^{\mathrm{j}l\phi}$	$\mathrm{CP}_{ln}^{R+} = \psi_{ln}^{+}\hat{\boldsymbol{R}}$ $\mathrm{CP}_{ln}^{L+} = \psi_{ln}^{+}\hat{\boldsymbol{L}}$
	$\psi_{ln}^{\mathrm{o}} = F_{ln}(R)\sin(l\phi)$	$\mathrm{LP}_{ln}^{\mathrm{ox}} = \psi_{ln}^{\mathrm{o}}\hat{\boldsymbol{x}}$ $\mathrm{LP}_{ln}^{\mathrm{oy}} = \psi_{ln}^{\mathrm{o}}\hat{\boldsymbol{y}}$	$\psi_{ln}^{-} = F_{ln}(R)\mathrm{e}^{-\mathrm{j}l\phi}$	$\mathrm{CP}_{ln}^{R-} = \psi_{ln}^{-}\hat{\boldsymbol{R}}$ $\mathrm{CP}_{ln}^{L-} = \psi_{ln}^{-}\hat{\boldsymbol{L}}$

由于 LP 模是弱导光纤中精确模的 $E_x(E_y=0)$ 和 $E_y(E_x=0)$ 两组近似场解，由此可获得 LP 模的空间分布。利用 COMSOL 软件，采用有限元法可仿真少模光纤中几个低阶 LP 模式的模场分布，如图 3.2.2 所示。其中，阶跃少模光纤(SI-FMF)的仿真参数为：数值孔径 NA=0.13，纤芯直径 D_1=18.5μm，包层直径 D_2=125μm，工作波长 λ=1550nm。由式(3.1.16)可知，归一化频率为 V= 4.87447。根据式(3.2.8)可计算光纤能够支持的 LP_{ln} 模数量：当 $l=0$ 时，$n=2.3$；当 $l=1$ 时，$n=1.8$；当 $l=2$ 时，$n=1.3$。因此，该光纤支持 LP_{01}、LP_{11}、LP_{21} 和 LP_{02} 四个 LP 模。同时，LP_{ln} 模场的空间分布关于 x 轴奇偶对称，在 LP 的下标或上标中分别用“o”和“e”表示。由图 3.2.2 可以看出：①由于光场偶模 $\cos(l\phi)$ 和奇模 $\sin(l\phi)$ 的角向依赖性，将奇模的场分布顺时针旋转 $\pi/2l$ 可得到相应的偶模场分布；② LP_{ln} 模场分布可用电场强度的

正负值表示，它们有着相反的偏振方向；③LP_{02}模有两个光强极大的圆环，分别对应电场的正负极大值。

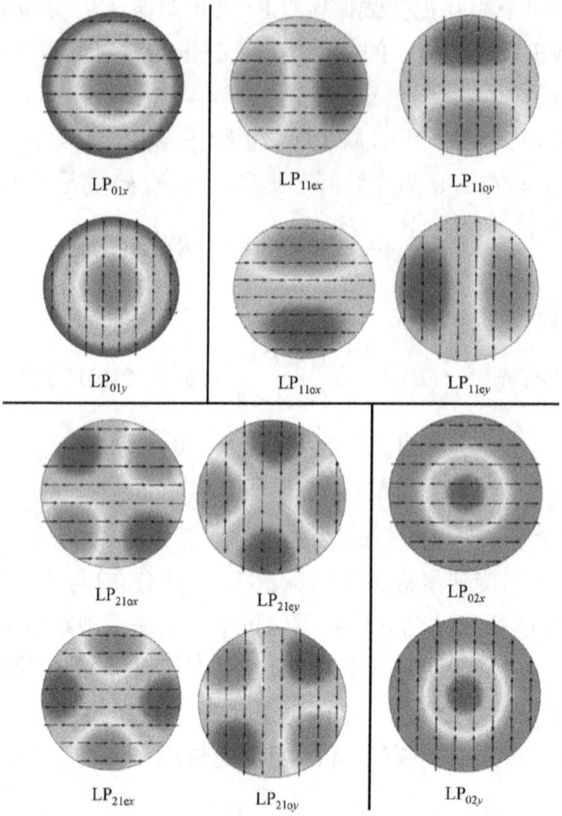

彩图

图 3.2.2　少模光纤中几个低阶 LP 模式的模场分布

为了便于参考，渐变少模光纤(GI-FMF)中 LP 模式强度的空间分布如图 3.2.3 所示[8]。其

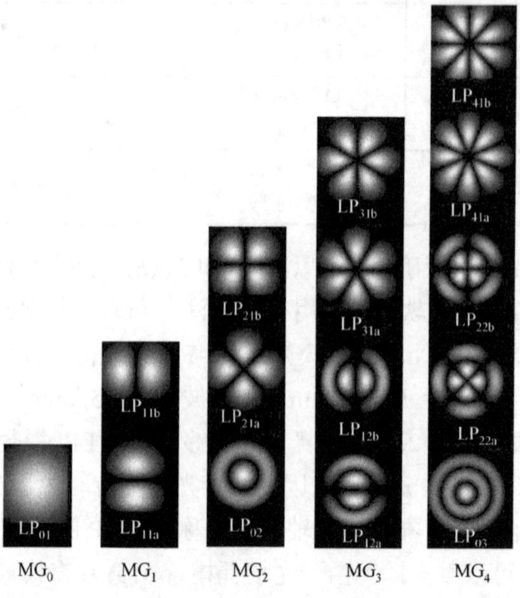

图 3.2.3　渐变少模光纤(GI-FMF)中 LP 模式强度的空间分布

中，MG_N 表示 N 阶模群，$N=l+2(n-1)$，可参见式(3.2.8)；LP_{ln} 的下标“a”和“b”对应于偶模和奇模。可见，渐变少模光纤(GI-FMF)与阶跃少模光纤(SI-FMF)中 LP 模式的强度分布类似。

3.2.3　真实模式的线偏振组合

对于圆形光纤，可将其折射率分布表示为

$$n^2(R)=n_{\text{co}}^2[1-2\varDelta f(R)],\quad R=r/a \tag{3.2.12}$$

式中，$f(R)$ 为分布函数；$\varDelta$ 为最大纤芯折射率 n_{co} 与包层折射率 n_{cl} 的相对差值，即相对折射率差：

$$\varDelta=\frac{1}{2}(1-n_{\text{cl}}^2/n_{\text{co}}^2)\approx\frac{n_{\text{co}}-n_{\text{cl}}}{n_{\text{co}}} \tag{3.2.13}$$

在弱导近似下（$\varDelta\ll 1$），$\nabla_t \ln n^2(R)\approx -2\varDelta\nabla_t f(R)$，导波光场不再单纯地满足标量波动方程(SWE)，需用矢量波动方程(VWE)描述。此时，光纤中的导模可由弱导近似下 LP 模或 CP 模基矢进行线性叠加来构建。

一般地，弱导光纤中的横向模场分布可表示为

$$\begin{cases}\boldsymbol{E}=\boldsymbol{e}_t(x,y)\exp\left\{\mathrm{j}\left[\omega t-(\bar{\beta}+\delta\beta)z\right]\right\}\\ \boldsymbol{H}=\boldsymbol{h}_t(x,y)\exp\left\{\mathrm{j}\left[\omega t-(\bar{\beta}+\delta\beta)z\right]\right\}\end{cases} \tag{3.2.14}$$

式中，$\boldsymbol{e}_t(x,y)$ 近似为 LP 模场；$\bar{\beta}$ 和 $\delta\beta$ 分别为标量波动方程(SWE)的传播常数及其偏振修正。弱导近似下，磁场的横向分量为

$$\boldsymbol{h}_t\simeq(\omega\mu_0)^{-1}\beta\hat{\boldsymbol{z}}\times\boldsymbol{e}_t=(n_{\text{co}}/\eta_0)\hat{\boldsymbol{z}}\times\boldsymbol{e}_t \tag{3.2.15}$$

式中，$\eta_0=\sqrt{\mu_0/\varepsilon_0}$ 为真空中波阻抗。

根据圆柱极坐标系与直角坐标系的变换关系 $e_x=e_r\cos\phi-e_\phi\sin\phi$ 和 $e_y=e_r\sin\phi+e_\phi\cos\phi$，由精确模的表达式(3.1.19)可知，光纤中偶模 $\text{HE}_{1n}^{\text{e}}$ 和奇模 $\text{HE}_{1n}^{\text{o}}$ 的横向电场也可以分别用 $\hat{\boldsymbol{x}}F_0$ 和 $\hat{\boldsymbol{y}}F_0$ 表示。类似地，其他模式的横向电场分量也可以用 LP 模或 CP 模表示，如表 3.2.2 所示[7]，磁场的横向分量可由式(3.2.15)计算。由表 3.2.2 可知，真实混合模的横向电场可近似由 LP 模的横向电场组合构建，所以也称 LP_{ln} $(l\geqslant 1)$ 模为伪模。模式 CP_{ln} 可由奇、偶混合模组成，是真实的弱导矢量模，可参见表 3.2.1。需指出的是，由于 TM_{0n} 和 TE_{0n} 是非简并的，不能组合成 CP 真模形式，因此 CP_{1n}^{R+} 和 CP_{1n}^{L-} 是伪模，它们可用于构建 TM_{0n} 和 TE_{0n} 真模。

表 3.2.2　真实模式的横向电场构建[7]

l	用 LP 模近似构建混合模横向电场	CP 真模的横向电场
$l=0$	$\text{HE}_{1n}^{\text{e}}=\text{LP}_{0n}^{\text{ex}}=F_{0n}(R)\hat{\boldsymbol{x}}$ $\text{HE}_{1n}^{\text{o}}=\text{LP}_{0n}^{\text{ey}}=F_{0n}(R)\hat{\boldsymbol{y}}$	$\text{CP}_{0n}^{R}=(\text{HE}_{1n}^{\text{e}}-\mathrm{j}\text{HE}_{1n}^{\text{o}})/\sqrt{2}$ $\text{CP}_{0n}^{L}=(\text{HE}_{1n}^{\text{e}}+\mathrm{j}\text{HE}_{1n}^{\text{o}})/\sqrt{2}$
$l=1$	$\text{TM}_{0n}=\text{LP}_{1n}^{\text{ex}}+\text{LP}_{1n}^{\text{oy}}$ $=F_{1n}(R)(\hat{\boldsymbol{x}}\cos\phi+\hat{\boldsymbol{y}}\sin\phi)$ $\text{TE}_{0n}=\text{LP}_{1n}^{\text{ox}}-\text{LP}_{1n}^{\text{ey}}$ $=F_{1n}(R)(\hat{\boldsymbol{x}}\sin\phi-\hat{\boldsymbol{y}}\cos\phi)$	$\text{TM}_{0n}=(\text{CP}_{1n}^{R+}+\text{CP}_{1n}^{L-})/\sqrt{2}$ $\text{TE}_{0n}=-\mathrm{j}(\text{CP}_{1n}^{R+}-\text{CP}_{1n}^{L-})/\sqrt{2}$

续表

l	用 LP 模近似构建混合模横向电场	CP 真模的横向电场
$l=1$	$\mathrm{HE}^{e}_{2n}=\mathrm{LP}^{ex}_{1n}-\mathrm{LP}^{oy}_{1n}=F_{1n}(R)(\hat{\boldsymbol{x}}\cos\phi-\hat{\boldsymbol{y}}\sin\phi)$ $\mathrm{HE}^{o}_{2n}=\mathrm{LP}^{ox}_{1n}+\mathrm{LP}^{ey}_{1n}=F_{1n}(R)(\hat{\boldsymbol{x}}\sin\phi+\hat{\boldsymbol{y}}\cos\phi)$	$\mathrm{CP}^{R-}_{1n}=(\mathrm{HE}^{e}_{2n}-\mathrm{jHE}^{o}_{2n})/\sqrt{2}$ $\mathrm{CP}^{L+}_{1n}=(\mathrm{HE}^{e}_{2n}+\mathrm{jHE}^{o}_{2n})/\sqrt{2}$
$l\geqslant 2$	$\mathrm{EH}^{e}_{l-1,n}=\mathrm{LP}^{ex}_{ln}+\mathrm{LP}^{oy}_{ln}=F_{ln}(R)[\hat{\boldsymbol{x}}\cos(l\phi)+\hat{\boldsymbol{y}}\sin(l\phi)]$ $\mathrm{EH}^{o}_{l-1,n}=\mathrm{LP}^{ox}_{ln}-\mathrm{LP}^{ey}_{ln}=Fl_{ln}(R)[\hat{\boldsymbol{x}}\sin(l\phi)-\hat{\boldsymbol{y}}\cos(l\phi)]$	$\mathrm{CP}^{R+}_{ln}=(\mathrm{EH}^{e}_{l-1,n}+\mathrm{jEH}^{o}_{l-1,n})/\sqrt{2}$ $\mathrm{CP}^{L-}_{ln}=(\mathrm{EH}^{e}_{l-1,n}-\mathrm{jEH}^{o}_{l-1,n})/\sqrt{2}$
	$\mathrm{HE}^{e}_{l+1,n}=\mathrm{LP}^{ex}_{ln}-\mathrm{LP}^{oy}_{ln}=F_{ln}(R)[\hat{\boldsymbol{x}}\cos(l\phi)-\hat{\boldsymbol{y}}\sin(l\phi)]$ $\mathrm{HE}^{o}_{l+1,n}=\mathrm{LP}^{ox}_{ln}+\mathrm{LP}^{ey}_{ln}=F_{ln}(R)[\hat{\boldsymbol{x}}\sin(l\phi)+\hat{\boldsymbol{y}}\cos(l\phi)]$	$\mathrm{CP}^{R-}_{ln}=(\mathrm{HE}^{e}_{l+1,n}-\mathrm{jHE}^{o}_{l+1,n})/\sqrt{2}$ $\mathrm{CP}^{L+}_{ln}=(\mathrm{HE}^{e}_{l+1,n}+\mathrm{jHE}^{o}_{l+1,n})/\sqrt{2}$

光纤中模场的纵向分量很小，可近似用横向分量表示为

$$e_z \simeq -\mathrm{j}\frac{(2\varDelta)^{1/2}a}{V}\nabla_t\cdot\boldsymbol{e}_t,\quad h_z \simeq -\mathrm{j}\frac{(2\varDelta)^{1/2}a}{V}\nabla_t\cdot\boldsymbol{h}_t \tag{3.2.16}$$

采用微扰方法，也可知道传播常数的偏振修正为

$$\delta\beta \simeq \frac{(2\varDelta)^{3/2}a}{2V}\int_{A\infty}(\nabla_t\cdot\boldsymbol{e}_t)\boldsymbol{e}_t\cdot\nabla_t f(R)\mathrm{d}A\bigg/\int_{A\infty}\boldsymbol{e}_t^2\mathrm{d}A \tag{3.2.17}$$

对于阶跃折射率分布，界面上 $\nabla_t f(R)$ 为 delta 函数，则

$$\delta\beta \simeq \frac{(2\varDelta)^{3/2}a}{2V}\frac{\oint_l(\nabla_t\cdot\boldsymbol{e}_t)\boldsymbol{e}_t\cdot\hat{\boldsymbol{n}}\mathrm{d}l}{\int_{A\infty}\boldsymbol{e}_t^2\mathrm{d}A} \tag{3.2.18}$$

式中，分子表示沿着界面 l 积分；$\hat{\boldsymbol{n}}$ 为界面 l 的外法向。

弱导近似下各个模式的纵向电场分量及其传播常数的偏振修正如表 3.2.3 所示[5]，表中，

$$G_l^{\pm}=\frac{\mathrm{d}F_l}{\mathrm{d}R}\pm\frac{l}{R}F_l,\ I_1=\frac{(2\varDelta)^{3/2}}{4aV}\int_0^{\infty}RF_l(\mathrm{d}F_l/\mathrm{d}R)(\mathrm{d}f/\mathrm{d}R)\mathrm{d}R\bigg/\int_0^{\infty}RF_l^2\mathrm{d}R,$$

$$I_2=\frac{(2\varDelta)^{3/2}l}{4aV}\int_0^{\infty}F_l^2(\mathrm{d}f/\mathrm{d}R)\mathrm{d}R\bigg/\int_0^{\infty}RF_l^2\mathrm{d}$$

对于阶跃型光纤，$f(R)=\begin{cases}0, & 0\leqslant R<1\\ 1, & 1<R<\infty\end{cases}$，$F_l(R)=\begin{cases}J_l(\overline{u}R)/J_l(\overline{u}), & 0\leqslant R\leqslant 1\\ K_l(\overline{w}R)/K_l(\overline{w}), & 1\leqslant R<\infty\end{cases}$，$G_l^{\pm}=\pm\begin{cases}\overline{u}J_{l\mp1}(\overline{u})/J_l(\overline{u}), & 0\leqslant R\leqslant 1\\ \overline{w}K_{l\mp1}(\overline{w})/K_l(\overline{w}), & 1<R<\infty\end{cases}$。由表 3.2.3 可以看出，同阶的奇模和偶模有相同的传播常数修正。此外，将 e_z 表达式中的 $f_m(\phi)=\begin{bmatrix}\cos(m\phi)\\ \sin(m\phi)\end{bmatrix}$ 替换成 $\frac{n_{\mathrm{co}}}{\eta_0}f_m[\phi\pm\pi/(2m)]$ 可得 h_z，其中，“±”分别对应于 EH_{mn} 和 HE_{mn} 模式。例如，对于 HE_{1n} 的偶模和奇模，有

$$
\begin{cases}
e_z(\mathrm{HE}_{1n}^{\mathrm{e/o}}) = -\mathrm{j}\dfrac{\sqrt{2\varDelta}}{V}G_0 f_1(\phi) = -\mathrm{j}\dfrac{\sqrt{2\varDelta}}{V}G_0\begin{bmatrix}\cos\phi\\ \sin\phi\end{bmatrix}\\
h_z(\mathrm{HE}_{1n}^{\mathrm{e/o}}) = -\mathrm{j}\dfrac{\sqrt{2\varDelta}}{V}G_0\dfrac{n_{\mathrm{co}}}{\eta_0}f_1(\phi-\pi/2) = -\mathrm{j}\dfrac{n_{\mathrm{co}}}{\eta_0}\dfrac{\sqrt{2\varDelta}}{V}G_0\begin{bmatrix}\sin\phi\\ -\cos\phi\end{bmatrix}
\end{cases} \tag{3.2.19}
$$

表 3.2.3　各个模式的纵向电场分量及其传播常数的偏振修正[5]

l	弱导近似下真实混合模的纵向电场	传播常数修正 $\delta\beta$
$l=0$	$e_z(\mathrm{HE}_{1n}^{\mathrm{e/o}}) = -\mathrm{j}\dfrac{\sqrt{2\varDelta}}{V}G_0 f_1(\phi)$	I_1
$l=1$	$e_z(\mathrm{TM}_{0n}) = -\mathrm{j}\dfrac{\sqrt{2\varDelta}}{V}G_1^+$，$h_z(\mathrm{TM}_{0n}) = 0$	$2(I_1+I_2)$
	$e_z(\mathrm{TE}_{0n}) = 0$, $h_z(\mathrm{TE}_{0n}) = -\mathrm{j}\dfrac{n_{\mathrm{co}}}{\eta_0}\dfrac{\sqrt{2\varDelta}}{V}G_1^+$	0
	$e_z(\mathrm{HE}_{2n}^{\mathrm{e/o}}) = -\mathrm{j}\dfrac{\sqrt{2\varDelta}}{V}G_1^- f_2(\phi)$	I_1-I_2
$l\geqslant 2$	$e_z(\mathrm{EH}_{l-1,n}^{\mathrm{e/o}}) = -\mathrm{j}\dfrac{\sqrt{2\varDelta}}{V}G_l^+ f_{l-1}(\phi)$	I_1+I_2
	$e_z(\mathrm{HE}_{l+1,n}^{\mathrm{e/o}}) = -\mathrm{j}\dfrac{\sqrt{2\varDelta}}{V}G_l^- f_{l+1}(\phi)$	I_1-I_2

需指出的是，非圆形光纤中，导模的横向电场处处平行于两个正交的光轴之一，光轴信息包含在矢量波动方程的$\nabla_t \ln n^2(\boldsymbol{r}_t)$中，类似于各向异性媒质情形，需对传播常数进行修正。对于弱导光纤的折射率分布，可通过微扰方法找到光轴。这样，弱导近似下模场的空间分布也作为矢量波动方程的零级近似解。

当折射率差和波导结构的非对称性影响处于同一量级时，需要考虑非圆形结构与弱导之间的竞争关系。圆形光纤与任意截面形状波导之间的横向电场分布有很大不同，两者之间存在一个接近圆形光纤的过渡区域。对于弱导光纤，该过渡区域只有很小的非对称性，其电场几乎也是均匀极化的。当光纤结构的非对称性很微小时，其模场的空间变化类似于圆形光纤，其电场沿圆形光纤光轴方向极化，横向电场可用圆光纤 LP 模场的对称和反对称组合来表示，可参见表 3.2.2。

更一般地，当圆截面的对称性被打破时，横向电场不能再用圆光纤模场的对称和反对称组合来表示。例如，对于近圆形截面光纤，其高阶模的横向电场可表示为[5]

$$
\begin{cases}
\boldsymbol{e}_{t1,2} = F_l(r)\left[\hat{\boldsymbol{x}}\cos(l\phi) + a_\pm \hat{\boldsymbol{y}}\sin(l\phi)\right]\\
\boldsymbol{e}_{t3,4} = F_l(r)\left[\hat{\boldsymbol{x}}\sin(l\phi) + a_\pm \hat{\boldsymbol{y}}\cos(l\phi)\right]
\end{cases} \tag{3.2.20}
$$

式中，$a_\pm = \varLambda \pm \sqrt{1+\varLambda^2}$，$\varLambda = (\bar{\beta}_{\mathrm{e}} - \bar{\beta}_{\mathrm{o}})/(\delta\beta_1 - \delta\beta_2)$，$\bar{\beta}_{\mathrm{e}}$和$\bar{\beta}_{\mathrm{o}}$是满足标量波动方程的偶模和奇模的传播常数，它们与光纤横截面的不圆度有关；$\delta\beta_1$和$\delta\beta_2$与圆形光纤的偏振效应相联系，可通过矢量波动方程的零级近似场$\bar{\boldsymbol{e}}_t$进行修正，如表 3.2.3 所示。显然，当$a_\pm = \pm 1$时对应于圆形光纤情形。

3.3　单模光纤的传输特性

3.3.1　光纤的损耗与色散

在讨论导波光脉冲传播时，为了与大多数文献保持一致，导波光场的时谐因子取 $\exp[\mathrm{i}(\beta z-\omega t)]$ 形式，β 为导波光的传播常数。在有损耗的光纤中，导波光脉冲复包络 $A(z,T)$ 沿+z 方向传播的演化方程为

$$\frac{\partial A}{\partial z}+\left[\frac{\mathrm{i}}{2}\beta^{(2)}(\omega_0)\frac{\partial^2 A}{\partial T^2}-\frac{1}{6}\beta^{(3)}(\omega_0)\frac{\partial^3 A}{\partial T^3}\right]+\frac{\alpha_{\mathrm{p}}}{2}A=0 \tag{3.3.1}$$

式中，$T=t-z/v_{\mathrm{g}}$，相当于选取群速为 v_{g} 的移动坐标系；α_{p} 为光功率损耗系数；$\beta^{(n)}(\omega_0)=\left.\dfrac{\mathrm{d}^n\beta(\omega)}{\mathrm{d}\omega^n}\right|_{\omega=\omega_0}$ $(n=2,3,\cdots)$ 为传播常数 $\beta(\omega)$ 的泰勒级数展开系数，对应于色散项，ω_0 为参考频率。

1. 光纤的损耗

连续光情形下，可不考虑光纤色散，由式(3.3.1)可得光纤中导波光功率 $P(z)=|A(z)|^2$ 随距离 z 的变化为

$$P(z)=P(0)\exp(-\alpha_{\mathrm{p}}z) \tag{3.3.2}$$

可见，光纤损耗会导致导波光功率随传输距离的增加而减小。

习惯上，光纤的损耗系数以 dB/m 为单位，即单位光纤长度上光功率(dBm)的衰减：

$$\alpha_{\mathrm{dB}}=\frac{10}{L}\lg\frac{P(0)}{P(L)}=\frac{P_{\mathrm{dBm}}(0)-P_{\mathrm{dBm}}(L)}{L} \tag{3.3.3}$$

式中，$P(0)$ 为输入光功率；$P(L)$ 为输出光功率；L 为光纤长度；P_{dBm} 表示以 dBm 为单位的光功率值。在数值上，$\alpha_{\mathrm{dB}}=4.343\alpha_{\mathrm{p}}$。

根据损耗机理的不同，光纤的损耗可分为两种：一是石英光纤的固有损耗(如石英材料的本征吸收和瑞利散射等)，这些机理限制了光纤所能达到的最小损耗；二是由于材料纯度和工艺所引起的非固有损耗(如杂质的吸收、波导的散射等)，这种损耗可通过提纯材料或改善工艺而减小甚至消除。从引起损耗的方式来看，光纤损耗主要包括吸收损耗和散射损耗两部分。吸收损耗包括二氧化硅材料引起的本征吸收和杂质引起的非固有吸收。散射损耗包括瑞利散射损耗(与波长的四次方成反比)、非线性散射损耗(受激拉曼散射和受激布里渊散射)和波导散射损耗(结构缺陷引起)等。此外，还有连接损耗、弯曲损耗和微弯损耗等。

典型的单模光纤损耗谱曲线如图 3.3.1 所示[9]，可以看出，瑞利散射损耗作为光纤的固有损耗之一，决定光纤损耗的最低理论极限。由于瑞利散射反比于波长的四次方，因此，对于短波长的光波，瑞利散射是主要的损耗。对长波长的光波，红外吸收成为光纤衰减的主要因素。

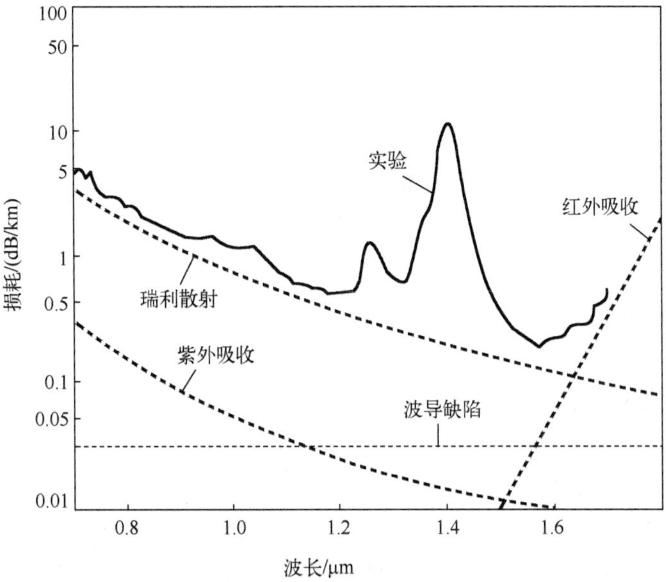

图 3.3.1　单模光纤的典型损耗谱曲线(纵轴为对数坐标刻度)[9]

2. 光纤的色散

光纤的色散是指光纤中不同波长或模式的导波光传输时间延迟有差异的物理效应。光纤色散会导致不同频率(波长)或不同模式成分的光波传输同样距离的时间延迟不同，出现脉冲展宽或信号畸变等信号劣化现象。色散可分为单一空间模式本身的色散(称为模内色散)和不同空间模式之间的传播时延差(称为模间色散)，此外还有偏振模色散。

光脉冲是由多个频率分量或不同模式的光组成的，光脉冲包络传播的速度称为群速。$\beta^{(1)}(\omega)=\dfrac{\mathrm{d}\beta}{\mathrm{d}\omega}=\dfrac{1}{v_\mathrm{g}}=\dfrac{n_\mathrm{g}}{c}$ 为群速的倒数，表示单位长度上光脉冲的传播时延，其中，v_g 和 n_g 分别为群速和群折射率，c 为光速。由 $\beta=n_\mathrm{eff}k_0=n_\mathrm{eff}\,\omega/c$ 可知，群折射率为

$$n_\mathrm{g}=\frac{c}{v_\mathrm{g}}=n_\mathrm{eff}+\omega\frac{\mathrm{d}n_\mathrm{eff}}{\mathrm{d}\omega} \tag{3.3.4}$$

式中，n_eff 为导波光的有效折射率。

光纤色散的程度用群时延差表示，群时延差越大，色散越严重。可用群速色散(GVD)参量 $\beta^{(2)}(\omega)$ 表示光脉冲时延随频率的变化特性，即

$$\beta^{(2)}(\omega)=\frac{\mathrm{d}\beta^{(1)}}{\mathrm{d}\omega}=\frac{\mathrm{d}}{\mathrm{d}\omega}\left(\frac{1}{v_\mathrm{g}}\right)=-\frac{1}{v_\mathrm{g}^2}\frac{\mathrm{d}v_\mathrm{g}}{\mathrm{d}\omega}=\frac{1}{c}\left(2\frac{\mathrm{d}n_\mathrm{eff}}{\mathrm{d}\omega}+\omega\frac{\mathrm{d}^2n_\mathrm{eff}}{\mathrm{d}\omega^2}\right) \tag{3.3.5}$$

群速色散可分为正常色散($\beta^{(2)}>0$，频率越高，时延越大)和反常色散($\beta^{(2)}<0$，频率越高，时延越小)。

在群速色散介质中，不同波长的脉冲以不同的群速传播，导致脉冲的走离效应。群速色散(GVD)还可以用色散系数 $D(\lambda)$ 表示，即单位光纤长度(L)上单位线宽($\mathrm{d}\lambda$)内的群时延差($\mathrm{d}\tau_\mathrm{g}$)，单位为 ps/(nm·km)，即

$$D(\lambda)\equiv\frac{1}{L}\frac{\mathrm{d}\tau_g}{\mathrm{d}\lambda}=\frac{\mathrm{d}\beta^{(1)}}{\mathrm{d}\lambda}=-\frac{2\pi c}{\lambda^2}\beta^{(2)} \tag{3.3.6}$$

式中，λ 为真空中光波长。

由式(3.3.6)可知，色散系数对波长的依赖性可用色散斜率 $S_D(\lambda)$ 表示，即

$$S_D(\lambda)=\frac{\mathrm{d}D}{\mathrm{d}\lambda}=\left(\frac{2\pi c}{\lambda^2}\right)^2\beta^{(3)}+\frac{4\pi c}{\lambda^3}\beta^{(2)} \tag{3.3.7}$$

式中，$\beta^{(3)}(\omega)=\mathrm{d}^3\beta(\omega)/\mathrm{d}\omega^3$。根据参考波长 λ_0 处的光纤色散系数 $D(\lambda_0)$ 和色散斜率 $S_D(\lambda_0)$，可确定式(3.3.1)中的色散项，也可计算相位失匹因子等。

单模光纤中有材料色散、波导色散以及偏振模色散，不存在模间色散；材料色散和波导色散统称为色度色散(模内色散)。多模光纤既有模间色散，又有模内色散，以模间色散为主。光纤色散可以用均方根(RMS)脉冲展宽表示，分别用下标 C、M 和 P 表示色度色散、模间色散和偏振模色散，它们引起的脉冲展宽分别为 $\Delta\sigma_C=D_C\Delta\lambda\cdot L$、$\Delta\sigma_M=D_M\cdot L$ 和 $\Delta\sigma_P=D_P\sqrt{L}$，$\Delta\lambda$ 为光源谱线宽度，$D_{C,M,P}$ 为相应的色散系数。色度色散与光源的频谱宽度(线宽)密切相关。例如，发光二极管(LED)光源的线宽比激光器(LD)光源的线宽大，所以 LED 单模光纤系统的群速色散更大。偏振模色散和模间色散可分别参见 3.3.3 节和第 4 章相关内容。于是，光纤色散引起的总均方根(RMS)脉冲展宽为

$$\Delta\sigma_T=\sqrt{(\Delta\sigma_C)^2+(\Delta\sigma_M)^2+(\Delta\sigma_P)^2} \tag{3.3.8}$$

国际电信联盟颁布的 ITU-T G.65x 系列光纤的分类及其应用特点如表 3.3.1 所示[10]，它们还可进一步分为若干个子类。G.652 和 G.655 光纤在我国最为常用。

表 3.3.1　ITU-T 建议的光纤分类[10]

类别	描述	波长特性	应用
G.651	50/125μm 多模渐变折射率光纤	在 1310nm 和 1550nm 工作波长分别有最小色散和最低损耗	主要用于计算机局域网或光接入网
G.652	常规单模光纤(非色散位移光纤)	零色散波长为 1310nm；在 1550nm 处有最低损耗，色散系数 D=17 ps/(nm·km)	应用最为广泛，传输速率大于 10Gbit/s 时需要采用色散补偿光纤进行色散补偿
G.653	色散位移光纤(DSF)	零色散波长从 1310nm 移到了 1550nm，实现最低损耗与零色散波长一致	适合高速率信号的低损耗传输，易导致 DWDM 信道间发生四波混频串扰
G.654	截止波长位移单模光纤(CSF)	截止波长在 1550nm 波长范围，可实现损耗的最小化(约 0.18 dB/km)且弯曲性能好	为 1530～1625nm 波长范围使用而优化，适用于长距离地面线路系统和使用光放大器的海缆系统
G.655	非零色散位移单模光纤(NZ-DSF)	在 1550～1650nm 处色散值为 0.1～6.0 ps/(nm·km)	可抑制四波混频效应，适于高速、大容量 DWDM 系统
G.656	宽带光传输用非零色散光纤	一种宽带非零色散平坦光纤，扩大了 G.655 光纤的非零色散范围，以解决其工作波长窄、色散斜率大等问题	显著降低系统的色散补偿成本，可保证通道间隔 100GHz、40Gbit/s 系统至少传输 400km
G.657	弯曲不敏感单模光纤	划分成 A 和 B 两大类，有三个弯曲等级，分别对应于 10mm、7.5mm 和 5mm 的最小弯曲半径	适用于光接入网中对光纤弯曲性能要求较高的安装环境

3.3.2 群速色散引起的光脉冲展宽

1. 单模光纤的群速色散

根据光纤的导波特性，导波光的有效折射率 $n_{\text{eff}} = \beta/k_0$ 依赖于波导材料和波导结构，它是波长的函数。例如，光纤基模 LP_{01} 的传播常数近似为 $\beta \approx n_2 k_0 (1 + \varDelta \cdot b)$，其中，$\varDelta = (n_1 - n_2)/n_1$ 为纤芯(n_1)与包层(n_2)的相对折射率差；$b = (n_{\text{eff}}^2 - n_2^2)/(n_1^2 - n_2^2)$ 为归一化传播常数；k_0 为真空中波数。当纤芯和包层的折射率差 $\varDelta$ 很小且 $\mathrm{d}\varDelta/\mathrm{d}\omega \approx 0$ 时，群速色散系数为

$$D(\lambda) = -\frac{2\pi}{\lambda^2}\left\{\frac{\mathrm{d}n_{2\mathrm{g}}}{\mathrm{d}\omega} + \varDelta\left[\frac{\mathrm{d}n_{2\mathrm{g}}}{\mathrm{d}\omega}\frac{\mathrm{d}(Vb)}{\mathrm{d}V} + \frac{n_{2\mathrm{g}}^2}{\omega n_2}\frac{V\mathrm{d}^2(Vb)}{\mathrm{d}V^2}\right]\right\} \tag{3.3.9}$$

式中，$n_{2\mathrm{g}} = n_2 + \omega \mathrm{d}n_2/\mathrm{d}\omega$ 为包层材料的群折射率。

式(3.3.9)中第一项为材料色散系数 $D_{\mathrm{m}}(\lambda)$，其他两项与波导结构参数($\varDelta$, V)有关，对应于波导色散系数 $D_{\mathrm{w}}(\lambda)$。当材料色散和波导色散相互抵消时，总色散为零，对应的波长称为零色散波长。对于普通的单模光纤，零色散波长在 1.31μm 附近，如图 3.3.2 所示[9]。

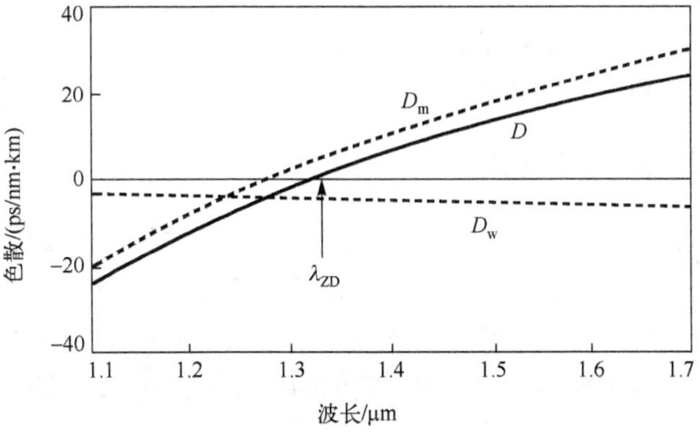

图 3.3.2　单模光纤的色散特性曲线[9]

2. 群速色散对光脉冲传播的影响

忽略光纤损耗，将式(3.3.1)化简为如下形式：

$$\mathrm{i}\frac{\partial A(z,T)}{\partial z} = \frac{\beta^{(2)}}{2}\frac{\partial^2 A(z,T)}{\partial T^2} \;\Leftrightarrow\; \mathrm{i}\frac{\partial \tilde{A}(z,\omega)}{\partial z} = -\frac{1}{2}\beta^{(2)}\omega^2 \tilde{A}(z,\omega) \tag{3.3.10}$$

式中，“⇔”表示傅里叶变换对，频域方程式(3.3.10)的解为

$$\tilde{A}(z,\omega) = \tilde{A}(z=0,\omega)\exp\left(\frac{\mathrm{i}}{2}\beta^{(2)}\omega^2 z\right) \tag{3.3.11}$$

由式(3.3.11)可知，群速色散改变了脉冲每个频率分量的相位，但不影响脉冲频谱 $\left|\tilde{A}(z,\omega)\right|^2$。

将式(3.3.11)转换到时域：

$$A(z,T) = \frac{1}{2\pi}\int_{-\infty}^{\infty}\left[\tilde{A}(0,\omega)\exp\left(\frac{\mathrm{i}}{2}\beta^{(2)}\omega^2 z\right)\right]\exp(-\mathrm{i}\omega T)\mathrm{d}\omega \tag{3.3.12}$$

式中，$\tilde{A}(0,\omega)=\int_{-\infty}^{\infty}A(0,T)\exp(\mathrm{i}\omega T)\mathrm{d}T$ 为输入光脉冲 $A(0,T)$ 的频谱。对于高斯光脉冲输入情形，$A(0,T)=\exp\left[-T^2/(2T_0^2)\right]$，由式(3.3.12)可得到输出光脉冲为

$$A(z,T)=\frac{T_0}{(T_0^2-\mathrm{i}\beta^{(2)}z)^{1/2}}\exp\left[-\frac{T^2}{2(T_0^2-\mathrm{i}\beta^{(2)}z)}\right] \tag{3.3.13}$$

为便于分析，将式(3.3.13)表示为振幅和相角形式，即 $A(z,T)=|A(z,T)|\exp[\mathrm{i}\phi(z,T)]$。根据振幅分析可知，输出光脉冲仍为高斯脉冲，光脉冲宽度为

$$T_\mathrm{p}(z)=T_0\sqrt{1+(z/L_D)^2} \tag{3.3.14}$$

式中，$L_D=T_0^2/\left|\beta^{(2)}\right|$ 为色散长度。由式(3.3.14)可知，光脉冲宽度随传播距离增加，即光纤色散会导致光脉冲展宽。

根据输出光脉冲的相位信息可分析频率啁啾特性：

$$\delta\omega(T)=-\frac{\partial\phi}{\partial T}=\frac{\mathrm{sgn}(\beta^{(2)})(z/L_D)}{1+(z/L_D)^2}\frac{T}{T_0^2} \tag{3.3.15}$$

由此可见，输出光脉冲两侧有不同的瞬时频率，频率沿脉冲线性变化，即色散光纤施加给光脉冲一个线性频率啁啾，与色散符号有关。因此，在频域上，光纤的群速色散改变了传输光脉冲的频率分布，但不影响脉冲频谱。

3.3.3 光纤双折射与偏振模色散

理想单模光纤中，总是存在两个偏振面相互垂直的简并偏振模 LP_{01x} 和 LP_{01y}，它们的传播常数相等（$\beta_x=\beta_y$）。实际中，光纤结构的不完美或应力不均匀等因素会使两个偏振模有着不同的传播常数（$\beta_x\neq\beta_y$），这种依赖于偏振模态的色散现象常称为光纤的双折射效应。光纤双折射会导致两个正交偏振模的差拍效应，它们的相位差达到 2π 时所对应的光纤长度，称为拍长，即

$$L_\mathrm{B}=\frac{2\pi}{\Delta\beta}=\frac{\lambda_0}{n_\mathrm{s}-n_\mathrm{f}} \tag{3.3.16}$$

式中，$\Delta\beta=|\beta_x-\beta_y|$；$n_\mathrm{s}$ 和 n_f 分别为光纤慢轴和快轴的有效折射率。

偏振模色散(PMD)是指同一模式内不同偏振方向的导波光之间的群时延差。当单模光纤工作在零色散波长时，偏振模色散的影响变得不可忽略。图 3.3.3 表示椭圆纤芯导致的光纤双折射，光纤慢轴和快轴之间的群时延差为[4]

$$\delta\tau=\frac{\partial}{\partial\omega}(\Delta\beta d)=\frac{\partial}{\partial\omega}\left(\Delta n\frac{\omega}{c}d\right)=\frac{d}{c}\left(\Delta n+\omega\frac{\partial\Delta n}{\partial\omega}\right) \tag{3.3.17}$$

式中，d 为光纤段的长度；$\Delta n=n_\mathrm{s}-n_\mathrm{f}$ 为双折射参数；c 为真空中光速。

现考虑一个输入光脉冲信号，其归一化光强 $I(t)$ 满足 $\int I(t)\mathrm{d}t=1$，则归一化输出光强为

$$I_\mathrm{out}(t)=\rho_\mathrm{s}I(t-\tau_\mathrm{s})+(1-\rho_\mathrm{s})I(t-\tau_\mathrm{f}) \tag{3.3.18}$$

式中，τ_s 和 τ_f 分别为慢模和快模的群延时；$\rho_\mathrm{s}=\frac{1}{2}(1+\hat{\boldsymbol{p}}\cdot\hat{\boldsymbol{s}})$ 为输入信号中慢轴分量所占比

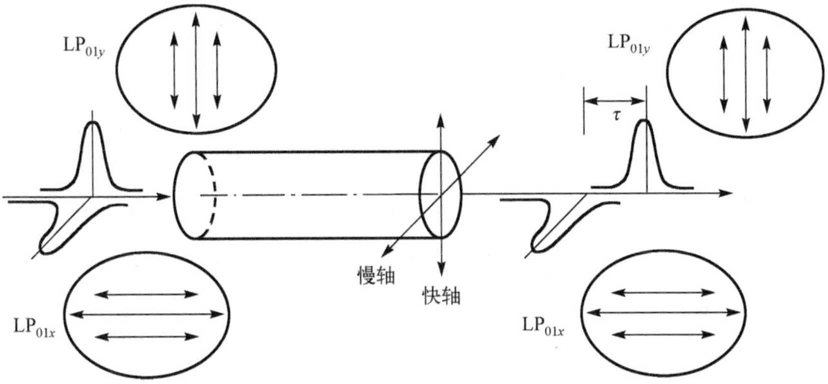

图 3.3.3　椭圆纤芯导致的光纤双折射[4]

例，$\hat{\boldsymbol{p}}$ 为三分量斯托克斯矢量表示的慢轴模式偏振态，$\hat{\boldsymbol{s}}$ 为三分量斯托克斯矢量表示的输入信号偏振态。

若 t_c 为光脉冲的几何中心位置，则 $\tau_s = t_c + \delta\tau/2$，$\tau_f = t_c - \delta\tau/2$，其中，$\delta\tau = \tau_s - \tau_f$ 为快模和慢模之间的群时延差。将光脉冲的位置选择在光脉冲的质心处，忽略光纤中光脉冲传播损耗，则输出光脉冲的质心位置为

$$t_g = \langle t \cdot I_{out}(t) \rangle = \int t \cdot I_{out}(t) \mathrm{d}t = \rho_s(\delta\tau) + t_c - \delta\tau/2 \tag{3.3.19}$$

若脉冲的起始位置取 $t_0 = \langle t \cdot I(t) \rangle = 0$，则 t_g 表示输出光脉冲的群时延，如图 3.3.4 所示。

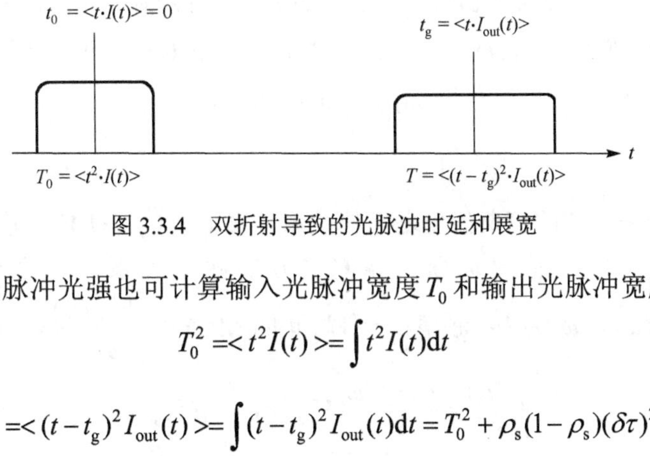

图 3.3.4　双折射导致的光脉冲时延和展宽

类似地，根据脉冲光强也可计算输入光脉冲宽度 T_0 和输出光脉冲宽度 T：

$$T_0^2 = \langle t^2 I(t) \rangle = \int t^2 I(t) \mathrm{d}t \tag{3.3.20}$$

$$T^2 = \langle (t-t_g)^2 I_{out}(t) \rangle = \int (t-t_g)^2 I_{out}(t) \mathrm{d}t = T_0^2 + \rho_s(1-\rho_s)(\delta\tau)^2 \tag{3.3.21}$$

显然，双折射导致的输出光脉冲展宽可用脉冲宽度的方差表示为[4]

$$(\Delta\tau_b)^2 = T^2 - T_0^2 = \rho_s(1-\rho_s)(\delta\tau)^2 \tag{3.3.22}$$

由式(3.3.22)可知，当输入信号的偏振态与快轴（或慢轴）对准时，无脉冲展宽（$\Delta\tau_b = 0$）；对于一束完全非偏振光，$\rho_s = 1/2$，则 $(\Delta\tau_b)^2 = (\delta\tau)^2/4$，即脉冲展宽为群时延差的一半。由式(3.3.17)和式(3.3.22)可知，在恒定双折射的短光纤中，双折射导致的脉冲展宽正比于光纤的长度。

实际中，光纤弯曲和扭转使慢轴方向随光纤位置不断变化，可用 N 个具有相同长度 d 的均匀双折射小段光纤来模拟分析随机双折射光纤中的脉冲展宽，如图 3.3.5 所示。假定每

一小段光纤有均匀的双折射和固定的快慢偏振分量，则整个光纤长度（$L = Nd$）引起的脉冲展宽为所有小段光纤贡献之和，即

$$(\Delta\tau_b)^2 = \frac{1}{4}N(\delta\tau)^2 = \frac{1}{4}N\frac{d^2}{c^2}\left(\Delta n + \omega\frac{\partial\Delta n}{\partial\omega}\right)^2 = \frac{Ld}{4c^2}\left(\Delta n + \omega\frac{\partial\Delta n}{\partial\omega}\right)^2 \tag{3.3.23}$$

可见，当小段光纤长度 d 取定时，完全随机双折射光纤引起的总展宽正比于光纤长度的平方根，即 $\Delta\tau_b \propto \sqrt{L}$。因此，式(3.3.8)中偏振模色散引起的脉冲展宽表示为 $\Delta\sigma_P = D_P\sqrt{L}$。

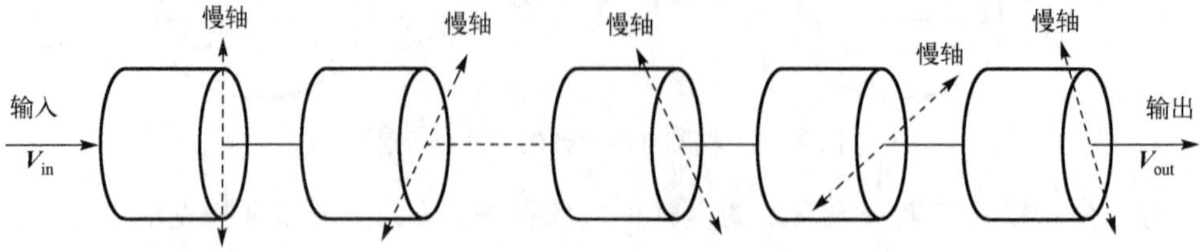

图 3.3.5　随机双折射光纤的分段模型

3.3.4　偏振主态

给定一个输入偏振态，光纤的输出偏振态通常是光频的函数。但光纤中也存在一些特殊的输入偏振态，可使光纤输出偏振态随光波频率变化不敏感，这样的输入偏振态称为偏振主态(PSP)，可由琼斯矢量描述。

光纤的传输矩阵由一系列小段双折射光纤的琼斯矩阵相乘得到，每小段的快慢轴方向相互垂直，相邻小段的慢轴方向有任意夹角。根据时间反演对称性和互易传输特性，整个光纤的传输矩阵可表示为 $\boldsymbol{U} = \begin{bmatrix} a & b \\ -b^* & a^* \end{bmatrix}$，矩阵元素依赖于光频和光纤双折射分布，无损耗时，$|a|^2 + |b|^2 = 1$。

输出与输入光偏振态的琼斯矢量之间的关系可表示为 $\boldsymbol{V}_{out} = \boldsymbol{U}\boldsymbol{V}_{in}$。输出偏振态随光波频率变化不敏感，意味着输出琼斯矢量 $\boldsymbol{V}_{out}(\omega)$ 的两个元素有一个公因子 $f(\omega)$，即 $\boldsymbol{V}_{out}(\omega) = \boldsymbol{V}_{out}(\omega_0)f(\omega)$，$\omega_0$ 为中心频率。一种简单的情形是令 $\dfrac{\partial \ln f(\omega)}{\partial\omega} = -\mathrm{j}\delta$，$\delta$ 为常数，则

$$\frac{\partial \boldsymbol{V}_{out}(\omega)}{\partial\omega} = \frac{\partial \ln f(\omega)}{\partial\omega}\boldsymbol{V}_{out}(\omega) = -\mathrm{j}\delta\boldsymbol{V}_{out}(\omega) \tag{3.3.24}$$

两边对 ω 积分可得

$$\boldsymbol{V}_{out}(\omega) = \boldsymbol{V}_{out}(\omega_0)\exp\left(-\mathrm{j}\int_{\omega_0}^{\omega}\delta\mathrm{d}\omega\right) \tag{3.3.25}$$

由相移 $\Delta\varphi = \int_{\omega_0}^{\omega}\delta\mathrm{d}\omega$ 可知，群速时延为 $\dfrac{\partial\Delta\varphi}{\partial\omega} = \delta$，因此 δ 的物理含义是群时延常数。式(3.3.25)意味着，输出偏振模有一个传输时延 δ 和不依赖于频率的偏振状态。

将 $\boldsymbol{V}_{out} = \boldsymbol{U}\boldsymbol{V}_{in}$ 代入式(3.3.24)可得

$$\left[\mathrm{j}\boldsymbol{U}^{-1}\frac{\partial\boldsymbol{U}}{\partial\omega}\right]\boldsymbol{V}_{in} = \delta\boldsymbol{V}_{in} \tag{3.3.26}$$

根据上述分析可知，式(3.3.26)的特征矢量$\boldsymbol{V}_{\text{in}}$和特征值$\delta$分别与偏振主态及其群时延相联系，即[4]

$$\boldsymbol{V}_{\text{in}}=\begin{bmatrix}(a')^{*}b-a^{*}b'\\ a^{*}a'+b(b')^{*}+\text{j}\delta\end{bmatrix},\ \delta=\pm\sqrt{|a'|^2+|b'|^2} \tag{3.3.27}$$

可以证明，两个特征矢量(偏振主态)相互正交，可作为基矢来表示任意偏振态，两个偏振主态之间的群时延差为$\Delta\tau_{\text{g}}=2|\delta|=2\sqrt{|a'|^2+|b'|^2}$。显然，一个 PSP 输入时，双折射导致的脉冲展宽消失。

思　考　题

3.1　描述常用光纤的基本结构和材料组成，并指出三个光纤低损耗窗口的典型波长。

3.2　以阶跃折射率光纤为例，简述其导波光模式的电磁理论分析方法。

3.3　均匀光纤中，导波光电场复振幅在横截面上的分布可按径向和角向分离变量，如$e_z(r,\phi)=F(r)\Phi(\phi)$，请写出径向分布$F(r)$和角向分布$\Phi(\phi)$满足的微分方程。

3.4　均匀光纤中导波光电场复振幅的角向分布$\Phi(\phi)$可用复数形式$\Phi(\phi)=\text{e}^{\text{j}m\phi}$表示，也可用实数形式$\cos(m\phi)$或$\sin(m\phi)$表示，讨论两种表示方式所揭示的物理意义。

3.5　在圆柱形光纤中，光导波可分为TE_{0n}波、TM_{0n}波和混合波(HE_{mn}或EH_{mn})三类波型，其中，下标表示模式指数，请说明它们的命名规则。

3.6　根据光纤导模的归一化频率表达式，讨论模式截止和远离截止的条件(包括光纤的单模传输条件)。

3.7　结合阶跃光纤中导模的电磁场量表达式，分析光纤模式在光纤横截面的分布特点。

3.8　线偏振模是弱导近似下导波光场的E_x和E_y两组近似解，其纵向分量可以忽略(准 TEM)。以HE_{11}精确模的电场为例，比较它与LP_{01}近似模的细微差别。

3.9　根据弱导近似下导模的特征方程，分析一个线偏振模LP_{ln}与几个传播常数相近的精确模之间的简并关系。

3.10　LP_{ln}模的截止特性仍可由贝塞尔函数的零点确定，具有相同截止频率的LP_{ln}模传播常数非常接近，通常将它们归于同一模群，可用$N=l+2(n-1)$表示模群(MG)的阶数。请列出N=2 模群的所有 LP 模式。

3.11　总结LP_{ln}模式的模场空间分布特点，注意它们与下标l和n的联系。

3.12　当波导结构或折射率不均匀分布所导致的偏振效应可以忽略时，即$\nabla_t\ln n^2(\boldsymbol{r}_t)=0$，线偏振(LP)或圆偏振(CP)矢量模(模态)可由相应标量波动方程的解近似构建，给出它们的具体组合方式。

3.13　在弱导光纤中，导波模式的纵向电场分量及其传播常数的偏振修正均可由模场的横向分布近似计算，请描述传播常数的偏振修正过程。

3.14　如何采用 LP 模近似构建椭圆芯少模光纤的本征模场？

3.15　若光纤的损耗系数为$\alpha_{\text{dB}}=0.25\text{dB/km}$，用绝对单位表示的功率损耗系数$\alpha_{\text{p}}$为多少？

3.16　请说明光纤中导波光传播常数β对角频率ω的各阶导数所表示的物理含义。

3.17　光纤色散分为哪几种类型？请分别加以说明。

3.18　光纤有哪些分类方式？列表比较 ITU-T 建议的 G.65x 系列光纤的特性。

3.19　请分析光纤群速色散引起的光脉冲时域展宽现象和频率啁啾效应。

3.20　什么是光纤的双折射和偏振模色散？证明：完全随机双折射光纤引起的脉冲展宽正比于光纤长度的平方根。

3.21　请解释光纤偏振主态(PSP)的概念，如何确定偏振主态并计算两个偏振主态之间的群时延差？

参考文献

[1] 高建平. 光纤通信[M]. 西安: 西北工业大学出版社, 2005.

[2] WARTAK M S. 计算光子学: MATLAB 导论[M]. 吴宗森, 吴小山, 译. 北京: 科学出版社, 2015.

[3] 刘德明, 向清, 黄得修. 光纤光学[M]. 北京: 国防工业出版社, 1995.

[4] YARIV A, YEH P. 光子学——现代通信光电子学[M]. 6 版. 陈鹤鸣, 施伟华, 汪静丽, 等译. 北京: 电子工业出版社, 2009.

[5] SNYDER A W, LOVE J D. Optical waveguide theory[M]. New York: Chapman and Hall, 1983.

[6] 顾畹仪, 李国瑞. 光纤通信系统(修订版)[M]. 北京: 北京邮电大学出版社, 2006.

[7] BLACK R J, GAGNON L. Optical waveguide modes: polarization, coupling, and symmetry[M]. 北京: 科学出版社, 2012.

[8] ZHANG J, ZHU G, JIE L, et al. Orbital-angular-momentum mode-group multiplexed transmission over a graded-index ring-core fiber based on receive diversity and maximal ratio combining[J]. Optics express, 2018, 26(4): 4243-4257.

[9] 武保剑, 邱昆. 光纤信息处理原理及技术[M]. 北京: 科学出版社, 2013.

[10] 武保剑. 光通信中的电磁场与波基础[M]. 北京: 科学出版社, 2017.

第 4 章　少模光纤的模式耦合

本章考虑确定的或随机的折射率微扰对少模光纤传输模式的影响，包括横向折射率微扰均匀光纤中模场的修正、纵向折射率微扰引起的少模光纤模式耦合规律及两个模式之间的随机耦合特性等。根据光纤中光脉冲的时域和频域演化方程，分析少模光纤光栅中模式的谐振耦合特点，给出同向传播和反向传播两种模式耦情形的相位匹配条件及模式耦合系数的一般表达式，揭示光纤布拉格光栅(FBG)和长周期光纤光栅(LPFG)模式转换器的工作原理。采用耦合模微扰方法，详细推导少模光纤中模式的非谐振耦合方程，并用于评估不同少模光纤连接导致的模式串扰。最后，简单讨论单一模式输入和两模同时输入两种情形下，非相干和相干信号模式的随机耦合特性，重点关注模式平均功率和功率波动随耦合长度的演化规律。

4.1　横向折射率微扰对模场的修正

4.1.1　一阶近似微扰修正

对于波动方程难以求解的情形，可采用微扰方法进行分析。波导不完整、弯曲、表面不平整等会使均匀光纤的横向折射率分布发生变化，导致传播模式之间发生耦合(能量交换)，相应的本征模场和传播常数也会随之改变。将波导的介电系数 $\varepsilon(x,y)$ 表示成非微扰 $\overline{\varepsilon}(x,y)$ 和微扰 $\Delta\varepsilon(x,y)$ 两部分，即

$$\varepsilon(x,y)=\overline{\varepsilon}(x,y)+\Delta\varepsilon(x,y) \tag{4.1.1}$$

非微扰情形下，本征模场 $\overline{\boldsymbol{E}}_m=\overline{\boldsymbol{e}}_m(x,y)\exp\left[\mathrm{i}(\overline{\beta}_m z-\omega t)\right]$ 满足如下波动方程：

$$\left[\nabla_t^2+\omega^2\mu\overline{\varepsilon}(x,y)\right]\overline{\boldsymbol{e}}_m(x,y)=\overline{\beta}_m^2\overline{\boldsymbol{e}}_m(x,y) \tag{4.1.2}$$

式中，$\overline{\boldsymbol{e}}_m$ 和 $\overline{\beta}_m$ 分别为非微扰情形下本征模式 m 的功率归一化模场和传播常数，满足正交归一化条件：

$$\frac{\overline{\beta}_n}{2\omega\mu}\iint\overline{\boldsymbol{e}}_m\cdot\overline{\boldsymbol{e}}_n^*\mathrm{d}x\mathrm{d}y=\delta_{mn} \tag{4.1.3}$$

在一阶近似下，将微扰情形下的模场表示为如下形式：

$$\boldsymbol{E}_m=(\overline{\boldsymbol{e}}_m+\delta\boldsymbol{e}_m)\exp\left\{\mathrm{i}\left[(\overline{\beta}_m+\delta\beta_m)z-\omega t\right]\right\} \tag{4.1.4}$$

式中，$\delta\boldsymbol{e}_m$ 和 $\delta\beta_m$ 分别为横向模场和传播常数的修正。与式(4.1.3)类似，微扰情形下模场的正交归一化条件为

$$\frac{\overline{\beta}_m+\delta\beta_m}{2\omega\mu}\iint(\overline{\boldsymbol{e}}_m+\delta\boldsymbol{e}_m)\cdot(\overline{\boldsymbol{e}}_n+\delta\boldsymbol{e}_n)^*\mathrm{d}x\mathrm{d}y=\delta_{mn} \tag{4.1.5}$$

将 $\delta\boldsymbol{e}_m$ 用无微扰情形下完备的本征模场 $\overline{\boldsymbol{e}}_m$ 展开，即

$$\delta \boldsymbol{e}_m = \sum_n a_{mn} \overline{\boldsymbol{e}}_n \tag{4.1.6}$$

式中，a_{mn} 为待定展开系数。将式(4.1.6)代入式(4.1.5)，在一级近似下利用式(4.1.3)可得 $a_{mm} = -\delta\beta_m/(2\overline{\beta}_m)$。

同时，微扰情形下的模场满足如下微扰波动方程：

$$\left[\nabla_t^2 + \omega^2\mu\overline{\varepsilon}(x,y) + \omega^2\mu\Delta\varepsilon(x,y)\right](\overline{\boldsymbol{e}}_m + \delta\boldsymbol{e}_m) = (\overline{\beta}_m^2 + \delta\beta_m^2)(\overline{\boldsymbol{e}}_m + \delta\boldsymbol{e}_m) \tag{4.1.7}$$

利用式(4.1.2)，忽略二级小量，式(4.1.7)简化为

$$\left[\nabla_t^2 + \omega^2\mu\overline{\varepsilon}(x,y)\right]\delta\boldsymbol{e}_m + \omega^2\mu\Delta\varepsilon(x,y)\overline{\boldsymbol{e}}_m = \overline{\beta}_m^2\delta\boldsymbol{e}_m + \delta\beta_m^2\overline{\boldsymbol{e}}_m \tag{4.1.8}$$

由式(4.1.6)可得

$$\sum_{n\neq m} a_{mn}(\overline{\beta}_n^2 - \overline{\beta}_m^2)\overline{\boldsymbol{e}}_n = \left[\delta\beta_m^2 - \omega^2\mu\Delta\varepsilon(x,y)\right]\overline{\boldsymbol{e}}_m \tag{4.1.9}$$

将式(4.1.9)两边同乘以 $\overline{\boldsymbol{e}}_m^*$ 并在横截面积分，利用式(4.1.3)可得

$$\delta\beta_m^2 = \frac{\iint \omega^2\mu\Delta\varepsilon(x,y)\overline{\boldsymbol{e}}_m\cdot\overline{\boldsymbol{e}}_m^*\mathrm{d}x\mathrm{d}y}{\iint \overline{\boldsymbol{e}}_m\cdot\overline{\boldsymbol{e}}_m^*\mathrm{d}x\mathrm{d}y} \tag{4.1.10}$$

进一步地，利用 $\delta\beta_m^2 \approx 2\overline{\beta}_m\delta\beta_m$ 可得传播常数修正项 $\delta\beta_m$ 为[1]

$$\delta\beta_m = \frac{\omega}{4}\iint \Delta\varepsilon(x,y)\overline{\boldsymbol{e}}_m\cdot\overline{\boldsymbol{e}}_m^*\mathrm{d}x\mathrm{d}y \tag{4.1.11}$$

定义耦合系数的一般表达式为

$$\kappa_{nm} = \frac{\omega}{4}\iint \overline{\boldsymbol{e}}_n^*\cdot\Delta\varepsilon(x,y)\overline{\boldsymbol{e}}_m\mathrm{d}x\mathrm{d}y \tag{4.1.12}$$

式中，$\overline{\boldsymbol{e}}_m$ 和 $\overline{\boldsymbol{e}}_n$ 为满足式(4.1.3)的功率归一化模场，$\Delta\varepsilon(x,y) = \varepsilon(x,y) - \overline{\varepsilon}(x,y)$ 为介电系数微扰。于是有

$$a_{mm} = -\frac{\delta\beta_m}{2\overline{\beta}_m} = -\frac{\kappa_{mm}}{2\overline{\beta}_m} \tag{4.1.13}$$

将式(4.1.9)两边同乘以 $\overline{\boldsymbol{e}}_n^*$ 并在横截面积分，利用式(4.1.3)可得[1]

$$a_{mn} = \frac{\omega\overline{\beta}_n}{2(\overline{\beta}_m^2 - \overline{\beta}_n^2)}\iint \Delta\varepsilon(x,y)\overline{\boldsymbol{e}}_m\cdot\overline{\boldsymbol{e}}_n^*\mathrm{d}x\mathrm{d}y = \frac{2\overline{\beta}_n}{\overline{\beta}_m^2 - \overline{\beta}_n^2}\kappa_{nm},\quad m\neq n \tag{4.1.14}$$

这样，一阶近似修正后的模场及传播常数分别为

$$\begin{cases} \boldsymbol{e}_m = \overline{\boldsymbol{e}}_m + \delta\boldsymbol{e}_m = \displaystyle\sum_{n\neq m}\frac{2\overline{\beta}_n\kappa_{nm}}{\overline{\beta}_m^2 - \overline{\beta}_n^2}\overline{\boldsymbol{e}}_n + \left(1 - \frac{\kappa_{mm}}{2\overline{\beta}_m}\right)\overline{\boldsymbol{e}}_m \\ \beta_m = \overline{\beta}_m + \delta\beta_m = \overline{\beta}_m + \kappa_{mm} \end{cases} \tag{4.1.15}$$

式(4.1.15)适合于 $2\overline{\beta}_n\kappa_{nm} \ll \left|\overline{\beta}_m^2 - \overline{\beta}_n^2\right|$ 的情形，对于较大的扰动，则需要采用一般耦合模微扰方法进行分析。

4.1.2 一般微扰光纤的模式修正

光纤的横向折射率微扰效应，会使原来无微扰光纤中的本征模场发生耦合，它对应于传

播常数修正的新模式，其模场可表示为如下形式：

$$\boldsymbol{E}=\boldsymbol{\psi}(x,y)\exp\left[\mathrm{i}(\beta z-\omega t)\right]=\sum_m C_m\overline{\boldsymbol{e}}_m\exp\left[\mathrm{i}(\beta z-\omega t)\right] \tag{4.1.16}$$

式中，$\boldsymbol{\psi}(x,y)=\sum_m C_m\overline{\boldsymbol{e}}_m$ 为模场横向分布；C_m 为待定系数；β 为微扰情形下模场的传播常数。这些参数一旦确定，微扰光纤的模场也就知道了。

根据微扰波动方程(4.1.7)可知，模场横向分布 $\boldsymbol{\psi}(x,y)$ 满足波动方程：

$$\left[\nabla_t^2+\omega^2\mu\overline{\varepsilon}(x,y)+\omega^2\mu\Delta\varepsilon(x,y)\right]\boldsymbol{\psi}(x,y)=\beta^2\boldsymbol{\psi}(x,y) \tag{4.1.17}$$

利用无微扰情形下本征模式满足的波动方程(4.1.2)，可得

$$\sum_m C_m\left[\overline{\beta}_m^2+\omega^2\mu\Delta\varepsilon(x,y)\right]\overline{\boldsymbol{e}}_m=\beta^2\sum_m C_m\overline{\boldsymbol{e}}_m \tag{4.1.18}$$

式(4.1.18)两边同乘以 $\overline{\boldsymbol{e}}_n^*$ 并在横截面积分，利用正交归一化关系式(4.1.3)可得

$$\overline{\beta}_n^2C_n+\sum_m 2\overline{\beta}_n\kappa_{nm}C_m=\beta^2C_n,\quad n=1,2,3,\cdots \tag{4.1.19}$$

用矩阵形式表示为[1]

$$\begin{bmatrix}\overline{\beta}_1^2+2\overline{\beta}_1\kappa_{11} & 2\overline{\beta}_1\kappa_{12} & 2\overline{\beta}_1\kappa_{13} & \cdots & 2\overline{\beta}_1\kappa_{1n}\\ 2\overline{\beta}_2\kappa_{21} & \overline{\beta}_2^2+2\overline{\beta}_2\kappa_{22} & 2\overline{\beta}_2\kappa_{23} & \cdots & 2\overline{\beta}_2\kappa_{2n}\\ 2\overline{\beta}_3\kappa_{31} & 2\overline{\beta}_3\kappa_{32} & \overline{\beta}_3^2+2\overline{\beta}_3\kappa_{33} & \cdots & 2\overline{\beta}_3\kappa_{3n}\\ \vdots & \vdots & \vdots & \ddots & \vdots\\ 2\overline{\beta}_n\kappa_{n1} & 2\overline{\beta}_n\kappa_{n2} & 2\overline{\beta}_n\kappa_{n3} & \cdots & \overline{\beta}_n^2+2\overline{\beta}_n\kappa_{nn}\end{bmatrix}\begin{bmatrix}C_1\\C_2\\C_3\\\vdots\\C_n\end{bmatrix}=\beta^2\begin{bmatrix}C_1\\C_2\\C_3\\\vdots\\C_n\end{bmatrix} \tag{4.1.20}$$

式中，耦合系数 κ_{nm} 由式(4.1.12)定义。对上述矩阵方程进行求解，一般可得到 n 组特征矢量 $\boldsymbol{C}$ 及其对应的本征值 β^2。

4.2　纵向折射率微扰引起的模式耦合

在导波光的耦合模理论中，导波光的微扰分析方法有着重要的应用。通常可分为如下几个步骤进行：①将引起导波光耦合的各种物理效应视为微扰，并假设这些微扰不改变波导中所支持的模式类型；②微扰波导中的电场用无微扰波导中的正交归一化本征模式(模基)展开，其中，展开系数待定；③将电场的表达式代入麦克斯韦方程组或微扰波动方程，得到关于展开系数的耦合模方程；④通过求解耦合模方程，确定展开系数及其传播常数，进而分析微扰因素对导波光模式的影响。

4.2.1　弱导光纤中模式的耦合方程

在弱导近似下，可忽略光纤折射率差引起的偏振效应，LP 本征模式的波函数 ψ_m 满足标量波动方程：

$$\left[\nabla_t^2+k_0^2\overline{n}(x,y)-\overline{\beta}_m^2\right]\psi_m=0 \tag{4.2.1}$$

式中，$\overline{n}(x,y)$ 为无微扰光纤的折射率分布。

与无微扰光纤情形相比，假设纵向微扰引起的折射率分布变化很小，不妨将 x 线偏振光的电场表示为如下形式：

$$E_x(x,y,z)=\sum_j\left[a_j(z)\mathrm{e}^{\mathrm{i}\beta_j z}+a_{-j}(z)\mathrm{e}^{-\mathrm{i}\beta_j z}\right]\psi_j(x,y) \tag{4.2.2}$$

式中，$a_j(z)$ 和 $a_{-j}(z)$ 分别表示沿 z 轴正、反方向传播的模式复振幅。

根据耦合模微扰理论，正向和反向传播模式满足的耦合模方程分别为[2]

$$\frac{\mathrm{d}a_j}{\mathrm{d}z}=\mathrm{i}\sum_l\kappa_{jl}\left[a_l\mathrm{e}^{\mathrm{i}(\beta_l-\beta_j)z}+a_{-l}\mathrm{e}^{\mathrm{i}(-\beta_l-\beta_j)z}\right] \tag{4.2.3}$$

$$\frac{\mathrm{d}a_{-j}}{\mathrm{d}z}=-\mathrm{i}\sum_l\kappa_{jl}\left[a_l\mathrm{e}^{\mathrm{i}(\beta_l+\beta_j)z}+a_{-l}\mathrm{e}^{\mathrm{i}(-\beta_l+\beta_j)z}\right] \tag{4.2.4}$$

式中，耦合系数 $\kappa_{jl}(z)=\dfrac{k_0}{2n_{\mathrm{co}}}\int_{A\infty}(n^2-\overline{n}^2)\psi_j^*\psi_l\mathrm{d}A\Big/\int_{A\infty}\left|\psi_j\right|^2\mathrm{d}A$，$n_{\mathrm{co}}$ 为纤芯折射率，$A\infty$ 表示整个横截面面积。当 $\psi_j(x,y)$ 取功率归一化标量场形式 $\hat{\psi}_j(x,y)$ 时，耦合系数还可表示为

$$\kappa_{jl}(z)=\frac{\omega}{4}\iint\Delta\varepsilon(x,y,z)\hat{\psi}_j\hat{\psi}_l\mathrm{d}x\mathrm{d}y \tag{4.2.5}$$

式中，功率归一化标量场形式 $\hat{\psi}_{j,l}(x,y)$ 满足 $\dfrac{\overline{\beta}_j}{2\omega\mu}\iint\hat{\psi}_j^*\cdot\hat{\psi}_l\mathrm{d}x\mathrm{d}y=\delta_{jl}$，此时的模式功率为 $P_j=\left|a_j(z)\right|^2$。

将相对折射率微扰表示成可分离变量形式，并进行傅里叶级数展开：

$$\Delta\varepsilon_{\mathrm{r}}=n^2-\overline{n}^2=\delta n^2(x,y)\cdot g(z),\quad g(z)=\sum_{m=-\infty}^{\infty}g_m\mathrm{e}^{\mathrm{i}m\beta_0 z} \tag{4.2.6}$$

式中，$\delta n^2(x,y)$ 和 $g(z)$ 分别为横向和纵向折射率变化；傅里叶展开系数 $g_m=\dfrac{1}{\Lambda}\int_{-\Lambda/2}^{\Lambda/2}g(z)\mathrm{e}^{-\mathrm{i}m\beta_0 z}\mathrm{d}z$，$\Lambda$ 为微扰周期，$\beta_0=2\pi/\Lambda$ 为周期微扰的空间频率。显然，$g_{-m}=(g_m)^*$。

由式(4.2.5)可知，耦合系数 $\kappa_{jl}(z)$ 为

$$\kappa_{jl}(z)=\frac{\overline{\kappa}_{jl}}{2\mathrm{i}}\sum_{m=-\infty}^{\infty}(2\mathrm{i}g_m\mathrm{e}^{\mathrm{i}m\beta_0 z}),\quad \overline{\kappa}_{jl}=\frac{k_0}{2n_{\mathrm{co}}}\int_{A\infty}(\delta n^2)\psi_j\psi_l\mathrm{d}A\Big/\int_{A\infty}\psi_j^2\mathrm{d}A \tag{4.2.7}$$

根据 $\kappa_{jl}(z)$ 的强度及其空间频率特性，模式之间的耦合可分为弱功率转移和强功率耦合两种情形。对于弱功率转移情形，两个模式之间仅有很小的总功率转移，可采用迭代方法求解耦合模方程。当传播常数满足谐振条件(或相位匹配条件)时，一个小的谐振微扰就会导致光纤中两个本征模之间发生较大的功率转移，如周期性波导结构。下面分析同向传播和正反向传播两种情形下模式之间的耦合特性。

4.2.2　两个正向传播模式的耦合

由式(4.2.3)可知，当光场取 $E(\boldsymbol{r},t)=\left[a_1(z)\psi_1(x,y)\mathrm{e}^{\mathrm{i}\beta_1 z}+a_2(z)\psi_2(x,y)\mathrm{e}^{\mathrm{i}\beta_2 z}\right]\mathrm{e}^{-\mathrm{i}\omega t}$ 形式时，具有不同空间模场分布的两个正向传播模式之间的耦合方程为

$$\frac{\mathrm{d}}{\mathrm{d}z}\begin{bmatrix} a_1 \\ a_2 \end{bmatrix} = \begin{bmatrix} \mathrm{i}\kappa_{11} & \mathrm{i}\kappa_{12}\mathrm{e}^{\mathrm{i}(\beta_2-\beta_1)z} \\ \mathrm{i}\kappa_{21}\mathrm{e}^{\mathrm{i}(\beta_1-\beta_2)z} & \mathrm{i}\kappa_{22} \end{bmatrix}\begin{bmatrix} a_1 \\ a_2 \end{bmatrix} \tag{4.2.8a}$$

式中，$a_{1,2}(z)$ 和 $\beta_{1,2}$ 分别为两个模式的光场复包络和传播常数；κ_{11} 和 κ_{22} 为自耦系数；κ_{12} 和 κ_{21} 为互耦系数。

若光场取 $E(\boldsymbol{r},t)=[b_1(z)\psi_1(x,y)+b_2(z)\psi_2(x,y)]\mathrm{e}^{-\mathrm{i}\omega t}$ 形式，即 $b_{1,2}(z)=a_{1,2}(z)\mathrm{e}^{\mathrm{i}\beta_{1,2}z}$，则式 (4.2.8a) 可化为如下形式：

$$\frac{\mathrm{d}}{\mathrm{d}z}\begin{bmatrix} b_1 \\ b_2 \end{bmatrix} = \begin{bmatrix} \mathrm{i}(\beta_1+\kappa_{11}) & \mathrm{i}\kappa_{12} \\ \mathrm{i}\kappa_{21} & \mathrm{i}(\beta_2+\kappa_{22}) \end{bmatrix}\begin{bmatrix} b_1 \\ b_2 \end{bmatrix} \tag{4.2.8b}$$

由式(4.2.8b)可知，自耦系数 κ_{11} 和 κ_{22} 的贡献相当于对模式传播常数 $\beta_{1,2}$ 进行了修正。

若令 $a_{1,2}(z)=G_{1,2}(z)\mathrm{e}^{\mathrm{i}\kappa_{11,22}z}$ 或 $b_{1,2}(z)=G_{1,2}(z)\mathrm{e}^{\mathrm{i}(\beta_{1,2}+\kappa_{11,22})z}$，相当于自耦系数吸收到传播常数 $\beta_{1,2}$ 中，则式(4.2.8a)可进一步简化为

$$\frac{\mathrm{d}}{\mathrm{d}z}\begin{bmatrix} G_1 \\ G_2 \end{bmatrix} = \begin{bmatrix} 0 & \mathrm{i}\kappa_{12}\mathrm{e}^{\mathrm{i}\delta z} \\ \mathrm{i}\kappa_{21}\mathrm{e}^{-\mathrm{i}\delta z} & 0 \end{bmatrix}\begin{bmatrix} G_1 \\ G_2 \end{bmatrix} \tag{4.2.8c}$$

式中，$\delta=\beta_2+\kappa_{22}-(\beta_1+\kappa_{11})$。

下面以正弦微扰为例，描述两个正向传播模式耦合的近似处理过程。将式(4.2.7)代入式(4.2.8a)，模式耦合方程可用无量纲参数表示为

$$\frac{\mathrm{d}}{\mathrm{d}Z}\begin{bmatrix} a_1 \\ a_2 \end{bmatrix} = 2\mathrm{i}\begin{bmatrix} s_1\sum_{m=1}^{\infty}\left[g_m\mathrm{e}^{\mathrm{i}(\sigma+\tau)Z}+g_{-m}\mathrm{e}^{-\mathrm{i}(\sigma+\tau)Z}\right] & \sum_{m=1}^{\infty}\left[g_m\mathrm{e}^{\mathrm{i}\sigma Z}+g_{-m}\mathrm{e}^{-\mathrm{i}(\sigma+2\tau)Z}\right] \\ \sum_{m=1}^{\infty}\left[g_m\mathrm{e}^{\mathrm{i}(\sigma+2\tau)Z}+g_{-m}\mathrm{e}^{-\mathrm{i}\sigma Z}\right] & s_2\sum_{m=1}^{\infty}\left[g_m\mathrm{e}^{\mathrm{i}(\sigma+\tau)Z}+g_{-m}\mathrm{e}^{-\mathrm{i}(\sigma+\tau)Z}\right] \end{bmatrix}\begin{bmatrix} a_1 \\ a_2 \end{bmatrix} \tag{4.2.9}$$

式中，$Z=\kappa z/2$，$\kappa=\bar{\kappa}_{12}=\bar{\kappa}_{21}$ 为互耦系数；$\sigma=2[m\beta_0-(\beta_1-\beta_2)]/\kappa$ 和 $\tau=2(\beta_1-\beta_2)/\kappa$ 分别与相位失配和模式差拍相关，$\sigma+\tau=2m\beta_0/\kappa$ 和 $\sigma+2\tau=2[m\beta_0+(\beta_1-\beta_2)]/\kappa$；$s_1=\bar{\kappa}_{11}/\kappa$ 和 $s_2=\bar{\kappa}_{22}/\kappa$ 为归一化自耦系数。

一般地，式(4.2.9)没有简单的解析解，可通过逐级微扰近似方法进行分析。对于给定的 m 阶周期微扰情形，当 $|\tau|\gg|\sigma|\approx 0$ 时，谐振强耦合发生在 $\mathrm{e}^{\pm\mathrm{i}\sigma Z}$ 项之间，而与 $\sigma+\tau$ 和 $\sigma+2\tau$ 相联系的耦合项属于弱耦合情形。将两个模式的复振幅近似表示为关于 z 的慢变函数和快变函数两部分，即 $a_{1,2}(z)\approx\bar{a}_{1,2}(z)+\delta a_{1,2}(z)$，其中，$|\bar{a}_{1,2}(z)|\gg|\delta a_{1,2}(z)|$。将式(4.2.9)拆分成如下两个方程组[2]：

$$\frac{\mathrm{d}}{\mathrm{d}Z}\begin{bmatrix} \bar{a}_1 \\ \bar{a}_2 \end{bmatrix} = \begin{bmatrix} 0 & 2\mathrm{i}g_m\mathrm{e}^{\mathrm{i}\sigma Z} \\ 2\mathrm{i}g_{-m}\mathrm{e}^{-\mathrm{i}\sigma Z} & 0 \end{bmatrix}\begin{bmatrix} \bar{a}_1 \\ \bar{a}_2 \end{bmatrix} \tag{4.2.10}$$

$$\frac{\mathrm{d}}{\mathrm{d}Z}\begin{bmatrix} \delta a_1 \\ \delta a_2 \end{bmatrix} = 2\mathrm{i}\begin{bmatrix} s_1\left[g_m\mathrm{e}^{\mathrm{i}(\sigma+\tau)Z}+g_{-m}\mathrm{e}^{-\mathrm{i}(\sigma+\tau)Z}\right] & g_{-m}\mathrm{e}^{-\mathrm{i}(\sigma+2\tau)Z} \\ g_m\mathrm{e}^{\mathrm{i}(\sigma+2\tau)Z} & s_2\left[g_m\mathrm{e}^{\mathrm{i}(\sigma+\tau)Z}+g_{-m}\mathrm{e}^{-\mathrm{i}(\sigma+\tau)Z}\right] \end{bmatrix}\begin{bmatrix} \bar{a}_1 \\ \bar{a}_2 \end{bmatrix} \tag{4.2.11}$$

式(4.2.10)的特点是耦合系数矩阵中非对角元素之间具有复共轭反对称性，满足恒等式

$\frac{\mathrm{d}}{\mathrm{d}Z}\left(|\bar{a}_1|^2+|\bar{a}_2|^2\right)=0$，即能量守恒。

具体地，对于一阶正弦折射率微扰（$m=1$），$2\mathrm{i}g_{\pm m}=\pm 1$，$n^2-\bar{n}^2=\delta n^2\sin(\beta_0 z)$，相应的耦合系数为

$$\kappa_{jl}(z)=\bar{\kappa}_{jl}\sin(\beta_0 z)=\bar{\kappa}_{jl}\left(\mathrm{e}^{\mathrm{i}\beta_0 z}-\mathrm{e}^{-\mathrm{i}\beta_0 z}\right)/2\mathrm{i} \tag{4.2.12}$$

式(4.2.9)简化为

$$\frac{\mathrm{d}}{\mathrm{d}Z}\begin{bmatrix}a_1\\a_2\end{bmatrix}=\begin{bmatrix}2\mathrm{i}s_1\sin[(\sigma+\tau)Z] & \mathrm{e}^{\mathrm{i}\sigma Z}-\mathrm{e}^{-\mathrm{i}(\sigma+2\tau)Z}\\ \mathrm{e}^{\mathrm{i}(\sigma+2\tau)Z}-\mathrm{e}^{-\mathrm{i}\sigma Z} & 2\mathrm{i}s_2\sin[(\sigma+\tau)Z]\end{bmatrix}\begin{bmatrix}a_1\\a_2\end{bmatrix} \tag{4.2.13}$$

此时，当$Z=0$时，若只有第一个模式有输入，即有初值条件$\bar{a}_1(0)=1$和$\bar{a}_1(0)=\delta a_{1,2}(0)=0$，则一级微扰近似式(4.2.10)的解为

$$\begin{cases}\bar{a}_1(Z)=\left[\cos(Z/F)-\dfrac{\mathrm{i}}{2}\sigma F\sin(Z/F)\right]\mathrm{e}^{\mathrm{i}\sigma Z/2}\\ \bar{a}_2(Z)=-F\sin(Z/F)\mathrm{e}^{-\mathrm{i}\sigma Z/2}\end{cases} \tag{4.2.14}$$

式中，$F=(1+\sigma^2/4)^{-1/2}$。式(4.2.11)的解为[2]

$$\begin{cases}\delta a_1(Z)=\dfrac{2\mathrm{i}s_1\bar{a}_1(Z)}{\sigma+\tau}\{1-\cos[(\sigma+\tau)Z]\}-\dfrac{\mathrm{i}\bar{a}_2(Z)}{\sigma+2\tau}\mathrm{e}^{-\mathrm{i}(\sigma+2\tau)Z}\\ \delta a_2(Z)=\dfrac{\mathrm{i}\bar{a}_1(Z)}{\sigma+2\tau}\left[1-\mathrm{e}^{\mathrm{i}(\sigma+2\tau)Z}\right]-\dfrac{2\mathrm{i}s_2\bar{a}_2(Z)}{\sigma+\tau}\cos[(\sigma+\tau)Z]\end{cases} \tag{4.2.15}$$

此时，两个模式的功率演化近似为

$$P_{1,2}(z)=\left|\bar{a}_{1,2}(Z)\right|^2+2\,\mathrm{Re}\left\{\bar{a}_{1,2}(Z)\left[\delta a_{1,2}(Z)\right]^*\right\} \tag{4.2.16}$$

该近似下，由实参数s_1和s_2表示的自耦合项对模式耦合功率没有贡献。

由式(4.2.16)可得逐级微扰近似下模式转换效率为

$$\eta_{\mathrm{MC}}(z)=P_2(z)/P_1(0)=F^2\sin^2(Z/F)\left\{1-\frac{2}{\tau}\Gamma\sin\left[(\tau+\sigma/2)Z\right]\right\} \tag{4.2.17}$$

式中，$\Gamma=\sigma\sin\left[(\tau+3\sigma/2)Z\right]+F^{-1}\cot(Z/F)\cos\left[(\tau+3\sigma/2)Z\right]$，称为修正因子。由式(4.2.17)可知：①一级微扰近似下（$\Gamma=0$），即高阶修正因子Γ的影响可以忽略时，$\eta_{\mathrm{MC}}(z)=F^2\sin^2(Z/F)$，最大模式耦合效率为$\eta_{\mathrm{MC}}^{\max}=F^2=(1+\sigma^2/4)^{-1}$；显然，完全相位匹配（$\sigma=0$）时,最大模式耦合效率可达$\eta_{\mathrm{MC}}^{\max}=100\%$，对应的最小耦合长度为$Z_{\mathrm{c}}=\pi F/2$。②$\eta_{\mathrm{MC}}(z)$的表达式中包含了慢变函数$\sin^2(Z/F)$和快变函数$\sin\left[(\tau+\sigma/2)Z\right]$，意味着在慢变函数上叠加一个高频的微小振荡，对应于耦合长度远大于拍长情形($|\tau|\gg 1$)。

直接对式(4.2.13)数值求解，可精确计算模式转换效率随参数Z的变化，如图 4.2.1 所示，其中，$s_1=s_2=1$。由图 4.2.1 可知，完全相位匹配（$\sigma=0$）时，逐级微扰近似与精确计算结果相吻合；当远离谐振或相位失配较大时，最大模式耦合效率降低，上述近似过程会带来较大的误差。

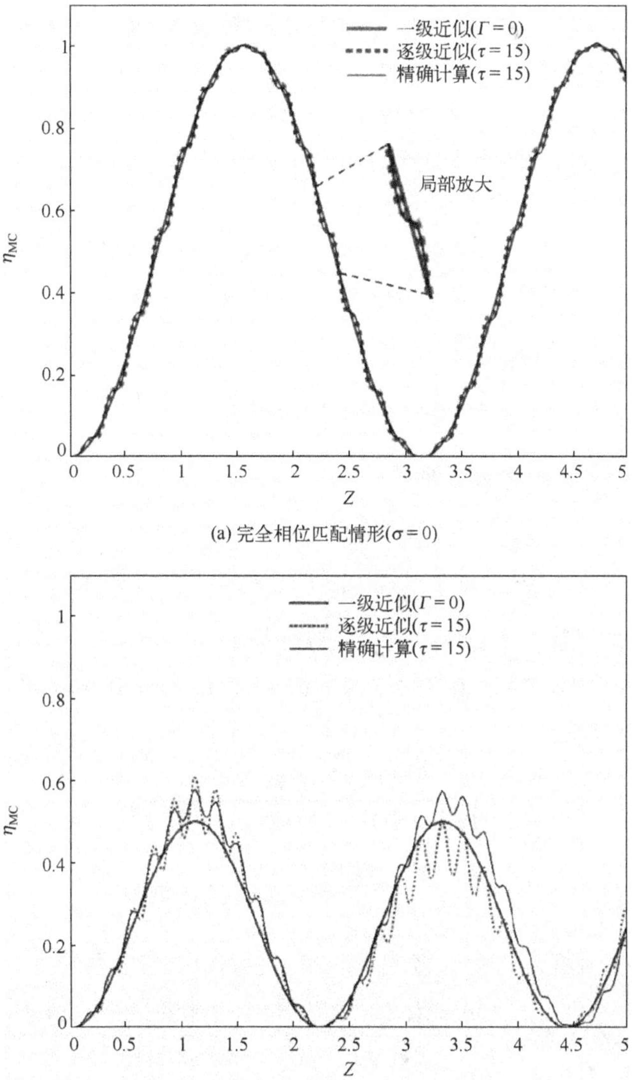

(a) 完全相位匹配情形(σ=0)

(b) 相位失配情形(σ=2)

图 4.2.1　模式转换效率随参数 Z 的变化曲线

4.2.3　正反向传播模式的耦合

当正、反向传播的两个模式具有不同空间模场分布时，它们的耦合模方程可表示为

$$\frac{\mathrm{d}}{\mathrm{d}z}\begin{bmatrix} a_1 \\ a_{-2} \end{bmatrix}=\begin{bmatrix} \mathrm{i}\kappa_{11} & \mathrm{i}\kappa_{12}\mathrm{e}^{-\mathrm{i}(\beta_2+\beta_1)z} \\ -\mathrm{i}\kappa_{21}\mathrm{e}^{\mathrm{i}(\beta_1+\beta_2)z} & -\mathrm{i}\kappa_{22} \end{bmatrix}\begin{bmatrix} a_1 \\ a_{-2} \end{bmatrix} \tag{4.2.18}$$

式中，a_1 和 a_{-2}（或 β_1 和 β_2）分别为两个模式的复振幅(或传播常数)。

仍以正弦微扰为例，将式(4.2.7)代入式(4.2.18)可得如下模式耦合方程：

$$\frac{\mathrm{d}}{\mathrm{d}Z}\begin{bmatrix} a_1 \\ a_{-2} \end{bmatrix}=2\mathrm{i}\begin{bmatrix} s_1\sum\limits_{m=1}^{\infty}\left[g_m\mathrm{e}^{\mathrm{i}(\sigma+\tau)Z}+g_{-m}\mathrm{e}^{-\mathrm{i}(\sigma+\tau)Z}\right] & \sum\limits_{m=1}^{\infty}\left[g_m\mathrm{e}^{\mathrm{i}\sigma Z}+g_{-m}\mathrm{e}^{-\mathrm{i}(\sigma+2\tau)Z}\right] \\ -\sum\limits_{m=1}^{\infty}\left[g_m\mathrm{e}^{\mathrm{i}(\sigma+2\tau)Z}+g_{-m}\mathrm{e}^{-\mathrm{i}\sigma Z}\right] & -s_2\sum\limits_{m=1}^{\infty}\left[g_m\mathrm{e}^{\mathrm{i}(\sigma+\tau)Z}+g_{-m}\mathrm{e}^{-\mathrm{i}(\sigma+\tau)Z}\right] \end{bmatrix}\begin{bmatrix} a_1 \\ a_{-2} \end{bmatrix} \tag{4.2.19}$$

式中，$Z=\kappa z/2$，$\kappa=\bar{\kappa}_{12}=\bar{\kappa}_{21}$ 为互耦系数；$\sigma=2[m\beta_0-(\beta_1+\beta_2)]/\kappa$ 为相位失配参数，$\tau=2(\beta_1+\beta_2)/\kappa$，$\sigma+\tau=2m\beta_0/\kappa$ 和 $\sigma+2\tau=2[m\beta_0+(\beta_1+\beta_2)]/\kappa$；$s_1=\bar{\kappa}_{11}/\kappa$ 和 $s_2=\bar{\kappa}_{22}/\kappa$ 为归一化自耦系数。注意，式(4.2.19)中 σ 和 τ 的表达式与式(4.2.9)不同。

一般地，对于给定的 m 阶周期微扰情形，与 4.2.2 节的分析类似，当 $|\tau|\gg 1$ 且 $|\tau|\gg|\sigma|$ 时，由式(4.2.19)可得慢变近似下的耦合模方程：

$$\frac{\mathrm{d}}{\mathrm{d}Z}\begin{bmatrix}\bar{a}_1\\ \bar{a}_{-2}\end{bmatrix}=\begin{bmatrix}0 & 2\mathrm{i}g_m\mathrm{e}^{\mathrm{i}\sigma Z}\\ -2\mathrm{i}g_{-m}\mathrm{e}^{-\mathrm{i}\sigma Z} & 0\end{bmatrix}\begin{bmatrix}\bar{a}_1\\ \bar{a}_{-2}\end{bmatrix} \tag{4.2.20}$$

式(4.2.20)的特点是耦合系数矩阵中非对角元素之间具有复共轭对称性，满足恒等式 $\frac{\mathrm{d}}{\mathrm{d}Z}\left(|\bar{a}_1|^2-|\bar{a}_{-2}|^2\right)=0$，即沿+$z$ 方向传输的净能量流守恒。

式(4.2.20)的通解可表示为如下形式：

$$\begin{cases}\bar{a}_1=\mathrm{e}^{\mathrm{i}\sigma Z/2}\left(C_1\mathrm{e}^{Z/F}+C_2\mathrm{e}^{-Z/F}\right)\\ \bar{a}_{-2}=(4\mathrm{i}\,g_mF)^{-1}\mathrm{e}^{-\mathrm{i}\sigma Z/2}\left[(2+\mathrm{i}\sigma F)C_1\mathrm{e}^{Z/F}-(2-\mathrm{i}\sigma F)C_2\mathrm{e}^{-Z/F}\right]\end{cases} \tag{4.2.21}$$

式中，C_1 和 C_2 为待定系数；$F=(4g_mg_{-m}-\sigma^2/4)^{-1/2}$。

对于单端口输入情形，将初值条件 $\bar{a}_1(Z=0)=1$ 和 $\bar{a}_{-2}(Z=Z_L)=0$ 代入式(4.2.21)可确定系数 C_1 和 C_2，即

$$\begin{cases}C_1=\dfrac{(2-\mathrm{i}\sigma F)\mathrm{e}^{-Z_L/F}}{(2+\mathrm{i}\sigma F)\mathrm{e}^{Z_L/F}+(2-\mathrm{i}\sigma F)\mathrm{e}^{-Z_L/F}}\\ C_2=\dfrac{(2+\mathrm{i}\sigma F)\mathrm{e}^{Z_L/F}}{(2+\mathrm{i}\sigma F)\mathrm{e}^{Z_L/F}+(2-\mathrm{i}\sigma F)\mathrm{e}^{-Z_L/F}}\end{cases} \tag{4.2.22}$$

式中，$Z_L=\kappa L/2$，L 为耦合长度。将式(4.2.22)代入式(4.2.21)可得[1]

$$\begin{cases}\bar{a}_1(Z)=\mathrm{e}^{\mathrm{i}\sigma Z/2}\dfrac{2\cosh[(Z_L-Z)/F]+\mathrm{i}\sigma F\sinh[(Z_L-Z)/F]}{2\cosh(Z_L/F)+\mathrm{i}\sigma F\sinh(Z_L/F)}\\ \bar{a}_{-2}(Z)=4\mathrm{i}\,g_{-m}F\mathrm{e}^{-\mathrm{i}\sigma Z/2}\dfrac{\sinh[(Z_L-Z)/F]}{2\cosh(Z_L/F)+\mathrm{i}\sigma F\sinh(Z_L/F)}\end{cases} \tag{4.2.23}$$

完全相位匹配时，$\sigma=0$ 和 $F=(4g_mg_{-m})^{-1/2}$，输入端（$Z=0$）的最大模式反射率为

$$\eta_{\mathrm{R}}^{\max}=\frac{|\bar{a}_{-2}(0)|^2}{|\bar{a}_1(0)|^2}=|g_{-m}/g_m|\tanh^2\left[(g_mg_{-m})^{1/2}\kappa L\right] \tag{4.2.24}$$

例如，对于一级正弦周期微扰，$m=1,\ 2\mathrm{i}g_{\pm m}=\pm1$，此时，$\eta_{\mathrm{R}}^{\max}=\tanh^2(\kappa L/2)$；对于矩形周期微扰，谐振只发生在奇数阶分量，$g_m=\mathrm{i}/(m\pi)$（$m$ 为奇数），$\eta_{\mathrm{R}}^{\max}=\tanh^2(\kappa L/m\pi)$。

特殊地，当正、反向传播的两个模式具有相同的空间模场分布时（$\beta_1=\beta_2$），式(4.2.18)可简化为

$$\frac{\mathrm{d}}{\mathrm{d}z}\begin{bmatrix}a_1\\ a_{-1}\end{bmatrix}=\begin{bmatrix}\mathrm{i}\kappa_{11} & \mathrm{i}\kappa_{11}\mathrm{e}^{-2\mathrm{i}\beta_1 z}\\ -\mathrm{i}\kappa_{11}\mathrm{e}^{2\mathrm{i}\beta_1 z} & -\mathrm{i}\kappa_{11}\end{bmatrix}\begin{bmatrix}a_1\\ a_{-1}\end{bmatrix} \tag{4.2.25}$$

此时，$s_1=s_2=1$。进一步，对于一阶正弦微扰情形，有 $m=1,\ 2\mathrm{i}g_{\pm m}=\pm1$；相应地，式(4.2.19)

可具体表示为

$$\frac{\mathrm{d}}{\mathrm{d}Z}\begin{bmatrix} a_1 \\ a_{-1} \end{bmatrix} = \begin{bmatrix} 2\mathrm{i}s_1 \sin[(\sigma+\tau)Z] & \mathrm{e}^{\mathrm{i}\sigma Z} - \mathrm{e}^{-\mathrm{i}(\sigma+2\tau)Z} \\ -[\mathrm{e}^{\mathrm{i}(\sigma+2\tau)Z} - \mathrm{e}^{-\mathrm{i}\sigma Z}] & -2\mathrm{i}s_2 \sin[(\sigma+\tau)Z] \end{bmatrix} \begin{bmatrix} a_1 \\ a_{-1} \end{bmatrix} \tag{4.2.26}$$

当$|\tau| \gg 1$且$|\tau| \gg |\sigma|$时，式(4.2.26)可慢变近似为如下耦合方程：

$$\frac{\mathrm{d}}{\mathrm{d}Z}\begin{bmatrix} \bar{a}_1 \\ \bar{a}_{-1} \end{bmatrix} = \begin{bmatrix} 0 & \mathrm{e}^{\mathrm{i}\sigma Z} \\ \mathrm{e}^{-\mathrm{i}\sigma Z} & 0 \end{bmatrix} \begin{bmatrix} \bar{a}_1 \\ \bar{a}_{-1} \end{bmatrix} \tag{4.2.27}$$

在单端口输入的初值条件下，即$\bar{a}_1(Z=0)=1$和$\bar{a}_{-1}(Z=Z_L)=0$，式(4.2.27)的解可由式(4.2.23)得到，即

$$\begin{cases} \bar{a}_1(Z) = \mathrm{e}^{\mathrm{i}\sigma Z/2} \dfrac{2\cosh[(Z_L - Z)/F] + \mathrm{i}\sigma F \sinh[(Z_L - Z)/F]}{2\cosh(Z_L/F) + \mathrm{i}\sigma F \sinh(Z_L/F)} \\ \bar{a}_{-1}(Z) = -2F\mathrm{e}^{-\mathrm{i}\sigma Z/2} \dfrac{\sinh[(Z_L - Z)/F]}{2\cosh(Z_L/F) + \mathrm{i}\sigma F \sinh(Z_L/F)} \end{cases} \tag{4.2.28}$$

式中，$F = (1-\sigma^2/4)^{-1/2}$；$Z_L = \kappa L/2$，$L$为耦合长度。此时，输入端($Z=0$)的反射率为

$$\eta_{\mathrm{R}} = \frac{|\bar{a}_{-1}(0)|^2}{|\bar{a}_1(0)|^2} = \frac{4F^2 \sinh^2(Z_L/F)}{4\cosh^2(Z_L/F) + (\sigma F)^2 \sinh^2(Z_L/F)} \tag{4.2.29}$$

根据式(4.2.29)，反射率η_{R}随相位失配因子σ的变化曲线如图4.2.2所示。由图4.2.2可知，当完全相位匹配($\sigma=0$)时，反射率最大为$\eta_{\mathrm{R}}^{\max} = \tanh^2(\kappa L/2)$；当$Z_L$很大时，光栅的光子带隙为$|\sigma| \leqslant 2$。

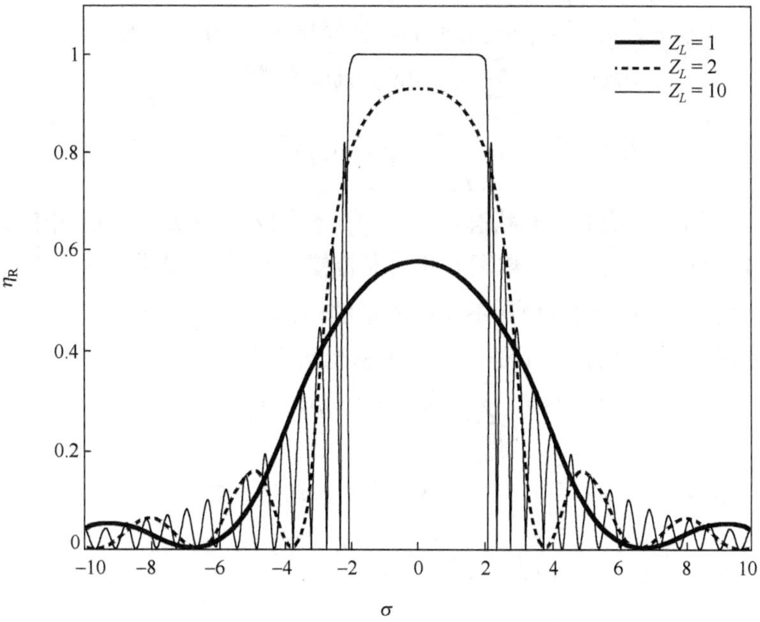

图 4.2.2　反射率η_{R}随相位失配因子σ的变化曲线

4.3 少模光纤光栅特点

4.3.1 光脉冲传播方程

4.2 节讨论了少模光纤中连续波的模式耦合过程，没有考虑色散的影响。对于光脉冲的传播情形，耦合模方程中还需增加色散项。

将导波光场表示为高频时谐因子 $\mathrm{e}^{-\mathrm{i}\omega_0 t}$ 和低频慢变复包络 $\boldsymbol{E}_0(\boldsymbol{r},t)$ 的乘积，即

$$\boldsymbol{E}(\boldsymbol{r},t)=\boldsymbol{E}_0(\boldsymbol{r},t)\mathrm{e}^{-\mathrm{i}\omega_0 t}\Leftrightarrow\tilde{\boldsymbol{E}}(\boldsymbol{r},\omega)=\int_{-\infty}^{\infty}\boldsymbol{E}_0(\boldsymbol{r},t)\mathrm{e}^{-\mathrm{i}\omega_0 t}\mathrm{e}^{\mathrm{i}\omega t}\mathrm{d}t=\tilde{\boldsymbol{E}}_0(\boldsymbol{r},\omega-\omega_0)\tag{4.3.1}$$

式中，$\boldsymbol{r}$ 表示空间位置矢量；“$\Leftrightarrow$”表示傅里叶变换对。类似地，电极化强度也可用复数表示为

$$\boldsymbol{P}(\boldsymbol{r},t)=\boldsymbol{P}_0(\boldsymbol{r},t)\mathrm{e}^{-\mathrm{i}\omega_0 t}\Leftrightarrow\tilde{\boldsymbol{P}}(\boldsymbol{r},\omega)=\int_{-\infty}^{\infty}\boldsymbol{P}_0(\boldsymbol{r},t)\mathrm{e}^{\mathrm{i}(\omega-\omega_0)t}\mathrm{d}t=\tilde{\boldsymbol{P}}_0(\boldsymbol{r},\omega-\omega_0)\tag{4.3.2}$$

将式(4.3.1)和式(4.3.2)代入如下微扰波动方程：

$$\begin{gathered}\nabla^2\boldsymbol{E}-\mu_0\varepsilon_0\varepsilon_{r0}\frac{\partial^2\boldsymbol{E}}{\partial t^2}=\mu_0\frac{\partial^2}{\partial t^2}(\Delta\boldsymbol{P})\\ \Leftrightarrow\nabla^2\tilde{\boldsymbol{E}}(\omega)+\omega^2\mu_0\varepsilon_0\boldsymbol{\varepsilon}_{r0}(\omega)\cdot\tilde{\boldsymbol{E}}(\omega)=-\mu_0\omega^2\Delta\tilde{\boldsymbol{P}}(\omega)\end{gathered}\tag{4.3.3}$$

还可用慢变复包络表示频域微扰波动方程：

$$\nabla^2\tilde{\boldsymbol{E}}_0(\boldsymbol{r},\omega-\omega_0)+\omega^2\mu_0\varepsilon_0\boldsymbol{\varepsilon}_{r0}(\omega)\cdot\tilde{\boldsymbol{E}}_0(\boldsymbol{r},\omega-\omega_0)=-\mu_0\omega^2\Delta\tilde{\boldsymbol{P}}_0(\boldsymbol{r},\omega-\omega_0)\tag{4.3.4}$$

进一步，将 $\boldsymbol{E}_0(\boldsymbol{r},t)$ 在空间域分离为关于传播距离 z 的快变因子 $\mathrm{e}^{\mathrm{i}s\beta_{0l}z}$（常数 $\beta_{0l}>0$）和慢变复包络 $A_l(z,t)$ 两部分，并用无微扰情形的本征模场 $F_l(x,y)$ 展开为

$$\begin{gathered}\boldsymbol{E}_0(\boldsymbol{r},t)=\sum_{l=(m,s,p)}\hat{\boldsymbol{p}}_l F_l(x,y)A_l(z,t)\mathrm{e}^{\mathrm{i}s\beta_{0l}z}\\ \Leftrightarrow\tilde{\boldsymbol{E}}_0(\boldsymbol{r},\omega-\omega_0)=\sum_{l=(m,s,p)}\hat{\boldsymbol{p}}_l F_l(x,y)\tilde{A}_l(z,\omega-\omega_0)\mathrm{e}^{\mathrm{i}s\beta_{0l}z}\end{gathered}\tag{4.3.5}$$

式中，$l=(m,s,p)$ 用于标识导波光状态，m、s、p 分别表示导波光的模式指数、传播方向和偏振态；$s=\pm1$ 分别表示光波沿 z 轴正向和反向传播；$\hat{\boldsymbol{p}}_l$ 表示偏振方向单位矢量。

在耦合模微扰方法中，假设微扰不影响光场的横向分布 $F_l(x,y)$，并将微扰情形下的光场用无微扰情形的横向分布展开。于是，光纤中总光场可表示为[3]

$$\boldsymbol{E}(\boldsymbol{r},t)=\sum_{l=(m,s,p)}\hat{\boldsymbol{p}}_l F_l(x,y)A_l(z,t)\mathrm{e}^{\mathrm{i}(s\beta_{0l}z-\omega_0 t)}\tag{4.3.6}$$

令 $\nabla^2=\nabla_t^2+\dfrac{\partial^2}{\partial z^2}$ 和 $\nabla_t^2=\dfrac{\partial^2}{\partial x^2}+\dfrac{\partial^2}{\partial y^2}$，将式(4.3.5)代入式(4.3.4)可得

$$\sum_{l=(m,s,p)}\hat{\boldsymbol{p}}_l\left\{\begin{aligned}&\tilde{A}_l(z,\omega-\omega_0)\mathrm{e}^{\mathrm{i}s\beta_{0l}z}\nabla_t^2F_l(x,y)\\&+F_l(x,y)\frac{\partial^2}{\partial z^2}[\tilde{A}_l(z,\omega-\omega_0)\mathrm{e}^{\mathrm{i}s\beta_{0l}z}]\\&+k_0^2\varepsilon_{r0}(\omega)F_l(x,y)\tilde{A}_l(z,\omega-\omega_0)\mathrm{e}^{\mathrm{i}s\beta_{0l}z}\end{aligned}\right\}+\mu_0\omega^2\Delta\tilde{\boldsymbol{P}}_0(\boldsymbol{r},\omega-\omega_0)=0\tag{4.3.7}$$

式中，$k_0=\omega/c$ 为真空中波数。由于 $\dfrac{\partial^2}{\partial z^2}[\tilde{A}_l(z,\omega-\omega_0)\mathrm{e}^{\mathrm{i}s\beta_{0l}z}]=\left(\dfrac{\partial^2\tilde{A}_l}{\partial z^2}+2\mathrm{i}s\beta_{0l}\dfrac{\partial\tilde{A}_l}{\partial z}-\beta_{0l}^2\tilde{A}_l\right)\mathrm{e}^{\mathrm{i}s\beta_{0l}z}$，$\tilde{A}_l$ 为 $\tilde{A}_l(z,\omega-\omega_0)$ 的略写，则式(4.3.7)可化为如下慢变复包络方程：

$$\sum_{l=(m,s,p)}\hat{\boldsymbol{p}}_l\mathrm{e}^{\mathrm{i}s\beta_{0l}z}\left[\begin{array}{l}\tilde{A}_l\nabla_t^2F_l(x,y)+k_0^2\varepsilon_{\mathrm{r}0}(\omega)F_l(x,y)\tilde{A}_l\\+F_l(x,y)\left(\dfrac{\partial^2\tilde{A}_l}{\partial z^2}+2\mathrm{i}s\beta_{0l}\dfrac{\partial\tilde{A}_l}{\partial z}-\beta_{0l}{}^2\tilde{A}_l\right)\end{array}\right]+\mu_0\omega^2\Delta\tilde{\boldsymbol{P}}_0(\boldsymbol{r},\omega-\omega_0)=0 \tag{4.3.8}$$

无微扰时，$\Delta\tilde{\boldsymbol{P}}_0(\boldsymbol{r},\omega-\omega_0)=0$，对式(4.3.8)进行变量分离，可得

$$\frac{\dfrac{\partial^2\tilde{A}_l}{\partial z^2}+2\mathrm{i}s\beta_{0l}\dfrac{\partial\tilde{A}_l}{\partial z}-\beta_{0l}{}^2\tilde{A}_l}{\tilde{A}_l}=-\frac{\nabla_t^2F_l(x,y)+k_0^2\varepsilon_{\mathrm{r}0}(\omega)F_l(x,y)}{F_l(x,y)}\equiv-\beta_l{}^2(\omega)$$

即

$$\begin{cases}\nabla_t^2F_l(x,y)+[k_0^2\varepsilon_{\mathrm{r}0}(\omega)-\beta_l{}^2(\omega)]F_l(x,y)=0\\\dfrac{\partial^2\tilde{A}_l}{\partial z^2}+2\mathrm{i}s\beta_{0l}\dfrac{\partial\tilde{A}_l}{\partial z}+[\beta_l{}^2(\omega)-\beta_{0l}{}^2]\tilde{A}_l=0\end{cases} \tag{4.3.9}$$

式中，$F_l(x,y)$ 和 β_l 分别为无微扰情形的本征模场和传播常数。

实际中，$\beta_l(\omega)$ 的准确函数形式难以获得，此时可在中心频率 ω_0 处进行泰勒级数展开：

$$\begin{aligned}\beta_l(\omega)&=\beta_l(\omega_0)+\sum_{n=1}^{\infty}\frac{(\omega-\omega_0)^n}{n!}\beta^{(n)}(\omega_0)\\&=\beta(\omega_0)+\beta^{(1)}(\omega-\omega_0)+\frac{1}{2!}\beta^{(2)}(\omega-\omega_0)^2+\frac{1}{3!}\beta^{(3)}(\omega-\omega_0)^3+\cdots\end{aligned} \tag{4.3.10}$$

式中，$\beta^{(n)}(\omega_0)=\left.\dfrac{\mathrm{d}^n\beta(\omega)}{\mathrm{d}\omega^n}\right|_{\omega=\omega_0}\ (n=1,2,3,\cdots)$。

对于微扰情形，利用式(4.3.9)，可将式(4.3.8)简化为

$$\begin{aligned}&\sum_{l=(m,s,p)}\hat{\boldsymbol{p}}_l\mathrm{e}^{\mathrm{i}s\beta_{0l}z}F_l(x,y)\left[\tilde{A}_l(\beta_l{}^2-\beta_{0l}{}^2)+\frac{\partial^2\tilde{A}_l}{\partial z^2}+2\mathrm{i}s\beta_{0l}\frac{\partial\tilde{A}_l}{\partial z}\right]\\&=-\mu_0\omega^2\Delta\tilde{\boldsymbol{P}}_0(\boldsymbol{r},\omega-\omega_0)\end{aligned} \tag{4.3.11}$$

将式(4.3.10)代入式(4.3.11)，在慢变包络近似下(忽略 $\partial^2\tilde{A}_l/\partial z^2$ 项)可得

$$\begin{aligned}&\sum_{l=(m,s,p)}\hat{\boldsymbol{p}}_l\mathrm{e}^{\mathrm{i}s\beta_{0l}z}F_l(x,y)2\mathrm{i}\beta_{0l}\left\{s\frac{\partial\tilde{A}_l(z,\varOmega)}{\partial z}-\mathrm{i}\tilde{A}_l(z,\varOmega)\left[\delta_l+\sum_{n=1}^{\infty}\beta^{(n)}(\omega_0)\frac{\varOmega^n}{n!}\right]\right\}\\&=-\mu_0\omega^2\Delta\tilde{\boldsymbol{P}}_0(\boldsymbol{r},\varOmega)\end{aligned} \tag{4.3.12}$$

式中，$\delta_l=\beta_l(\omega_0)-\beta_{0l}$ 和 $\varOmega=\omega-\omega_0$。

对式(4.3.12)进行傅里叶逆变换，用 $\mathrm{i}\partial/\partial t$ 代替因子 $\varOmega$，可得时域慢变包络方程[3]

$$\begin{aligned}&\sum_{l=(m,s,p)}\hat{\boldsymbol{p}}_l\mathrm{e}^{\mathrm{i}s\beta_{0l}z}F_l(x,y)2\mathrm{i}\beta_{0l}\left[s\frac{\partial A_l(z,t)}{\partial z}+\sum_{n=1}^{\infty}\beta^{(n)}(\omega_0)\frac{\mathrm{i}^{n-1}}{n!}\frac{\partial^nA_l(z,t)}{\partial t^n}-\mathrm{i}\delta_lA_l(z,t)\right]\\&=-\mu_0\omega^2\Delta\boldsymbol{P}_0(\boldsymbol{r},t)\end{aligned} \tag{4.3.13}$$

利用不同本征模之间的正交性，以及微扰项 $\Delta\tilde{\boldsymbol{P}}_0(\boldsymbol{r},\omega-\omega_0)$ 或 $\Delta\boldsymbol{P}_0(\boldsymbol{r},t)$ 的具体表达式，可分析光纤光栅等色散波导中光脉冲的传播特性。

4.3.2 光纤光栅的模式耦合特性

光栅是一种使入射光振幅或相位发生周期性变化的光学元件，光纤光栅的折射率沿轴向发生变化。本节推导光纤光栅频域耦合方程的一般形式，并揭示 Bragg 光栅和长周期光栅的耦合本质。

根据相对介电系数与折射率的关系 $\varepsilon_\mathrm{r}(\omega)=\varepsilon_{\mathrm{r}0}(\omega)+\Delta\varepsilon_\mathrm{r}(\omega)=(n_0+\Delta n)^2\approx n_0^2+2n_0\Delta n$ ，介电系数微扰与折射率变化 Δn 之间有如下关系：

$$\Delta\varepsilon_\mathrm{r}(\omega)=2n_0\Delta n \tag{4.3.14}$$

式中，n_0 为无微扰时的折射率。

将折射率微扰用傅里叶级数形式表示为

$$\Delta n(z)=\sum_{m=-\infty}^{\infty}\Delta n_m \mathrm{e}^{\mathrm{i}2\pi m\, z/\Lambda} \tag{4.3.15}$$

式中，Λ为光栅微扰周期。由于 $\Delta n(z)$ 为实数，因此 $\Delta n_{-m}=(\Delta n_m)^*$ 。

下面讨论光栅中相同线偏振导波光的模式耦合特性。用 l 表示导波光模式，同一模式有相同的模场分布，它们可以正向传播（s =+1）或反向传播（s =–1）。将式（4.3.15）代入式（4.3.11）可得

$$\begin{aligned}&\sum_{s,l}\mathrm{e}^{\mathrm{i}s\beta_{0l}z}F_l(x,y)\left[\tilde{A}_{sl}(\beta_l{}^2-\beta_{0l}{}^2)+2\mathrm{i}s\beta_{0l}\frac{\partial\tilde{A}_{sl}}{\partial z}\right]\\&=-k_0^2 2n_0\sum_{s',l'}\sum_{m=-\infty}^{\infty}\Delta n_m\mathrm{e}^{\mathrm{i}2\pi mz/\Lambda}F_{l'}(x,y)\tilde{A}_{s'l'}\mathrm{e}^{\mathrm{i}s'\beta_{0l'}z}\end{aligned} \tag{4.3.16}$$

对于任意给定的传输方向 s 和模式 l，将式（4.3.16）两边同乘以 $F_l^*(x,y)$ 并在横向积分，利用无微扰时本征模场的正交性，并考虑到 $\beta_l\approx\beta_{0l}>0$ 和 $\beta_l^2-\beta_{0l}^2\approx2\beta_{0l}(\beta_l-\beta_{0l})$，式（4.3.16）可进一步化为[4]

$$\begin{aligned}&\tilde{A}_{sl}(\beta_l-\beta_{0l})+\mathrm{i}s\frac{\partial\tilde{A}_{sl}}{\partial z}\\&=-\sum_{m=-\infty}^{\infty}\sum_{l'}\kappa_{m,l'}\left\{\tilde{A}_{s,l'}\,\mathrm{e}^{\mathrm{i}\left[\frac{2\pi m}{\Lambda}+s(\beta_{0l'}-\beta_{0l})\right]z}+\tilde{A}_{-s,l'}\,\mathrm{e}^{\mathrm{i}\left[\frac{2\pi m}{\Lambda}-s(\beta_{0l'}+\beta_{0l})\right]z}\right\}\end{aligned} \tag{4.3.17}$$

式中，s'、l' 不排除取 s、l 的可能，光栅耦合系数为

$$\kappa_{m,l'}=\frac{n_0k_0}{\beta_{0l}}\frac{k_0\iint\Delta n_m F_l^*(x,y)F_{l'}(x,y)\mathrm{d}x\mathrm{d}y}{\iint|F_l(x,y)|^2\,\mathrm{d}x\mathrm{d}y}\approx\frac{\omega}{4}\iint(\varepsilon_0 2n_0\Delta n_m)\hat{F}_l^*(x,y)\hat{F}_{l'}(x,y)\mathrm{d}x\mathrm{d}y \tag{4.3.18}$$

$\hat{F}_l(x,y)$ 表示功率归一化模场，它满足模式正交归一化关系：

$$\frac{\beta_l}{2\omega\mu}\iint\hat{F}_l^*(x,y)\hat{F}_{l'}(x,y)\mathrm{d}x\mathrm{d}y=\delta_{ll'} \tag{4.3.19}$$

由式(4.3.17)可知，对 s 方向传播的模式 l 而言，$\tilde{A}_{s,l'}\mathrm{e}^{\mathrm{i}\left[\frac{2\pi m}{\Lambda}+s(\beta_{0l'}-\beta_{0l})\right]z}$ 项表示同向耦合项，相位匹配时，$\Lambda=\dfrac{2\pi m}{|\beta_{0l'}-\beta_{0l}|}$，对应于长周期光栅；$\tilde{A}_{-s,l'}\mathrm{e}^{\mathrm{i}\left[\frac{2\pi m}{\Lambda}-s(\beta_{0l'}+\beta_{0l})\right]z}$ 项表示反向耦合项，相位匹配时，$\Lambda=\dfrac{2\pi m}{|\beta_{0l}+\beta_{0l}|}$，对应于短周期光栅(Bragg 光栅)，此时，$m$ 和 s 往往取相同的符号。需指出的是，由于光波之间的耦合强烈地依赖于相位失配因子，因此，针对不同类型的光栅只需选取相应的耦合项即可。

作为例子，下面考虑相同模式下正反向传播光之间的耦合，这意味着 $l'=l$，$\beta_{0l'}=\beta_{0l}$。对于均匀的一阶光纤 Bragg 光栅，式(4.3.15)中取 $m=\pm1$，即 $\Delta n(z)=2\Delta n_1\cos(2\pi z/\Lambda)$，则 $\kappa_{-1,l}=\kappa_{+1,l}^{*}$，式(4.3.17)简化为[4]

$$\tilde{A}_{sl}\left(\beta_l-\beta_{0l}\right)+\mathrm{i}s\frac{\partial\tilde{A}_{sl}}{\partial z}=-\kappa_{(m=s),l}\tilde{A}_{-s,l}\,\mathrm{e}^{-\mathrm{i}2s(\beta_{0l}-\beta_B)z} \tag{4.3.20}$$

式中，耦合系数 $\kappa_{s,l}$ 由式(4.3.18)给出，$\beta_B=\pi/\Lambda$。

不妨取 $\beta_{0l}=\beta_B=\pi/\Lambda$，可得如下频域包络方程：

$$s\frac{\partial\tilde{A}_{sl}}{\partial z}=\mathrm{i}[\beta_l(\omega)-\beta_B]\tilde{A}_{sl}+\mathrm{i}\kappa_{s,l}\tilde{A}_{-s,l} \tag{4.3.21}$$

将 $\beta_l(\omega)$ 在 ω_0 处进行泰勒级数展开，利用傅里叶逆变换可得如下时域包络方程：

$$s\frac{\partial A_{sl}}{\partial z}+\sum_{n=1}^{\infty}\beta_l^{(n)}(\omega_0)\frac{\mathrm{i}^{n-1}}{n!}\frac{\partial^n A_{sl}}{\partial t^n}=\mathrm{i}\delta_l A_{sl}+\mathrm{i}\kappa_{s,l}A_{-s,l} \tag{4.3.22}$$

式中，$\delta_l=\beta_l(\omega_0)-\beta_B$。

进一步，若选择 $\delta_l=0$，且不考虑群速色散，即 $\beta_l^{(1)}(\omega_0)=1/v_{\mathrm{g}}$，$\beta_l^{(n\geqslant2)}(\omega_0)=0$，式(4.3.22)可化简为

$$s\frac{\partial A_{sl}(z,t)}{\partial z}+\frac{1}{v_{\mathrm{g}}}\frac{\partial A_{sl}(z,t)}{\partial t}-\mathrm{i}\kappa_{sl}A_{-s,l}(z,t)=0 \tag{4.3.23}$$

显然，不考虑光栅耦合时($\kappa_{sl}=0$)，复包络 $A_{sl}(z,t)$ 可取行波函数 $f(t-sz/v_{\mathrm{g}})$ 的形式，即光脉冲以群速 v_{g} 沿 z 轴传播。

4.3.3　光纤光栅模式转换器

模式转换器作为模分复用系统中的关键器件，可使少模光纤中传输的基模转换成高阶模。模式转换可采用空间光调制器、相位板、错位耦合、光子灯笼、布拉格光栅、长周期光栅等方式实现。模式转换器按照其工作原理可分为模式重构型、模式耦合型和绝热变换型三种[5]。光纤光栅模式转换器属模式耦合型，需满足相位匹配条件，且光栅折射率微扰引起的模式耦合系数足够大。

光纤光栅是在光纤纤芯中形成的折射率型光栅，其折射率沿光纤的轴向呈现周期性分布。由式(4.3.17)可知，利用少模光纤 Bragg 光栅(FM-FBG)的反射特性，或者少模长周期光纤光栅(FM-LPFG)的透射特性，可实现不同模式之间的转换。

利用光纤材料的光敏性，通过紫外线曝光的方法可将入射光相干场图样写入纤芯中，在纤芯内产生沿纤芯轴向发生周期性变化的折射率分布，从而在空间形成永久性的相位光栅。紫外线从旁边照射光纤，会使纤芯横截面中折射率发生不均匀的改变，整个纤芯中的折射率分布变得不对称，离紫外线入射表面越远，折射率改变越小。折射率调制的不对称性也会导致模场的畸变，如图 4.3.1 所示[6]。

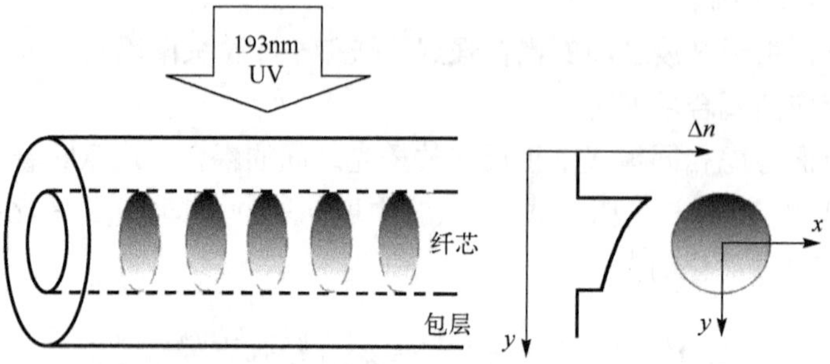

(a) 刻写光栅中导致的非对称折射率调制

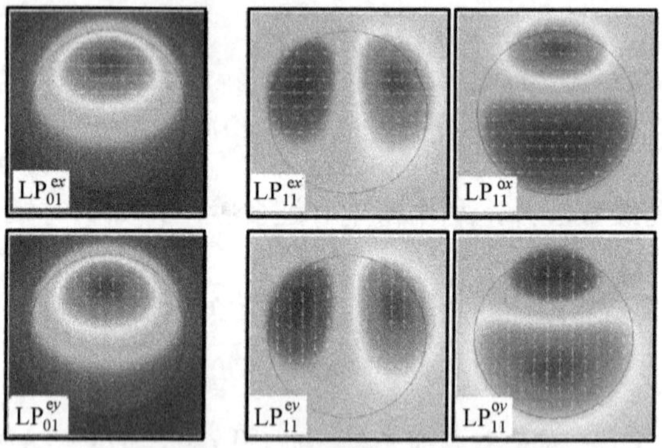

彩图

(b) 畸变的LP_{01}和LP_{11}模场

图 4.3.1　少模光纤光栅的刻写与模场分布[6]

纤芯折射率变化可表示为如下形式[6]：

$$\Delta n(x,y)=\Delta n_0\exp\left[-\alpha\left(y+\sqrt{r^2-x^2}\right)\right] \tag{4.3.24}$$

式中，Δn_0 为紫外线入射纤芯表面处最大的折射率改变，依赖于紫外线激光的照射强度和光纤的光敏性；α 为折射率变化分布的衰减系数。由式(4.3.18)可知，模式间的光栅耦合系数为

$$\kappa_{ll'}=\frac{k_0\iint\Delta n(x,y)F_l^*(x,y)F_{l'}(x,y)\mathrm{d}x\mathrm{d}y}{\iint\left|F_l(x,y)\right|^2\mathrm{d}x\mathrm{d}y}=\frac{n_0\omega\varepsilon_0}{2}\iint\Delta n(x,y)\hat{F}_l^*(x,y)\hat{F}_{l'}(x,y)\mathrm{d}x\mathrm{d}y \tag{4.3.25}$$

式中，$\hat{F}_l(x,y)$ 表示功率归一化本征模场分布；n_0 为纤芯折射率。

对两模光纤光栅的仿真研究表明[6]：①模式自耦系数和互耦系数均随 Δn_0 增加；②模式自耦系数随着 α 的增加而减小；③模式互耦合依赖于折射率调制的不对称性，当 $\alpha=0$ 时，模式互耦系数为 0；当 $\alpha>0.1\ \mu\mathrm{m}^{-1}$ 时，模式互耦系数几乎保持不变；④关于 y 轴对称的纤芯折射率变化特性，使模式互耦合仅发生在同偏振的 LP_{11}^{ox}（或 LP_{11}^{oy}）模与 LP_{01}^{ex}（或 LP_{01}^{ey}）模之间。

1. 少模 FBG 模式转换器

由式(4.3.17)可知，少模 FBG 的相位匹配条件为 $\beta_{0l'}+\beta_{0l}=\dfrac{2\pi m}{\Lambda}$，$m$ 为光栅阶数。光纤光栅不会产生新的频率，真空中 Bragg 谐振波长 λ_B 用模式有效折射率表示为

$$\lambda_B=(n_{eff,l'}+n_{eff,l})\Lambda/m \tag{4.3.26}$$

式中，Λ 为 FBG 光栅微扰周期。

对于两模的一阶光纤光栅(m=1)，有四种模式耦合情形，对应于耦合系数 $\kappa_{ll'}$，$l,l'=1,2$ 分别对应于 LP_{01} 和 LP_{11}，其 Bragg 谐振波长分别为

$$\begin{cases}\lambda_{B11}=2n_{eff,1}\Lambda\\ \lambda_{B22}=2n_{eff,2}\Lambda\\ \lambda_{B12}=\lambda_{B21}=(n_{eff,1}+n_{eff,2})\Lambda=(\lambda_{B11}+\lambda_{B22})/2\end{cases} \tag{4.3.27}$$

采用相位板等选择性模式激发方式可以分析少模 FBG 中模式的耦合特点，如图 4.3.2 所示[7]。Ali 等[7]在 OFS 公司的两模少模光纤上刻写了一个两模的 FBG，通过分别激发 LP_{01} 和 LP_{11} 模式测得了如图 4.3.3 所示的反射率曲线，其中光栅周期 $\Lambda=533.5\text{nm}$，光栅长度 $L=20\text{mm}$。由图 4.3.3 可知，LP_{01} 和 LP_{11} 之间实现了反射模式的转换。根据少模 FBG 的透射率和反射率曲线可分析模式 1 到模式 2 的转换性能[6]，可用模式串扰(MCT)或模式转换效率(MCE)表示为

$$\begin{cases}\text{MCT(dB)}=10\lg\dfrac{P_1-P_2}{P_1}\\ \text{MCE(\%)}=\dfrac{P_2}{P_1}\times100\%=(1-10^{\text{MCT}/10})\times100\%\end{cases} \tag{4.3.28}$$

式中，P_1 和 P_2 分别为输入激发模式 1 和输出转换模式 2 的光功率。

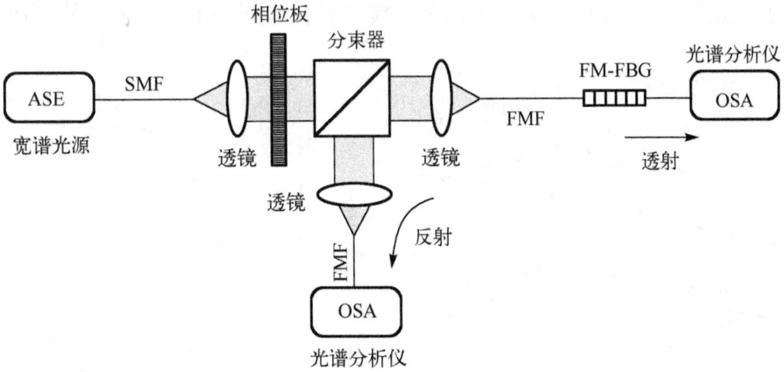

图 4.3.2　选择性模式激发情形下少模 FBG 反射谱和透射谱的测量[7]

2. 少模 LPFG 模式转换器

利用少模长周期光纤光栅(FM-LPFG)的透射特性，也可实现不同模式之间的转换。由式(4.3.17)可得到满足相位匹配条件的谐振波长。

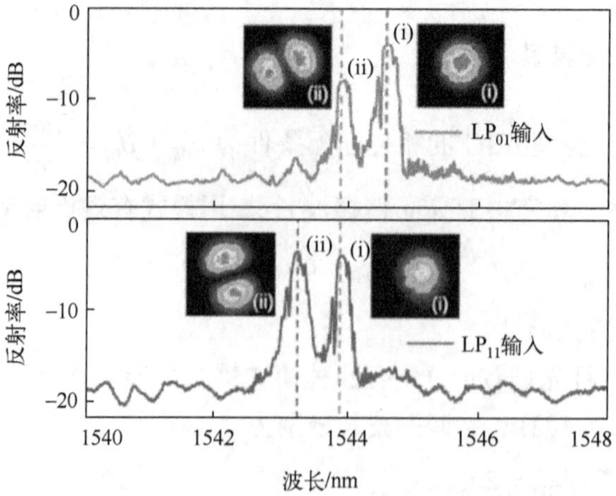

彩图

图 4.3.3　分别激发 LP_{01} 和 LP_{11} 模式测得的反射率曲线[7]

$$\lambda_L = \lambda_{L12} = \lambda_{L21} = (n_{eff,1} - n_{eff,2})\Lambda \tag{4.3.29}$$

式中，λ_L 为真空中 LPFG 的谐振波长；Λ 为一阶 LPFG 的微扰周期(m=1)。

两个模式的有效折射率差 $\Delta n_{eff}(\lambda) = n_{eff,1} - n_{eff,2}$ 是波长的函数。由式(4.3.29)可知，谐振波长可由如下两条曲线的交点求得：

$$\begin{cases} y(\lambda) = \lambda/\Lambda \\ y(\lambda) = \Delta n_{eff}(\lambda) \end{cases} \tag{4.3.30}$$

两条曲线重叠的波长范围越多，意味着模式转换带宽越大。

不同光栅微扰周期 Λ 和纤芯半径 $a=\Lambda/100$ 时，对应式(4.3.30)的曲线如图 4.3.4(a)所示[8]，其中，两模阶跃光纤的相对折射率差为 $\Delta = 0.4\%$ 。可以看出，当纤芯半径为 $a = 6\mu m$ 时，在两模光纤上刻写 LPFG($\Lambda = 600\mu m$)可以获得更宽的波长重叠范围。在这种情形下，LP_{01} 和 LP_{11} 的透射谱如图 4.3.4(b)所示[8]，其中折射率改变量 $\Delta n = 1.5\times10^{-4}$ ，且光纤横截面的折射率分布不均匀。由图 4.3.4(b)可知，该 LPFG 模式转换器的 3dB 带宽约有 500nm。

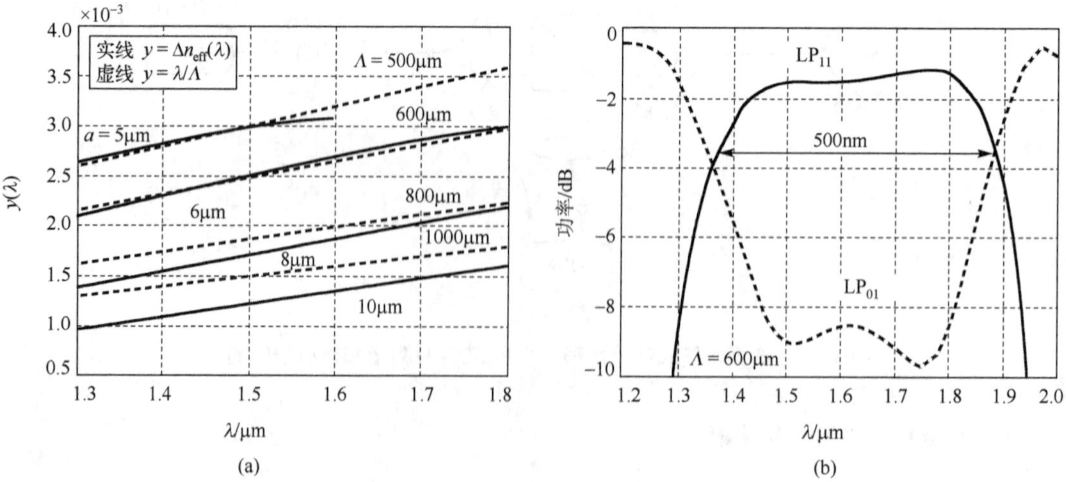

图 4.3.4　宽带 LPFG 模式转换器的设计[8]

除了在少模光纤刻写光纤光栅外，用金属光栅挤压少模光纤也可形成光纤光栅。金属板上带有格栅，通过改变机械式长周期光栅的压力，少模光纤发生周期弯曲，当压力光栅的周期与两个模式的差拍匹配，即满足相位匹配条件式(4.3.29)时，发生模式功率耦合，实现输入模式到另一个模式的转换，称为机械压力光栅模式转换器[9]。这种改变光栅的周期的方法比较灵活，目前这种方法只能用于两模光纤。

图 4.3.5(a)为 Phoenix Photonics 生产的机械式可调模式转换器，主要指标包括：工作波长范围为 1520～1620nm，中心波长可微调 3%，3dB 带宽(依赖耦合点数)为 5～30nm，最大隔离度(输入模式的最大衰减)为 30dB 等。随着压力的增加，模式功率在两个模式之间循环转移，如图 4.3.5(b)所示。调整金属板上长周期光栅相对于光纤的角度可移动中心耦合波长，耦合点数影响耦合带宽；改变金属板的格栅周期，可制作适用于不同光纤的模式转换器。图 4.3.5(c)给出了机械式长周期模式转换器对基模 LP_{01} 的衰减谱，其中，光栅有 30 个耦合点，其中实线和虚线分别为实验和理论结果。由图 4.3.5(c)可知，在中心波长处，该模式转换器对输入模式的隔离度(或衰减)可达 30dB。

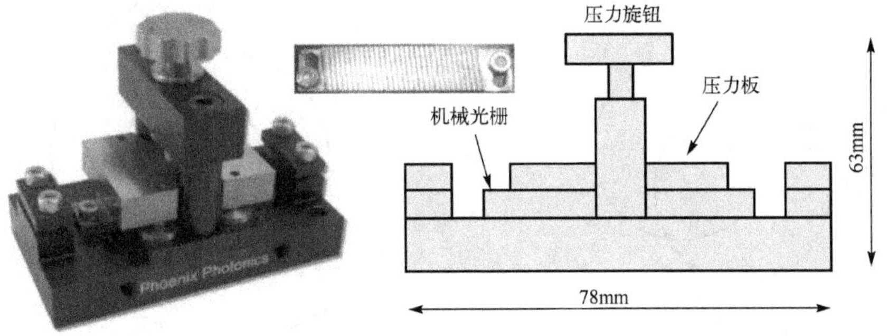

(a) 机械式模式转换器结构

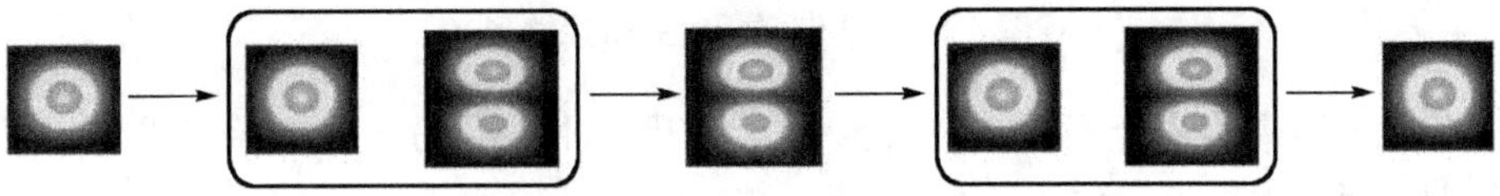

彩图

(b) 压力增加对模式转换的影响

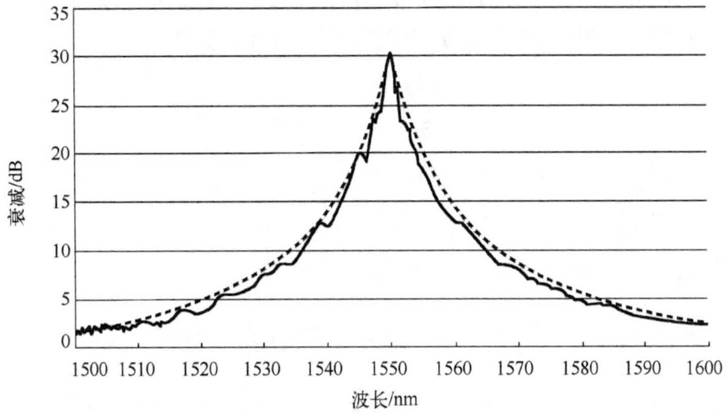

(c) 隔离度的波长依赖性(基模LP_{01}的衰减谱)

图 4.3.5　Phoenix Photonics 的机械式可调模式转换器

4.4　模式的非谐振耦合

4.4.1　非谐振模式耦合方程

光纤光栅导致沿光传播方向的折射率微扰，引起少模光纤中模式的谐振耦合，它依赖于相位匹配条件。也有一些引起少模光纤中模式耦合的非谐振机制，例如，不同折射率分布的少模光纤之间对接、少模光纤弯曲或扭转、系统中某些模式处理器件引入的串扰等，其本质都是改变原来本征模式的正交性。图 4.4.1 给出了两个导致非谐振耦合的场景。图 4.4.1(a)表示两条少模光纤的中心轴未对准情形，常见于光纤对接的场景；图 4.4.1(b)表示两条少模光纤的结构不匹配。例如，模分复用传输系统中，少模传输光纤与掺铒光纤通常有不同的纤芯尺寸，不同厂家提供的少模光纤往往也有所差异等。

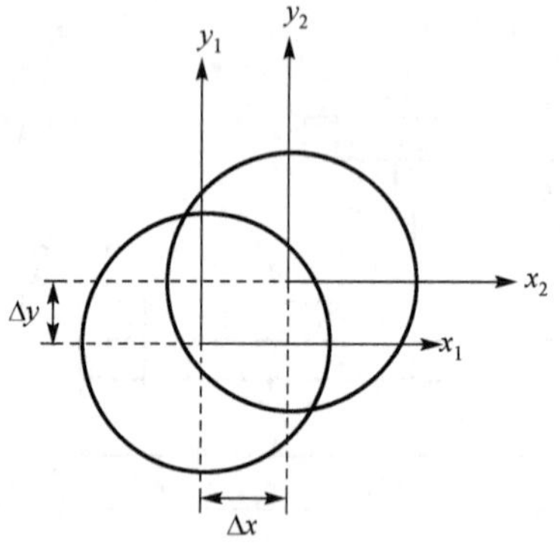

(a) 纤芯未对准

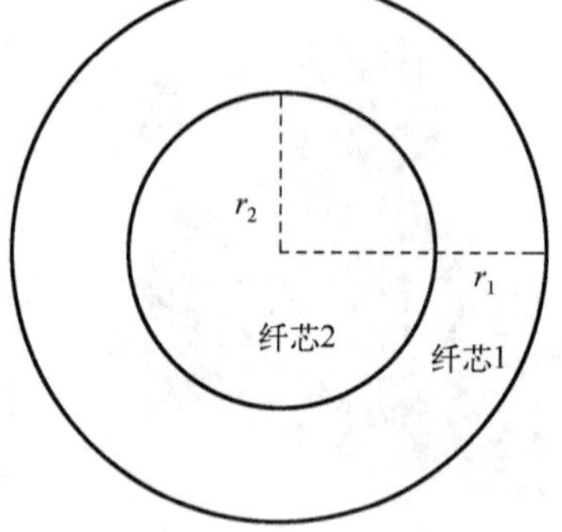

(b) 结构不匹配

图 4.4.1　非谐振折射率微扰情形

少模光纤中模式的耦合可由式(4.2.8a)进行分析，下面用另一种推导方式分析模式的非谐振耦合[10]，两者本质上一致。

假设导波光在少模光纤中沿+z 方向传播，折射率微扰引起的附加相对介电系数张量为 $\Delta\boldsymbol{\varepsilon}_{\mathrm{r}}(x,y,z)$，所有模式的总光场 $\boldsymbol{E}$ 满足如下时域微扰波动方程：

$$\nabla^2\boldsymbol{E}-\mu_0\varepsilon_0\varepsilon_{\mathrm{r}0}\frac{\partial^2\boldsymbol{E}}{\partial t^2}=\mu_0\varepsilon_0\frac{\partial^2}{\partial t^2}(\Delta\boldsymbol{\varepsilon}_{\mathrm{r}}\cdot\boldsymbol{E}) \tag{4.4.1}$$

式中，μ_0 和 ε_0 分别为真空磁导率和真空介电常数；$\varepsilon_{\mathrm{r}0}$ 为无微扰的相对介电系数。

忽略导波光沿+z 传播方向上的耦合作用，并考虑单一偏振(x 或 y 单偏振)情形下标量模式的耦合。将总光场用无微扰时的本征模场展开：

$$E(x,y,z,t)=\sum_m\frac{1}{2}A_m(z)F_m(x,y)\exp\left[\mathrm{i}(\beta_m z-\omega t)\right]+\mathrm{c.c.} \tag{4.4.2}$$

式中，$A_m(z)$、$F_m(x,y)$ 和 β_m 分别为本征模的复振幅、横向电场分布及其传播常数；下标 m 表示模式指数；ω 为信号光的角频率；c.c.为前项的复共轭；$\sum\limits_m$ 为对所有模式求和。

在慢变包络近似条件下，$A_m(z)$沿 z 方向的变化十分缓慢，将式(4.4.2)代入式(4.4.1)，并忽略二次微分项，可得

$$\begin{aligned}&\sum_m\left\{\mathrm{i}\beta_m\frac{\mathrm{d}A_m(z)}{\mathrm{d}z}F_m(x,y)\exp\left[\mathrm{i}(\beta_m z-\omega t)\right]\right\}+\mathrm{c.c.}\\&=\mu_0\varepsilon_0\frac{\partial^2}{\partial t^2}\left(\Delta\varepsilon_{\mathrm{r}}\left\{\sum_m\frac{1}{2}A_m(z)F_m(x,y)\exp\left[\mathrm{i}(\beta_m z-\omega t)\right]+\mathrm{c.c.}\right\}\right)\end{aligned}\tag{4.4.3}$$

式中，附加相对介电系数$\Delta\varepsilon_{\mathrm{r}}=n^2-n_0^2\approx 2n_0\Delta n$，$\Delta n=n-n_0$，$n$和$n_0$分别为微扰和无微扰光纤的折射率分布。

分别用$F_n^*(x,y)$乘以式(4.4.3)两边，并对横截面积分，可得

$$\begin{aligned}&\sum_m\int_{-\infty}^{\infty}\int_{-\infty}^{\infty}F_m(x,y)F_n^*(x,y)\mathrm{d}x\mathrm{d}y\frac{\mathrm{d}A_m(z)}{\mathrm{d}z}\exp\left[\mathrm{i}(\beta_m z-\omega t)\right]\\&=\sum_m\frac{1}{2}\left[\mathrm{i}\frac{\mu_0\varepsilon_0}{\beta_m}\omega^2\int_{-\infty}^{\infty}\int_{-\infty}^{\infty}(n^2-n_0^2)F_m(x,y)F_n^*(x,y)\mathrm{d}x\mathrm{d}y\right]A_m(z)\exp\left[\mathrm{i}(\beta_m z-\omega t)\right]\end{aligned}\tag{4.4.4}$$

当$F_{m,n}(x,y)$取模式正交和功率归一化电场分布形式$\hat{F}_{m,n}(x,y)$时，式(4.4.4)可进一步化简为

$$\frac{\mathrm{d}A_n(z)}{\mathrm{d}z}=\sum_m\mathrm{i}\kappa_{nm}(z)A_m(z)\exp(-\mathrm{i}\Delta\beta_{nm}z)\tag{4.4.5}$$

式中，相位失配因子$\Delta\beta_{nm}=\beta_n-\beta_m$，模式耦合系数为

$$\begin{aligned}\kappa_{nm}(z)&=\frac{\omega}{4}\int_{-\infty}^{\infty}\int_{-\infty}^{\infty}\varepsilon_0\Delta\varepsilon_{\mathrm{r}}(x,y,z)\hat{F}_n^*(x,y)\hat{F}_m(x,y)\mathrm{d}x\mathrm{d}y\\&=\frac{k_0^2}{2\beta_m}\int_{-\infty}^{\infty}\int_{-\infty}^{\infty}(n^2-n_0^2)f_n^*(x,y)f_m(x,y)\mathrm{d}x\mathrm{d}y\end{aligned}\tag{4.4.6}$$

式中，k_0为真空中波数；$f_m(x,y)=\hat{F}_m(x,y)\big/\sqrt{2Z_m}$为模场的归一化分布函数，即$\int_{-\infty}^{\infty}\int_{-\infty}^{\infty}f_m(x,y)f_n^*(x,y)\mathrm{d}x\mathrm{d}y=\delta_{mn}$，$Z_m=\omega\mu/\beta_m$为模式的波阻抗。

式(4.4.5)是关于光场复振幅的耦合方程，与式(4.2.8a)完全相同。式(4.4.5)用矩阵形式表示为

$$\begin{bmatrix}\dfrac{\mathrm{d}A_1}{\mathrm{d}z}\\\dfrac{\mathrm{d}A_2}{\mathrm{d}z}\\\vdots\\\dfrac{\mathrm{d}A_n}{\mathrm{d}z}\end{bmatrix}=\begin{bmatrix}c_{11}&c_{12}\exp(-\mathrm{i}\Delta\beta_{12}z)&\cdots&c_{1n}\exp(-\mathrm{i}\Delta\beta_{1n}z)\\c_{21}\exp(-\mathrm{i}\Delta\beta_{21}z)&c_{22}&\cdots&c_{2n}\exp(-\mathrm{i}\Delta\beta_{2n}z)\\\vdots&\vdots&&\vdots\\c_{n1}\exp(-\mathrm{i}\Delta\beta_{n1}z)&c_{n2}\exp(-\mathrm{i}\Delta\beta_{n2}z)&\cdots&c_{nn}\end{bmatrix}\begin{bmatrix}A_1\\A_2\\\vdots\\A_n\end{bmatrix}\tag{4.4.7}$$

式中，$c_{nm}=\mathrm{i}\kappa_{nm}(z)$。

由式(4.4.7)可知，系数矩阵的对角元素$c_{jj}(j=1,2,\cdots,n)$相当于修正了相应模式的传播常数，其非对角元素导致模式之间的耦合。需指出的是，式(4.4.7)也适用于折射率微扰随光纤长度变化的情形，此时，c_{nm}或κ_{nm}依赖于坐标z。

4.4.2　模式耦合效率与串扰

一般情形下，模式耦合方程(4.4.7)需采用数值方法进行求解。对于同向传输的两模式情形，当 c_{nm} 或 κ_{nm} 不依赖于坐标 z 时，式(4.4.7)有如下通解形式：

$$\begin{cases} A_1(z)=\exp\left[(c_{11}+\alpha)z\right]\left\{A_1(0)\cos(sz)+\left[A_2(0)c_{12}-A_1(0)\alpha\right]\sin(sz)/s\right\} \\ A_2(z)=\exp\left[(c_{22}-\alpha)z\right]\left\{A_2(0)\cos(sz)+\left[A_1(0)c_{21}+A_2(0)\alpha\right]\sin(sz)/s\right\} \end{cases} \tag{4.4.8}$$

式中，$c_{21}=c_{12}=\mathrm{i}\kappa_{12}$；$\alpha=-\mathrm{i}\Delta\beta_\kappa/2$；$s=\sqrt{\kappa_{12}^2+(\Delta\beta_\kappa/2)^2}$，$\Delta\beta_\kappa=\Delta\beta_{12}+\Delta\kappa$ 为有效相位失配因子，$\Delta\kappa=\kappa_{11}-\kappa_{22}$。显然，$\kappa_{mm}$ 的作用相当于修正了模式传播常数，因此折射率微扰可能会使原来简并的两个模式发生解简并。

不妨考虑只有模式 1 输入的情形，模式耦合效率 η_{MC} 定义为模式 2 的输出光功率与模式 1 的输入光功率之比值：

$$\eta_{\mathrm{MC}}(z=L)=\frac{|A_2(L)|^2}{|A_1(0)|^2}=\frac{\kappa_{12}^2}{\kappa_{12}^2+(\Delta\beta_\kappa/2)^2}\sin^2\left[\sqrt{\kappa_{12}^2+(\Delta\beta_\kappa/2)^2}\,L\right] \tag{4.4.9}$$

式中，L 为微扰光纤长度。由式(4.4.9)可知，模式耦合效率 η_{MC} 依赖于光纤的长度 L。只有当 $\Delta\beta_\kappa=0$ 时耦合效率才可能达到 100%，实现完全的模式转换，此时，对应的最小光纤长度为 $L_{\min}=\pi/2\kappa_{12}$。当 $\Delta\beta_\kappa\neq 0$ 时，可获得的最大模式耦合效率为 $\eta_{\mathrm{MC}}^{\max}=1/(1+\gamma^2)$，其中，$\gamma=\Delta\beta_\kappa/2\kappa_{12}$；当 $|\gamma|\geqslant 10$ 时，$\eta_{\mathrm{MC}}^{\max}<1\%$，模式耦合效率很小。

图 4.4.2(a)和(b)分别画出了 $\gamma=0$ 和 $\gamma=2$ 两种情形下输入模式 1 时模式光功率的演化曲线，其中，$\kappa_{12}=\pi/4$。当 $P_1(0)=|A_1(0)|^2=1$ W 时，模式 2 的光功率在数值上也等于模式耦合效率。对于相位匹配情形（$\gamma=0$），耦合效率达到 100%对应的最小光纤长度为 $L_{\min}=\pi/2\kappa_{12}=2\mathrm{m}$；对于 $\gamma=2$ 的情形，最大模式耦合效率 $\eta_{\mathrm{MC}}^{\max}=20\%$。

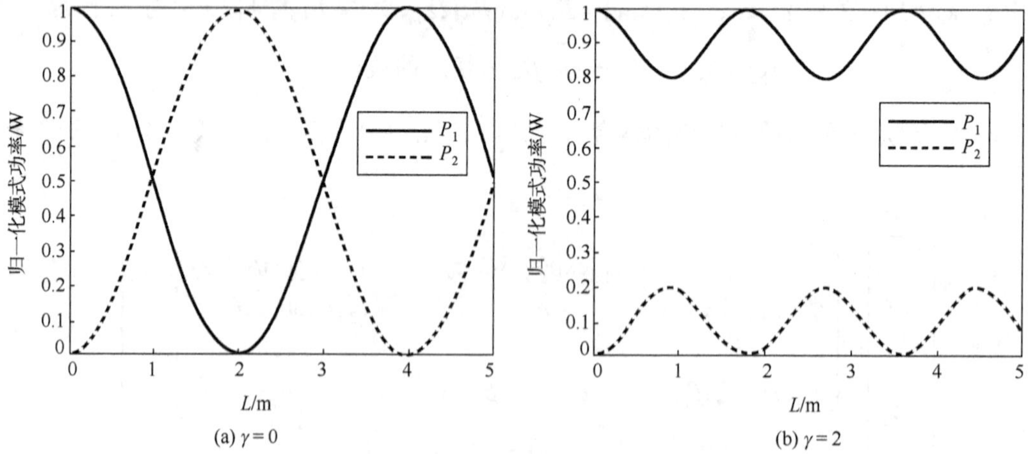

图 4.4.2　单一模式输入时微扰光纤中两个模式的光功率演化曲线[10]

模式耦合作用会使光纤输出的目标模式中混入其他模式转换过来的分量(携带不想要的其他用户信息)，后者与前者的功率之比即为模式耦合引起的串扰。当两个模式等功率输入到微扰光纤时，它们的串扰可表示为

$$\begin{aligned}\mathrm{CT} &= 10\lg\frac{\left|A_1(L)\right|^2_{A_1(0)=0,\ A_2(0)=1}}{\left|A_1(L)\right|^2_{A_1(0)=1,\ A_2(0)=0}} = 10\lg\frac{\left|A_2(L)\right|^2_{A_1(0)=1,\ A_2(0)=0}}{\left|A_2(L)\right|^2_{A_1(0)=0,\ A_2(0)=1}} \\ &= -10\lg\left[(1+\gamma^2)\cot^2\left(\sqrt{1+\gamma^2}\kappa_{12}L\right)+\gamma^2\right]\end{aligned} \tag{4.4.10}$$

由式(4.4.10)可知，串扰大小与$\Delta\beta_\kappa$、κ_{12}以及微扰光纤长度L有关。

在少模传输系统中，实际所用的模式复用/解复用器的消光比为15～20dB。为了不使串扰成为模分复用系统的制约因素，模式串扰应低于−20dB。图 4.4.3 画出了模式串扰随$\kappa_{12}L$和$|\gamma|$的变化[10]，当$|\gamma|\geqslant 10$时，$\mathrm{CT}\leqslant -20\ \mathrm{dB}$，此时$\eta_{\mathrm{MC}}^{\max}<1\%$；否则，只有在一些特定长度才满足$\mathrm{CT}\leqslant -20\ \mathrm{dB}$。另外，对于$\gamma=0$或$\Delta\beta_\kappa=0$的情形，当$\kappa_{12}L\leqslant 0.1$时，也满足$\mathrm{CT}\leqslant -20\ \mathrm{dB}$，此时$\eta_{\mathrm{MC}}=\sin^2(\kappa_{12}L)\leqslant 1\%$。

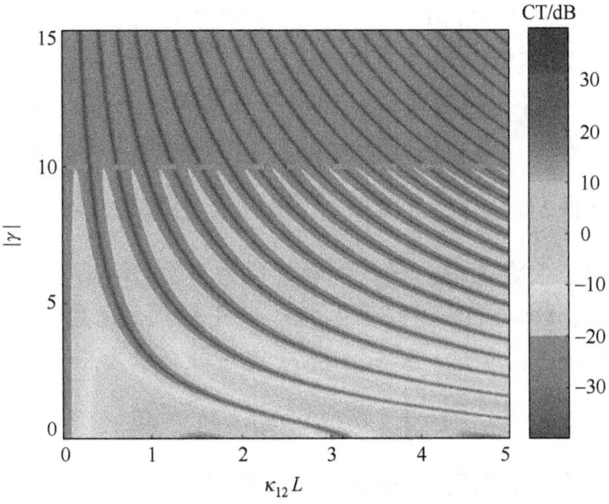

彩图

图 4.4.3　模式耦合对串扰的影响[10]

4.5　模式的随机耦合特性

4.5.1　随机耦合分析方法

1. 同向传播模式的耦合方程

耦合方程中参数的统计特性取决于物理扰动的统计特性，系统传输性能可由模式的复包络函数及其脉冲响应描述[11]。

作为例子，这里考虑两个同向传播模式的耦合情形。将模式光场表示为如下形式：

$$E_l(x,y,z;t)=b_l(z)F_l(x,y)\exp(\mathrm{j}\omega t) \tag{4.5.1}$$

式中，$b_l(z)$和$F_l(x,y)$分别为模场的复振幅和功率归一化横向模场分布；下标$l=0,1$表示模式指数；ω为信号光的角频率。由式(4.2.8b)可知，两个正向传播模式满足的耦合方程可表示为

$$\frac{\mathrm{d}}{\mathrm{d}z}\begin{bmatrix} b_0(z) \\ b_1(z) \end{bmatrix} = \begin{bmatrix} -\Gamma_0(z) & \mathrm{j}c(z) \\ \mathrm{j}c(z) & -\Gamma_1(z) \end{bmatrix} \begin{bmatrix} b_0(z) \\ b_1(z) \end{bmatrix} \tag{4.5.2}$$

式中，$\Gamma_l(z)=\alpha_l(z)+\mathrm{j}\beta_l(z)$ 为模式传播参量，$\alpha_l(z)$ 和 $\beta_l(z)$ 分别为振幅衰减系数和传播常数；耦合系数 $c(z)$ 为实数。方程(4.5.2)可用于描述具有几何对称性的系统，如波导平直度的随机偏离、定向耦合器等。通常，耦合系数可表示为 $c(z)=Cd(z)$ 形式，它正比于波导弯曲程度或光纤横截面的椭圆度等几何参数 $d(z)$，其中，耦合系数的频率依赖性可包括在 C 中，而几何参数 $d(z)$ 不依赖于频率。

令 $b_l(z)=G_l(z)\mathrm{e}^{-\int_0^z \Gamma_l(x)\mathrm{d}x}$ 和 $\Delta\gamma(z)=\int_0^z(\Gamma_0-\Gamma_1)\mathrm{d}x$，由式(4.5.2)可得复包络 $G_l(z)$ 满足的耦合方程：

$$\frac{\mathrm{d}}{\mathrm{d}z}\begin{bmatrix} G_0(z) \\ G_1(z) \end{bmatrix} = \begin{bmatrix} 0 & \mathrm{j}c(z)\mathrm{e}^{\Delta\gamma(z)} \\ \mathrm{j}c(z)\mathrm{e}^{-\Delta\gamma(z)} & 0 \end{bmatrix} \begin{bmatrix} G_0(z) \\ G_1(z) \end{bmatrix} \tag{4.5.3}$$

考虑耦合系数 $c(z)$ 为零均值的稳态随机过程，并要求耦合系数 $c(z)$ 在任意非交叠区间的积分值之间具有统计独立性。耦合系数 $c(z)$ 的自相关函数可表示为 $R_c(\zeta)=\langle c(z+\zeta)c(z)\rangle=S_0\delta(\zeta)$， 其傅里叶变换 $S(\nu)=\int_{-\infty}^{\infty}R_c(\zeta)\mathrm{e}^{-\mathrm{j}2\pi\nu\zeta}\mathrm{d}\zeta=S_0$ 为常数，对应于白色谱密度分布。由式(4.5.3)可知，对于耦合系数为白色谱、传播参量为常数(不依赖于 z)的随机耦合情形，当耦合长度给定后，G_l 为 $\Delta\alpha$ 、$\Delta\beta$ 和 C 的函数，并主要通过 $\Delta\beta(f)$ 依赖于频率 f，其中，$\Delta\alpha=\alpha_0-\alpha_1$，$\Delta\beta=\beta_0-\beta_1$。于是，模式的脉冲响应可表示为

$$g_l(t)=\int_{-\infty}^{\infty}G_l(\Delta\alpha,\Delta\beta,C)\mathrm{e}^{\mathrm{j}2\pi ft}\mathrm{d}f \tag{4.5.4}$$

真实波导中，$\Delta\alpha$ 为频率 f 的偶函数，$\Delta\beta$ 和 C 为频率 f 的奇函数。

某些特殊情形下，可以获得上述耦合方程的精确解。

(1) 对于简并模式的耦合情形，$\Gamma_0(z)=\Gamma_1(z)=\Gamma(z)$，方程(4.5.2)的解为

$$\begin{bmatrix} b_0(z) \\ b_1(z) \end{bmatrix} = \exp\left[-\int_0^z \Gamma(x)\mathrm{d}x\right] \begin{bmatrix} \cos\theta(z) & \mathrm{j}\sin\theta(z) \\ \mathrm{j}\sin\theta(z) & \cos\theta(z) \end{bmatrix} \begin{bmatrix} b_0(0) \\ b_1(0) \end{bmatrix} \tag{4.5.5}$$

式中，$\theta(z)=\int_0^z c(x)\mathrm{d}x$ 为耦合系数的积分结果(也许耦合的具体分布并不重要)。若耦合系数具有 $\delta(z)$ 函数分布，即 $c(z)=C\delta(z)$，则有 $\theta(z)=C$ (常数)。

(2) 当传播参量和耦合系数均为常数(不随 z 变化)时，由式(4.5.3)可得复包络 $G_l(z)$ 的封闭形式：

$$\begin{bmatrix} G_0(z) \\ G_1(z) \end{bmatrix} = \frac{1}{\lambda_+-\lambda_-}\begin{bmatrix} \lambda_+\mathrm{e}^{\lambda_- z}-\lambda_-\mathrm{e}^{\lambda_+ z} & \mathrm{j}c(\mathrm{e}^{\lambda_+ z}-\mathrm{e}^{\lambda_- z}) \\ \mathrm{j}c(\mathrm{e}^{\lambda_+ z}-\mathrm{e}^{\lambda_- z})\mathrm{e}^{-\Delta\Gamma z} & (\lambda_+\mathrm{e}^{\lambda_+ z}-\lambda_-\mathrm{e}^{\lambda_- z})\mathrm{e}^{-\Delta\Gamma z} \end{bmatrix} \begin{bmatrix} G_0(0) \\ G_1(0) \end{bmatrix} \tag{4.5.6}$$

式中，$\lambda_\pm=\dfrac{1}{2}\left[\Delta\Gamma\pm\sqrt{(\Delta\Gamma)^2-4c^2}\right]$，$\Delta\Gamma=\Gamma_0-\Gamma_1$。

2. 离散近似与微扰理论分析

对于连续随机耦合，可采用离散近似方法进行分析。将波导分成若干个足够短的小段

Δz，将每小段内的耦合等效到末端，即用 $c_\delta(z)=\sum_{k=1} c_k\delta(z-k\Delta z)$ 代替 $c(z)$，其中，$c_k=\int_{(k-1)\Delta z}^{k\Delta z} c(z)\mathrm{d}z$。$\Delta z$ 必需满足离散近似约束条件：在 Δz 内任取一个积分段 $0<z_1<z_2\leqslant\Delta z$，模式的差分衰减和差分相移足够小，即 $\left|\int_{z_1}^{z_2}[\alpha_0(z)-\alpha_1(z)]\mathrm{d}z\right|\ll 1$ 和 $\left|\int_{z_1}^{z_2}[\beta_0(z)-\beta_1(z)]\mathrm{d}z\right|\ll 2\pi$。

当传播参量不依赖于 z 时，Δz 满足的约束条件为 $\Delta z\ll|\Delta\alpha|^{-1}$ 和 $\Delta z\ll 2\pi|\Delta\beta|^{-1}$。该条件下，每小段的传输矩阵可很好地近似为[11]

$$\begin{bmatrix} b_0(k\Delta z) \\ b_1(k\Delta z) \end{bmatrix}=\begin{bmatrix} \cos c_k & \mathrm{j}\sin c_k \\ \mathrm{j}\sin c_k & \cos c_k \end{bmatrix}\begin{bmatrix} \mathrm{e}^{-\gamma_{0k}} & 0 \\ 0 & \mathrm{e}^{-\gamma_{1k}} \end{bmatrix}\begin{bmatrix} b_0[(k-1)\Delta z] \\ b_1[(k-1)\Delta z] \end{bmatrix} \tag{4.5.7}$$

式中，$\gamma_{lk}=\int_{(k-1)\Delta z}^{k\Delta z}\Gamma_l(x)\mathrm{d}x$。当上述 Δz 大于随机耦合和传播参量的相关长度 L_c（$\Delta z>L_c$）时，式(4.5.7)适用于近似统计无关的分段情形，它们具有白色的耦合和传播参量谱。需指出，推导式(4.5.7)时没有用到耦合强度很小的假设。

对于非白色的耦合和传播参量谱情形，满足离散近似约束条件的 Δz 小于随机耦合和传播参量的相关长度 L_c（$\Delta z<L_c$），每小段的传输矩阵需采用如下微扰理论的分析结果。当耦合很小(微扰情形)，即 $\int_0^z|c(x)|\mathrm{d}x\ll 1$ 时，式(4.5.3)有如下近似解[11]：

$$\begin{bmatrix} G_0(z) \\ G_1(z) \end{bmatrix}\approx\begin{bmatrix} m_{00} & m_{01} \\ m_{10} & m_{11} \end{bmatrix}\begin{bmatrix} G_0(0) \\ G_1(0) \end{bmatrix} \tag{4.5.8}$$

式中

$$\begin{cases} m_{00}=1-\int_0^z c(x)\mathrm{e}^{\Delta\gamma(x)}\mathrm{d}x\int_0^x c(y)\mathrm{e}^{-\Delta\gamma(y)}\mathrm{d}y \\ m_{01}=\mathrm{j}\int_0^z c(x)\mathrm{e}^{\Delta\gamma(x)}\mathrm{d}x \\ m_{10}=\mathrm{j}\int_0^z c(x)\mathrm{e}^{-\Delta\gamma(x)}\mathrm{d}x \\ m_{11}=1-\int_0^z c(x)\mathrm{e}^{-\Delta\gamma(x)}\mathrm{d}x\int_0^x c(y)\mathrm{e}^{\Delta\gamma(y)}\mathrm{d}y \end{cases}$$

4.5.2　统计参量的表征

从模式复包络入手，可以分析模式的随机耦合特性，包括复包络的随机性、平均功率与交叉功率、功率的波动、脉冲响应等。下面仅考虑与统计无关的模式随机耦合情形，且模式的传播参量为常数(不依赖于 z)。

1. 复包络的随机性

对于传播参量为常数的两模耦合情形，当 $\Delta z\ll|\Delta\alpha|^{-1}$ 和 $\Delta z\ll 2\pi|\Delta\beta|^{-1}$ 时，式(4.5.7)的期望表达式为[11]：

$$\begin{bmatrix} \overline{b_0}(k\Delta z) \\ \overline{b_1}(k\Delta z) \end{bmatrix}=\begin{bmatrix} \mathrm{e}^{-\Gamma_0\Delta z}\langle\cos c_k\rangle & \mathrm{j}\mathrm{e}^{-\Gamma_1\Delta z}\langle\sin c_k\rangle \\ \mathrm{j}\mathrm{e}^{-\Gamma_0\Delta z}\langle\sin c_k\rangle & \mathrm{e}^{-\Gamma_1\Delta z}\langle\cos c_k\rangle \end{bmatrix}\begin{bmatrix} \overline{b_0}[(k-1)\Delta z] \\ \overline{b_1}[(k-1)\Delta z] \end{bmatrix} \tag{4.5.9}$$

式中，$\overline{b_l}(z)$ 表示复振幅 $b_l(z)$ 的平均值。类似地，用 $\overline{G_l}(z)$ 表示复包络 $G_l(z)$ 的平均值。由白谱耦合系数 $c(z)$ 的自相关函数 $R_c(\zeta)=\langle c(z+\zeta)c(z)\rangle=S_0\delta(\zeta)$ 可知，当 Δz 足够小时，$\langle\cos(c_k)\rangle\approx 1-\frac{1}{2}\langle(c_k)^2\rangle=1-\frac{1}{2}S_0\Delta z$；类似地，$\langle\sin(c_k)\rangle\approx\langle c_k\rangle=0$。由式(4.5.9)可知

$$\begin{cases}\overline{b_0}(k\Delta z)=\mathrm{e}^{-\Gamma_0\Delta z}\left(1-\dfrac{1}{2}S_0\Delta z\right)\overline{b_0}[(k-1)\Delta z]\\ \overline{b_1}(k\Delta z)=\mathrm{e}^{-\Gamma_1\Delta z}\left(1-\dfrac{1}{2}S_0\Delta z\right)\overline{b_1}[(k-1)\Delta z]\end{cases} \tag{4.5.10}$$

根据 $\mathrm{e}^{-S_0\Delta z/2}\approx 1-\frac{1}{2}S_0\Delta z$，式(4.5.10)可还原成连续函数的表示形式：

$$\begin{cases}\overline{b_0}(z)=\mathrm{e}^{-\Gamma_0 z}\mathrm{e}^{-S_0 z/2}\overline{b_0}(0)\\ \overline{b_1}(z)=\mathrm{e}^{-\Gamma_1 z}\mathrm{e}^{-S_0 z/2}\overline{b_1}(0)\end{cases}\ \text{或}\ \begin{cases}\overline{G_0}(z)=\mathrm{e}^{-S_0 z/2}\overline{G_0}(0)\\ \overline{G_1}(z)=\mathrm{e}^{-S_0 z/2}\overline{G_1}(0)\end{cases} \tag{4.5.11}$$

由式(4.5.11)可知，模式包络的统计平均值随着耦合距离指数衰减，其衰减率正比于谱密度 S_0；两个模式的包络统计平均值互不影响，该结论只在两模耦合情形下成立。

2. 平均功率和交叉功率

定义统计平均功率和交叉功率分别为

$$\begin{cases}\overline{P_l}(z)=\left\langle|b_l(z)|^2\right\rangle=\left\langle|G_l(z)|^2\right\rangle\\ \overline{P_{01}}(z)=\overline{P_{10}}^*(z)=\left\langle b_0(z)b_1^*(z)\right\rangle\end{cases} \tag{4.5.12}$$

显然，交叉功率表征了两个模式的相关性。

类似于式(4.5.11)的推导过程，对于谱密度为 S_0 的两模随机耦合情形，统计平均功率和交叉功率之间是不耦合的。平均模式功率满足的耦合方程为[12,13]

$$\frac{\mathrm{d}}{\mathrm{d}z}\begin{bmatrix}\overline{P_0}(z)\\ \overline{P_1}(z)\end{bmatrix}=\begin{bmatrix}-(2\alpha_0+S_0) & S_0\\ S_0 & -(2\alpha_1+S_0)\end{bmatrix}\begin{bmatrix}\overline{P_0}(z)\\ \overline{P_1}(z)\end{bmatrix} \tag{4.5.13}$$

交叉功率满足的耦合方程为[12]

$$\frac{\mathrm{d}}{\mathrm{d}z}\begin{bmatrix}\overline{P_{01}}(z)\\ \overline{P_{10}}(z)\end{bmatrix}=\begin{bmatrix}-(\Gamma_0+\Gamma_1^*+S_0) & S_0\\ S_0 & -(\Gamma_0^*+\Gamma_1+S_0)\end{bmatrix}\begin{bmatrix}\overline{P_{01}}(z)\\ \overline{P_{10}}(z)\end{bmatrix} \tag{4.5.14}$$

3. 模式功率的波动

定义模式复振幅的四阶矩为 $Q_{ijkl}(z)=\left\langle b_i(z)b_j^*(z)b_k(z)b_l^*(z)\right\rangle$，则 $Q_{llll}(z)=\left\langle|b_l(z)|^4\right\rangle$。于是，模式 l 的功率波动用其标准差 $\overline{\Delta P_l}$ 表示为

$$\overline{\Delta P_l}(z)=\sqrt{\left\langle P_l^2(z)\right\rangle-\overline{P_l}^2(z)}=\sqrt{Q_{llll}-\overline{P_l}^2(z)} \tag{4.5.15}$$

式中，$P_l(z)=|b_l(z)|^2$ 为模式功率。

模式复振幅的四阶矩 $Q_{ijkl}(z)$ 满足如下微分方程[11]：

$$\frac{\mathrm{d}\boldsymbol{Q}(z)}{\mathrm{d}z}=\boldsymbol{MQ}(z),\quad \boldsymbol{Q}(z)=\begin{bmatrix}Q_{0000}(z)\\Q_{0011}(z)\\Q_{0101}(z)\\Q_{1010}(z)\\Q_{1111}(z)\end{bmatrix} \tag{4.5.16}$$

式中，$\boldsymbol{M}=\begin{bmatrix}-2S_0+4\alpha_0 & 4S_0 & -S_0 & -S_0 & 0\\ S_0 & -4S_0+2\alpha_+ & S_0 & S_0 & S_0\\ -S_0 & 4S_0 & -2S_0+2(\alpha_++\mathrm{j}\Delta\beta) & 0 & -S_0\\ -S_0 & 4S_0 & 0 & -2S_0+2(\alpha_+-\mathrm{j}\Delta\beta) & -S_0\\ 0 & 4S_0 & -S_0 & -S_0 & -2S_0+4\alpha_1\end{bmatrix}$，$\alpha_+=\alpha_0+\alpha_1$。

4.5.3　统计无关的两模耦合

讨论单一模式输入和两模同时输入两种情形下，非相干和相干信号模式的随机耦合特点。这里仍考虑统计无关的耦合，并假设模式是无损耗的，模式传播常数保持不变[11]。

1. 单一模式输入情形

对于只有一个模式输入的情形，不妨令 $b_0(0)=1$（相干信号），或者 $b_0(0)=\mathrm{e}^{\mathrm{j}\theta_0}$（非相干信号，其相位 θ_0 均匀随机分布）。无论是相干信号，还是非相干信号，平均功率、交叉功率、高阶矩的初值分别为

$$\begin{cases}\overline{P_0}(0)=\left\langle|b_0(0)|^2\right\rangle=1,\quad \overline{P_{l\neq0}}(0)=0\\ \overline{P_{ij}}(0)=\left\langle b_i(0)b^*_{j\neq i}(0)\right\rangle=0\\ \left\langle P_0^{\,2}(0)\right\rangle=1,\quad \left\langle P^2_{l\neq0}(0)\right\rangle=0\\ \boldsymbol{Q}^{\mathrm{T}}(0)=\begin{bmatrix}1&0&0&0&0\end{bmatrix}\end{cases} \tag{4.5.17}$$

由式(4.5.11)可知，非相干信号输入时，两个模式都没有相干分量；相干信号输入时，两模耦合情形下，有

$$\begin{cases}\overline{b_0}(z)=\mathrm{e}^{-\mathrm{j}\beta_0z}\mathrm{e}^{-S_0z/2},\quad \overline{G_0}(z)=\mathrm{e}^{-S_0z/2}\\ \overline{b_1}(z)=0,\quad \overline{G_1}(z)=0\end{cases} \tag{4.5.18}$$

式(4.5.18)表明，另一个模式没有相干分量。

由式(4.5.13)和式(4.5.14)可知，忽略模式损耗时，两个模式的交叉功率为 0；相干或非相干信号输入时，两个模式的平均功率均可表示为

$$\overline{P_{0,1}}(z)=\frac{1}{2}(1\pm \mathrm{e}^{-2S_0 z}) \tag{4.5.19}$$

式(4.5.18)和式(4.5.19)的分析表明，相干信号输入时，信号模式功率由相干和非相干两部分组成，即

$$[\overline{P_0}(z)]_{相干}=\mathrm{e}^{-S_0 z},\quad [\overline{P_0}(z)]_{非相干}=\frac{1}{2}(1+\mathrm{e}^{-2S_0 z})-\mathrm{e}^{-S_0 z} \tag{4.5.20}$$

而另一个模式只有随机分量。根据式(4.5.19)和式(4.5.20)可计算单一模式输入时模式平均功率随传播距离的演化曲线，如图4.5.1(a)所示。

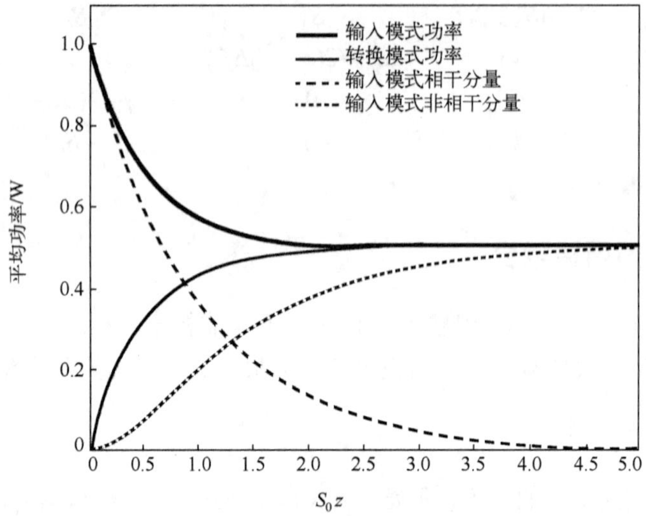

(a) 相干信号输入时两个模式的平均功率

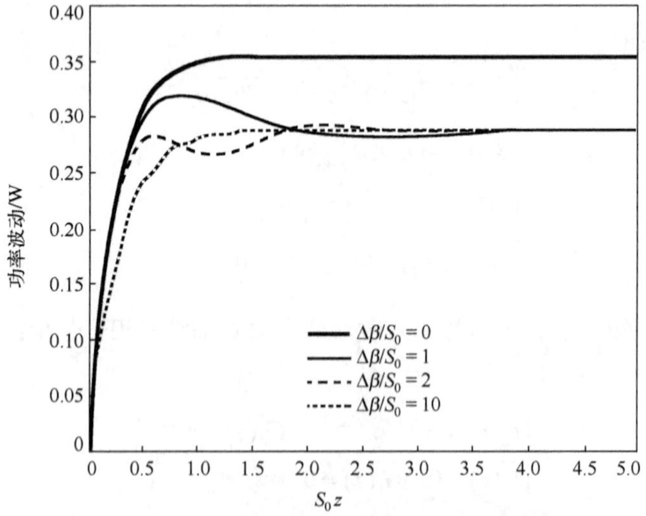

(b) 相干或非相干信号输入时模式的功率波动(标准差)

图4.5.1　单一模式输入时两个模式之间的随机耦合

由式(4.5.16)可知，单一模式输入(相干或非相干信号)情形下，模式的功率波动为 $\overline{\Delta P_l}(z)=\sqrt{Q_{llll}-\overline{P}_l^2(z)}$ 。$\overline{\Delta P_l}^2(z)=Q_{llll}-\overline{P}_l^2(z)$ 用矩阵形式表示为

$$\begin{bmatrix} \overline{\Delta P_0}^2(z) \\ \vdots \\ \overline{\Delta P_1}^2(z) \end{bmatrix} = \boldsymbol{Q}(z) - \begin{bmatrix} \overline{P_0}^2(z) \\ \vdots \\ \overline{P_1}^2(z) \end{bmatrix} = \exp(\boldsymbol{M}z) \begin{bmatrix} Q_{0000}(0) \\ Q_{0011}(0) \\ Q_{0101}(0) \\ Q_{1010}(0) \\ Q_{1111}(0) \end{bmatrix} - \begin{bmatrix} \overline{P_0}^2(z) \\ \vdots \\ \overline{P_1}^2(z) \end{bmatrix}$$

$$= \exp(\boldsymbol{m}S_0 z) \begin{bmatrix} 1 \\ 0 \\ 0 \\ 0 \\ 0 \end{bmatrix} - \frac{1}{4} \begin{bmatrix} (1+\mathrm{e}^{-2S_0 z})^2 \\ \vdots \\ (1-\mathrm{e}^{-2S_0 z})^2 \end{bmatrix} \tag{4.5.21}$$

式中，“/”表示无须关注的相应元素，$\boldsymbol{m} = \begin{bmatrix} -2 & 4 & -1 & -1 & 0 \\ 1 & -4 & 1 & 1 & 1 \\ -1 & 4 & -2(1-\mathrm{j}\Delta\beta/S_0) & 0 & -1 \\ -1 & 4 & 0 & -2(1+\mathrm{j}\Delta\beta/S_0) & -1 \\ 0 & 4 & -1 & -1 & -2 \end{bmatrix}$。

式(4.5.21)的计算表明，单一模式输入时，两个模式的功率波动与传播距离的演化规律相同；$\Delta\beta/S_0$ 取不同值时，模式功率波动随传播距离的演化曲线如图 4.5.1(b)所示。当 $\Delta\beta=0$ 时，模式的功率波动为 $\overline{\Delta P_0}=\overline{\Delta P_1}=\dfrac{1}{2}\sqrt{\dfrac{1}{2}(1+\mathrm{e}^{-8S_0 z})-\mathrm{e}^{-4S_0 z}}$；当 $|\Delta\beta/S_0|\geqslant 10$ 时，它们的曲线基本重合。类似地，利用式(4.5.21)也可计算两模输入的情形，但需注意模式平均输入功率和高阶矩初值的差异。

2. 两模同时输入情形

相干信号两模输入时，模式的平均输入功率、交叉功率、高阶矩的初值均为 1，即

$$\begin{cases} \overline{P_l}(0) = \left\langle |b_l(0)|^2 \right\rangle = 1 \\ \overline{P_{ij}}(0) = \left\langle b_i(0) b_{j\neq i}^*(0) \right\rangle = 1 \\ \left\langle P_l^2(0) \right\rangle = 1 \\ \boldsymbol{Q}^{\mathrm{T}}(0) = [1 \;\; 1 \;\; 1 \;\; 1 \;\; 1] \end{cases} \tag{4.5.22}$$

由式(4.5.11)可知：

$$\begin{cases} \overline{b_0}(z) = \mathrm{e}^{-\mathrm{j}\beta_0 z}\mathrm{e}^{-S_0 z/2} \\ \overline{b_1}(z) = \mathrm{e}^{-\mathrm{j}\beta_1 z}\mathrm{e}^{-S_0 z/2} \end{cases} \text{或} \begin{cases} \overline{G_0}(z) = \mathrm{e}^{-S_0 z/2} \\ \overline{G_1}(z) = \mathrm{e}^{-S_0 z/2} \end{cases} \tag{4.5.23}$$

式(4.5.23)表明，两个模式的相干分量的功率均为 $\mathrm{e}^{-S_0 z}$。

由式(4.5.13)可知，两个相干信号模式同时输入时，它们的平均功率始终为 1，即 $\overline{P_0}(z)=\overline{P_1}(z)=1$。可见，两个模式的非相干分量功率均为 $1-\mathrm{e}^{-S_0 z}$。由式(4.5.14)可以得到交叉功率的表达式：

$$\overline{P_{01}}(z)=\overline{P_{10}}^*(z)=\frac{e^{-S_0z}}{2\cos\phi}[(e^{j\phi}-1)e^{-S_0z\cos\phi}+(e^{-j\phi}+1)e^{+S_0z\cos\phi}] \tag{4.5.24}$$

式中，$\phi=\arcsin(\Delta\beta/S_0)$。当两个模式简并时，$\Delta\beta=0$，$\overline{P_{01}}(z)=\overline{P_{10}}^*(z)=1$；当$\Delta\beta$很大时，$\lim\limits_{\Delta\beta\to\infty}\left|\overline{P_{01}}(z)\right|=\lim\limits_{\Delta\beta\to\infty}\left|\overline{P_{10}}(z)\right|=e^{-S_0z}$。根据式(4.5.16)和式(4.5.21)，还可分析相干信号两模输入情形下，$\Delta\beta/S_0$取不同值时，模式功率波动$\overline{\Delta P_0}$和$\overline{\Delta P_1}$随耦合长度的演化曲线，如图4.5.2(a)所示。需指出，相干信号模式简并条件下（$\Delta\beta=0$），没有功率波动，即$\overline{\Delta P_0}=\overline{\Delta P_1}=0$。

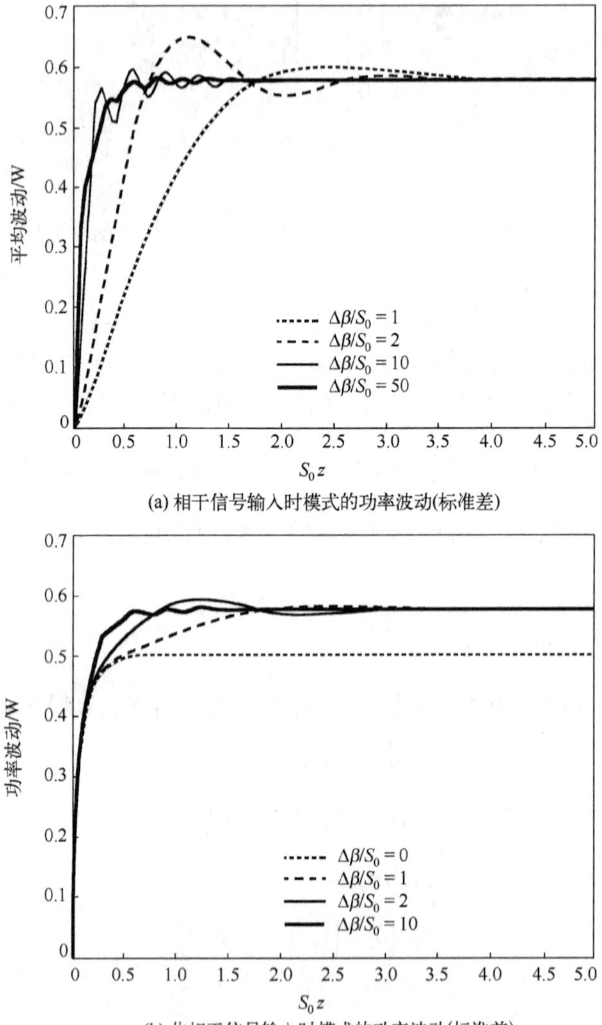

(a) 相干信号输入时模式的功率波动(标准差)

(b) 非相干信号输入时模式的功率波动(标准差)

图 4.5.2　两模信号输入时模式之间的随机耦合特性

非相干信号两模输入时，两个模式没有相干分量且互不相关，它们的平均功率保持不变，平均包络和交叉功率为 0，即

$$\begin{cases}\overline{P_l}(z)=\left\langle\left|b_l(z)\right|^2\right\rangle=1\\ \overline{P_{01}}(z)=\overline{P_{10}}(z)=0\end{cases} \tag{4.5.25}$$

在这种情形下，有初值条件$\boldsymbol{Q}^{\mathrm{T}}(0)=\begin{bmatrix}1 & 1 & 0 & 0 & 1\end{bmatrix}$。同样地，根据式(4.5.16)和式(4.5.21)，可分析非相干信号两模输入情形下，$\Delta\beta/S_0$取不同值时模式功率波动$\overline{\Delta P_0}$和$\overline{\Delta P_1}$随耦合长度的变化曲线，如图 4.5.2(b)所示。非相干信号模式简并条件下（$\Delta\beta=0$），$\overline{\Delta P_0}=\overline{\Delta P_1}=\dfrac{1}{2}\sqrt{1-\mathrm{e}^{-8S_0z}}$。

上述三种模式耦合中，两个模式的功率波动相等，即$\overline{\Delta P_0}=\overline{\Delta P_1}$，这也是无损条件下功率守恒的要求。功率波动大小依赖于$|\Delta\beta/S_0|$，对于非简并情形，当耦合长度较大时，模式功率的标准偏差接近$|\Delta\beta/S_0|=\infty$时的值，与平均功率大小可比拟。因此，$\overline{\Delta P_{0,1}}(z,|\Delta\beta/S_0|=\infty)$曲线很重要。

思　考　题

4.1　人们对圆柱形阶跃折射率光纤的导波光场已有深入了解，若光纤的横向折射率分布或者结构形状稍微偏离上述理想情形，则相应的模场分布及其传播常数也会发生改变，请给出它们的一阶近似微扰修正结果，并说明其适用范围。

4.2　耦合系数的一般表达式为$\kappa_{nm}=\dfrac{\omega}{4}\iint\overline{\boldsymbol{e}}_n^*\cdot\Delta\varepsilon(x,y)\overline{\boldsymbol{e}}_m\mathrm{d}x\mathrm{d}y$，请指出该式中相关参数的物理意义。

4.3　给出一般情形下横向折射率微扰光纤中本征模场的通用表达式，及其满足的微扰波动方程。

4.4　纵向折射率微扰会使少模光纤中导波光模式发生耦合，请简述耦合模微扰分析方法的大体步骤。

4.5　写出少模光纤中连续导波光正向和反向传播模式之间的耦合模方程的一般形式(用复振幅表示，并注意导波光场的表达形式)。

4.6　针对正弦变化的纵向折射率微扰情形，分别给出同向传播模式和正反向传播模式的连续光耦合方程，并描述其谐振耦合特点。

4.7　写出光纤中光脉冲的慢变复包络满足的频域和时域微扰波动方程，注意附加电极化强度微扰的作用以及色散的影响。

4.8　根据光纤光栅中导波光的频域微扰波动方程，分析光纤布拉格光栅(FBG)和长周期光纤光栅(LPFG)的模式耦合特点，比较它们的相位匹配条件。

4.9　利用少模光纤 Bragg 光栅(FM-FBG)的反射特性，或者少模长周期光纤光栅(FM-LPFG)的透射特性，可实现不同模式之间的转换。分别描述它们的折射率微扰分布特点和模式转换效率的波长依赖性。

4.10　根据耦合模微扰分析方法，推导少模光纤中纵向折射率微扰引起的非谐振模式耦合方程，并分析模式串扰特性。

4.11　从模式复包络入手，可以分析模式的随机耦合特性，包括复包络的随机性、平均功率与交叉功率、功率的波动、脉冲响应等，请给出这些参量的数学表达式，并描述其物理意义。

4.12　列表比较单一模式输入和两模同时输入两种情形下，非相干或相干信号模式的统计无关随机耦合特点。

参考文献

[1] YARIV A, YEH P. 光子学——现代通信光电子学[M]. 6 版. 陈鹤鸣, 施伟华, 汪静丽, 等译. 北京:电子工业出版社, 2009.

[2] SNYDER A W, LOVE J D. Optical waveguide theory[M]. New York: Chapman and Hall Ltd, 1983.

[3] 武保剑, 邱昆. 光纤信息处理原理及技术[M]. 北京：科学出版社, 2013.

[4] 武保剑. 光通信中的电磁场与波基础[M]. 北京: 科学出版社, 2017.

[5] MEMON A K, CHEN K X. Recent advances in mode converters for a mode division multiplex transmission system[J]. Opto-electronics review, 2021, 29: 13-32.

[6] WU C, LIU Z, CHUNG K M, et al. Strong LP_{01} and LP_{11} mutual coupling conversion in a two-mode fiber Bragg grating [J]. Photonics journal, 2012, 4(4): 1079-1086.

[7] ALI M M, JUNG Y, LIM K S, et al. Characterization of mode coupling in few-mode FBG with selective mode excitation[J]. IEEE photonics technology letters, 2015, 27(16): 1713-1716.

[8] MOTOYUKI S, OHASHI M, KUBOTA H, et al. A broadband mode converter from LP_{01} to LP_{11} modes based on a long-period fiber grating using a two-mode fiber[C]. Asia communications and photonics conference (ACP). Hangzhou, 2018.

[9] YOUNGQUIST R C, BROOKS J L, SHAW H J. Two-mode fiber modal coupler[J]. Optics letters, 1984, 9(5): 177-179.

[10] 谢艳秋, 武保剑, 文峰. 少模光纤中折射率微扰对模式消光比的影响[J]. 光学学报, 2020, 40(23): 54-59.

[11] ROWE H E. Electromagnetic propagation in multi-mode random media[M]. New York: John Wiley & Sons, 1999.

[12] ROWE H E, YOUNG D T. Transmission distortion in multimode random waveguides[J]. IEEE transactions on microwave theory and techniques, 1972, 20(6): 349-365.

[13] MARCUSE D. Theory of dielectric optical waveguides[M]. New York: Academic Press, 1991.

第 5 章　多芯光纤串扰与超模

本章以均匀光纤和慢变光纤的并行结构为基础，分析多芯光纤的耦合特性。首先建立两个弱导光纤之间的耦合方程，并用于分析模式选择耦合器的工作原理以及在不同照明方式下阵列光纤的串扰。然后，从对称和非对称双纤复合波导的基模耦合特点出发，推导 N 个平行波导复合结构的超模耦合方程；以并行波导平板结构和多芯光纤为例，详细描述超模的分析计算过程。最后，研究慢变光纤之间的耦合过程，给出慢变光纤的判定条件，介绍光纤型光子灯笼空间复用/解复用器的工作原理及仿真方法，解释光子灯笼的模式选择特性。

5.1　两个光纤之间的耦合

5.1.1　弱导光纤复合波导结构

考虑两个并行弱导光纤组成的复合波导结构，它们具有相同的包层介电常数 $\varepsilon_{\mathrm{cl}}$，两个纤芯相对于包层的介电常数差分别为 $\Delta\varepsilon_{1\mathrm{co}}(x,y)$ 和 $\Delta\varepsilon_{2\mathrm{co}}(x,y)$，如图 5.1.1 所示。复合波导结构的介电常数分布可表示为 $\varepsilon(x,y)=\varepsilon_{\mathrm{cl}}+\Delta\varepsilon_{1\mathrm{co}}(x,y)+\Delta\varepsilon_{2\mathrm{co}}(x,y)$。

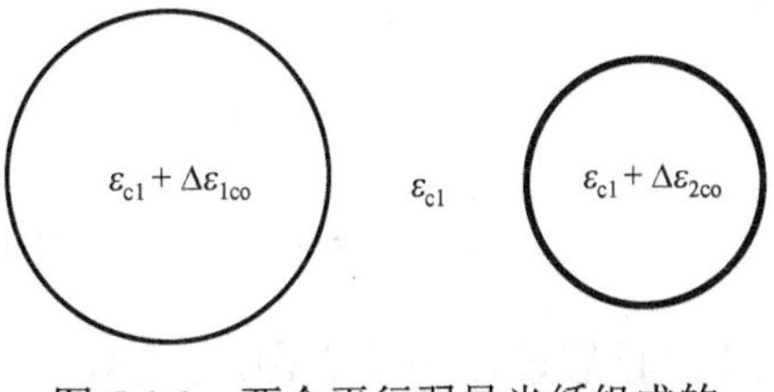

图 5.1.1　两个平行弱导光纤组成的复合波导结构

在弱导近似下，忽略光纤的偏振效应。当两个并行光纤相距适当距离时，复合波导的总光场可用孤立波导本征模场的叠加表示：

$$E(\boldsymbol{r},t)=[a_1(z)\psi_1(x,y)\mathrm{e}^{\mathrm{i}\beta_1 z}+a_2(z)\psi_2(x,y)\mathrm{e}^{\mathrm{i}\beta_2 z}]\mathrm{e}^{-\mathrm{i}\omega t} \tag{5.1.1}$$

式中，$\psi_{1,2}(x,y)$ 和 $\beta_{1,2}$ 分别为两个孤立光纤中导波光模场及其传播常数；$a_{1,2}(z)$ 为相应光纤中导波光场的慢变复包络。

将式(5.1.1)代入波动方程：

$$[\nabla^2+\omega^2\mu\varepsilon(x,y)]E(\boldsymbol{r},t)=0 \tag{5.1.2}$$

利用孤立光纤中本征模式的正交性和功率归一化条件，可得如下耦合方程：

$$\frac{\mathrm{d}}{\mathrm{d}z}\begin{bmatrix}a_1\\a_2\end{bmatrix}=\begin{bmatrix}\mathrm{i}\kappa_{11} & \mathrm{i}\kappa_{12}\mathrm{e}^{\mathrm{i}(\beta_2-\beta_1)z}\\ \mathrm{i}\kappa_{21}\mathrm{e}^{\mathrm{i}(\beta_1-\beta_2)z} & \mathrm{i}\kappa_{22}\end{bmatrix}\begin{bmatrix}a_1\\a_2\end{bmatrix} \tag{5.1.3}$$

式中，耦合系数 $\kappa_{jl}=\dfrac{\omega}{4}\iint\Delta\varepsilon_j(x,y)\hat{\psi}_j\hat{\psi}_l\mathrm{d}x\mathrm{d}y$，$\hat{\psi}_{j,l}$ 为两个孤立光纤中本征模场的功率归一化横向分布；两孤立光纤的折射率微扰分别为 $\Delta\varepsilon_1(x,y)=\Delta\varepsilon_{2\mathrm{co}}(x,y)$ 和 $\Delta\varepsilon_2(x,y)=\Delta\varepsilon_{1\mathrm{co}}(x,y)$。根据能量守恒条件，即 $|a_1(z)|^2+|a_2(z)|^2=$ 常数，则有 $\kappa_{jl}=\kappa_{lj}^*$。

式(5.1.3)还有几种变化形式：①令光场复振幅 $b_{1,2}(z)=a_{1,2}(z)\mathrm{e}^{\mathrm{i}\beta_{1,2}z}$，即 $E(\boldsymbol{r},t)=[b_1(z)\psi_1(x,y)+b_2(z)\psi_2(x,y)]\mathrm{e}^{-\mathrm{i}\omega t}$，由式(5.1.3)可得

$$\frac{\mathrm{d}}{\mathrm{d}z}\begin{bmatrix} b_1 \\ b_2 \end{bmatrix}=\begin{bmatrix} \mathrm{i}(\beta_1+\kappa_{11}) & \mathrm{i}\kappa_{12} \\ \mathrm{i}\kappa_{21} & \mathrm{i}(\beta_2+\kappa_{22}) \end{bmatrix}\begin{bmatrix} b_1 \\ b_2 \end{bmatrix} \tag{5.1.4}$$

②令 $a_{1,2}(z)=c_{1,2}(z)\mathrm{e}^{\mathrm{i}\kappa_{11,22}z}$，则式(5.1.3)可化为

$$\frac{\mathrm{d}}{\mathrm{d}z}\begin{bmatrix} c_1 \\ c_2 \end{bmatrix}=\begin{bmatrix} 0 & \mathrm{i}\kappa_{12}\mathrm{e}^{\mathrm{i}\delta z} \\ \mathrm{i}\kappa_{21}\mathrm{e}^{-\mathrm{i}\delta z} & 0 \end{bmatrix}\begin{bmatrix} c_1 \\ c_2 \end{bmatrix} \tag{5.1.5}$$

式中，$\delta=\beta_2+\kappa_{22}-(\beta_1+\kappa_{11})$，相当于自耦合系数 κ_{11} 和 κ_{22} 对相应传播常数进行了修正。因此，$c_{1,2}(z)$ 为自耦合系数对传播常数修正后的慢变复包络。

若令 $\tilde{\beta}_1=\beta_1+\kappa_{11}$ 和 $\tilde{\beta}_2=\beta_2+\kappa_{22}$，则式(5.1.4)的解可表示为[1]

$$\begin{cases} b_1(z)=\{b_1(0)\cos(\kappa z/F)+\mathrm{i}F[b_2(0)-b_1(0)\delta/2\kappa]\sin(\kappa z/F)\}\exp(\mathrm{i}\bar{\beta}z) \\ b_2(z)=\{b_2(0)\cos(\kappa z/F)+\mathrm{i}F[b_1(0)+b_2(0)\delta/2\kappa]\sin(\kappa z/F)\}\exp(\mathrm{i}\bar{\beta}z) \end{cases} \tag{5.1.6}$$

式中，$\bar{\beta}=(\tilde{\beta}_1+\tilde{\beta}_2)/2$；$F=(1+\delta^2/4\kappa^2)^{-1/2}$；$\kappa=\kappa_{12}=\kappa_{21}$。

由式(5.1.6)可知，两个光纤之间光场耦合的拍长为 $z_b=2\pi F/\kappa$，它们的光功率演化分别为 $P_{1,2}(z)=|b_{1,2}(z)|^2$，即

$$\begin{cases} P_1(z)=P_1(0)+F^2[P_2(0)-P_1(0)-(\delta/\kappa)\sqrt{P_1(0)P_2(0)}]\sin^2(\kappa z/F) \\ P_2(z)=P_2(0)+F^2[P_1(0)-P_2(0)+(\delta/\kappa)\sqrt{P_1(0)P_2(0)}]\sin^2(\kappa z/F) \end{cases} \tag{5.1.7}$$

式中，已假设 $b_1(0)$ 和 $b_2(0)$ 为实数，对应于同相位输入情形。

由式(5.1.7)可知，两根光纤之间的光功率转移为

$$\begin{aligned} \Delta P(z) &= P_1(0)-P_1(z)=P_2(z)-P_2(0) \\ &= F^2[P_1(0)-P_2(0)+\sqrt{P_1(0)P_2(0)}\,\delta/\kappa]\sin^2(\kappa z/F) \end{aligned} \tag{5.1.8}$$

特殊地，对于单光纤输入光功率的情形，可令 $P_1(0)=1$ 和 $P_2(0)=0$，则它们的功率转移为

$$\Delta P(z)=1-P_1(z)=P_2(z)=F^2\sin^2(\kappa z/F) \tag{5.1.9}$$

可见，只有当两根相同光纤的同一模式之间耦合($\delta=0$)，才能获得完全的功率转移。

5.1.2　模式选择耦合器

光纤耦合器可使光纤中传输的光信号在两根或多根光纤中进行功率交换。通过适当设计光纤结构和纤芯距离，可使两根光纤中的特定模式之间满足相位匹配条件，形成模式选择光纤耦合器。实现并行光纤之间耦合的方法有研磨/抛光法和熔融拉锥法等。采用研磨/抛光法对光纤进行加工的过程一般分为粗磨、精磨、抛光等几个步骤，主要目的是消除光纤端面

不平整、裂纹、污染和氧化等因素，提高光学性能。熔融拉锥法是将除去涂覆层的两根(或两根以上)光纤以一定的方法靠拢，在高温加热下熔融，同时向两侧拉伸，最终在加热区形成双锥体形式的特殊波导结构。用光纤熔融拉锥法制作单模光纤耦合器，已形成了成熟的工艺和一套很实用的理论模型。

光纤耦合器的工作原理可以用两纤耦合系统加以描述，如图 5.1.2 所示。在耦合区，两根光纤靠得足够近，它们的导波光场发生交叠。当一根光纤中有光功率输入时，光功率在耦合区发生功率再分配，即输入光场被分为相干的两部分，并定向耦合输出到两个不同的方向，一部分光功率沿输入光纤从“直通臂”输出，另一部分光功率由“耦合臂”转移到另一根光纤。

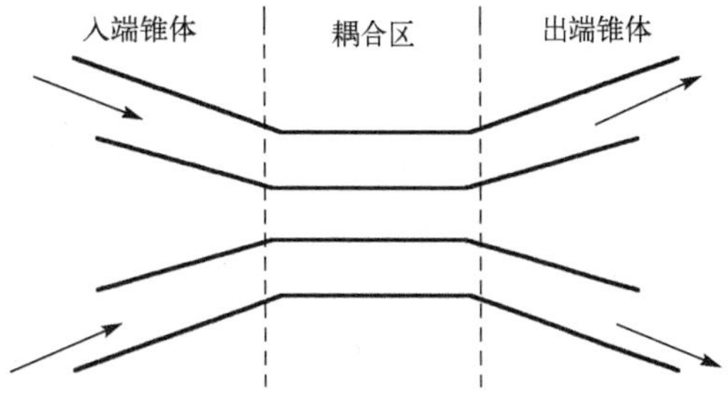

图 5.1.2　光纤耦合器的工作原理

两纤耦合器中导波光的传输特性可采用耦合模微扰近似方法进行分析。忽略光纤损耗，考虑两根光纤之间任意两个模式的耦合情形，将耦合区的总光场用孤立光纤的相应本征模展开，即

$$E(\boldsymbol{r},t)=[b_1(z)\psi_1(x,y)+b_2(z)\psi_2(x,y)]\mathrm{e}^{-\mathrm{i}\omega t} \tag{5.1.10}$$

式中，$\psi_{1,2}(x,y)$ 和 $b_{1,2}(z)$ 分别为孤立光纤中两个模式的本征模场分布及其对应的复包络。

$\psi_{1,2}(x,y)$ 满足亥姆霍兹方程：

$$\frac{\partial^2\psi_j}{\partial x^2}+\frac{\partial^2\psi_j}{\partial y^2}+\left[n_j^2(x,y)k_0^2-\beta_j^2\right]\psi_j=0,\quad j=1,2 \tag{5.1.11}$$

式中，$n_j(x,y)$ 和 β_j 分别为每个孤立光纤的折射率分布和本征模传播常数；$k_0=2\pi/\lambda_0$ 为真空中传播常数。

将总场表达式(5.1.10)代入导波光的微扰波动方程，利用导模的正交性，并通过傅里叶逆变换转换到时域，可得到关于模式复包络的耦合方程(5.1.4)，相应的模式功率演化由式(5.1.7)给出。根据单端口注入情形，可定义光纤模式耦合效率为

$$\eta_c(z=L)=\left.\frac{P_2(L)}{P_1(0)}\right|_{P_2(0)=0}=\left.\frac{P_1(L)}{P_2(0)}\right|_{P_1(0)=0}=\frac{\kappa^2}{\kappa^2+(\delta/2)^2}\sin^2\left[\sqrt{\kappa^2+(\delta/2)^2}L\right] \tag{5.1.12}$$

式中，L 为耦合长度；$\delta=\beta_2+\kappa_{22}-(\beta_1+\kappa_{11})$；耦合系数 $\kappa=\kappa_{12}=\kappa_{21}$，且有

$$\kappa_{jl}=\frac{k_0^2}{2\beta_l}\iint_{-\infty}^{\infty}(n^2-n_j^2)\psi_j\psi_l\mathrm{d}x\mathrm{d}y\bigg/\iint_{-\infty}^{\infty}\psi_l^2\mathrm{d}x\mathrm{d}y=\frac{\omega}{4}\iint\Delta\varepsilon_j(x,y)\hat{\psi}_j\hat{\psi}_l\mathrm{d}x\mathrm{d}y \tag{5.1.13}$$

式中，n 为光纤耦合区的折射率分布；$\hat{\psi}_{j,l}$ 为两个孤立光纤中本征模场的功率归一化横向分布。显然，光纤耦合器的耦合效率是耦合长度和耦合系数的函数，而耦合系数又依赖于波长和纤芯间距离。一般地，纤芯间距越大，模场的交叠积分越小，耦合系数会随着纤芯间距的增加而呈指数函数减小；当纤芯间距一定时，归一化频率越小，意味着更多的基模功率扩展到包层，耦合系数也就越大[1]。

当两个光纤中的模式完全相位匹配时（$\delta=0$），输入/输出端口之间的复包络关系可用矩阵形式表示为

$$\begin{bmatrix} b_1(L) \\ b_2(L) \end{bmatrix}=\begin{bmatrix} \cos(\kappa L) & \mathrm{i}\sin(\kappa L) \\ \mathrm{i}\sin(\kappa L) & \cos(\kappa L) \end{bmatrix}\begin{bmatrix} b_1(0) \\ b_2(0) \end{bmatrix} \tag{5.1.14}$$

由式(5.1.14)可知，对于光纤耦合器的单端口输入情形，在耦合臂的输出端口会引入$\pi/2$的相移（$\mathrm{i}=\mathrm{e}^{\mathrm{i}\pi/2}$），该相移在光纤干涉仪的设计中有着重要作用；光纤耦合效率$\eta_c(L)=\sin^2(\kappa L)$，当$\kappa L=\pi/2$，即耦合长度为$L=\pi/(2\kappa)$时，输入功率全部转移到另一根光纤中，可实现100%的模式耦合。

图5.1.3为一种边抛光型的模式选择耦合器(MSC)[2]，可使输入到单模光纤(SMF)的LP_{01}光束与少模光纤(FMF)中指定高阶模式LP_{ln}之间通过倏逝场发生有效耦合(相位匹配)，而与其他模式处于相位失配状态，不发生耦合。相反地，若LP_{ln}模式的光束从FMF注入，模式能量也会耦合到该SMF端口。由式(5.1.12)可知，模式耦合效率依赖于模式相位失配因子、耦合系数以及器件耦合长度，关键是优化设计有效折射率匹配的光纤。模式相位的不完美匹配，不仅会导致一部分注入光仍保留在原来的模式上，也会耦合到其他不想要的模式上，再加上器件存在插入损耗等原因，实际中模式选择耦合器的模式耦合效率很难达到100%。

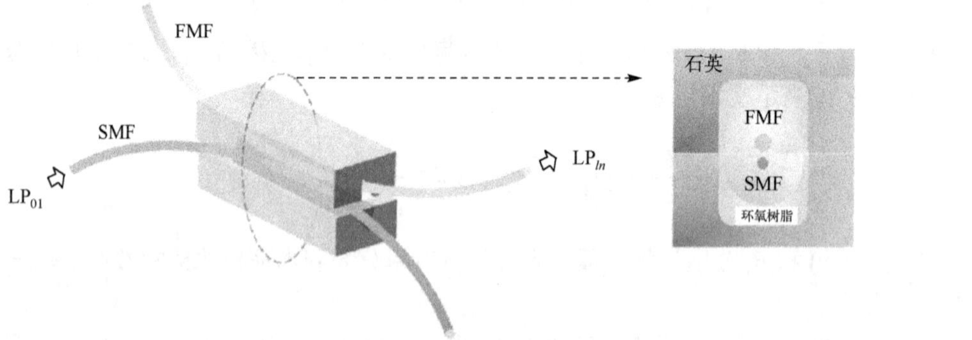

图5.1.3　单模到少模的模式选择耦合器(MSC)[2]

模式选择性可用模式消光比参数加以表征，模式消光比定义为耦合输出的光功率中想要模式与不想要模式的功率比。通过级联模式选择耦合器(MSC)可实现光纤型的宽带模分复用，如图5.1.4所示[2]。通过$LP_{01}\rightarrow LP_{11}$、$LP_{01}\rightarrow LP_{21}$、$LP_{01}\rightarrow LP_{02}$三个MSC的级联方式，可实现$LP_{01}$、$LP_{11}$、$LP_{21}$、$LP_{02}$四个模式的复用，其中，$LP_{01}$从FMF端注入，高阶模式由MSC单模端注入的光束耦合转换得到。采用光纤弯曲或折射率匹配液等方式可将某些不想要的高阶模式进行剥离。

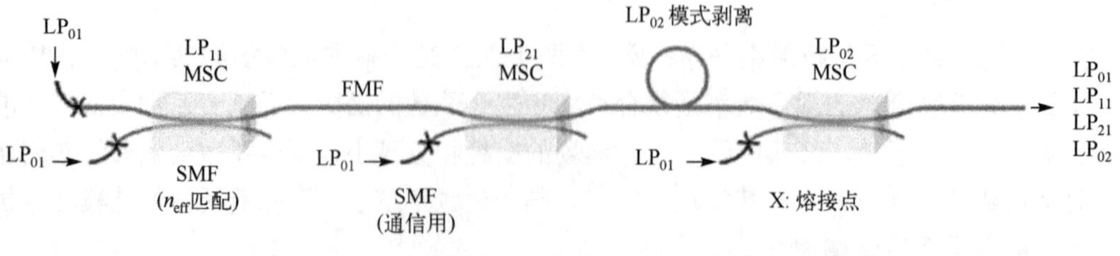

图5.1.4　基于级联模式选择耦合器(MSC)的模分复用器[2]

5.2　阵列光纤串扰分析

阵列光纤之间的耦合可用一系列耦合方程来描述。实际中，人们感兴趣的光纤阵列往往具有一定的对称性，当采用一些对称输入方式时，阵列光纤之间的耦合甚至可以用一对耦合方程进行分析。这样，之前讨论的两个并行均匀光纤或慢变光纤之间的耦合规律也可用于分析阵列光纤之间的串扰，串扰大小依赖于两根光纤之间的光场交叠程度。波导之间的串扰可以从每个波导的传播模式出发，分析两根光纤之间的功率交换特点，也可以由复合波导的模式来描述。

5.2.1　单纤照明的一维光纤阵列

考虑一维光纤阵列，中心光纤和周围光纤分别用 $n=0$、±1、±2 等编号，光纤参数均相同，如图 5.2.1 所示。忽略辐射损耗，只考虑最近邻光纤之间的耦合，并省略自耦合系数，则第 n 根光纤与其相邻的第 $n-1$ 和 $n+1$ 根光纤之间的耦合方程可由式(5.1.5)得到，即

$$\frac{\mathrm{d}c_n}{\mathrm{d}z}=\mathrm{i}\kappa(c_{n-1}+c_{n+1}),\quad -\infty<n<\infty \tag{5.2.1}$$

式中，κ 为光纤耦合系数；c_n 为第 n 根光纤中基模的慢变复包络(不含传播因子 $\mathrm{e}^{\mathrm{i}\beta z}$)，$c_{-n}=c_n$。

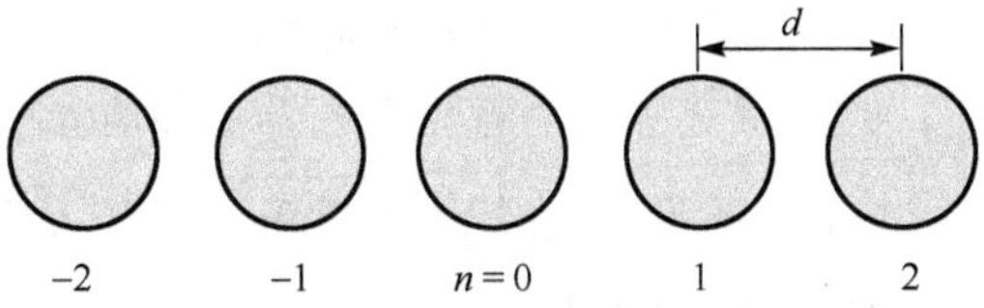

图 5.2.1　单纤照明的一维光纤阵列

式(5.2.1)还可以改写成如下形式[1]：

$$\frac{\mathrm{d}(\mathrm{i}^{-n}c_n)}{\mathrm{d}(2\kappa z)}=\frac{1}{2}\left[\mathrm{i}^{-(n-1)}c_{n-1}-\mathrm{i}^{-(n+1)}c_{n+1}\right],\quad -\infty<n<\infty \tag{5.2.2}$$

根据第一类贝塞尔函数的递推关系 $\frac{\mathrm{d}J_n(z)}{\mathrm{d}z}=\frac{1}{2}\left[J_{n-1}(z)-J_{n+1}(z)\right]$，可得式(5.2.2)的解及其对应的光功率为

$$c_n(z)=\mathrm{i}^nJ_n(2\kappa z),\quad P_n(z)=P_{-n}(z)=\left[J_n(2\kappa z)\right]^2 \tag{5.2.3}$$

根据式(5.2.3)，可以画出单纤照明时其附近光纤中光功率的演化曲线，如图 5.2.2 所示。当 $z\to\infty$ 时，$P_n(z)=P_{-n}(z)\approx(\pi\kappa z)^{-1}\cos^2\left[2\kappa z-(2n+1)\pi/4\right]$。

5.2.2　交替照明的无限光纤阵列

假设组成无限光纤阵列的所有光纤都相同，在阵列光纤的始端交替注入功率高、低不同的两束非相干光(交替照明)，可用“±”表示不同的光纤注入功率，相应的模式光场复包络和光功率分别为 $b_\pm(z)$ 和 $P_\pm=\left|b_\pm(z)\right|^2$。光纤之间的耦合系数随其间距呈指数函数减小，且注

入功率相同的光纤之间没有能量交换[1]。因此，对于光纤间距足够大的情形，只需考虑不同功率注入的最近邻光纤之间的耦合，这种近似适用于多数情形。此时，每根光纤与其他所有光纤之间的耦合可用一对耦合模方程形式表示，方程的解仍可由式(5.1.6)给出，只不过相应的耦合系数需用阵列光纤的权重耦合系数 κ_A 代替。

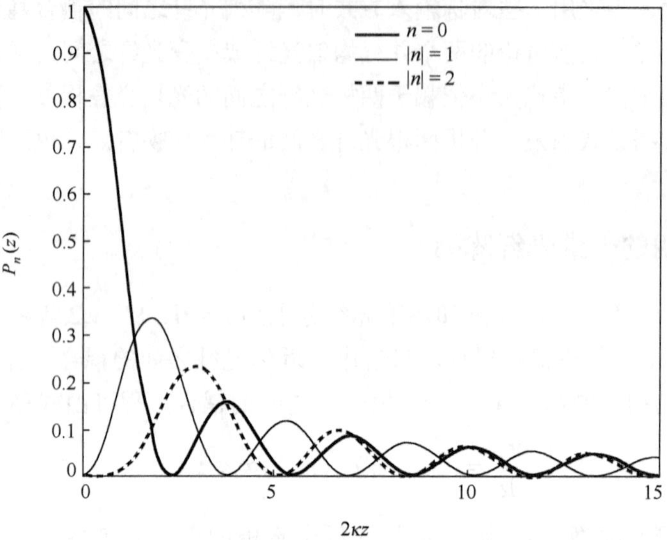

图 5.2.2　单纤照明的一维光纤阵列的功率演化

对于任意给定的模式而言，由于所有光纤都是相同的，它们具有相同的传播常数 β 且 $F=1$，由式(5.1.6)可得高、低功率交替照明时相应光纤中导波光模式的复包络：

$$b_{\pm}(z)=\left[b_{\pm}(0)\cos(\kappa_A z)+\mathrm{i}b_{\mp}(0)\sin(\kappa_A z)\right]\exp(\mathrm{i}\beta z) \tag{5.2.4}$$

相应地，每根光纤中的光功率演化可表示为

$$P_{\pm}(z)=P_{\pm}(0)\cos^2(\kappa_A z)+P_{\mp}(0)\sin^2(\kappa_A z) \tag{5.2.5}$$

式中，κ_A 为阵列光纤的权重耦合系数，它依赖于光纤阵列的排布和光功率交替照明方式。

图 5.2.3 画出了三种无限光纤阵列的交替照明方式，包括一维交替照明(图(a))、并列交替照明(图(b))、错列交替照明(图(c)和图(d))，它们的权重耦合系数分别为[1]

$$\kappa_A=\begin{cases}2\kappa(d), & \text{一维交替照明}\\ 2\kappa(d)+4\kappa(\sqrt{2}d), & \text{并列交替照明}\\ 4\kappa(d), & \text{错列交替照明}\end{cases} \tag{5.2.6}$$

式中，$\kappa(d)$ 表示注入功率不同的两根最近邻光纤之间的耦合系数；d 为它们的中心间距。由式(5.2.6)可知，$\kappa_A>\kappa(d)$ 意味着无限阵列光纤的耦合强度大于相应的双纤耦合强度，无限阵列光纤之间的耦合拍长 $2\pi/\kappa_A$ 小于相应的双纤耦合拍长 $2\pi/\kappa$，前者会在更短的光纤长度内达到最大的功率转移。

当阵列光纤具有相同的功率损耗吸收系数 α 时，复包络表达式(5.2.4)中的 β 需用 $\beta+\mathrm{i}\alpha/2$ 替代，两根光纤中的光功率演化也相应地变为

$$P_{1,2}(z)=P_{\pm}(z)\mathrm{e}^{-\alpha z} \tag{5.2.7}$$

对式(5.2.7)求微分，有 $\mathrm{d}P_{1,2}(z)=\mathrm{e}^{-\alpha z}\,\mathrm{d}P_{\pm}(z)-\alpha P_{\pm}(z)\mathrm{e}^{-\alpha z}\,\mathrm{d}z$，该等式右边两项分别为功率耦合和吸收引起的功率变化，光纤吸收的微分功率为 $\alpha P_{\pm}(z)\mathrm{e}^{-\alpha z}\,\mathrm{d}z$。

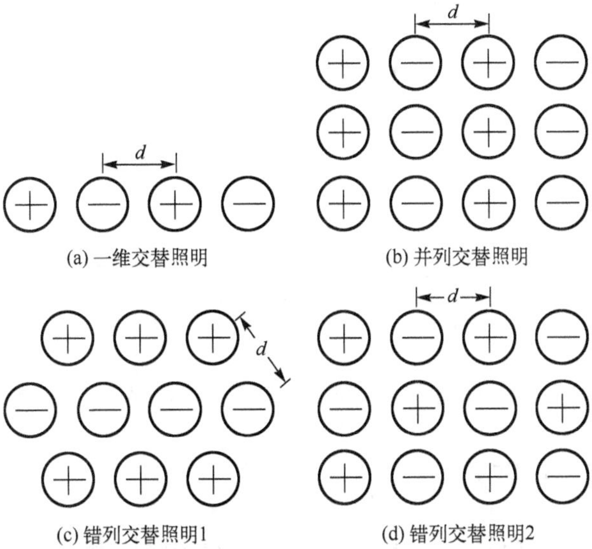

图 5.2.3　三种无限光纤阵列的交替照明方式[1]

光纤吸收的光功率之差(差分吸收功率)与阵列光纤图像传输的像素光强对比度相联系。当阵列光纤的长度为 L 时，两根光纤的差分吸收功率为[1]

$$\begin{aligned}\delta P(\alpha,L,\kappa_{\mathrm{A}})&=\int_0^L \alpha[P_+(z)-P_-(z)]\mathrm{e}^{-\alpha z}\,\mathrm{d}z\\&=\frac{P_+(0)-P_-(0)}{1+(2\kappa_{\mathrm{A}}/\alpha)^2}\left\{1-[\cos(2\kappa_{\mathrm{A}}L)-(2\kappa_{\mathrm{A}}/\alpha)\sin(2\kappa_{\mathrm{A}}L)]\mathrm{e}^{-\alpha L}\right\}\end{aligned} \tag{5.2.8}$$

由式(5.2.8)可知，$\delta P(\alpha,L,\kappa_{\mathrm{A}})$ 正比于注入光纤始端的光功率差 $[P_+(0)-P_-(0)]$；当 $\kappa_{\mathrm{A}}=0$ 时，$\delta P(\alpha,L,\kappa_{\mathrm{A}}=0)=[P_+(0)-P_-(0)](1-\mathrm{e}^{-\alpha L})$。

根据式(5.2.8)还可以分析阵列光纤耦合串扰对光纤差分吸收性能的劣化影响，定义劣化参数 D 为

$$\begin{aligned}D&=\frac{\delta P(\alpha,L,\kappa_{\mathrm{A}}=0)}{\delta P(\alpha,L,\kappa_{\mathrm{A}})}\\&=\frac{[1+(2\kappa_{\mathrm{A}}/\alpha)^2](1-\mathrm{e}^{-\alpha L})}{1-[\cos(2\kappa_{\mathrm{A}}L)-(2\kappa_{\mathrm{A}}/\alpha)\sin(2\kappa_{\mathrm{A}}L)]\mathrm{e}^{-\alpha L}}\\&=\frac{(1+r^2)(1-\mathrm{e}^{-\alpha L})}{1-[\cos(r\alpha L)-r\sin(r\alpha L)]\mathrm{e}^{-\alpha L}}\end{aligned} \tag{5.2.9}$$

式中，$r=2\kappa_{\mathrm{A}}/\alpha$ 为吸收长度 $1/\alpha$ 与耦合拍长 $2\pi/\kappa_{\mathrm{A}}$ 之比。参数 D 越大，意味着光纤的差分吸收功率变得越小，阵列光纤用于图像传输时像素点失真越严重。根据式(5.2.9)可画出参数 r 取不同值时差分吸收劣化参数 D 随 αL 的变化曲线，如图 5.2.4 所示。当 $\alpha L\to\infty$ 时，$D=(1+r^2)$，参数 r 或耦合系数 κ_{A} 越大，劣化越严重。

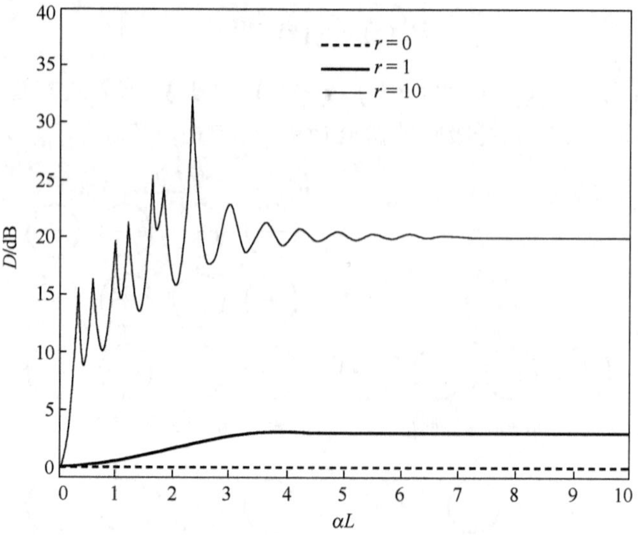

图 5.2.4　参数 r 取不同值时差分吸收劣化参数 D 随 αL 的变化曲线

5.2.3　多角形有限光纤阵列

在多芯光纤中，纤芯分别位于正多角形的中心 ($j=0$) 和周围顶点 ($j=1, 2, \cdots, n$)，也可视为多角形有限光纤阵列，中心光纤与周围的光纤可以不同。三角形和六角形有限光纤阵列如图 5.2.5 所示。

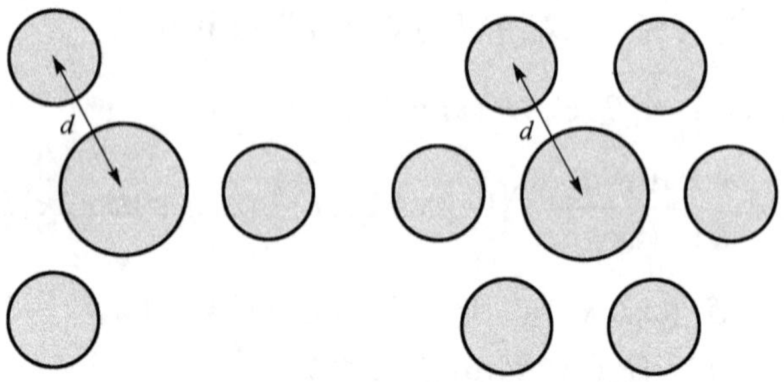

图 5.2.5　三角形和六角形有限光纤阵列

当周围光纤都相同时，可用一对耦合方程描述多角形阵列光纤中光场的传播。忽略光纤阵列的辐射损耗，只考虑最近邻光纤的耦合，则中心光纤和周围光纤中导波光的复振幅 $b_j(z)$ 满足耦合方程[1]：

$$\begin{cases} \dfrac{\mathrm{d}b_0}{\mathrm{d}z} - \mathrm{i}\beta_0 b_0 = \mathrm{i}\kappa_{01}\displaystyle\sum_{j=1}^{n} b_j \\ \dfrac{\mathrm{d}b_j}{\mathrm{d}z} - \mathrm{i}\beta_1 b_j = \mathrm{i}\kappa_{01} b_0 + \mathrm{i}\kappa_{12}(b_{j+1} + b_{j-1}),\ \ j \neq 0 \end{cases} \tag{5.2.10}$$

式中，省略了自耦合系数的贡献，β_0 和 β_1 分别为中心和周围光纤中模式的传播常数；κ_{01} 和 κ_{12} 分别为中心光纤与周围光纤以及周围光纤之间的耦合系数。

对式 (5.2.10) 从 $j=1$ 到 $n\,(n \geqslant 3)$ 求和，并注意 $b_{n+1} = b_1$ 和 $b_{j-1}(j=1) = b_n$，则有

$$\left(\frac{\mathrm{d}}{\mathrm{d}z}-\mathrm{i}\beta_1\right)\sum_{j=1}^{n}b_j=\mathrm{i}n\kappa_{01}b_0+2\mathrm{i}\kappa_{12}\sum_{j=1}^{n}b_j \tag{5.2.11}$$

进一步地，令 $\kappa=n^{1/2}\kappa_{01}$，$b_s=n^{-1/2}\sum_{j=1}^{n}b_j$，$\beta_s=\beta_1+2\kappa_{12}$，则式(5.2.10)和式(5.2.11)简化为

$$\begin{cases}\dfrac{\mathrm{d}b_0}{\mathrm{d}z}-\mathrm{i}\beta_0b_0=\mathrm{i}\kappa b_s\\[2mm]\dfrac{\mathrm{d}b_s}{\mathrm{d}z}-\mathrm{i}\beta_sb_s=\mathrm{i}\kappa b_0\end{cases} \tag{5.2.12}$$

当周围光纤同步注入功率时，中心光纤功率和周围光纤中总功率分别为 $P_0(z)=|b_0|^2$ 和 $P_s(z)=|b_s|^2=n|b_1|^2$。假设 $b_0(0)$ 和 $b_s(0)$ 为实数，即同相位输入情形，由式(5.1.7)可知，两根光纤中的模式功率分别为

$$\begin{cases}P_0(z)=P_0(0)+F^2[P_s(0)-P_0(0)-(\delta/\kappa)\sqrt{P_0(0)P_s(0)}]\sin^2(\kappa z/F)\\P_s(z)=P_s(0)+F^2[P_0(0)-P_s(0)+(\delta/\kappa)\sqrt{P_0(0)P_s(0)}]\sin^2(\kappa z/F)\end{cases} \tag{5.2.13}$$

式中，$F=(1+\delta^2/4\kappa^2)^{-1/2}$，$\delta=\beta_s-\beta_0=\beta_1+2\kappa_{12}-\beta_0$。当 $\delta=0$，即 $\beta_0=\beta_1+2\kappa_{12}$ 时，$F=1$，才可能发生完全的功率转移。

5.3 平行光波导的超模

5.3.1 双纤复合波导

先讨论由两个平行光纤组成的复合波导结构及其本征模式。对于一般的双纤复合波导，两根光纤可以具有不同的结构，复合波导的非对称性类似于各向异性光纤，这致使所支持的模式有不同的传播常数。两根光纤间的串扰可由标量波动方程来解释，对标量传播常数进行偏振修正后可以区别 x 和 y 偏振模。

孤立光纤中支持两个偏振正交的基模，平行双纤复合波导支持的基模数会增加一倍。具体说，平行双纤复合波导的标量波动方程有两个基模解，再加上两个偏振，共有 4 个基模态。通过基模分析表明，偏振修正导致的偏振态旋转周期长度远大于串扰拍长，即串扰效应起主要作用。类似地，孤立光纤中每个高阶模群 $\mathrm{LP}_{ln}(l\geqslant1)$ 有 4 个模态，对应到平行双纤波导中则有 8 个模态。

1. 对称双纤波导的基模

对称双纤波导中，两根光纤具有相同的结构特点。若 $\psi_{1,2}$ 为孤立光纤中标量波动方程的基模解，根据对称双纤复合波导的结构对称性，其标量波动方程的解近似为 $\psi_{\pm}=\psi_1\pm\psi_2$，可称为超模，以区别孤立光纤的模式。进一步地，考虑 x 和 y 偏振之后，基模的模态可表示为 $\boldsymbol{e}_{x\pm}=\psi_{\pm}\hat{\boldsymbol{x}}$ 和 $\boldsymbol{e}_{y\pm}=\psi_{\pm}\hat{\boldsymbol{y}}$，如图 5.3.1 所示[1]。类似地，具有奇偶对称性的高阶标量超模可以表示为 $\psi_{\pm}^{\mathrm{e/o}}=\psi_1^{\mathrm{e/o}}\pm\psi_2^{\mathrm{e/o}}$[1]。

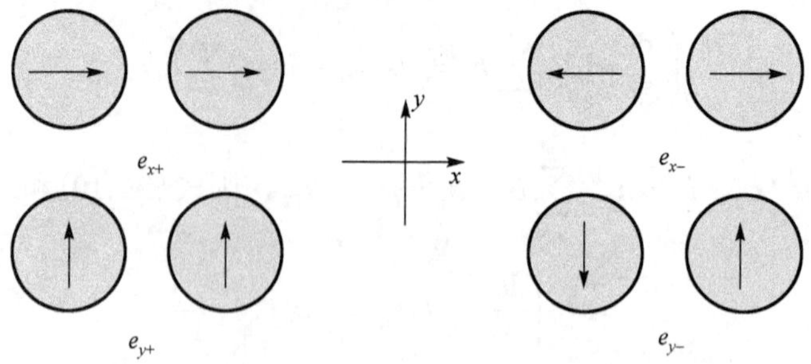

图 5.3.1　对称双纤复合波导的基模[1]

对于两根光纤适当分开的情形，根据传播常数的互易关系，若将第一根孤立光纤的折射率分布 n_1 及其波函数 ψ_1 作为参考，则基模 $\psi_\pm$ 对应的传播常数为

$$\begin{aligned}\beta_\pm &= \bar{\beta} + k_0 \int_{A\infty} (n-n_1)\psi_\pm\psi_1 \mathrm{d}A \Big/ \int_{A\infty} \psi_\pm\psi_1 \mathrm{d}A \\ &= \bar{\beta} \pm k_0 \int_{A\infty} (n-n_1)\psi_1\psi_2 \mathrm{d}A \Big/ \int_{A\infty} \psi_1^2 \mathrm{d}A \\ &= \bar{\beta} \pm \kappa\end{aligned} \tag{5.3.1}$$

式中，$\bar{\beta}=\beta_1=\beta_2$ 为孤立光纤的传播常数；$\kappa = k_0\int_{A\infty}(n-n_1)\psi_1\psi_2\mathrm{d}A \Big/ \int_{A\infty}\psi_1^2\mathrm{d}A$ 为耦合系数；n 为复合波导的折射率分布。需指出的是，$\psi_1\psi_2$ 和 ψ_1^2 在式(5.3.1)分子或分母的交叠积分中有不同的贡献，耦合系数 κ 随着光纤间距的增加呈指数函数减小。

根据 5.1 节的分析可知，对于单端口注入情形，当两根光纤中的模式相位完全匹配时，两根光纤中的光功率演化分别为

$$P_1(z) = P_1(0)\cos^2(\kappa z), \quad P_2(z) = P_1(0)\sin^2(\kappa z) \tag{5.3.2}$$

分析表明，光纤之间的耦合(或串扰)等价于在无微扰光场上附加了一个慢变包络因子，对应的耦合或串扰拍长为 $z_b = 2\pi/\kappa = 4\pi/(\beta_+ - \beta_-)$，它是超模 $\psi_\pm$ 干涉或差拍的结果。由式 (5.3.1) 和式(5.3.2)可知，复合波导的模式传播常数与波导串扰之间有密切联系。

2. 非对称双纤波导的基模

对于差异很大的两根光纤组成的复合波导结构，由于两者的传播常数差异太大，能量交换可以忽略(两根光纤相距很远，也不会有能量交换)。此时，复合波导的基模也就是两个孤立光纤的基模。

下面考虑近乎相同光纤组成的非对称双纤波导，它介于对称双纤波导和异常不对称双纤波导之间，可将该非对称双纤波导的基模表示为如下形式[1]：

$$\begin{bmatrix}\psi_+ \\ \psi_-\end{bmatrix} = \begin{bmatrix}\cos\theta_+ & \sin\theta_+ \\ \cos\theta_- & \sin\theta_-\end{bmatrix}\begin{bmatrix}\psi_1 \\ \psi_2\end{bmatrix} \tag{5.3.3}$$

式中，$\theta_\pm$ 为待定常数。

将孤立光纤的折射率分布 $n_{1,2}$ 及其波函数 $\psi_{1,2}$ 作为参考，分别将 $\psi_\pm$ 代入式(5.3.1)可得关于其传播常数 $\beta_\pm$ 的方程组：

$$\begin{cases}\beta_{\pm}=\beta_1+\kappa_1\tan\theta_{\pm}\\ \beta_{\pm}\tan\theta_{\pm}=\beta_2\tan\theta_{\pm}+\kappa_2\end{cases}\tag{5.3.4}$$

式中，$\kappa_{1,2}=k_0\int_{A\infty}(n-n_{1,2})\psi_1\psi_2\mathrm{d}A\Big/\int_{A\infty}\psi_{1,2}^2\mathrm{d}A$。

由式(5.3.4)可知：

$$\tan\theta_{\pm}=\frac{\delta}{2\kappa_1}\pm\frac{1}{F},\quad \beta_{\pm}=\frac{\beta_1+\beta_2}{2}\pm\frac{\kappa_1}{F}\tag{5.3.5}$$

式中，$\delta=\beta_2-\beta_1$；$F=(\kappa_2/\kappa_1+\delta^2/4\kappa_1^2)^{-1/2}$。

简单分析一下非对称双纤波导的串扰。对于近乎相同的光纤情形，$\kappa_1\approx\kappa_2=\kappa$，$F=(1+\delta^2/4\kappa^2)^{-1/2}$，$0\leqslant F\leqslant 1$。当只有第一个光纤有模式输入时，即 $P_1(0)=1$ 和 $P_2(0)=0$，由式(5.1.9)可知，两根光纤的功率演化为

$$P_1(z)=1-F^2\sin^2(\kappa z/F),\quad P_2(z)=F^2\sin^2(\kappa z/F)\tag{5.3.6}$$

比较式(5.3.5)和式(5.3.6)，可以看出超模传播常数与串扰拍长之间的相关性。

由式(5.3.5)可知：①对于对称双纤情形，$\delta=\beta_2-\beta_1=0$，$F=1$，$\tan\theta_{\pm}=\pm1$，则 $\psi_{\pm}\propto\psi_1\pm\psi_2$，$\beta_{\pm}=\bar{\beta}\pm\kappa$，与式(5.3.1)的分析结果一致；②对于异常不同的双纤情形，$|\delta/2\kappa|\gg 1$，$F^{-1}=\delta/2\kappa\ \tan\theta_{\pm}\to\infty$ 或 0，则 $\psi_{\pm}=\psi_{1,2}$。

5.3.2　*N* 个平行光波导

前面采用微扰方法分析了两个平行光纤的导波函数及其传播常数的近似解，现在讨论 N 个平行波导的模式，并深入阐述超模的概念。

1. 超模耦合方程的推导

假设每个孤立波导支持一个受限模式，它们之间靠近后形成复合波导结构。相对于孤立波导而言，复合波导的折射率分布发生改变，这种微扰使孤立波导的本征模场发生耦合，形成超模。将 N 个平行波导的介电系数分布表示为 $\varepsilon_N(x,y)=\varepsilon_{\mathrm{cl}}+\sum_{j=1}^{N}\Delta\varepsilon_j(x,y)$，$\varepsilon_{\mathrm{cl}}$ 和 $\Delta\varepsilon_j(x,y)$ 分别为背景包层的介电系数和孤立波导芯层的介电系数变化，孤立波导的介电系数为 $\bar{\varepsilon}_j(x,y)=\varepsilon_{\mathrm{cl}}+\Delta\varepsilon_j(x,y)$。

将超模的电场分布表示为孤立波导模场的线性组合形式：

$$E=\psi(x,y)\exp[\mathrm{i}(\beta z-\omega t)]=\sum_m C_m\hat{\psi}_m(x,y)\exp[\mathrm{i}(\beta z-\omega t)]\tag{5.3.7}$$

式中，$\psi(x,y)$ 和 β 为微扰情形下超模的模场横向分布及其传播常数；$\hat{\psi}_m(x,y)$ 和 C_m 为孤立波导的功率归一化横向分布及其对应的待定系数。将式(5.3.7)代入微扰波动方程：

$$\left[\nabla_t^2+\omega^2\mu\varepsilon_N(x,y)\right]\psi(x,y)=\beta^2\psi(x,y)\tag{5.3.8}$$

利用无微扰情形下本征模式的波动方程可得

$$\sum_m C_m\left[\bar{\beta}_m^2+\omega^2\mu\Delta\varepsilon_m(x,y)\right]\hat{\psi}_m(x,y)=\beta^2\sum_m C_m\hat{\psi}_m(x,y)\tag{5.3.9}$$

式中，$\Delta\varepsilon_m(x,y)=\varepsilon_N(x,y)-\bar{\varepsilon}_m(x,y)$ 为第 m 个孤立波导的折射率微扰；$\bar{\beta}_m$ 为无微扰情形下本征模式的传播常数。

式(5.3.9)两边同乘以 $[\hat{\psi}_n(x,y)]^*$ 并在整个横截面积分，利用模式正交和功率归一化关系可得

$$\sum_{m=1}^{N}\left[2\bar{\beta}_n\kappa_{nm}+I_{nm}(\bar{\beta}_m^2-\beta^2)\right]C_m=0,\quad n=1,2,3,\cdots,N \tag{5.3.10}$$

式中，耦合系数 $\kappa_{nm}=\dfrac{\omega}{4}\iint\hat{\psi}_n^*\Delta\varepsilon_n(x,y)\hat{\psi}_m\mathrm{d}x\mathrm{d}y$；$I_{nm}=\dfrac{\bar{\beta}_n}{2\omega\mu}\iint\hat{\psi}_n^*\hat{\psi}_m\mathrm{d}x\mathrm{d}y$。由于 $\hat{\psi}_m(x,y)$ 为孤立波导的功率归一化横向分布，则 $I_{nn}=1$。注意：N 个平行波导时 $I_{nm}\neq 0$，与同一波导中多模情形不同。

式(5.3.10)还可以写成矩阵形式[3]：

$$\begin{bmatrix}2\bar{\beta}_1\kappa_{11}+I_{11}\varDelta_1 & 2\bar{\beta}_1\kappa_{12}+I_{12}\varDelta_2 & 2\bar{\beta}_1\kappa_{13}+I_{13}\varDelta_3 & \cdots & 2\bar{\beta}_1\kappa_{1N}+I_{1N}\varDelta_N\\ 2\bar{\beta}_2\kappa_{21}+I_{21}\varDelta_1 & 2\bar{\beta}_2\kappa_{22}+I_{22}\varDelta_2 & 2\bar{\beta}_2\kappa_{23}+I_{23}\varDelta_3 & \cdots & 2\bar{\beta}_2\kappa_{2N}+I_{2N}\varDelta_N\\ 2\bar{\beta}_3\kappa_{31}+I_{31}\varDelta_1 & 2\bar{\beta}_3\kappa_{32}+I_{32}\varDelta_2 & 2\bar{\beta}_3\kappa_{33}+I_{33}\varDelta_3 & \cdots & 2\bar{\beta}_3\kappa_{3N}+I_{3N}\varDelta_N\\ \vdots & \vdots & \vdots & & \vdots\\ 2\bar{\beta}_N\kappa_{N1}+I_{N1}\varDelta_1 & 2\bar{\beta}_N\kappa_{N2}+I_{N2}\varDelta_2 & 2\bar{\beta}_N\kappa_{N3}+I_{N3}\varDelta_3 & \cdots & 2\bar{\beta}_N\kappa_{NN}+I_{NN}\varDelta_N\end{bmatrix}\begin{bmatrix}C_1\\C_2\\C_3\\\vdots\\C_N\end{bmatrix}=0 \tag{5.3.11}$$

式中，$\varDelta_m=\bar{\beta}_m^2-\beta^2$。对上述矩阵方程进行求解，一般可得到 N 个特征矢量 $\boldsymbol{C}$ 及其对应的本征值 β^2。

2. 平行波导平板结构

对于由 N 个相同波导组成的平行平板结构，如图 5.3.2 所示，当只考虑最近邻波导之间的耦合时，式(5.3.11)可简化为

$$\begin{bmatrix}2\bar{\beta}_1\kappa_{11}+I_{11}\varDelta_1 & 2\bar{\beta}_1\kappa_{12}+I_{12}\varDelta_2 & 0 & \cdots & 0\\ 2\bar{\beta}_2\kappa_{21}+I_{21}\varDelta_1 & 2\bar{\beta}_2\kappa_{22}+I_{22}\varDelta_2 & 2\bar{\beta}_2\kappa_{23}+I_{23}\varDelta_3 & \cdots & 0\\ 0 & 2\bar{\beta}_3\kappa_{32}+I_{32}\varDelta_2 & 2\bar{\beta}_3\kappa_{33}+I_{33}\varDelta_3 & \cdots & 2\bar{\beta}_3\kappa_{3N}+I_{3N}\varDelta_N\\ \vdots & \vdots & \vdots & & \vdots\\ 0 & 0 & 0 & \cdots & 2\bar{\beta}_N\kappa_{NN}+I_{NN}\varDelta_N\end{bmatrix}\begin{bmatrix}C_1\\C_2\\C_3\\\vdots\\C_N\end{bmatrix}=0 \tag{5.3.12}$$

或写成递推形式：

$$(K+\varDelta)C_n+(J+I\varDelta)(C_{n-1}+C_{n+1})=0,\quad n=1,2,\cdots,N \tag{5.3.13}$$

式中，$K=2\bar{\beta}_n\kappa_{nn}$；$\varDelta=\varDelta_n$；$J=2\bar{\beta}_n\kappa_{nm}$；$I=I_{nm}$（$m=n\pm1$），并注意 $C_0=C_{N+1}=0$。

式(5.3.13)有 N 组独立的解向量 $\boldsymbol{C}=\left\{C_n=\sin\left(\dfrac{n\pi}{N+1}s\right)\right\}$，将其代入式(5.3.7)可得超模的模场；每组解向量对应一个整数 s，它可分别取 1, 2, ···, N，总共有 N 个超模。第 s 个超模的传播常数为[3]

$$\beta_s^2=\bar{\beta}_m^2-\varDelta=\bar{\beta}_m^2-\frac{K+2J\cos[s\pi/(N+1)]}{1+2I\cos[s\pi/(N+1)]},\quad s=1,2,\cdots,N \tag{5.3.14}$$

若 $I \ll 1$，则式(5.3.14)化简为

$$\beta_s^2 = \overline{\beta}_m^2 - \varDelta = \overline{\beta}_m^2 - \left\{K + 2J\cos\left[s\pi/(N+1)\right]\right\}, \quad s = 1, 2, \cdots, N \tag{5.3.15}$$

可见，N 个超模的传播常数在 $\overline{\beta}_m^2 - K \pm 2J$ 之间变化。

3. 多芯光纤的超模

多芯光纤具有多个纤芯，它们有共同的包层。当纤芯间距较小时，相互平行的纤芯之间会发生的模式耦合。以七芯光纤为例加以分析，纤芯的编号 $j = 0 \sim 6$，如图 5.3.3 所示。为简化分析，这里假设 $I_{nm} = 0\ (n \neq m)$，所有纤芯的结构参数均相同（$\overline{\beta} = \overline{\beta}_j$），相邻纤芯之间的距离相等，并且只考虑最近邻波导之间的耦合。

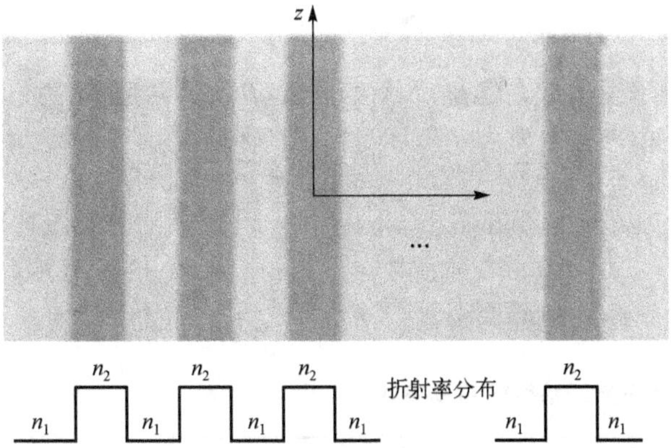

图 5.3.2　由 N 个相同波导组成的平行平板结构

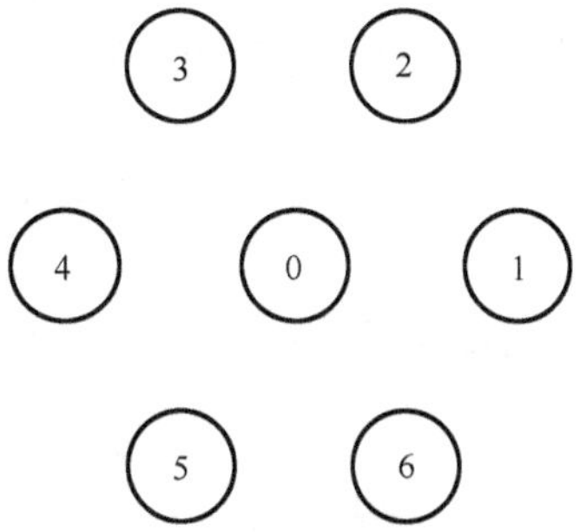

图 5.3.3　对称七芯光纤结构

令 $\kappa_0 = \kappa_{00}, \kappa_1 = \kappa_{01}, \kappa_2 = \kappa_{11}, \kappa_3 = \kappa_{12}$，由式(5.3.10)可得

$$\begin{bmatrix} 2\overline{\beta}\kappa_0 + \varDelta & 2\overline{\beta}\kappa_1 & 2\overline{\beta}\kappa_1 & 2\overline{\beta}\kappa_1 & 2\overline{\beta}\kappa_1 & 2\overline{\beta}\kappa_1 & 2\overline{\beta}\kappa_1 \\ 2\overline{\beta}\kappa_1 & 2\overline{\beta}\kappa_2 + \varDelta & 2\overline{\beta}\kappa_3 & 0 & 0 & 0 & 2\overline{\beta}\kappa_3 \\ 2\overline{\beta}\kappa_1 & 2\overline{\beta}\kappa_3 & 2\overline{\beta}\kappa_2 + \varDelta & 2\overline{\beta}\kappa_3 & 0 & 0 & 0 \\ 2\overline{\beta}\kappa_1 & 0 & 2\overline{\beta}\kappa_3 & 2\overline{\beta}\kappa_2 + \varDelta & 2\overline{\beta}\kappa_3 & 0 & 0 \\ 2\overline{\beta}\kappa_1 & 0 & 0 & 2\overline{\beta}\kappa_3 & 2\overline{\beta}\kappa_2 + \varDelta & 2\overline{\beta}\kappa_3 & 0 \\ 2\overline{\beta}\kappa_1 & 0 & 0 & 0 & 2\overline{\beta}\kappa_3 & 2\overline{\beta}\kappa_2 + \varDelta & 2\overline{\beta}\kappa_3 \\ 2\overline{\beta}\kappa_1 & 2\overline{\beta}\kappa_3 & 0 & 0 & 0 & 2\overline{\beta}\kappa_3 & 2\overline{\beta}\kappa_2 + \varDelta \end{bmatrix} \begin{bmatrix} C_0 \\ C_1 \\ C_2 \\ C_3 \\ C_4 \\ C_5 \\ C_6 \end{bmatrix} = 0 \tag{5.3.16}$$

或者

$$\begin{bmatrix} \kappa_0 + \delta\beta & \kappa_1 & \kappa_1 & \kappa_1 & \kappa_1 & \kappa_1 & \kappa_1 \\ \kappa_1 & \kappa_2 + \delta\beta & \kappa_3 & 0 & 0 & 0 & \kappa_3 \\ \kappa_1 & \kappa_3 & \kappa_2 + \delta\beta & \kappa_3 & 0 & 0 & 0 \\ \kappa_1 & 0 & \kappa_3 & \kappa_2 + \delta\beta & \kappa_3 & 0 & 0 \\ \kappa_1 & 0 & 0 & \kappa_3 & \kappa_2 + \delta\beta & \kappa_3 & 0 \\ \kappa_1 & 0 & 0 & 0 & \kappa_3 & \kappa_2 + \delta\beta & \kappa_3 \\ \kappa_1 & \kappa_3 & 0 & 0 & 0 & \kappa_3 & \kappa_2 + \delta\beta \end{bmatrix} \begin{bmatrix} C_0 \\ C_1 \\ C_2 \\ C_3 \\ C_4 \\ C_5 \\ C_6 \end{bmatrix} = 0 \tag{5.3.17}$$

式中，$\delta\beta = \Delta/(2\overline{\beta}) \approx \overline{\beta} - \beta$；$\Delta = \overline{\beta}^2 - \beta^2$。根据式(5.3.17)，可求解出 7 个本征值 $\delta\beta$ 及其对应的特征向量 $\boldsymbol{C}$。

进一步地，忽略自耦合效应，即 $\kappa_0 = \kappa_2 = 0$，并令互耦合系数 $\kappa_1 \approx \kappa_3 = \kappa$，则式(5.3.17)简化为

$$\begin{bmatrix} \delta\beta & \kappa & \kappa & \kappa & \kappa & \kappa & \kappa \\ \kappa & \delta\beta & \kappa & 0 & 0 & 0 & \kappa \\ \kappa & \kappa & \delta\beta & \kappa & 0 & 0 & 0 \\ \kappa & 0 & \kappa & \delta\beta & \kappa & 0 & 0 \\ \kappa & 0 & 0 & \kappa & \delta\beta & \kappa & 0 \\ \kappa & 0 & 0 & 0 & \kappa & \delta\beta & \kappa \\ \kappa & \kappa & 0 & 0 & 0 & \kappa & \delta\beta \end{bmatrix} \begin{bmatrix} C_0 \\ C_1 \\ C_2 \\ C_3 \\ C_4 \\ C_5 \\ C_6 \end{bmatrix} = 0 \tag{5.3.18}$$

表 5.3.1 列出了对称七芯光纤结构的超模参数，包括 7 个本征值 $\delta\beta$ 及其对应的特征向量 $\boldsymbol{C}$ [4]。由式(5.3.7)可知，超模的电场分布可表示为

$$E(x,y,z;t) = \left[\sum_{j=0}^{6} C_j \hat{\psi}_j(x,y)\right] \exp[\mathrm{i}(\beta z - \omega t)] \tag{5.3.19}$$

式中，$\hat{\psi}_m(x,y)$ 为相应孤立光纤导模的功率归一化横向分布；$\beta = \overline{\beta} - \delta\beta$。

表 5.3.1　对称七芯光纤结构的超模参数[4]

序号	0	1	2	3	4	5	6
本征值 $\delta\beta$	2κ	κ	κ	$-\kappa$	$-\kappa$	$(\sqrt{7}-1)\kappa$	$-(\sqrt{7}+1)\kappa$
特征向量 $\boldsymbol{C}$	$\begin{bmatrix}0\\-1\\1\\-1\\1\\-1\\1\end{bmatrix}$	$\begin{bmatrix}0\\-1\\0\\1\\-1\\0\\1\end{bmatrix}$	$\begin{bmatrix}0\\-1\\1\\0\\-1\\1\\0\end{bmatrix}$	$\begin{bmatrix}0\\1\\0\\-1\\-1\\0\\1\end{bmatrix}$	$\begin{bmatrix}0\\-1\\-1\\0\\1\\1\\0\end{bmatrix}$	$\begin{bmatrix}-\frac{6}{\sqrt{7}-1}\\1\\1\\1\\1\\1\\1\end{bmatrix}$	$\begin{bmatrix}\frac{6}{\sqrt{7}+1}\\1\\1\\1\\1\\1\\1\end{bmatrix}$

采用 COMSOL 软件对如图 5.3.3 所示的对称七芯光纤结构进行仿真，由纤芯基模构成的 7 个超模电场强度分布如图 5.3.4 所示，它们的模场对称性与表 5.3.1 中的特征向量按顺序一

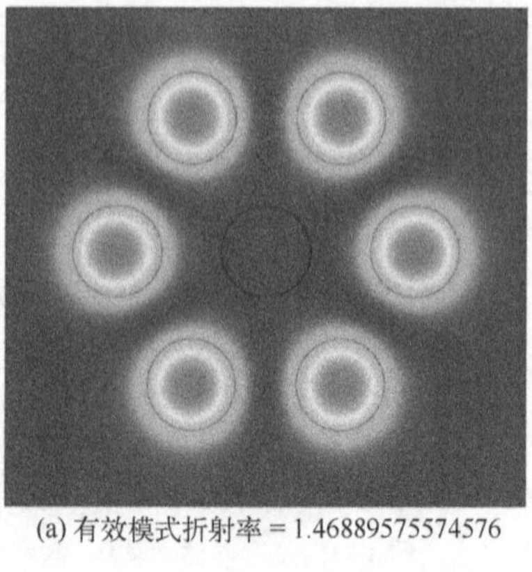

(a) 有效模式折射率 = 1.46889575574576

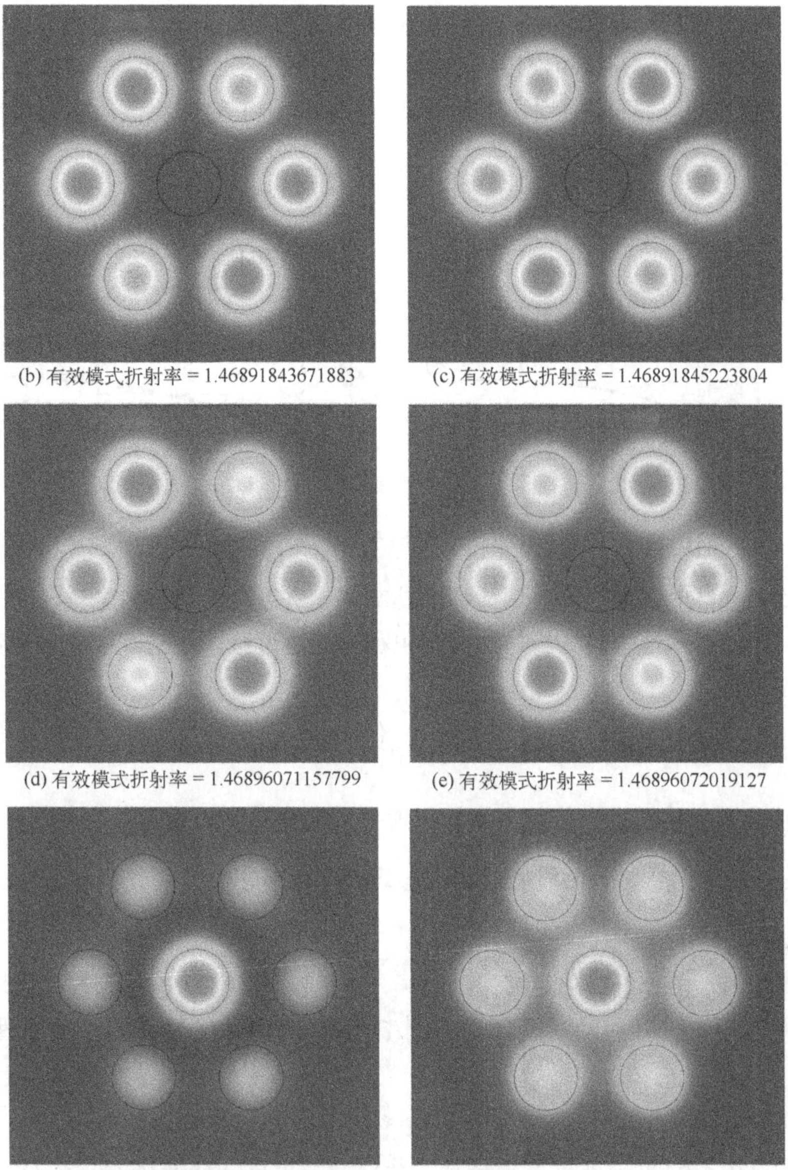

(b) 有效模式折射率 = 1.46891843671883

(c) 有效模式折射率 = 1.46891845223804

(d) 有效模式折射率 = 1.46896071157799

(e) 有效模式折射率 = 1.46896072019127

(f) 有效模式折射率 = 1.46890433162335

(g) 有效模式折射率 = 1.46900904568134

彩图

图 5.3.4　对称七芯光纤的超模电场分布

一对应。仿真中所用参数为[5]：纤芯和包层的折射率分别为 1.47 和 1.468，每个纤芯和整个多芯光纤的直径分别为 14μm 和 125μm，相邻纤芯间距 $d = 23.5\mu m$。

5.4　慢变光纤间的耦合

5.4.1　慢变光纤的判定条件

理想光纤是具有平移不变性的均匀光纤，在耦合模微扰分析中通常视为非微扰光纤。实际中也会遇到沿光纤长度不均匀的情形，如圆形光纤纤芯半径变化或椭圆光纤横截面发生扭转等。慢变光纤是指其折射率分布沿光纤长度缓慢变化的光纤。将慢变光纤用一系列分段的均匀光纤代替，每段均匀光纤的模场近似取相应无限长光纤的模场，并将其作为该局部区域内麦克斯韦方程的近似解，称为本地模(local mode)。慢变光纤可采用本地模近似分析，如图 5.4.1 所示。

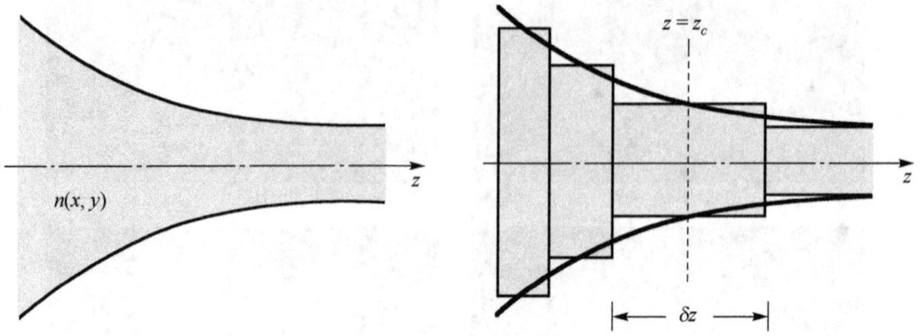

图 5.4.1　慢变光纤的本地模近似分析过程

沿着不均匀光纤的长度方向，本地模的功率变化可以忽略(能量守恒)，同时必须保持相位的连续性。因此，本地模场分析方法有时也称为绝热近似。在光纤位置 z 处第 j 个本地模式的光场可表示为

$$\boldsymbol{E}_j = \hat{\boldsymbol{e}}_j[x, y, \beta_j(z)]\exp\left\{\mathrm{i}\int_0^z \beta_j(z')\mathrm{d}z' - \mathrm{i}\omega t\right\} \tag{5.4.1}$$

式中，$\hat{\boldsymbol{e}}_j$ 为正交归一化模场，依赖于本地折射率横向分布和传播常数，并通过 $\beta_j(z)$ 间接地依赖于位置 z。采用正交归一化模场形式可自动满足功率守恒，积分 $\int_0^z \beta_j(z')\mathrm{d}z'$ 保证了本地模的相位连续性。

只有当非均匀性沿光纤变化足够慢的时候，本地模场近似才能达到精确模场的精度。光纤的不均匀性可用 $\varepsilon_\mathrm{r} = n^2$ 的相对变化 $\zeta = n^{-2}(\partial n^2/\partial z)$ 来描述，慢变光纤的条件可定性地表示为

$$\zeta L_B \ll 1 \tag{5.4.2}$$

式中，$L_B = 2\pi/|\beta_1 - \beta_2|$ 为本地模最大拍长，其远大于光导波的波长 $\lambda_\mathrm{g} = 2\pi/\beta_j$；$\beta_1$ 和 β_2 为最接近的两个本地模传播常数，对于单模光纤它们分别对应于基模和辐射模。为了保证本地模解的精度，式(5.4.2)表明，不均匀性对应的特征长度 $1/\zeta$ 应远大于本地模最大拍长。

对于慢变光纤而言，本地模分析是一个很好的近似，可满足大部分需求。本地模毕竟不是麦克斯韦方程的精确解，仍有很小的功率耦合到其他本地模或辐射模，导致输入的本地模光功率略有损失。慢变光纤的功率转移特性可用本地模耦合理论分析，也意味着对本地模场的进一步修正(用本地模场的叠加表示)。本地模耦合理论分析表明，慢变光纤的判定条件可定量地表示为[1]

$$\left|\kappa_{jl}(z)/\bar{\delta}(z)\right| \ll 1 \tag{5.4.3}$$

式中，$\bar{\delta}(z) = \dfrac{1}{z}\int_0^z [\beta_l(z') - \beta_j(z')]\mathrm{d}z'$ 为相位失配因子的平均值；$\kappa_{jl}(z) = \dfrac{\omega}{4(\beta_j - \beta_l)}\int_{A\infty} \hat{\boldsymbol{e}}_j^* \cdot \hat{\boldsymbol{e}}_l$

$\cdot\dfrac{\partial\varepsilon}{\partial z}\mathrm{d}A(j\neq l)$ 为同向传播本地模之间的互耦系数，$\hat{\boldsymbol{e}}_{j,l}$ 为功率归一化本地模场分布。由式 (5.4.3) 可知，当本地模的耦合长度远大于平均本地模拍长时，本地模传播的功率损耗可忽略。

5.4.2 慢变光纤间的耦合方程

下面分析两根慢变光纤之间的耦合情形。作为例子，图 5.4.2(a) 和 (b) 分别给出了对称的慢变光纤耦合器和反锥型光纤耦合器两种结构。

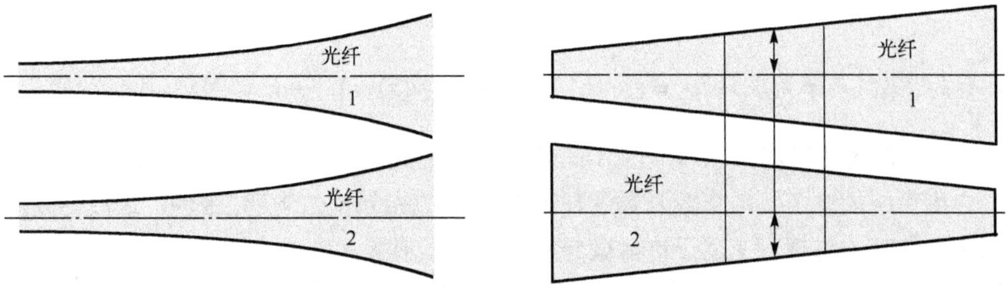

(a) 对称的慢变光纤耦合器　　(b) 反锥型光纤耦合器

图 5.4.2　两个慢变光纤之间的耦合

假设光纤沿长度方向的折射率变化足够缓慢，以至于复合波导的总光场可由光纤的本地模场叠加而成：

$$\begin{aligned}E(\boldsymbol{r},t)&=\left\{a_1(z)\psi_1\left[x,y,\beta_1(z)\right]\mathrm{e}^{\mathrm{i}\int_0^z\beta_1(z')\mathrm{d}z'}+a_2(z)\psi_2\left[x,y,\beta_2(z)\right]\mathrm{e}^{\mathrm{i}\int_0^z\beta_2(z')\mathrm{d}z'}\right\}\mathrm{e}^{-\mathrm{i}\omega t}\\&=\left\{b_1(z)\psi_1\left[x,y,\beta_1(z)\right]+b_2(z)\psi_2\left[x,y,\beta_2(z)\right]\right\}\mathrm{e}^{-\mathrm{i}\omega t}\end{aligned} \tag{5.4.4}$$

式中，$\psi_{1,2}$ 和 $\beta_{1,2}$ 均为 z 的函数，其中自耦合系数已包含在 $\beta_{1,2}$ 中。

与式(5.1.4)类似，慢变光纤的本地模耦合方程可表示为

$$\frac{\mathrm{d}}{\mathrm{d}z}\begin{bmatrix}b_1\\b_2\end{bmatrix}=\begin{bmatrix}\mathrm{i}\beta_1(z)&\mathrm{i}\kappa_{12}(z)\\\mathrm{i}\kappa_{21}(z)&\mathrm{i}\beta_2(z)\end{bmatrix}\begin{bmatrix}b_1\\b_2\end{bmatrix} \tag{5.4.5}$$

可令

$$b_{1,2}(z)=g_{1,2}(z)\exp\left\{\frac{\mathrm{i}}{2}\int_0^z\left[\beta_1(z')+\beta_2(z')\right]\mathrm{d}z'\right\} \tag{5.4.6}$$

则 $g_{1,2}(z)$ 满足式(5.4.7)，即[1]

$$\frac{\mathrm{d}}{\mathrm{d}z}\begin{bmatrix}g_1\\g_2\end{bmatrix}=\begin{bmatrix}-\mathrm{i}\delta/2&\mathrm{i}\kappa_{12}(z)\\\mathrm{i}\kappa_{21}(z)&\mathrm{i}\delta/2\end{bmatrix}\begin{bmatrix}g_1\\g_2\end{bmatrix} \tag{5.4.7}$$

式中，$\delta(z)=\beta_2(z)-\beta_1(z)$。

令 $\kappa=\kappa_{12}=\kappa_{21}$，消除 g_2 可得关于 g_1 的微分方程：

$$\frac{\mathrm{d}^2g_1}{\mathrm{d}z^2}+\frac{\mathrm{d}\ln\kappa}{\mathrm{d}z}\frac{\mathrm{d}g_1}{\mathrm{d}z}+g_1\frac{\mathrm{i}\kappa}{2}\frac{\mathrm{d}}{\mathrm{d}z}\left(\frac{\delta}{\kappa}\right)+\frac{\kappa^2}{F^2}g_1=0 \tag{5.4.8}$$

式中，$F=(1+\delta^2/4\kappa^2)^{-1/2}$。慢变光纤情形下，可忽略 δ 和 κ 的关于 z 的导数，式(5.4.8)化为

$$\frac{\mathrm{d}^2 g_1}{\mathrm{d}z^2}+\frac{\kappa^2}{F^2}g_1=0 \tag{5.4.9}$$

同理，也可以推导 g_2 满足的微分方程。

在 WKB 近似下，根据本地模总功率处处相等(能量守恒)条件，可求得式(5.4.9)的解为[1]

$$\begin{bmatrix} g_1 \\ g_2 \end{bmatrix}=\begin{bmatrix} \cos\theta_+ & \cos\theta_- \\ \sin\theta_+ & \sin\theta_- \end{bmatrix}\begin{bmatrix} c_+\,\mathrm{e}^{+\mathrm{i}\gamma(z)} \\ c_-\,\mathrm{e}^{-\mathrm{i}\gamma(z)} \end{bmatrix} \tag{5.4.10}$$

式中，$c_\pm$ 为常数(与 z 无关)；$\theta_\pm=\arctan\left(\dfrac{\delta}{2\kappa}\pm\dfrac{1}{F}\right)$；$\gamma(z)=\int_0^z\dfrac{\kappa}{F}\mathrm{d}z'$。显然，$\tan\theta_+\tan\theta_-=-1$。

WKB 近似方法以温策尔(Wenzel)、克拉默斯(Kramers)、布里渊(Brillouin)三人的名字命名，它将系统的波函数用指数函数展开，再假设波幅或相位的变化很慢，最后得到波函数的近似解，其基本思想可应用于许多微分方程的近似求解。

对于同相位输入情形($c_\pm$ 为实数)，每根慢变光纤中的功率为 $P_{1,2}(z)=\left|g_{1,2}(z)\right|^2$，即

$$\begin{cases} P_1(z)=(c_+\cos\theta_+)^2+(c_-\cos\theta_-)^2+2c_+c_-\cos\theta_+\cos\theta_-\cos[2\gamma(z)] \\ P_2(z)=(c_+\sin\theta_+)^2+(c_-\sin\theta_-)^2-2c_+c_-\cos\theta_+\cos\theta_-\cos[2\gamma(z)] \end{cases} \tag{5.4.11}$$

根据输入到两根慢变光纤中的初始功率，可确定常数 $c_\pm$，进而可分析慢变光纤中模式功率的演化规律。

例如，对于两根完全相同的慢变光纤，如图 5.4.2(a)所示。由于 $\delta(z)=\beta_2(z)-\beta_1(z)=0$，则 $F=(1+\delta^2/4\kappa^2)^{-1/2}=1$，$\theta_\pm=\arctan\left(\dfrac{\delta}{2\kappa}\pm\dfrac{1}{F}\right)=\pm\dfrac{\pi}{4}$，$\gamma(z)=\int_0^z\dfrac{\kappa}{F}\mathrm{d}z'=\int_0^z\kappa\mathrm{d}z'$。由式(5.4.11)可知，只有第一根光纤有输入时，$P_1(0)=(c_++c_-)^2/2=1$，$P_2(0)=(c_+-c_-)^2/2=0$，即 $c_+=c_-=\sqrt{2}/2$。此时，两根慢变光纤中相同模式的功率演化为

$$P_1(z)=\cos^2\left[\int_0^z\kappa(z')\mathrm{d}z'\right],\quad P_1(z)=\sin^2\left[\int_0^z\kappa(z')\mathrm{d}z'\right] \tag{5.4.12}$$

功率从一根光纤转移到另一根光纤，传输适当距离后又回到原来的光纤中。

5.5　光子灯笼空分复用器

5.5.1　光子灯笼原理与仿真方法

光子灯笼是一种将多个单模光纤光场低损耗地耦合到少模(或多模)光纤模式的绝热模式转换器件。

光子灯笼的制作方法主要有两种：一种是熔融拉锥法，即通过低折射率的玻璃套管约束多根单模光纤(SMF)或者多芯光纤(MCF)熔融拉锥制作多模光纤，或者使用多孔结构填充单模光纤的方式拉制多模光子晶体光纤，如图 5.5.1 所示[6,7]。成束 SMF 或 MCF 插入玻璃套管后绝热

拉锥，截面尺寸逐渐减小，直到与多模光纤(MMF)尺寸接近。拉锥过程中，SMF 或 MCF 的纤芯及其包层几乎融为一体，形成 MMF 的芯层，更低折射率的套管作为 MMF 包层，可限制更多的模式。为了保证光子灯笼拉锥过程中几乎没有损耗，单模端与多模端之间的平缓锥区应足够长或锥角足够小。另一种制作方法是在体玻璃基底上使用超快脉冲激光刻写出集成光子灯笼，实现多模波导到单模波导二维阵列的耦合[8]。

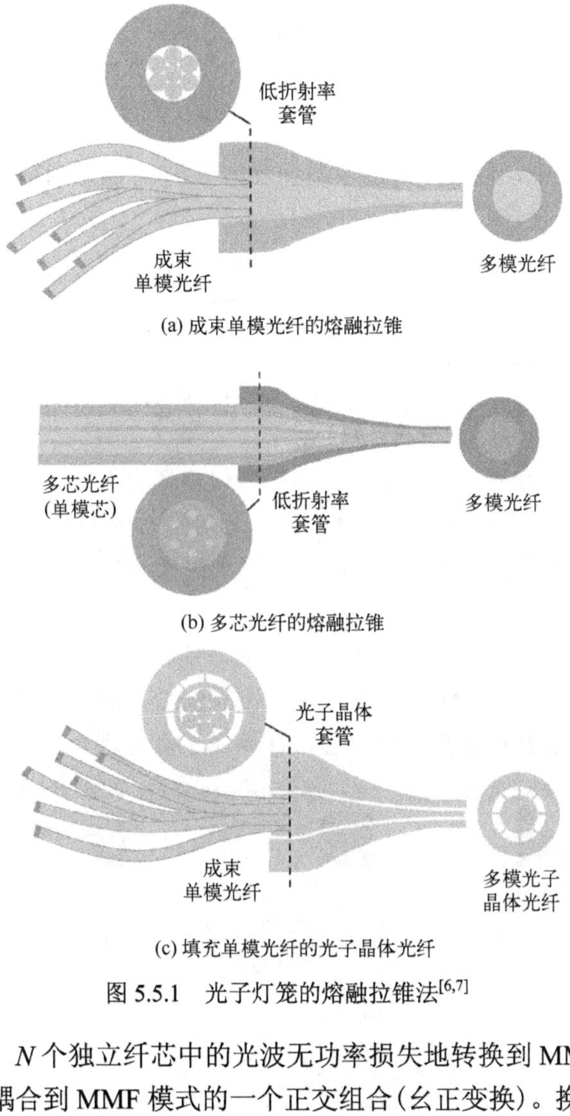

图 5.5.1　光子灯笼的熔融拉锥法[6,7]

绝热拉锥过程中，N 个独立纤芯中的光波无功率损失地转换到 MMF 的 N 个模式上，每个纤芯中的信号必然耦合到 MMF 模式的一个正交组合(幺正变换)。换句话说，超模与 FMF 模式匹配，即孤立或耦合纤芯的超模(或其叠加)最终形成 MMF 模场分布，超模数等于纤芯数。在一根多模光纤允许的所有模式中，若角向模数和径向模数的最大值分别为 $l_{\max}$ 和 $n_{\max}$，则多根单模光纤应排列成 $n_{\max}$ 个圆环，且最外层圆环上排列 $2l_{\max}+1$ 根光纤，如图 5.5.2 所示[9]，图(a)和图(b)分别为阶跃多模光纤的 LP_{ln} 模式及其对应的光纤排布。采用标量光束传播法以及模式分析，可构建光子灯笼的转移矩阵，优化纤芯的几何排布可使模式相关损耗和耦合损耗最小。

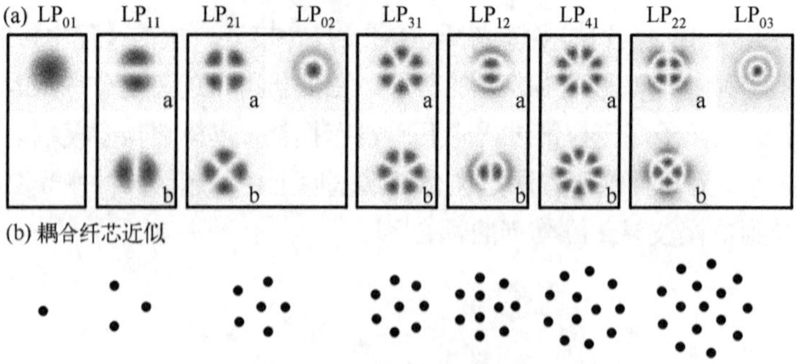

彩图

图 5.5.2　空分复用光子灯笼的几何要求[9]

光子灯笼拉锥过程中，慢变光纤的本地模复振幅 $b_j(z)$ 满足的耦合方程可由式(5.4.5)表达，即

$$\frac{\mathrm{d}b_j(z)}{\mathrm{d}z}=\mathrm{i}\beta_j(z)b_j(z)+\mathrm{i}\sum_{l\neq j}\kappa_{jl}(z)b_l(z) \tag{5.5.1}$$

式中，本地模之间的互耦系数为

$$\kappa_{jl}(z)=\frac{\omega}{4(\beta_j-\beta_l)}\int_{A\infty}\hat{\psi}_j^*\cdot\hat{\psi}_l\frac{\partial\varepsilon}{\partial z}\mathrm{d}A\ (j\neq l) \tag{5.5.2}$$

式中，β_j 和 $\hat{\psi}_j$ 分别为本地模 j 的传播常数和归一化模场分布；ε 为整个结构的介电系数。

光子灯笼可将多个单模光纤中的模式转换为相等数目的非简并正交模式。沿光子灯笼长度方向可分成多个离散点来模拟这种过渡，每个离散点视为二维波导结构，如图 5.5.3 所示。光子灯笼的具体仿真步骤如下[10]。

(1) 对光子灯笼锥体进行分段，并求出每段的本地模场分布及其传播常数。

(2) 由式(5.5.2)计算每段的耦合系数，进而用插值法获得耦合系数的解析表达式。

(3) 根据式(5.5.1)求解本地模耦合方程，计算光子灯笼耦合效率。

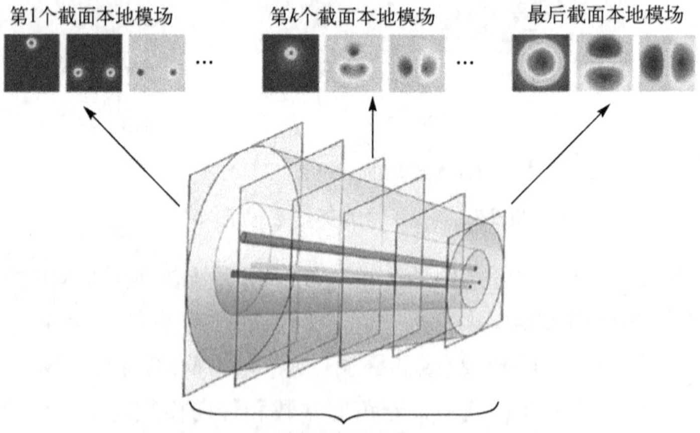

彩图

图 5.5.3　光子灯笼的仿真分段示意图[10]

光子灯笼的耦合效率可定义为锥端输出模式的功率与未拉锥时注入单模光纤的功率之比，即

$$\eta_c = \frac{\left|b_j(z=L)\right|^2}{\left|b_j(z=0)\right|^2} \times 100\% \tag{5.5.3}$$

式中，L 为拉锥长度。

5.5.2 模式选择光子灯笼

光子灯笼可作为空间复用和解复用器，可分为模式选择性和非模式选择性两种。通过优化不同芯径单模光纤的排布，可使指定单模光纤与多模光纤某个模式之间一一对应耦合，从而实现模式选择性。模式选择性光子灯笼空分复用器采用不同的 SMF 光纤而非相同的光纤制造，拉锥过程中，这种差异影响 SMF 纤芯间的耦合，可使原来注入 SMF 的传播光演化到特定的模群。适当的纤芯几何排布不仅能保证升级到更多的模式，还可以在不增加额外损耗的条件下使空分复用器的模式相关损耗最小。

制作模式选择光子灯笼要求：①在整个光子灯笼拉锥过程中，需打破模式间的简并性，使始端 SMF 纤芯不同，从而导致原来的导模传播常数不同；②在拉锥过程中，保证传播常数不交叉或与其他纤芯不发生作用，以避免模式耦合。SMF 端的非耦合纤芯中，导模传播常数的大小次序和差异将决定光子灯笼最终模式的复用特性。具有最大传播常数的 SMF 纤芯中，其导波光仅能激发多模光纤中最大传播常数的输出模式，反之亦然。

光子灯笼的模式选择性定义为，单模光纤 i 激发到对应模群 i 的功率（P_{ii}）与所有其他模群 j 的功率（$\sum P_{ij}$）之比，即

$$S_i = 10\lg\frac{P_{ii}}{\sum P_{ij}}, \quad j \neq i \tag{5.5.4}$$

图 5.5.4 画出了三模非选择光子灯笼、三模和六模选择光子灯笼的模式有效折射率随套管内径的演化[11]。图 5.5.4(a)中，光子灯笼始端为三个相同的 SMF，在较大内径处纤芯模式是简并的；随着套管内径的减小，单模光纤的纤芯和包层的直径都变得很小，每根单模光纤之间的距离也变得很小，光纤之间的耦合形成本地超模，模式的简并性被打破，芯模的有效折射率曲线分开；继续拉锥到少模纤芯的尺寸，并演化为 LP_{01} 和 LP_{11} 两个模群。绝热拉锥可保证注入每个 SMF 纤芯的光演化到 FMF 的模式，注入每个 SMF 纤芯的光都可以均等地激发出光子灯笼的每个模式，故称为非模式选择的光子灯笼。

模式选择光子灯笼空分复用器仅需要将同一模群内正交的组合模式复用起来。例如，三模模式选择光子灯笼只需区分 LP_{01} 和 LP_{11} 两个模群（6 个矢量模），如图 5.5.4(b)所示。在模式选择光子灯笼的少模端，不同的模式传播常数对应不同的单模光纤。激发 LP_{01} 模群的光纤应具有最大的传播常数（较大的纤芯），两个简并的空间模式 $LP_{11a,b}$ 对应两个芯径较小的相同光纤。绝热拉锥过程中，有效折射率的差异可抑制不同模群的耦合。

类似地分析，六模模式选择光子灯笼支持 6 个单模到 4 个 LP 空间模群（LP_{01}、$LP_{11a,b}$、$LP_{21a,b}$、LP_{02}）的演化，需采用 4 种不同芯径的 SMF，如图 5.5.4(c)所示。光子灯笼支持的模群选择数目依赖于现实中可用的光纤类型，基本的要求是足够将模群的传播常数分开，以避免模群间发生耦合。

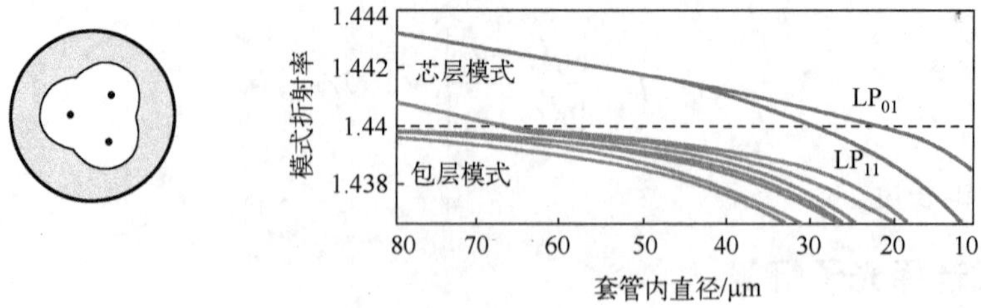

(a) 三模非模式选择光子灯笼

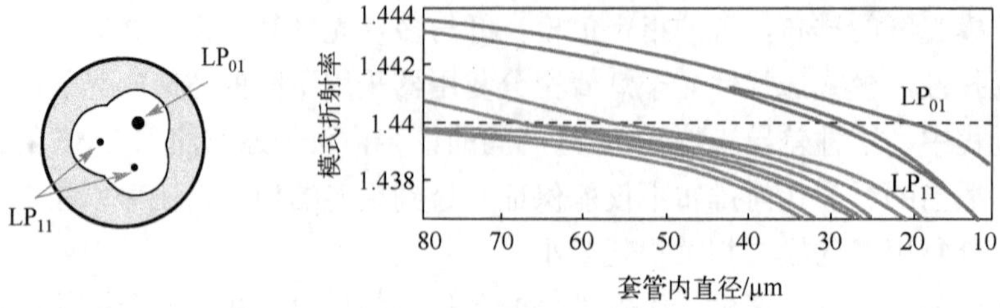

(b) 三模模式选择光子灯笼

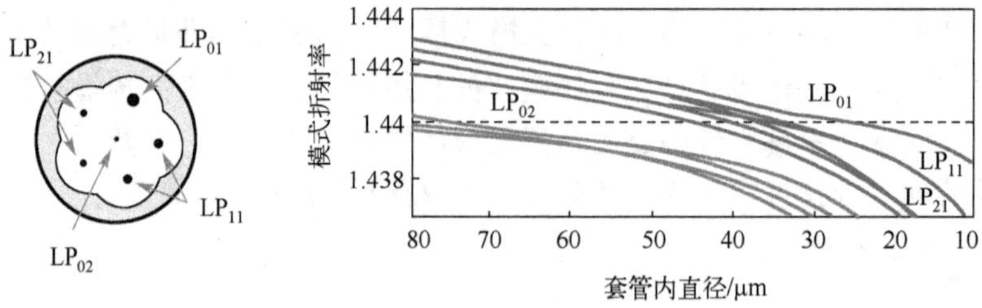

(c) 六模模式选择光子灯笼

彩图

图 5.5.4　光子灯笼的模式有效折射率随套管内径的演化[11]

在模式复用系统中，少模光纤间的不匹配连接会导致插入损耗和模式相关损耗的增加。因此，模式匹配对于优化从 SMF 到系统 FMF 的性能非常重要。全光纤型的光子灯笼可采用商用少模光纤进行绝热拉锥制作，能够实现从输入单模光纤到输出少模光纤的低损耗过渡，与少模光纤系统有着天然的兼容性。全光纤型光子灯笼具有单一组件和紧凑封装形式，是目前较为常用的模式复用器/解复用器件。表 5.5.1 列出了 Phoenix Photonic 公司生产的全光纤型三单模端口和六单模端口光子灯笼的主要技术指标，以供参考。

表 5.5.1　Phoenix Photonic 公司生产的全光纤型光子灯笼主要指标

主要参数	单位	三单模端口光子灯笼	六单模端口光子灯笼
输入单模光纤	—	康宁 SMF-28	康宁 SMF-28
输出少模光纤	—	OFS 两模渐变折射率，245mm 丙烯酸酯覆层	OFS 四模渐变折射率，245mm 丙烯酸酯覆层
插入损耗(FMF 输出前)	dB	典型 0.5，<0.8(最大)	典型 0.5，<0.8(最大)
插入损耗(FMF 输出后)	dB	典型 2.0，<2.5(最大)	典型 3.0，<4.0(最大)
模式相关损耗(MDL)	dB	<2.0(最大)	<3.0(最大)
偏振相关损耗(PDL)	dB	<0.5(最大)	<0.5(最大)
工作波长范围	nm	1450～1620	1450～1620

思 考 题

5.1　弱导光纤组成的复合波导结构可以用微扰理论进行分析，两个弱导光纤之间的耦合方程与少模光纤中两个同向传播模式之间的耦合方程类似，请分析双纤复合波导中相位失配和耦合系数对功率转移的影响。

5.2　两根光纤之间的耦合方程可以用光场的复振幅或慢变复包络等几种形式表示，比较它们的特点。

5.3　写出 2×2 对称光纤耦合器在单端口注入情形下的模式耦合效率公式，分析完全相位匹配时光场复包络以及光功率的耦合特点。

5.4　模式选择耦合器可将单模光纤的基模功率选择性地耦合到少模光纤的某个高阶模式上，其中设计有效折射率匹配的单模光纤十分关键。请描述模式选择耦合器的工作原理。

5.5　结合单纤照明的一维光纤阵列的功率演化方程，分析光子芯片上光栅垂直耦合距离对相应光纤阵列串扰性能的影响。

5.6　分析单纤照明的一维光纤阵列的耦合特点，并与双纤耦合情形进行比较。

5.7　根据多角形有限光纤阵列的耦合规律，设计一个光纤型的 $1\times N$ 分光器件，将中心光纤的光能量分配到周围 N 根光纤。

5.8　分析双纤复合波导模式(超模)传播常数与波导串扰之间的相关性。

5.9　简单描述对称七芯光纤的超模分析过程，并给出其模场的具体表达式。

5.10　写出两根慢变光纤之间的本地模场耦合方程，分析它们的光功率演化规律。

5.11　从定性和定量两个角度描述慢变光纤的判定条件。

5.12　描述光子灯笼空分复用器的功能，如何实现光子灯笼的模式选择性和非模式选择性。

参 考 文 献

[1] SNYDER A W, LOVE J D. Optical waveguide theory[M]. New York: Chapman and Hall, 1983.

[2] PARK K J, SONG K Y, KIM Y K, et al. Broadband mode division multiplexer using all-fiber mode selective couplers[J]. Optics express, 2016, 24(4):3543-3549.

[3] YARIV A, YEH P. 光子学——现代通信光电子学[M]. 6 版. 陈鹤鸣，施伟华，汪静丽，等译. 北京：电子工业出版社, 2009.

[4] 时川. 多芯光纤超模特性及其传感应用研究[D]. 北京：北京交通大学, 2019.

[5] OHTSUKA T, TANAKA M, SAKUMA H, et al. Coupled 7-core erbium doped fiber amplifier and its characterization[C]. Optical fiber communications conference and exhibition(OFC). San Diego, 2019: 1-3.

[6] NOORDEGRAAF D, SKOVGAARD P M W, NIELSEN M D, et al. Efficient multi-mode to single-mode coupling in a photonic lantern[J]. Optics express, 2009, 17(3): 1988-1994.

[7] LEON-SAVAL S G, ARGYROS A, BLAND-HAWTHORN J. Photonic lanterns: A study of light propagation in multimode to single-mode converters[J]. Optics express, 2010, 18(8): 8430-8439.

[8] THOMSON R R, BIRKS T A, LEON-SAVAL S G, et al. Ultrafast laser inscription of an integrated photonic lantern[J]. Optics express, 2011, 19: 5698-5705.

[9] FONTAINE N K, RYF R, BLAND-HAWTHORN J, et al. Geometric requirements for photonic lanterns in space division multiplexing[J]. Optics express, 2012, 20(24): 27123-27132.

[10] CHEN S, LIU Y, WANG Z, et al. Mode transmission analysis method for photonic lantern based on FEM and local coupled mode theory[J]. Optics express, 2020, 28(21): 30489-30501.

[11] LEON-SAVAL S G, FONTAINE N K, SALAZAR-GIL J R, et al. Mode-selective photonic lanterns for space-division multiplexing[J]. Optics express, 2014, 22(1): 1036-1044.

第 6 章　多模磁光与声光器件

本章考察磁光效应和声光效应在空分复用器件中的应用，描述多模磁光和声光器件的可调性。从磁光效应引起的附加介电系数张量入手，分析了少模磁光光纤中导波光的左右旋圆偏振本征模式及其模式有效折射率对磁场的依赖性。接下来，介绍磁光薄膜波导中静磁波特点和磁光 Bragg 单元结构，给出微波静磁波对多模导波光的衍射理论，了解空分多路衍射的实现原理。声光器件也有多种类型，如声光 Bragg 器件、声光调制器/光开关等。这里关注光纤型的声光模式转换器，推导少模光纤中声光模式耦合方程，分析相位失配对模式转换效率的影响。

6.1　少模磁光光纤

6.1.1　磁光效应的介电系数张量

考虑到磁光效应时，磁光材料的介电系数张量可按磁化强度展开，即[1]

$$\varepsilon_{ij}=\varepsilon_{ij}^{(0)}+\varepsilon_{ij}^{(1)}+\varepsilon_{ij}^{(2)}=\varepsilon_0(\varepsilon_{r0}\delta_{ij}+\mathrm{j}f_1e_{ijk}M_k+f_{ijkl}M_kM_l) \tag{6.1.1}$$

式中，M_k 和 M_l 分别为磁化强度 $\boldsymbol{M}$ 的 k 和 l 分量；ε_{r0} 为不考虑磁光效应时介质的相对介电常数；f_1 为一级磁光系数，主要与法拉第效应(Faraday effect)相联系；f_{ijkl} 为二级磁光系数，主要与 M_k 和 M_l 一起体现科顿-穆顿效应(Cotton-Mouton effect)；δ_{ij} 是克罗内克(Kronecker)符号；e_{ijk} 是三阶反对称置换张量元。

在立方晶系中，ε_{r0} 和 f_1 是常数，系数 f_{ijkl} 与晶向有关。如同力学中的硬度张量一样，张量 f_{ijkl} 可约化为三个独立分量 f_{11}、f_{12} 和 f_{44} 表示，即

$$f_{ijkl}=f_{12}\delta_{ij}\delta_{kl}+f_{44}(\delta_{il}\delta_{kj}+\delta_{ik}\delta_{lj})+\Delta f\,\delta_{kl}\delta_{ij}\delta_{jk} \tag{6.1.2}$$

式中，$\Delta f=f_{11}-f_{12}-2f_{44}$。

在任意选取的直角坐标系中，f_{ijkl} 可表示为

$$f_{ijkl}=f_{12}\delta_{ij}\delta_{kl}+f_{44}(\delta_{il}\delta_{kj}+\delta_{ik}\delta_{lj})+\Delta f(R_{jp}R_{jp}R_{kp}R_{lp}) \tag{6.1.3}$$

式中，R_{ip} 等为欧拉(Euler)旋转矩阵 $\boldsymbol{R}$ 的元素，$\boldsymbol{R}$ 可用欧拉角 (θ,ψ,φ) 表示为

$$\boldsymbol{R}=\begin{bmatrix}\cos\psi\cos\varphi-\cos\theta\sin\psi\sin\varphi & -\sin\psi\cos\varphi-\cos\theta\cos\psi\sin\varphi & \sin\theta\sin\varphi\\ \cos\psi\sin\varphi+\cos\theta\sin\psi\cos\varphi & -\sin\psi\sin\varphi+\cos\theta\cos\psi\cos\varphi & -\sin\theta\cos\varphi\\ \sin\theta\sin\psi & \sin\theta\cos\psi & \cos\theta\end{bmatrix}$$

式(6.1.3)的最后一项与坐标系有关，称为各向异性项。

为了具体表达介电系数张量，讨论在[111]面上液相外延生长钇铁石榴石(YIG)磁光薄膜的典型情形，坐标系的选取如图 6.1.1 所示[2]，欧拉角 $\theta=\arccos(\sqrt{3}/3)$，$\psi=3\pi/4$，

$\varphi=-\pi/2$。此时的坐标系简称“晶体坐标系”，介电张量 $\boldsymbol{\varepsilon}$ 为磁化强度 $\boldsymbol{M}$ 的方位角 α 和 β 的函数，可表示为如下形式：

$$\boldsymbol{\varepsilon}=\varepsilon_0[\varepsilon_{rij}]=\varepsilon_0\varepsilon_{r0}[\delta_{ij}]+\varepsilon_0\Delta\boldsymbol{\varepsilon}_r \tag{6.1.4}$$

式中，$\Delta\boldsymbol{\varepsilon}_r=[\Delta\varepsilon_{rij}]$ $(i, j=1, 2, 3)$ 是与磁光效应有关的附加相对介电系数张量，其元素 $\Delta\varepsilon_{rij}$ 可用磁化强度 $\boldsymbol{M}$ 在“晶体坐标系”中的分量 M_1、M_2 和 M_3 表示为[2]

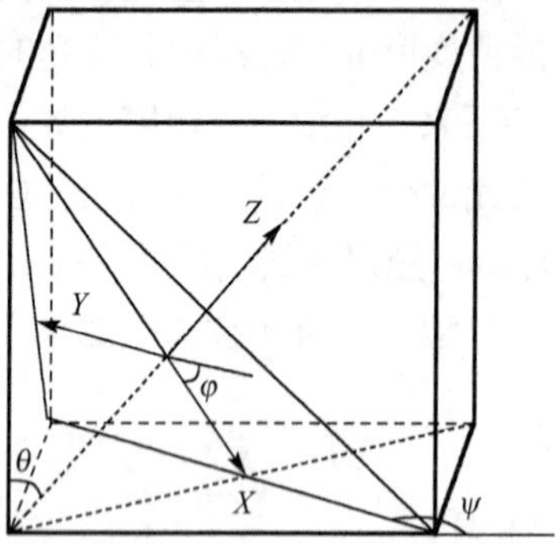

(a) 晶体坐标系的选取

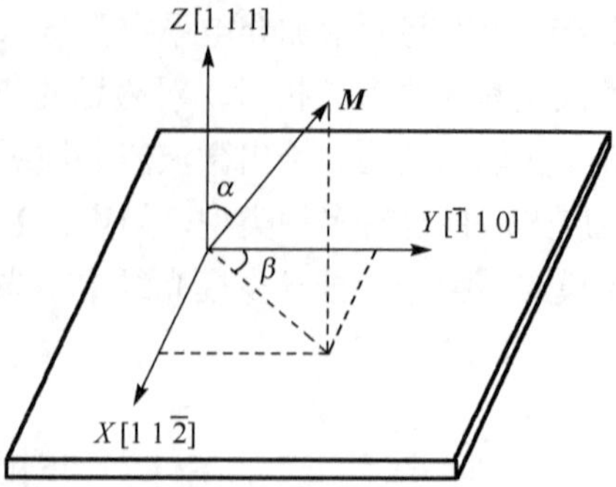

(b) 在[111]面上外延生长的磁光薄膜

图 6.1.1　介电张量的晶体坐标系[2]

$$\begin{cases}\Delta\varepsilon_{r11}=f_{12}M^2+2f_{44}M_1^2+\dfrac{1}{3}\Delta f\left(\dfrac{1}{2}M^2+\dfrac{1}{2}M_3^2+M_1^2-\sqrt{2}M_1M_3\right)\\ \Delta\varepsilon_{r22}=f_{12}M^2+2f_{44}M_2^2+\dfrac{1}{3}\Delta f\left(\dfrac{1}{2}M^2+\dfrac{1}{2}M_3^2+M_2^2+\sqrt{2}M_1M_3\right)\\ \Delta\varepsilon_{r33}=\left(f_{12}+\dfrac{1}{3}\Delta f\right)M^2+2f_{44}M_3^2\\ \Delta\varepsilon_{r12}=[\Delta\varepsilon_{r21}]^*=\mathrm{j}f_1M_3+2f_{44}M_1M_2+\dfrac{1}{3}\Delta f(2M_1M_2+\sqrt{2}M_2M_3)\\ \Delta\varepsilon_{r13}=[\Delta\varepsilon_{r31}]^*=-\mathrm{j}f_1M_2+2f_{44}M_1M_3+\dfrac{1}{6}\Delta f(4M_1M_3+\sqrt{2}M_2^2-\sqrt{2}M_1^2)\\ \Delta\varepsilon_{r23}=[\Delta\varepsilon_{r32}]^*=\mathrm{j}f_1M_1+2f_{44}M_2M_3+\dfrac{1}{3}\Delta f(2M_2M_3+\sqrt{2}M_1M_2)\end{cases} \tag{6.1.5}$$

6.1.2　少模磁光光纤的本征模式

具有磁光效应的光纤统称为磁光光纤，其纤芯通常由磁光材料制成，所施加的磁场可由电磁线圈产生。考虑如图 6.1.2 所示的少模磁光光纤[3]，其中磁光材料沿导波光传播方向磁化。

1. LP 模式分析

没有施加磁场时，少模磁光光纤可视为无微扰的理想少模光纤，弱导近似下本征 LP 模式之间满足正交性归一化条件：

$$\iint_{-\infty}^{\infty}\psi_l^p(r,\phi)[\psi_k^q(r,\phi)]^*\mathrm{d}A = 2Z_l\delta_{lk}\delta_{pq} \tag{6.1.6}$$

式中，ψ 为功率归一化模场；$Z_l=\omega\mu/\beta_l$ 为波阻抗；相同模群时（$l=k$），$\delta_{lk}=1$，否则 $\delta_{lk}=0$；上标 p 和 q 表示空间模式的奇偶性，当 $p=q$ 时，$\delta_{pq}=1$，否则 $\delta_{pq}=0$。式(6.1.6)表明，LP 模群之间的模场空间分布具有正交性，即在整个光纤横截面上不同模群的光场交叠积分为 0；在同一模群内，奇偶性不同的光场之间也是正交性的。

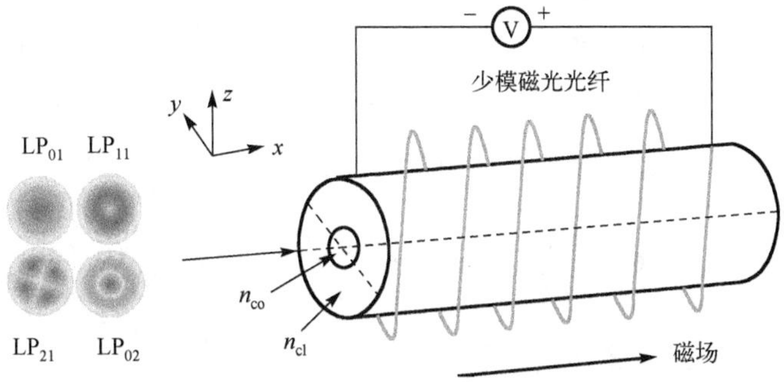

图 6.1.2　螺线管中少模磁光光纤示意图[3]

在圆柱坐标系中，横向模场分布可表示为

$$\psi_l^{\mathrm{e,o}}(r,\phi)=\begin{cases}A_l\begin{bmatrix}\cos(l\phi)\\ \sin(l\phi)\end{bmatrix}J_l\left(\dfrac{ur}{a}\right)/J_l(u), & r\leqslant a\\ A_l\begin{bmatrix}\cos(l\phi)\\ \sin(l\phi)\end{bmatrix}K_l\left(\dfrac{wr}{a}\right)/K_l(w), & r>a\end{cases} \tag{6.1.7}$$

式中，A_l 为待定系数，可由输入条件确定，或由正交归一化条件给出；$u^2=(n_1^2k_0^2-\beta^2)a^2$，$w^2=(\beta^2-n_2^2k_0^2)a^2$，$\beta$ 为模式传播常数，a 为芯层半径；$J_l(u)$ 和 $K_l(w)$ 分别为 l 阶贝塞尔函数和修正的贝塞尔函数。

在施加磁场的情形下，导波光穿过磁光介质时将会出现磁光效应，可将其归结为附加电极化强度 $\Delta\boldsymbol{P}$ 并视为微扰，即

$$\Delta\boldsymbol{P}=\varepsilon_0\Delta\boldsymbol{\varepsilon}_{\mathrm{r}}\cdot\boldsymbol{E}=\varepsilon_0\begin{pmatrix}\Delta\varepsilon_{\mathrm{r}xx} & \Delta\varepsilon_{\mathrm{r}xy} & \Delta\varepsilon_{\mathrm{r}xz}\\ \Delta\varepsilon_{\mathrm{r}yx} & \Delta\varepsilon_{\mathrm{r}yy} & \Delta\varepsilon_{\mathrm{r}yz}\\ \Delta\varepsilon_{\mathrm{r}zx} & \Delta\varepsilon_{\mathrm{r}zy} & \Delta\varepsilon_{\mathrm{r}zz}\end{pmatrix}\begin{pmatrix}E_x\\ E_y\\ E_z\end{pmatrix} \tag{6.1.8}$$

式中，$\Delta\varepsilon_{\mathrm{r}ij}(i,j=x,y,z)$ 为附加相对介电系数张量元，与磁光效应相联系。对于磁光法拉第效应，即沿着光传播方向（x 轴）轴向磁化时，通常只需考虑非对角项 $\Delta\varepsilon_{\mathrm{r}yz}(\boldsymbol{M})=[\Delta\varepsilon_{\mathrm{r}zy}(\boldsymbol{M})]^*=\mathrm{j}f_1M_{0x}$，$f_1$ 为一级磁光系数，M_{0x} 为磁化强度的 x 分量。

忽略沿光传播方向（x 轴）的耦合作用，可将微扰波动方程表示为如下分量形式：

$$\begin{cases}\nabla^2E_y-\mu_0\varepsilon_0\varepsilon_{\mathrm{r}0}\dfrac{\partial^2}{\partial t^2}E_y=\mu_0\varepsilon_0\dfrac{\partial^2}{\partial t^2}(\Delta\varepsilon_{\mathrm{r}yy}E_y+\Delta\varepsilon_{\mathrm{r}yz}E_z)\\ \nabla^2E_z-\mu_0\varepsilon_0\varepsilon_{\mathrm{r}0}\dfrac{\partial^2}{\partial t^2}E_z=\mu_0\varepsilon_0\dfrac{\partial^2}{\partial t^2}(\Delta\varepsilon_{\mathrm{r}zy}E_y+\Delta\varepsilon_{\mathrm{r}zz}E_z)\end{cases} \tag{6.1.9}$$

少模磁光光纤中的光场用无微扰情形的本征模场进行展开：

$$\begin{cases} E_y(x,y,z,t) = \dfrac{1}{2}\sum_l [C_l^{\text{ey}}\psi_l^{\text{e}}(y,z) + C_l^{\text{oy}}\psi_l^{\text{o}}(y,z)]\text{e}^{\text{j}(\omega t-\beta x)} + \text{c.c.} \\ E_z(x,y,z,t) = \dfrac{1}{2}\sum_l [C_l^{\text{ez}}\psi_l^{\text{e}}(y,z) + C_l^{\text{oz}}\psi_l^{\text{o}}(y,z)]\text{e}^{\text{j}(\omega t-\beta x)} + \text{c.c.} \end{cases} \tag{6.1.10}$$

式中，$\psi_l^{\text{e,o}}(y,z)$、β 和 C_l 分别为 LP_{ln} 模式的功率归一化模场、模式传播常数和对应的开展系数；c.c.表示前项的复数共轭。

相对于各向同性的无微扰光纤，附加介电系数张量的对角元素可以忽略，即不考虑 $\Delta\varepsilon_{\text{ryy}}$ 和 $\Delta\varepsilon_{\text{rzz}}$ 的影响。将式(6.1.10)代入式(6.1.9)，利用无微扰情形的波动方程可得

$$\begin{cases} \sum_l \bar{\beta}_l^2 (C_l^{\text{ey}}\psi_l^{\text{e}} + C_l^{\text{oy}}\psi_l^{\text{o}}) + \mu_0\varepsilon_0\omega^2 \sum_l \Delta\varepsilon_{\text{ryz}} (C_l^{\text{ez}}\psi_l^{\text{e}} + C_l^{\text{oz}}\psi_l^{\text{o}}) = \beta^2 \sum_l (C_l^{\text{ey}}\psi_l^{\text{e}} + C_l^{\text{oy}}\psi_l^{\text{o}}) \\ \sum_l \bar{\beta}_l^2 (C_l^{\text{ez}}\psi_l^{\text{e}} + C_l^{\text{oz}}\psi_l^{\text{o}}) + \mu_0\varepsilon_0\omega^2 \sum_l \Delta\varepsilon_{\text{rzy}} (C_l^{\text{ey}}\psi_l^{\text{e}} + C_l^{\text{oy}}\psi_l^{\text{o}}) = \beta^2 \sum_l (C_l^{\text{ez}}\psi_l^{\text{e}} + C_l^{\text{oz}}\psi_l^{\text{o}}) \end{cases} \tag{6.1.11}$$

式中，$\bar{\beta}_l$ 为无微扰光纤的模式传播常数。

式(6.1.11)两边同乘以 $[\psi_k^{\text{e}}(y,z)]^*$ 并在横截面上积分，利用模式正交和功率归一化关系式(6.1.6)可得

$$\begin{pmatrix} \bar{\beta}_k^2 - \beta^2 & 2\text{j}\bar{\beta}_k\kappa_k^{\text{e}} \\ -2\text{j}\bar{\beta}_k\kappa_k^{\text{e}} & \bar{\beta}_k^2 - \beta^2 \end{pmatrix} \begin{pmatrix} C_k^{\text{ey}} \\ C_k^{\text{ez}} \end{pmatrix} = 0 \tag{6.1.12}$$

式中，仅考虑了具有相同奇偶对称性的同阶模式之间的耦合系数，即

$$\kappa_k^{\text{e}} = f_1 \frac{\omega\varepsilon_0}{4} \iint M_{0x} \left|\psi_k^{\text{e}}(y,z)\right|^2 \text{d}x\text{d}y \tag{6.1.13}$$

由式(6.1.12)可知，$\beta^2 = \bar{\beta}_k^2 \pm 2\bar{\beta}_k\kappa_k^{\text{e}}$，可近似表示为 $\beta \approx \bar{\beta}_k \pm \kappa_k^{\text{e}}$，并对应于 $C_k^{\text{ez}} = \mp\text{j}C_k^{\text{ey}}$。

类似地，也可以在式(6.1.11)两边同乘以 $[\psi_k^{\text{o}}(y,z)]^*$ 进行分析，可得 $\beta \approx \bar{\beta}_k \pm \kappa_k^{\text{o}}$，并对应于 $C_k^{\text{oz}} = \mp\text{j}C_k^{\text{oy}}$，其中，$\kappa_k^{\text{o}} = f_1 \dfrac{\omega\varepsilon_0}{4} \iint M_{0x} \left|\psi_k^{\text{o}}(y,z)\right|^2 \text{d}x\text{d}y$。显然，$\kappa_k^{\text{e}} = \kappa_k^{\text{o}} = \kappa$。

由上述分析可知，沿着光传播方向磁化的磁光光纤中，两个线偏振分量之间具有±90°相移，对应于左右旋圆偏振态。

2. 精确模式分析

根据式(6.1.10)和表 3.2.2 中混合模式的横向电场表达式，可分析磁光光纤的精确模式。将磁光光纤的本征模场用 $\text{HE}_{l+1,n}^{\text{e/o}}$ 的横向电场展开为

$$\begin{aligned} \boldsymbol{E}_l(x,y,z,t) &= \frac{1}{2}\left[(\hat{\boldsymbol{y}}C_l^{\text{ey}} + \hat{\boldsymbol{z}}C_l^{\text{ez}})\psi_l^{\text{e}} + (\hat{\boldsymbol{y}}C_l^{\text{oy}} + \hat{\boldsymbol{z}}C_l^{\text{oz}})\psi_l^{\text{o}}\right]\text{e}^{\text{j}(\omega t-\beta x)} + \text{c.c.} \\ &= \frac{1}{2}\left[(\hat{\boldsymbol{y}}C_l^{\text{ey}}\psi_l^{\text{e}} + \hat{\boldsymbol{z}}C_l^{\text{oz}}\psi_l^{\text{o}}) + (\hat{\boldsymbol{y}}C_l^{\text{oy}}\psi_l^{\text{o}} + \hat{\boldsymbol{z}}C_l^{\text{ez}}\psi_l^{\text{e}})\right]\text{e}^{\text{j}(\omega t-\beta x)} + \text{c.c.} \qquad (6.1.14\text{a}) \\ &= \frac{1}{2}(C_l^{\text{ey}} \cdot \text{HE}_{l+1,n}^{\text{e}} + C_l^{\text{oy}} \cdot \text{HE}_{l+1,n}^{\text{o}})\text{e}^{\text{j}(\omega t-\beta x)} + \text{c.c.} \end{aligned}$$

式中，$C_l^{\mathrm{oz}}=-C_l^{\mathrm{ey}}$；$C_l^{\mathrm{ez}}=C_l^{\mathrm{oy}}$。

由前面的 LP 模分析结果可知 $C_l^{\mathrm{ez}}=\mp \mathrm{j}C_l^{\mathrm{ey}}$，于是有 $C_l^{\mathrm{oy}}=\mp \mathrm{j}C_l^{\mathrm{ey}}$。式(6.1.14a)可重新表示为

$$
\begin{aligned}
\boldsymbol{E}_l(x,y,z,t)&=\frac{1}{2}C_l^{\mathrm{ey}}(\mathrm{HE}_{l+1,n}^{\mathrm{e}}\mp \mathrm{j}\cdot \mathrm{HE}_{l+1,n}^{\mathrm{o}})\mathrm{e}^{\mathrm{j}(\omega t-\beta_{\pm}x)}+\mathrm{c.c.}\\
&=\frac{\sqrt{2}}{2}C_l^{\mathrm{ey}}\begin{bmatrix}\mathrm{CP}_{ln}^{R-}\cdot \mathrm{e}^{\mathrm{j}(\omega t-\beta_{+}x)}\\ \mathrm{CP}_{ln}^{L+}\cdot \mathrm{e}^{\mathrm{j}(\omega t-\beta_{-}x)}\end{bmatrix}+\mathrm{c.c.}
\end{aligned}
\tag{6.1.14b}
$$

式中，$\mathrm{CP}_{ln}^{R-}=\mathrm{HE}_{l+1,n}^{\mathrm{e}}-\mathrm{j}\cdot \mathrm{HE}_{l+1,n}^{\mathrm{o}}$ 和 $\mathrm{CP}_{ln}^{L+}=\mathrm{HE}_{l+1,n}^{\mathrm{e}}+\mathrm{j}\cdot \mathrm{HE}_{l+1,n}^{\mathrm{o}}$ 分别表示右旋和左旋圆偏振模式的横向电场，对应的传播常数为 $\beta_{\pm}=\overline{\beta}_l\pm\kappa$，磁光耦合系数 κ 由式(6.1.13)计算得到。类似地分析，CP_{ln}^{R+} 和 CP_{ln}^{L-} 也是磁光光纤的本征模式，可参见表 3.2.2。显然，磁光光纤的本征模式 $\mathrm{CP}_{ln}^{R\pm}$ 和 $\mathrm{CP}_{ln}^{L\mp}$ 是非简并的。

通过有限元方法可计算磁光光纤的本征矢量模式，发现磁光光纤中除 HE_{1n} 以外，其他模式均具有螺旋位相，即具有轨道角动量[4]。基于涡旋光纤中右旋和左旋圆极化特性，可设计轨道角动量(OAM)模态磁场传感器。在法拉第效应作用下，两种圆极化的 OAM 模式产生相位差，当两种 OAM 模式都通过一个检偏器时会导致模瓣旋转，通过光电探测器和它后面的狭缝来检测其强度随磁场的变化。采用 OAM 的叠加模式 HE_{21} 进行了磁场传感实验，磁场灵敏度为 3.31%/T，表明了这种方法在全光纤电流传感中的应用潜力[5]。

6.1.3　磁光光纤中 LP 模的耦合

1. 偏振模转换效率

仍考虑沿光纤轴向磁化的情形，将磁光微扰光纤中的光场用本征模式展开：

$$
\begin{cases}
E_y(x,y,z,t)=\sum\limits_l \dfrac{1}{2}C_y^{(l)}(x)\psi_l^{\mathrm{e/o}}(y,z)\mathrm{e}^{\mathrm{j}(\omega t-\beta_l x)}+\mathrm{c.c.}\\
E_z(x,y,z,t)=\sum\limits_l \dfrac{1}{2}C_z^{(l)}(x)\psi_l^{\mathrm{e/o}}(y,z)\mathrm{e}^{\mathrm{j}(\omega t-\beta_l x)}+\mathrm{c.c.}
\end{cases}
\tag{6.1.15}
$$

式中，$\psi_l^{\mathrm{e/o}}(y,z)$、$C_{y,z}^{(l)}(x)$ 和 β_l 分别为 LP_{ln} 奇模或偶模电场的横向分布、相应 y 或 z 偏振分量的复振幅及其传播常数；c.c.表示前项的复数共轭。

将式(6.1.15)代入式(6.1.9)中，在慢变包络近似下忽略二次微分项，仅考虑非对角附加介电系数张量 $\Delta\varepsilon_{\mathrm{r}yz}$ 和 $\Delta\varepsilon_{\mathrm{r}zy}$，可得

$$
\begin{aligned}
&-\mathrm{j}\sum_l \beta_l\frac{\mathrm{d}C_y^{(l)}(x)}{\mathrm{d}x}\psi_l^{\mathrm{e/o}}(y,z)\mathrm{e}^{\mathrm{j}(\omega t-\beta_l x)}\\
&=-\mu_0\varepsilon_0\sum_l \frac{1}{2}\omega^2 C_z^{(l)}(x)\Delta\varepsilon_{\mathrm{r}yz}\psi_l^{\mathrm{e/o}}(y,z)\mathrm{e}^{\mathrm{j}(\omega t-\beta_l x)}
\end{aligned}
\tag{6.1.16}
$$

用给定模群 k 的共轭光场 $\left[\psi_k^{\mathrm{e/o}}(z)\right]^*$ 与式(6.1.16)相乘，并对整个横截面积分，利用正交归一化条件可得

$$\frac{\mathrm{d}C_y^{(k)}(x)}{\mathrm{d}x}=-\mathrm{j}\frac{k_0^2}{4\omega\mu}\sum_l C_z^{(l)}(x)\mathrm{e}^{\mathrm{j}(\beta_k-\beta_l)x}\iint\Delta\varepsilon_{\mathrm{r}yz}\psi_l^{\mathrm{e/o}}(y,z)\left[\psi_k^{\mathrm{e/o}}(y,z)\right]^*\mathrm{d}y\mathrm{d}z \tag{6.1.17}$$

同理，可得到关于 z 分量的耦合模方程：

$$\frac{\mathrm{d}C_z^{(k)}(x)}{\mathrm{d}x}=-\mathrm{j}\frac{k_0^2}{4\omega\mu}\sum_l C_y^{(l)}(x)\mathrm{e}^{\mathrm{j}(\beta_k-\beta_l)x}\iint_D\Delta\varepsilon_{\mathrm{r}zy}\psi_l^{\mathrm{e/o}}(y,z)\left[\psi_k^{\mathrm{e/o}}(y,z)\right]^*\mathrm{d}y\mathrm{d}z \tag{6.1.18}$$

式(6.1.17)和式(6.1.18)还可简化表示为

$$\begin{cases}\dfrac{\mathrm{d}C_y^{(k)}(x)}{\mathrm{d}x}=\sum_l\kappa_{kl}C_z^{(l)}(x)\mathrm{e}^{\mathrm{j}\Delta\beta_{kl}x}\\[2ex]\dfrac{\mathrm{d}C_z^{(k)}(x)}{\mathrm{d}x}=-\sum_l\kappa_{kl}C_y^{(l)}(x)\mathrm{e}^{\mathrm{j}\Delta\beta_{kl}x}\end{cases} \tag{6.1.19}$$

式中，磁光耦合系数 $\kappa_{kl}=\frac{k_0^2f_1}{4\omega\mu}\iint M_{0x}\left[\psi_k^{\mathrm{e/o}}(y,z)\right]^*\psi_l^{\mathrm{e/o}}(y,z)\mathrm{d}y\mathrm{d}z=\gamma_{kl}\kappa_0$，$\gamma_{kl}=\frac{1}{2Z_l}\iint_M[\psi_k^{\mathrm{e/o}}(y,z)]^*\psi_l^{\mathrm{e/o}}(y,z)\mathrm{d}y\mathrm{d}z$ 为磁化强度区域的交叠积分(或称模场相关因子)，$Z_l=\omega\mu/\beta_l$ 为磁光材料的波阻抗，$\kappa_0=\frac{k_0f_1M_{0x}}{2\sqrt{\varepsilon_{\mathrm{r}0}}}$ 为磁光体材料的比法拉第旋转角；$\Delta\beta_{kl}=\beta_k-\beta_l$ 为相位失配因子。

由式(6.1.19)可知，同一模群不同模式的传播常数是简并的，模群内偏振模之间满足相位匹配条件，即模内偏振模转换总是存在的。当 $l=k$ 时，对应于模群内简并模之间的耦合，有较强的偏振转换；当 $l\neq k$ 时，对应于模群内模间的耦合，其耦合效率与相应磁光耦合系数和相位失配因子有关。

下面仅考虑相位匹配的偏振模转换情形，其耦合模方程可表示为

$$\frac{\mathrm{d}}{\mathrm{d}x}\begin{bmatrix}C_y^{(k)}(x)\\C_z^{(k)}(x)\end{bmatrix}=\begin{bmatrix}0&\kappa_{kk}\\-\kappa_{kk}&0\end{bmatrix}\begin{bmatrix}C_y^{(k)}(x)\\C_z^{(k)}(x)\end{bmatrix} \tag{6.1.20}$$

式中，模群内的磁光耦合系数 $\kappa_{kk}=f_1\frac{\omega\varepsilon_0}{4}\iint M_{0x}\left|\psi_k^{\mathrm{o}}(y,z)\right|^2\mathrm{d}x\mathrm{d}y=\gamma_{kk}\kappa_0$。

若输入的导波光只有 y 分量，则式(6.1.20)的解析解为

$$\begin{cases}C_y^{(k)}(x)=C_y^{(k)}(0)\cos\left(\kappa_{kk}x\right)\\C_z^{(k)}(x)=-C_y^{(k)}(0)\sin\left(\kappa_{kk}x\right)\end{cases} \tag{6.1.21}$$

定义输出端(x=L)的偏振模转换(polarization mode conversion，PMC)效率为

$$\eta_{\mathrm{PMC}}=\left|\frac{C_z^{(k)}(x=L)}{C_y^{(k)}(x=0)}\right|^2=\sin^2(\kappa_{kk}L) \tag{6.1.22}$$

显然，偏振模转换效率为耦合长度的周期函数。理论上，获得 100%偏振模转换效率所对应的最小耦合长度为 $L_m=\pi/(2\kappa_{kk})$。

2. 磁光耦合系数计算

为了评估光纤模场分布对磁光耦合系数影响，考虑纤芯采用 YIG 材料制作的少模磁光光纤，其结构参数如表 6.1.1 所示。饱和磁化（$M_{0x}=M_s$）条件下，光波长 $\lambda=1.3\mu m$ 时的比法拉第旋转角 $\kappa_0=373rad/m$，LP_{01}、LP_{11}、LP_{21}、LP_{02} 模群内的模场相关因子 γ_{kk} 分别为 0.9984、0.9957、0.9921 和 0.9907，同样也可以计算模群间的模场相关因子 γ_{kl}。据此，可计算模群内的磁光耦合系数 $\kappa_{kk}=\gamma_{kk}\kappa_0$，如图 6.1.3 所示[3]，图中还给出 COMSOL 仿真结果，它通过仿真磁光光纤的传播常数 $\beta_{\pm}\approx\bar{\beta}_k\pm\kappa$ 得到。由图 6.1.3 可知，磁光耦合系数随着模群阶数的增加而逐渐减小，理论结果与仿真结果的差异也很小。例如，对于 LP_{02} 模式，相对误差为 0.118%。两者之间细微的差异主要来源于分析方法的不同：前者是由 LP 近似模型得到的计算结果，而后者是基于更为精确的矢量模并根据左右旋圆偏振光的传播常数计算得出的。

表 6.1.1　磁光光纤的结构参数[3]

物理量	大小	物理量	大小
芯层折射率	$n_1=2.2$	相对折射率差	$\Delta=1\%$
芯层半径	$a=9\mu m$	饱和磁化强度	$M_s=1750/(4\pi)\,kA/m$
包层半径	$r_{clad}=20\mu m$	磁光系数	$f_1=2.44\times10^{-9}(A/m)^{-1}$

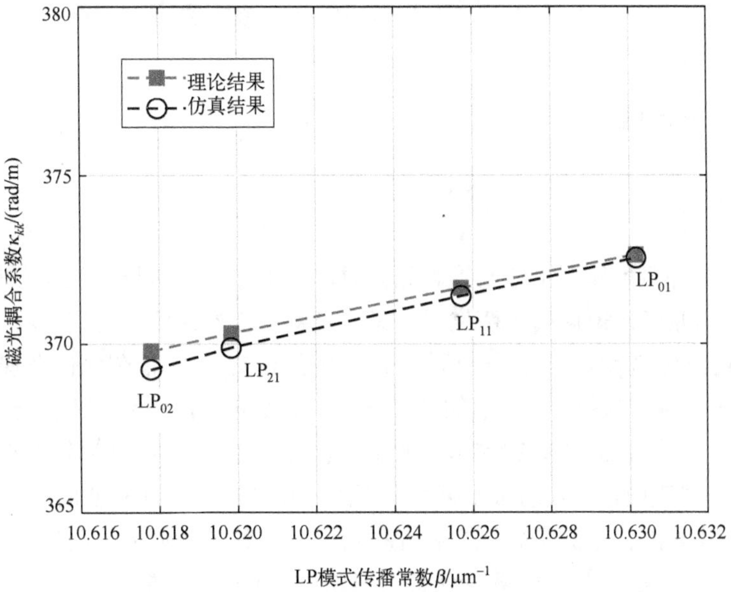

图 6.1.3　理论结果与仿真数据的比较[3]

Liu 等[6]考察了少模掺铒光纤中 LP 模的有效折射率对磁场的依赖性，可用公式表示为

$$n_{eff}(B)=n_{eff,0}+\kappa/k_0 \tag{6.1.23}$$

式中，$n_{eff,0}$ 为磁感应强度 $B=0$ 时模式的有效折射率；κ 为光纤的磁光耦合系数；k_0 为真

空中波数。光纤的铒离子浓度为 1.3wt%，纤芯和包层区域的折射率分别为 1.4794 和 1.4610，它们的直径分别为 9.87μm 和 130.22μm。当磁场约为 857.12mT 时，磁化强度达到饱和，饱和磁化强度约为 114.06A/m。采用斯托克斯偏振方法测量磁光效应，Verdet 常数约为 0.403rad/mT。

采用有限元方法可计算掺铒光纤的模式特性，该掺铒光纤可支持 LP_{01}、LP_{11}、LP_{21} 和 LP_{02}，其有效折射率会随磁感应强度 B 线性改变，即 $\Delta n_{\text{eff}} = \kappa/k_0 = S \cdot B$，$S$ 为磁场灵敏度(单位为 RIU/mT，其中，RIU 表示折射率单位)，如表 6.1.2 所示[6]。模式阶数越高，有效折射率的磁场灵敏度越小。研究表明，增加磁场可以略微提高纤芯中模场强度的比例。Liu 等[6]采用光纤马赫-曾德尔干涉仪，对基模进行了直流(DC)和交流(AC)磁场的测量。

表 6.1.2　少模掺铒光纤中模式的有效折射率[6]

模式	$n_{\text{eff},0}$	S /(RIU/mT)
LP_{01}	1.4762	5.423×10^{-6}
LP_{11}	1.4714	5.055×10^{-6}
LP_{21}	1.4654	4.461×10^{-6}
LP_{02}	1.4638	3.969×10^{-6}

6.2　多模式磁光 Bragg 器件

6.2.1　磁光 Bragg 单元

1. *静磁波概念*

当磁性薄膜在外磁场作用下达到饱和磁化时，原子磁矩方向与外磁场方向保持一致。此时，如果使一侧的原子磁矩偏离平衡位置，其自身将围绕外磁场方向旋转，并影响相邻磁矩也脱离平衡位置发生转动，与上一个磁矩有一定的延迟，从而在磁性薄膜中形成静磁波(MSW)。根据静磁波在磁性材料中的能量传输/分布特点，可将静磁波分为静磁表面波(MSSW)、静磁正向体波(MSFVW)和静磁反向体波(MSBVW)等。在钇铁石榴石(yttrium iron garnet，YIG)磁光薄膜中，有效的激发频率范围处于微波波段(0.3～300GHz)，又称为微波静磁波。简单地说，静磁波就是原子磁矩在磁性材料中非一致进动形成的磁化强度波，如图 6.2.1 所示[7]，图(a)为饱和磁化下原子磁矩分布，图(b)为侧面观察磁矩进动过程，图(c)为迎着外磁场 $\boldsymbol{H}_0$ 方向观察磁矩进动过程。

在磁性薄膜中，由于静磁波波长远小于相应的电磁波波长，因此可忽略静磁波所满足的麦克斯韦方程中的推迟作用项，称为静磁近似(magnetostatic approximation)。此时，传播区域的麦克斯韦方程简化为

$$\begin{cases}\nabla\times\boldsymbol{h}=0\\ \nabla\times\boldsymbol{e}=-\dfrac{\partial\boldsymbol{b}}{\partial t}\\ \nabla\cdot\boldsymbol{b}=0\\ \nabla\cdot\boldsymbol{d}=0\end{cases}\tag{6.2.1}$$

根据无阻尼情形下磁化强度矢量 $\boldsymbol{M}$ 的运动方程

$$\frac{\mathrm{d}\boldsymbol{M}}{\mathrm{d}t}=-\gamma\boldsymbol{M}\times\boldsymbol{H}\tag{6.2.2}$$

可得到交变磁化强度 $\boldsymbol{m}$ 与交变磁场 $\boldsymbol{h}$ 的关系式：

$$\boldsymbol{m}=\boldsymbol{\chi}\cdot\boldsymbol{h}\tag{6.2.3}$$

式中，$\boldsymbol{\chi}$ 为动态磁化率张量。

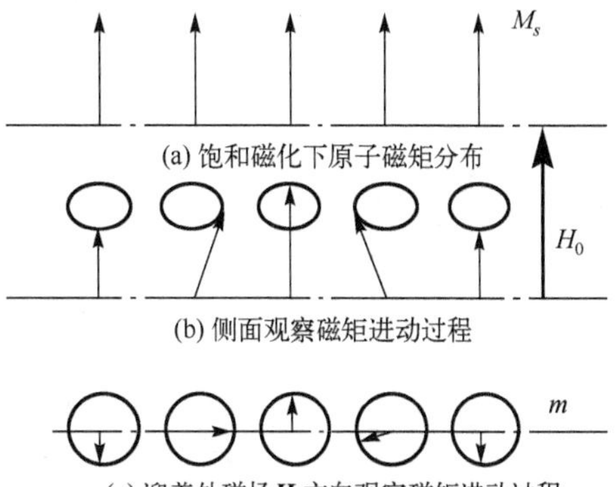

图 6.2.1　静磁波形成示意图[7]

当沿 z 坐标轴磁化时，磁化率张量可表示为

$$\boldsymbol{\chi}=\begin{bmatrix}\chi_{\mathrm{d}} & \mathrm{j}\chi_{\mathrm{a}} & 0\\ -\mathrm{j}\chi_{\mathrm{a}} & \chi_{\mathrm{d}} & 0\\ 0 & 0 & 0\end{bmatrix}\tag{6.2.4}$$

式中，$\chi_{\mathrm{d}}=\dfrac{\omega_H\omega_M}{\omega_H^2-\omega^2}=\dfrac{\Omega_H}{\Omega_H^2-\Omega^2}$，$\chi_{\mathrm{a}}=\dfrac{\omega\omega_M}{\omega_H^2-\omega^2}=\dfrac{\Omega}{\Omega_H^2-\Omega^2}$，$\omega_H=\gamma H_{\mathrm{i}}$，$\omega_M\approx\gamma M_{\mathrm{s}}$，$H_{\mathrm{i}}$ 为等效的内部直流磁场，M_{s} 为饱和磁化强度，$\gamma=2.21\times10^5[\mathrm{s}\cdot(\mathrm{A/m})]^{-1}$ 为旋磁比，$\Omega_H=\omega_H/\omega_M$ 和 $\Omega=\omega/\omega_M$ 分别为归一化磁场和归一化角频率，ω 为静磁波角频率。

根据静磁近似下的麦克斯韦方程组，利用磁性材料的磁化率或磁导率张量，以及静磁波激发区域(覆有金属微带线)或传播区域的边界条件，可确定静磁波的色散方程以及交变磁化强度，从而分析静磁波传播特性[7]。

2. *磁光 Bragg 单元结构*

静磁波与导波光之间相互作用，引起法拉第(Faraday)效应或者科顿-穆顿(Cotton-Mouton)效应，导致导波光的模式转换和衍射频移现象。以此为基础，可制成许多磁光布拉格(Bragg) 单元器件或组件，如光调制器、磁光相关器、频谱分析器和光偏转器等。磁光 Bragg 单元的具体实现方案与静磁波模式、共线或非共线配置，以及斯托克斯或反斯托克斯相互作用类型等密切相关。

基于静磁正向体波(MSFVW)与导波光的非共线作用的磁光 Bragg 单元，如图 6.2.2 所示，主要包括磁光薄膜波导、直流偏置磁场、射频(RF)驱动电路、导波光的输入/输出光路等几部分。MSFVW 在 GGG 衬底上外延生长的磁光 Bi:YIG 薄膜材料中激发和传播，可使 TE 或 TM 导波光发生 Bragg 衍射效应。MSFVW 引起的附加介电系数张量可表示为动态磁化强度 $\boldsymbol{m}$ 的函数，其非对角元素可表示为

$$\Delta\varepsilon_{\mathrm{r}yz}(\boldsymbol{m})=[\Delta\varepsilon_{\mathrm{r}zy}(\boldsymbol{m})]^*=\mathrm{j}f_1m_x+\left(2f_{44}+\frac{2}{3}\Delta f\right)M_{0z}m_y\tag{6.2.5}$$

式中，$\boldsymbol{m}=\mathrm{Re}\{\boldsymbol{g}_m\exp[\mathrm{j}(\omega_m t-\boldsymbol{K}_m\cdot\boldsymbol{r})]\}$ 为 MSFVW 的动态磁化强度；ω_m 和 $\boldsymbol{K}_m$ 分别为静磁波角频率和波矢；$\boldsymbol{g}_m$ 为复振幅矢量。由式(6.2.5)可知，$\Delta\varepsilon_{\mathrm{rzy}}\left(\frac{1}{2}\boldsymbol{g}_m^*\right)=\left[\Delta\varepsilon_{\mathrm{ryz}}\left(\frac{1}{2}\boldsymbol{g}_m\right)\right]^*$，$\Delta\varepsilon_{\mathrm{ryz}}\left(\frac{1}{2}\boldsymbol{g}_m^*\right)=\left[\Delta\varepsilon_{\mathrm{rzy}}\left(\frac{1}{2}\boldsymbol{g}_m\right)\right]^*$。

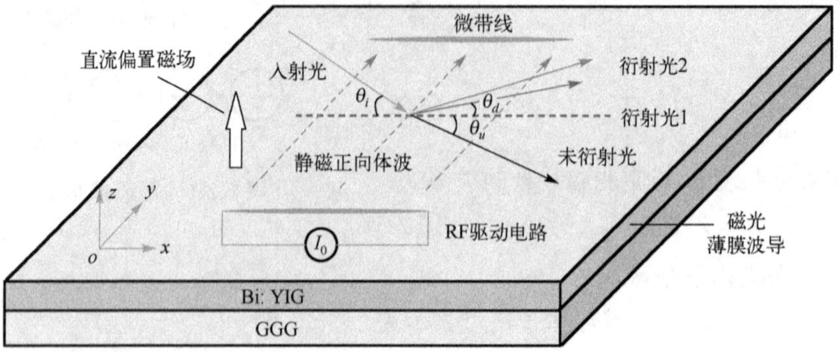

图 6.2.2　基于静磁正向体波的磁光 Bragg 单元

微波静磁波与导波光的非共线作用可导致导波光的 Bragg 衍射现象，需满足波矢匹配的 Bragg 衍射条件。静磁波相当于移动的光栅，衍射光发生偏转的同时，也会出现模式转换和频移。具体讲，衍射光相对于入射导波光(或未衍射光)会发生斯托克斯频率下移($\omega_d=\omega_u-\omega_m$)或者反斯托克斯频率上移($\omega_d=\omega_u+\omega_m$)，其中，$\omega_u$、$\omega_d$ 和 ω_m 分别为入射导波光(或未衍射光)、衍射光和静磁波的角频率。一般说来，衍射光总是沿着动量失配最小的方向传播，即入射光、衍射光和静磁波三者的波矢量形成一个闭合三角形，满足相位匹配条件[7]。图 6.2.3 以 $\mathrm{TM}_0^{(u)}\to\mathrm{TE}_0^{(d)}$ 的反斯托克斯模式转换为例，画出了其相位匹配原理图，其中静磁波沿+y 方向传播，两条同心圆弧虚线分别表示入射光 $\mathrm{TM}_0^{(u)}$ 和衍射光 $\mathrm{TE}_0^{(d)}$ 的传播常数大小。根据光的折射定律，可由入射角 θ_i 确定未衍射角 θ_u。对于反斯托克斯作用过程，衍射光波矢 $\boldsymbol{\beta}_{\mathrm{TE}_0}^{(d)}$ 与入射光波矢 $\boldsymbol{\beta}_{\mathrm{TM}_0}^{(u)}$ 和静磁波波矢 $\boldsymbol{K}_m$ 之间满足 $\boldsymbol{\beta}_{\mathrm{TE}_0}^{(d)}=\boldsymbol{\beta}_{\mathrm{TM}_0}^{(u)}+\boldsymbol{K}_m$ 关系，衍射光发生频移的同时也发生了模式转换。

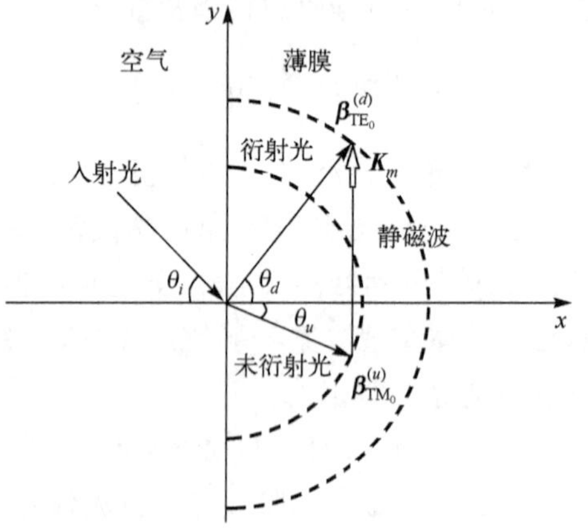

图 6.2.3　$\mathrm{TM}_0^{(u)}\to\mathrm{TE}_0^{(d)}$ 的相位匹配原理图

6.2.2　磁光 Bragg 衍射理论

仍以导波光与静磁正向体波(MSFVW)的非共线作用为例，介绍磁光 Bragg 衍射理论，其中导波光和静磁波分别沿 x 和 y 方向传播，如图 6.2.2 所示。磁光薄膜波导结构由空气、Bi:YIG 磁光薄膜和 GGG 衬底构成，它们的折射率分别为 n_1、n_2 和 n_3，磁光薄膜厚度为 d。沿波导平面法向(z 轴)施加偏置直流磁场，通过微带线换能器可激发静磁正向体波(MSFVW)。

薄膜波导中支持 TE 和 TM 波型的导波光，总的光场可以表示为如下形式：

$$\begin{cases} E_z(x,y,z,y)=\sum_l \frac{1}{2}C_{\mathrm{TM}}^{(l)}(x)F_z^{(l)}(z)\mathrm{e}^{\mathrm{j}(\omega_{\mathrm{TM}}t-\beta_{\mathrm{TM}}^{(l)}x)}+\mathrm{c.c.} \\ E_y(x,y,z,y)=\sum_l \frac{1}{2}C_{\mathrm{TE}}^{(l)}(x)F_y^{(l)}(z)\mathrm{e}^{\mathrm{j}(\omega_{\mathrm{TE}}t-\beta_{\mathrm{TE}}^{(l)}x)}+\mathrm{c.c.} \end{cases} \tag{6.2.6}$$

式中，$C_{\mathrm{TM,TE}}^{(l)}(x)$、$F_{z,y}^{(l)}(z)$ 以及 $\beta_{\mathrm{TM,TE}}^{(l)}$ 分别表示磁光波导中 TM 或 TE 波型(模式 l)的复包络、本征模式的功率归一化横向分布及其传播常数；c.c.表示前项的复数共轭。

忽略 TM 波在 x 方向的电场分量($E_x \ll E_z$)和附加介电系数的对角元素，将式(6.2.6)代入微扰波动方程的分量形式：

$$\begin{cases} \nabla^2 E_y-\mu_0\varepsilon_0\varepsilon_{\mathrm{r}0}\frac{\partial^2}{\partial t^2}E_y=\mu_0\varepsilon_0\frac{\partial^2}{\partial t^2}\Delta\varepsilon_{\mathrm{r}yz}E_z \\ \nabla^2 E_z-\mu_0\varepsilon_0\varepsilon_{\mathrm{r}0}\frac{\partial^2}{\partial t^2}E_z=\mu_0\varepsilon_0\frac{\partial^2}{\partial t^2}\Delta\varepsilon_{\mathrm{r}zy}E_y \end{cases} \tag{6.2.7}$$

在慢包络近似下，利用 TE 和 TM 波本征模式的正交归一化条件，可得未衍射光(u)和衍射光(d)之间的耦合模方程[7]。

(1) 反斯托克斯衍射过程。

对于反斯托克斯作用，衍射光(d)相对于未衍射光(u)频率上移，即 $\omega_d=\omega_u+\omega_m$，则有

$$\mathrm{TM}_k^{(u)}\to\mathrm{TE}_l^{(d)}:\begin{cases} \frac{\mathrm{d}C_{\mathrm{TM}_k}^{(u)}(x)}{\mathrm{d}x}=\kappa_{kl}^{\mathrm{TM}}\left(\frac{1}{2}\boldsymbol{g}_m^*\right)C_{\mathrm{TE}_l}^{(d)}(x)\mathrm{e}^{-\mathrm{j}(\boldsymbol{\beta}_{\mathrm{TE}_l}^{(d)}-\boldsymbol{\beta}_{\mathrm{TM}_k}^{(u)}-\boldsymbol{K}_m)\cdot\boldsymbol{r}} \\ \frac{\mathrm{d}C_{\mathrm{TE}_l}^{(d)}(x)}{\mathrm{d}x}=\kappa_{lk}^{\mathrm{TE}}\left(\frac{1}{2}\boldsymbol{g}_m\right)C_{\mathrm{TM}_k}^{(u)}(x)\mathrm{e}^{\mathrm{j}(\boldsymbol{\beta}_{\mathrm{TE}l}^{(d)}-\boldsymbol{\beta}_{\mathrm{TM}_k}^{(u)}-\boldsymbol{K}_m)\cdot\boldsymbol{r}} \end{cases} \tag{6.2.8}$$

$$\mathrm{TE}_l^{(u)}\to\mathrm{TM}_k^{(d)}:\begin{cases} \frac{\mathrm{d}C_{\mathrm{TE}_l}^{(u)}(x)}{\mathrm{d}x}=\kappa_{lk}^{\mathrm{TE}}\left(\frac{1}{2}\boldsymbol{g}_m^*\right)C_{\mathrm{TM}_k}^{(d)}(x)\mathrm{e}^{-\mathrm{j}(\boldsymbol{\beta}_{\mathrm{TM}_k}^{(d)}-\boldsymbol{\beta}_{\mathrm{TE}_l}^{(u)}-\boldsymbol{K}_m)\cdot\boldsymbol{r}} \\ \frac{\mathrm{d}C_{\mathrm{TM}_k}^{(d)}(x)}{\mathrm{d}x}=\kappa_{kl}^{\mathrm{TM}}\left(\frac{1}{2}\boldsymbol{g}_m\right)C_{\mathrm{TE}_l}^{(u)}(x)\mathrm{e}^{\mathrm{j}(\boldsymbol{\beta}_{\mathrm{TM}_k}^{(d)}-\boldsymbol{\beta}_{\mathrm{TE}_l}^{(u)}-\boldsymbol{K}_m)\cdot\boldsymbol{r}} \end{cases} \tag{6.2.9}$$

(2) 斯托克斯衍射过程。

对于斯托克斯作用，衍射光(d)相对于未衍射光(u)频率下移，即 $\omega_d=\omega_u-\omega_m$，则有

$$\mathrm{TM}_k^{(u)}\to\mathrm{TE}_l^{(d)}:\begin{cases} \frac{\mathrm{d}C_{\mathrm{TM}_k}^{(u)}(x)}{\mathrm{d}x}=\kappa_{kl}^{\mathrm{TM}}\left(\frac{1}{2}\boldsymbol{g}_m\right)C_{\mathrm{TE}_l}^{(d)}(x)\mathrm{e}^{-\mathrm{j}(\boldsymbol{\beta}_{\mathrm{TE}_l}^{(d)}-\boldsymbol{\beta}_{\mathrm{TM}_k}^{(u)}+\boldsymbol{K}_m)\cdot\boldsymbol{r}} \\ \frac{\mathrm{d}C_{\mathrm{TE}_l}^{(d)}(x)}{\mathrm{d}x}=\kappa_{lk}^{\mathrm{TE}}\left(\frac{1}{2}\boldsymbol{g}_m^*\right)C_{\mathrm{TM}_k}^{(u)}(x)\mathrm{e}^{\mathrm{j}(\boldsymbol{\beta}_{\mathrm{TE}_l}^{(d)}-\boldsymbol{\beta}_{\mathrm{TM}_k}^{(u)}+\boldsymbol{K}_m)\cdot\boldsymbol{r}} \end{cases} \tag{6.2.10}$$

$$\mathrm{TE}_l^{(u)}\to\mathrm{TM}_k^{(d)}:\begin{cases} \frac{\mathrm{d}C_{\mathrm{TE}_l}^{(u)}(x)}{\mathrm{d}x}=\kappa_{lk}^{\mathrm{TE}}\left(\frac{1}{2}\boldsymbol{g}_m\right)C_{\mathrm{TM}_k}^{(d)}(x)\mathrm{e}^{-\mathrm{j}(\boldsymbol{\beta}_{\mathrm{TM}_k}^{(d)}-\boldsymbol{\beta}_{\mathrm{TE}_l}^{(u)}+\boldsymbol{K}_m)\cdot\boldsymbol{r}} \\ \frac{\mathrm{d}C_{\mathrm{TM}_k}^{(d)}(x)}{\mathrm{d}x}=\kappa_{kl}^{\mathrm{TM}}\left(\frac{1}{2}\boldsymbol{g}_m^*\right)C_{\mathrm{TE}_l}^{(u)}(x)\mathrm{e}^{\mathrm{j}(\boldsymbol{\beta}_{\mathrm{TM}_k}^{(d)}-\boldsymbol{\beta}_{\mathrm{TE}_l}^{(u)}+\boldsymbol{K}_m)\cdot\boldsymbol{r}} \end{cases} \tag{6.2.11}$$

式(6.2.8)～式(6.2.11)中，耦合系数 $\kappa_{kl}^{\mathrm{TM}}$ 和 $\kappa_{lk}^{\mathrm{TE}}$ 是静磁波动态磁化强度复振幅 $\boldsymbol{g}_m$ 的函数，可表示为如下函数形式：

$$\begin{cases} \kappa_{kl}^{\mathrm{TM}}(\cdot) = -\mathrm{j}\dfrac{\omega\varepsilon_0}{4}\dfrac{n_2^2 k_0^2}{\beta_k^2}\displaystyle\int_{-d}^{0}\Delta\varepsilon_{\mathrm{rzy}}(\cdot)[F_z^{(k)}(z)]^* F_y^{(l)}(z)\mathrm{d}z \\ \kappa_{lk}^{\mathrm{TE}}(\cdot) = -\mathrm{j}\dfrac{\omega\varepsilon_0}{4}\displaystyle\int_{-d}^{0}\Delta\varepsilon_{\mathrm{rzy}}(\cdot)[F_y^{(l)}(z)]^* F_z^{(k)}(z)\mathrm{d}z \end{cases} \tag{6.2.12}$$

式中，$\Delta\varepsilon_{\mathrm{ryz}}(\cdot)$ 和 $\Delta\varepsilon_{\mathrm{rzy}}(\cdot)$ 由式(6.2.5)给出。

作为例子，对于 $\mathrm{TE}_l^{(u)} \rightarrow \mathrm{TM}_k^{(d)}$ 的斯托克斯衍射过程，在近 x 轴传播情形情形下，由耦合模方程(6.2.11)可知，输出端(x=L)的模式转换衍射(mode conversion and diffraction，MCD)效率为[7]：

$$\eta_{\mathrm{MCD}} = \left|\frac{C_{\mathrm{TM}_k}^{(d)}(x=L)}{C_{\mathrm{TE}_l}^{(u)}(x=0)}\right|^2 = \frac{|\kappa_{lk}|^2}{|\kappa_{lk}|^2 + \delta_{lk}^2/4}\sin^2\left(\sqrt{|\kappa_{lk}|^2 + \delta_{lk}^2/4}\cdot L\right) \tag{6.2.13}$$

式中，耦合系数 $\kappa_{lk} = \kappa_{lk}^{\mathrm{TE}}\left(\dfrac{1}{2}\boldsymbol{g}_m\right)$，$\kappa_{kl}^{\mathrm{TM}}\left(\dfrac{1}{2}\boldsymbol{g}_m^*\right) = -\kappa_{lk}^*$；$\delta_{lk} = \left|\boldsymbol{\beta}_{\mathrm{TM}_k}^{(d)} - \boldsymbol{\beta}_{\mathrm{TE}_l}^{(u)} + \boldsymbol{K}_m\right|$ 为相位失配因子。显然，模式转换衍射效率为耦合长度 L 的周期函数。在相位匹配条件下($\delta_{lk}=0$)，当耦合长度为 $L = \pi/(2|\kappa_{lk}|)$ 时，可获得 100%模式转换效率。研究表明，多模磁光 Bragg 单元中同阶 TM 和 TE 模式间有较高的模式转换衍射效率，有利于模式转换开关功能的实现。

6.2.3 空分多路衍射场景

在磁光 Bragg 单元中，利用不同频率或者不同模式的微波静磁波对输入导波光的作用，可实现波分复用或者模式复用信号的空分多路衍射。输出的多路衍射光传播方向由相位匹配条件确定，衍射效率依赖于耦合系数大小和相互作用长度。

当多个 RF 信号同时注入微带线时，在磁光薄膜波导中可激发多个频率的静磁波，它们的波矢大小取决于静磁波色散关系。当这些静磁波与多模或多波长的导波光相位匹配时，多路衍射现象就会发生。例如，双频静磁波沿 y 方向传播，衍射光方向可依据入射光波矢和静磁波波矢之间的动量关系确定，如图 6.2.4 所示[7]。小信号衍射情形下，衍射光强正比于相应频率的静磁波信号功率，理论上可通过多频磁光耦合方程加以分析[8]。不同偏转方向的衍射光，经过傅里叶透镜聚焦在位于焦平面的检测器阵列上，可实时显示 RF 信号的频率和强度信息，从而实现并行磁光频谱分析。

另外，在多模磁光 Bragg 单元中，也可以采用静磁波的高阶模式对多模光束进行多路衍射，实现模式解复用。通常而言，磁光 Bragg 单元中同阶($l=k$)导波光模式之间的模式转换衍射效率较大。采用高阶静磁波模式可改善不同阶导波光模式($l\neq k$)之间的有效耦合，提高模式转换衍射效率[9]。

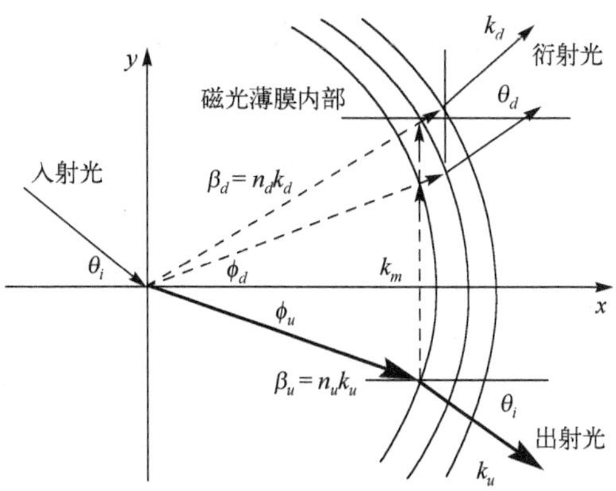

图 6.2.4　双频静磁波与导波光的反斯托克斯作用[7]

6.3　光纤型声光模式转换器

6.3.1　声光模式转换器原理

与基于静磁波的磁光效应类似，超声波可使声光介质的折射率沿声波传输方向随时间交替地变化，也相当于移动的光栅。当平行光束通过声光介质时，出射光束的光程差随时间周期性变化，产生各级闪烁变化的衍射光，称为声致光衍射。

声和光的相互作用是声光调制的物理基础，电调制信号通过电声换能器在声光晶体中转换为超声波。电声换能器是利用某些压电晶体(如石英、$LiNbO_3$)或压电半导体(如 CdS、ZnO)的反压电效应，在外加电场的作用下产生机械振动形成超声波，如图 6.3.1(a)所示[10]。光波被介质中的超声波衍射，可分为拉曼-奈斯声光衍射和布拉格声光衍射两种工作模式，分别如图 6.3.1(b)和(c)所示[10]。取某一级衍射光作为输出，可用光阑将其他衍射级阻遮，从光阑孔出射的光波就是一个周期变化的调制光。

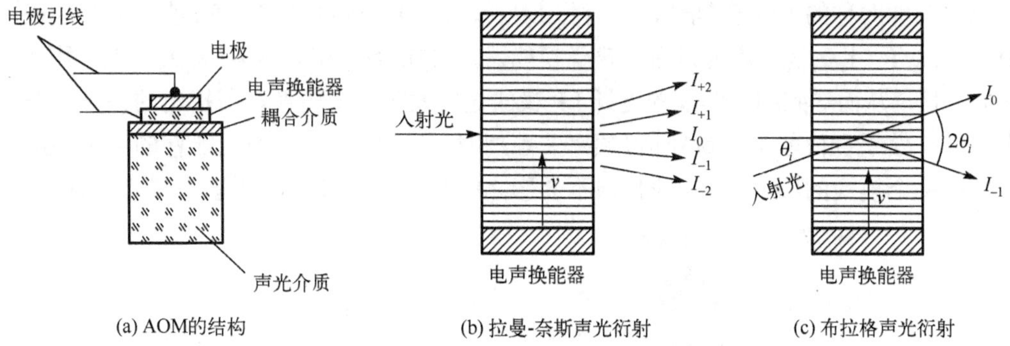

图 6.3.1　声光调制器(AOM)原理[10]

用光纤同时传导光和声波，能够增加声光相互作用长度，具有低的光损耗和电输入功率。基于两模光纤的声光滤波器结构如图 6.3.2(a)所示[11]。去除两模光纤上的一段涂层，并在其一端安装一个声喇叭。声喇叭激发弯曲波，使导波光的两个模式发生耦合。把光纤卷在一个直径足够小的圆筒上，形成模式剥离器，确保只有 LP_{01} 模式的光进入和离开滤波器。不需要的声波被接触光纤的油滴所吸收。模式转换器在较宽的光带宽内，可将输入的 LP_{01} 模式转换到 LP_{11} 模式。相反的应用，在声光相互作用区域，较窄带宽内的 LP_{11} 模式耦合回到 LP_{01} 模式，并通过后面的模式剥离器输出。这样，可实现 LP_{01} 模式的窄带带通滤波器。

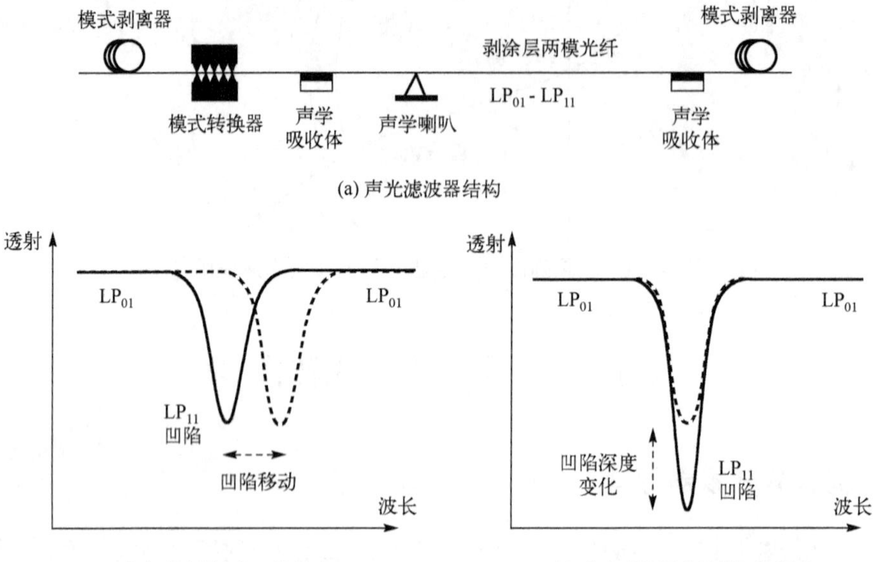

(a) 声光滤波器结构

(b) 改变声波频率使凹陷移动　　(c) 改变声波强度控制凹陷深度

图 6.3.2　基于两模光纤的声光可调滤波器[11]

当 LP_{01} 模式输入到声光相互作用区域时，LP_{01} 到 LP_{11} 的模式转换会导致 LP_{01} 模式的透射频谱凹陷。改变声波的频率，凹陷发生移动，如图 6.3.2(b)所示。改变声波强度可控制 LP_{01} 凹陷深度，如图 6.3.2(c)所示。

与声光滤波器类似，光纤型声光模式转换器主要由电声换能器、少模光纤声光介质、吸声装置及驱动电源组成，如图 6.3.3 所示[12,13]。使用压电驱动的同轴电声换能器，沿着光纤可产生不同频率的弯曲声波。弯曲声波对整个光纤截面的光路长度引入非对称扰动，可使对称的 LP_{0i} 模与非对称的 LP_{1j} 模耦合，非对称 LP_{1j} 模可以耦合到非对称 LP_{2k} 或对称 LP_{0l} 模[14]，其中，$i, j, k, l = 1, 2, 3, \cdots$。通过压电声学换能器，可在少模光纤裸段中激发声波，引起光路长度的变化，从而导致相位匹配的光纤 LP 模式之间发生模式转换。需指出的是，声波与光波之间的有效耦合依赖于能量守恒(频率关系)和相位匹配条件，声光器件的频移效应使模式转换中每个模式的频率稍有不同，但不会影响模分复用与波分复用融合传输系统的性能。

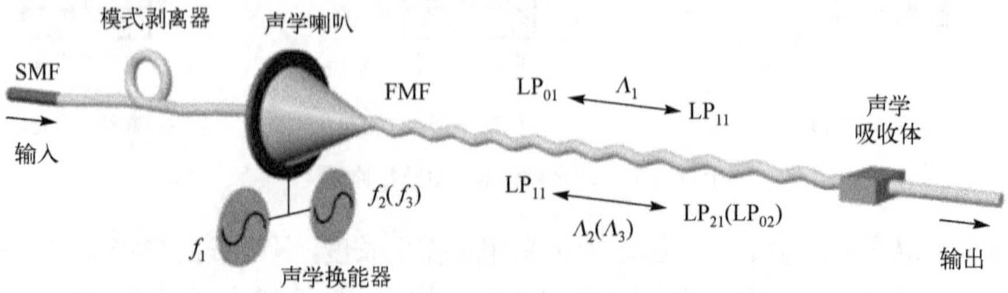

图 6.3.3　光纤型声光模式转换器的结构示意图[12,13]

光纤型声光模式转换器可在少模光纤中选择性地激发高阶模式。模式之间的选择性谐振耦合机制，使光纤型声光模式转换器具有低插入损耗、调谐范围宽(>100nm)、切换速率快(约40μs)等动态切换能力。

6.3.2　声光模式耦合方程

声波导致的光纤周期性弯曲，会引起光纤模式之间的耦合，可以用耦合模方程来描述。将少模光纤中导波光模场表示为如下形式：

$$E_m(x,y,z;t)=A_m(z)\hat{\psi}_m(x,y)\exp[\mathrm{i}(\beta_m z-\omega t)] \tag{6.3.1}$$

式中，$\hat{\psi}_m(x,y)$、β_m 和 $A_m(z)$ 分别为每个空间模式的功率归一化横向分布、传播常数及其复振幅，下标 m 代表不同模式。通过激发不同频率的声波，可选择性地实现导波光模式之间的转换。研究表明，光纤模式的声光耦合可以发生在相邻方位角指数的高阶模态之间[14]。因此，这里仅考虑 $LP_{l,n}$ 到相邻模式或模群 $LP_{(l\pm1),n}$ 之间的耦合。

根据耦合模理论，光纤中 LP_{01}、LP_{11} 和 LP_{21}（或 LP_{02}）模式(或模群)之间的耦合方程可用模式复振幅表示为

$$\frac{\mathrm{d}}{\mathrm{d}z}\begin{bmatrix} A_{01} \\ A_{11} \\ A_{21(02)} \end{bmatrix}=\begin{bmatrix} 0 & \mathrm{i}\kappa_1 \mathrm{e}^{-\mathrm{i}\delta_1 z} & 0 \\ \mathrm{i}\kappa_1^* \mathrm{e}^{\mathrm{i}\delta_1 z} & 0 & \mathrm{i}\kappa_{2(3)}\mathrm{e}^{-\mathrm{i}\delta_{2(3)}z} \\ 0 & \mathrm{i}\kappa_{2(3)}^*\mathrm{e}^{\mathrm{i}\delta_{2(3)}z} & 0 \end{bmatrix}\begin{bmatrix} A_{01} \\ A_{11} \\ A_{21(02)} \end{bmatrix} \tag{6.3.2}$$

式中，模式耦合系数 κ_j 和相位失配因子 δ_j（$j=1,2,3$）分别表达为

$$\begin{cases} \kappa_1=\dfrac{\omega}{4}\iint \hat{\psi}_{01}^*(x,y)\Delta\varepsilon\hat{\psi}_{11}(x,y)\mathrm{d}x\mathrm{d}y \\ \kappa_2=\dfrac{\omega}{4}\iint \hat{\psi}_{11}^*(x,y)\Delta\varepsilon\hat{\psi}_{21}(x,y)\mathrm{d}x\mathrm{d}y \\ \kappa_3=\dfrac{\omega}{4}\iint \hat{\psi}_{11}^*(x,y)\Delta\varepsilon\hat{\psi}_{02}(x,y)\mathrm{d}x\mathrm{d}y \end{cases} \tag{6.3.3}$$

$$\begin{cases} \delta_1=\beta_{01}-(\beta_{11}+K_1) \\ \delta_2=\beta_{11}-(\beta_{21}+K_2) \\ \delta_3=\beta_{11}-(\beta_{02}+K_3) \end{cases} \tag{6.3.4}$$

式中，$\Delta\varepsilon=2\varepsilon_0 n_0\Delta n$ 为声波引起的介电系数微扰；$K_j=2\pi/\Lambda_j$ 为声波传播常数，Λ_j 为声波的波长。由式(6.3.2)～式(6.3.4)，可计算分析模式耦合系数和相位失配因子对声光模式转换效率的影响。

下面简单讨论一下光纤中声波对折射率分布的影响。根据圆柱光纤中弯曲声波的色散关系，在低频极限下声波的波长 $\Lambda=\sqrt{\pi R C_{\text{ext}}/f}$，其中，$R$ 为圆柱纤芯的半径，f 和 C_{ext} 为弯曲声波的频率和膨胀波的速度。对于 SiO_2 光纤，C_{ext}=5760m/s。在小的张力 S 作用下，声波波长的相对变化为

$$\frac{\Delta\Lambda}{\Lambda}=\frac{C_{\text{ext}}S}{4\pi Rf} \tag{6.3.5}$$

而低频弯曲正弦声波的横向位移为

$$u(z,t)=u_0\cos(\Omega t-K_{\mathrm{a}}z) \tag{6.3.6}$$

式中，u_0 为横向位移振幅；K_{a} 为声波传播常数，相应的声波功率为 $P_{\mathrm{a}}=4\rho u_0^2\sqrt{\pi^7R^5C_{\mathrm{ext}}f^5}$，$SiO_2$ 材料的密度为 $\rho=2200\,\mathrm{kg/m^3}$。

声波会使光纤剧烈弯曲并改变折射率分布。在弹性光学上，正应变降低了材料折射率，但光路长度的变化等效地增加了材料折射率，并且这种几何效应起主导作用，如图 6.3.4 所示[15]。对于沿横向（y 方向）扰动的声波，周期性弯曲导致的折射率改变为

$$\begin{aligned}\Delta n(x,y,z,t)&=n_0(1+\chi)S_z(x,y,z,t)\\&=n_0(1+\chi)K_{\mathrm{a}}^2u_0y\cos(\Omega t-K_{\mathrm{a}}z)\end{aligned} \tag{6.3.7}$$

式中，χ 为弹光系数，对于 SiO_2 材料，$\chi=-0.22$。

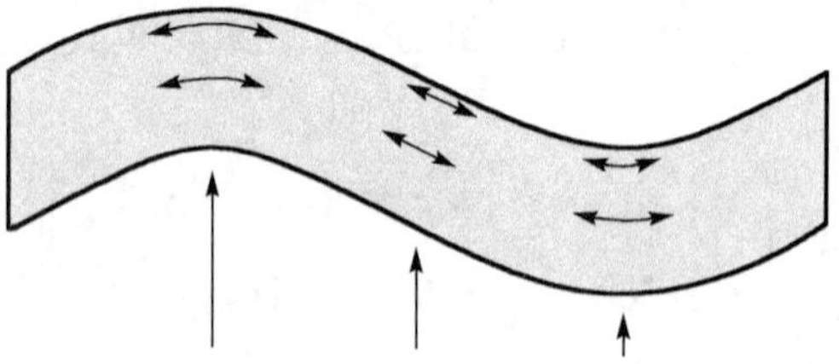

(a) 张力分布

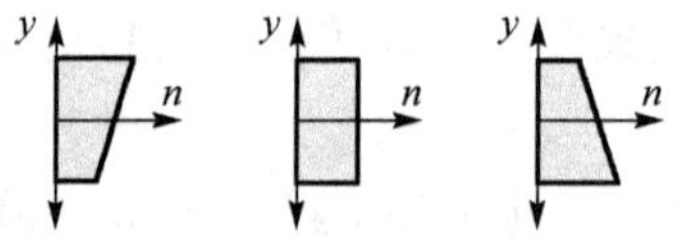

(b) 有效折射率横向分布

图 6.3.4 声波导致的光纤弯曲[15]

6.3.3 声光模式转换效率计算

通过适当改变声波的激发频率或波长，可使声光相互作用过程完全相位匹配，即失配因子 $\delta_j=0$。此时，若只有 LP_{01} 模输入，则输出模式的复振幅分别为

$$\begin{cases}A_{01}(z)=A_{01}(0)+\dfrac{\mathrm{i}\kappa_1C}{\sqrt{\kappa_1^2+\kappa_{2(3)}^2}}\left[1-\cos\left(\sqrt{\kappa_1^2+\kappa_{2(3)}^2}\cdot z\right)\right]\\A_{11}(z)=C\sin\left(\sqrt{\kappa_1^2+\kappa_{2(3)}^2}\cdot z\right)\\A_{21(02)}(z)=\dfrac{\mathrm{i}\kappa_{2(3)}^*C}{\sqrt{\kappa_1^2+\kappa_{2(3)}^2}}\left[1-\cos\left(\sqrt{\kappa_1^2+\kappa_{2(3)}^2}\cdot z\right)\right]\end{cases} \tag{6.3.8}$$

式中，$C=\dfrac{\mathrm{i}\kappa_1}{\sqrt{\kappa_1^2+\kappa_{2(3)}^2}}A_{01}^*(0)$，可由能量守恒条件确定。

只有 LP_{01} 模式输入的情形下，声光模式转换器的模式输出效率分别为[13]

$$\begin{cases}\eta_{01}(z)=\dfrac{|A_{01}(z)|^2}{|A_{01}(0)|^2}=\left[\dfrac{\kappa_{2(3)}^2}{\kappa_1^2+\kappa_{2(3)}^2}+\dfrac{\kappa_1^2}{\kappa_1^2+\kappa_{2(3)}^2}\cos\left(\sqrt{\kappa_1^2+\kappa_{2(3)}^2}\cdot z\right)\right]^2\\ \eta_{11}(z)=\dfrac{|A_{11}(z)|^2}{|A_{01}(0)|^2}=\dfrac{\kappa_1^2}{\kappa_1^2+\kappa_{2(3)}^2}\sin^2\left(\sqrt{\kappa_1^2+\kappa_{2(3)}^2}\cdot z\right)\\ \eta_{21(02)}(z)=\dfrac{|A_{21(02)}(z)|^2}{|A_{01}(0)|^2}=\left[\dfrac{2\kappa_1\kappa_{2(3)}}{\kappa_1^2+\kappa_{2(3)}^2}\sin^2\left(\dfrac{1}{2}\sqrt{\kappa_1^2+\kappa_{2(3)}^2}\cdot z\right)\right]^2\end{cases}\tag{6.3.9}$$

当声光器件的耦合长度为 L 时，由式(6.3.9)可知：①若满足条件 $\kappa_1=\pi/(2L)$ 和 $\kappa_{2(3)}=0$，则可实现 LP_{01} 到 LP_{11} 的完全模式转换；②若满足条件 $\kappa_1=\kappa_{2(3)}=\pi/(\sqrt{2}L)$，则可实现 LP_{01} 到 LP_{21}/LP_{02} 的完全模式转换。

根据式(6.3.2)，并取 L=1m 和 $|A_{01}(0)|^2=1$，采用 MATLAB 中的 ODE45 命令，很容易画出上述两种情形的模式功率演化曲线，如图 6.3.5(a)和(b)所示，计算结果与上述解析表达式一致。

根据式(6.3.2)也可计算声光模式转换效率随相位失配因子的变化曲线，如图 6.3.6 所示，其中声光器件的耦合长度固定在 $L=1$m。

(a)若取 $\kappa_1=\pi/(2L)$ 和 $\kappa_{2(3)}=0$，此时 LP_{01} 到 LP_{11} 的模式转换效率为

$$\eta_{11}=\frac{|A_{11}(z=L)|^2}{|A_{01}(0)|^2}=\frac{\kappa_1^2}{\kappa_1^2+\delta_1^2/4}\sin^2\left(\sqrt{\kappa_1^2+\delta_1^2/4}\cdot L\right)\tag{6.3.10}$$

计算结果如图 6.3.6(a)所示，模式转换效率仅依赖于 δ_1，与 δ_2 无关。

(b)若取 $\kappa_1=\kappa_{2(3)}=\pi/(\sqrt{2}L)$，此时 LP_{01} 到 LP_{21}/LP_{02} 的模式转换效率随相位失配因子 δ_1 和 δ_2 的变化曲线如图 6.3.6(b)所示。

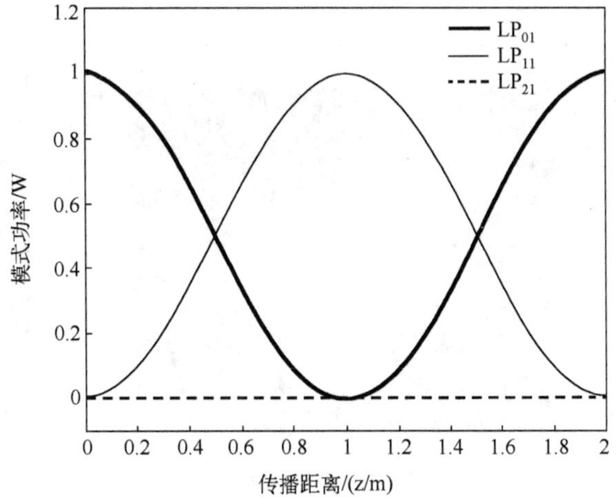

(a) $\kappa_1=\pi/(2L)$和$\kappa_{2(3)}=0$

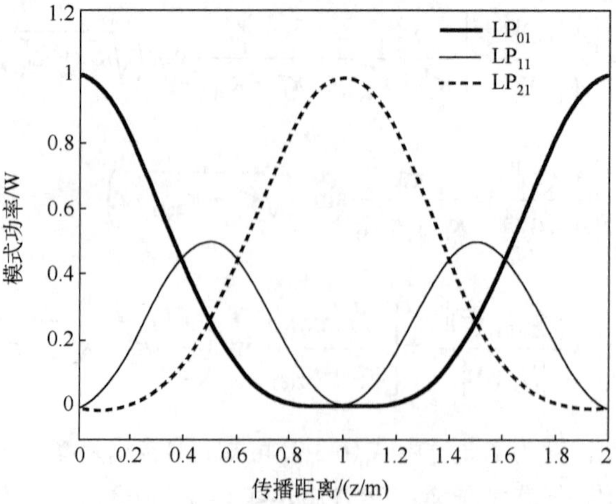

(b) $\kappa_1=\kappa_{2(3)}=\pi/(\sqrt{2}L)$

图 6.3.5　相位匹配时模式功率的演化曲线

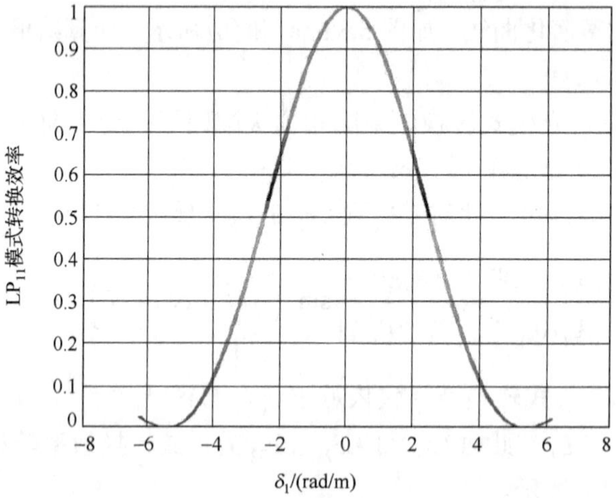

(a) $\kappa_1=\pi/(2L)$和$\kappa_{2(3)}=0$

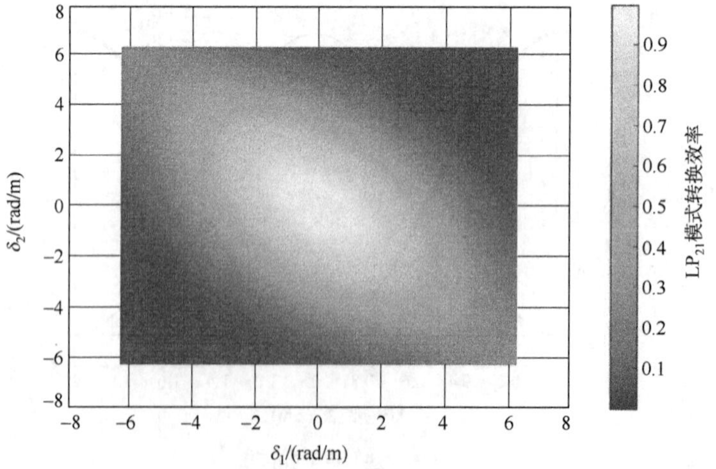

彩图

(b) $\kappa_1=\kappa_{2(3)}=\pi/(\sqrt{2}L)$

图 6.3.6　相位失配对模式转换效率的影响

进一步地，根据式(6.3.4)还可以分析声光模式转换器的光学带宽 $\Delta\lambda$ 或者声学带宽 $\Delta\Lambda$，其中，$\Delta\lambda = \Delta n_{\mathrm{eff}} \cdot \Delta\Lambda$，这里假设两个模式之间的有效折射率差 Δn_{eff} 近似为常数。

思　考　题

6.1　根据材料介电系数张量的磁化强度依赖关系，可以解释磁光法拉第效应和科顿-穆顿效应，请说明这两种磁光效应与外加磁场和光传播方向的关联性。

6.2　从光纤本征模态和传播常数两个方面，说明磁光光纤与常规光纤之间的差异。

6.3　相对于常规光纤而言，磁光光纤可视为微扰光纤，磁光效应微扰将引起 LP 模的耦合。请给出相位匹配时偏振模转换效率公式，并说明磁光光纤和无限大磁光材料的磁光耦合系数之间的关系。

6.4　证明：磁光光纤中，两个模式之间的磁光耦合系数也可以用有效磁化强度 M_{kl} 表示，即 $\kappa_{kl} = \dfrac{k_0 f_1 M_{kl}}{2n}$。其中，$M_{kl} = \dfrac{1}{2Z_l}\iint_M M_{0x}[\psi_k^{\mathrm{e/o}}(y,z)]^* \psi_l^{\mathrm{e/o}}(y,z)\mathrm{d}y\mathrm{d}z$；$n = \sqrt{\varepsilon_{\mathrm{r0}}}$ 为材料折射率。

6.5　静磁波可视为静磁近似下的电磁波，根据磁化强度的运动方程可分析静磁波的动态特性。请给出沿 z 轴方向磁化时动态磁化率张量的表达式。

6.6　从频率和波矢两个方面，描述磁光 Bragg 单元中静磁波与导波光的共线或非共线 Bragg 作用过程。

6.7　静磁波对导波光的非共线作用可使导波光发生模式转换和衍射效应，请描述 TE 模到 TM 模的衍射过程，并给出模式转换衍射效率公式。

6.8　设计一个可实现模式解复用功能的多模磁光 Bragg 器件。

6.9　描述光纤型声光模式转换器的结构和工作原理。

6.10　写出 LP_{01} 与 LP_{11} 模式之间的声光模式耦合方程，推导声光模式转换效率公式。

参 考 文 献

[1] TORFEH M, COURTOIS L, SMOCZYNSKI L, et al. Coupling and phase matching coefficients in a magneto-optical TE-TM mode converter[J]. Physica B+C, 1977, 89: 255-259.

[2] 刘公强, 乐志强, 沈德芳. 磁光学[M]. 上海: 上海科学技术出版社, 2001.

[3] QIU X, WU B, LIU Y, et al. Study on mode coupling characteristics of multimode magneto-optical fibers[J]. Optics communications, 2020, 456: 124707.

[4] 陶润夏. 光纤波导中矢量光场的数值模拟及产生[D]. 合肥：中国科学技术大学, 2020.

[5] PANG F, ZHENG H, LIU H, et al. The orbital angular momentum fiber modes for magnetic field sensing[J]. IEEE photonics technology letters, 2019, 31(11): 893-896.

[6] LIU S, HUANG Y, DENG C, et al. Magneto-refractive properties and measurement of an erbium-doped fiber[J]. Optics express, 2021, 29(21): 34577-34589.

[7] 武保剑. 微波磁光理论与磁光信号处理[M]. 成都: 电子科技大学出版社, 2009.

[8] WU B, SHANG D, QIU K. Multiple diffractions of guided optical waves with multi-frequency magnetostatic forward waves in magneto-optic film waveguides[J]. Japanese journal of applied physics, 2007, 46(10A): 6710-6714.

[9] QIU X, WU B, WEN F, et al. Mode conversion characteristics of multimode magneto-optical Bragg diffraction cells[J]. Applied physics express, 2020, 13(7): 072004.

[10] 武保剑, 邱昆. 光纤信息处理原理及技术[M]. 北京：科学出版社, 2013.

[11] Östling D, ENGAN H E. Narrow-band acousto-optic tunable filtering in a two-mode fiber[J]. Optics letters, 1995, 20(11): 1247-1249.

[12] PARK H S, SONG K Y. Acousto-optic resonant coupling of three spatial modes in an optical fiber[J]. Optics express, 2014, 22(2):1990-1996.

[13] SONG D, SU PARK H, KIM B Y, et al. Acoustooptic generation and characterization of the higher order modes in a four-mode fiber for mode-division multiplexed transmission[J]. Journal of lightwave technology, 2014, 32(23): 3932-3936.

[14] ZHAO J, LIU X. Fiber acousto-optic mode coupling between the higher-order modes with adjacent azimuthal numbers[J]. Optics letters, 2006, 31(11): 1609-1611.

[15] BIRKS T A, St J RUSSELL P, CULVERHOUSE D O. The acousto-optic effect in single-mode fiber tapers and couplers[J]. Journal of lightwave technology, 1996, 14(11): 2519-2529.

第 7 章　少模掺铒光纤放大器

光放大器可按有源介质和工作机理等进行分类，它们有各自适用的波长放大范围。光纤放大器主要采用具有活性的掺杂有源光纤或光纤非线性效应来实现，前者是最早进入光纤通信领域的实用化光放大器，其中掺铒光纤放大器(EDFA)已在波分复用系统中得到广泛应用。

本章主要讲解 EDFA 的基本结构和特性、少模掺铒光纤放大器(FM-EDFA)的理论模型以及全光纤 FM-EDFA 的构建。掺铒光纤在泵浦光的激励下，使铒离子能级上的粒子数发生反转，当有信号光输入时，就会发生受激辐射，从而实现光放大。本章详细介绍了 EDFA 的组成、泵浦方式、应用形式及其性能参数等，DWDM 系统中 EDFA 的级联性能可由光信噪比进行分析。接下来，根据少模 EDFA 中光场复振幅的耦合方程，引出少模 EDFA 的强度模型(包括解析分析方法)和差拍模型，其中，EDFA 产生的 ASE 噪声功率也可以等效到输入端进行计算。最后，介绍基于模式选择光子灯笼和 IWDM 的全光纤 FM-EDFA 实验。

7.1　光放大器的分类

目前已经研究出的光放大器有两大类：半导体光放大器和光纤放大器。每类光放大器又有几种不同的应用结构和形式，如图 7.1.1 所示[1]。

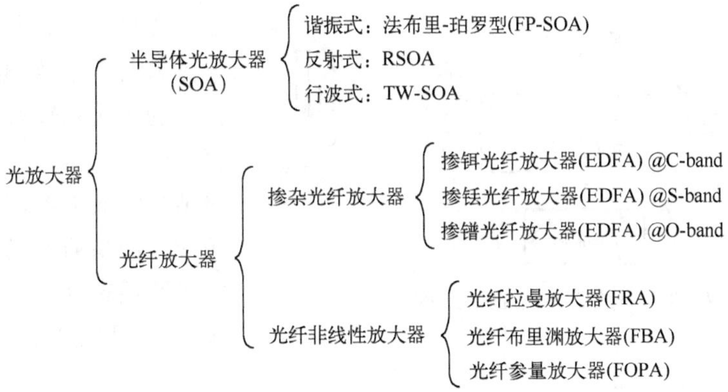

图 7.1.1　光放大器的分类[1]

半导体光放大器(SOA)结构大体上与激光二极管(laser diode，LD)类似，有谐振式的法布里-珀罗型(FP-SOA)、反射式半导体光放大器(RSOA)、行波式半导体光放大器(TW-SOA)三种，它们的有源区端面的反射率依次减小。

光纤放大器分为掺杂光纤放大器和光纤非线性放大器两种，其中掺杂光纤放大器是利用稀土金属离子作为激光工作物质的一种光纤放大器，如工作在 C 波段的掺铒光纤放大器(erbium doped fiber amplifier，EDFA)；光纤非线性放大器主要有受激拉曼散射(stimulated

Raman scattering，SRS）光纤放大器、受激布里渊散射（stimulated Brilliouin scattering，SBS）光纤放大器，以及利用光纤四波混频（four wave mixing，FWM）效应原理实现的光纤参量放大器等。

半导体放大器易与其他半导体器件集成，与光纤的耦合损耗大并具有偏振相关性，而光纤放大器与光纤系统的耦合损耗小。这些光放大器大致的可用带宽范围如图 7.1.2 所示。半导体光放大器原则上可以在多个频带应用，可用于短距离 WDM 系统中，但不适合用于长距离通信系统。掺杂光纤放大器的带宽与工作物质有关，光纤非线性放大器的增益特性取决于泵浦源配置。

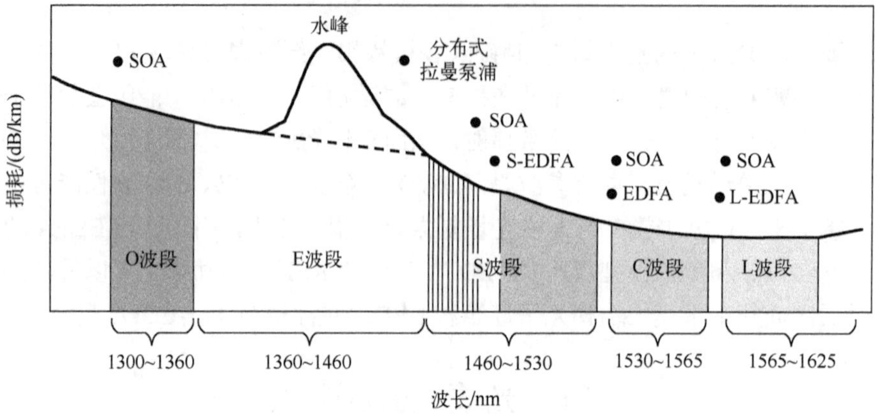

图 7.1.2　三类光放大器的可用带宽范围比较

光放大器的本质就是将泵浦源能量转移到信号光上，使信号光功率增加，其通用结构如图 7.1.3 所示。按照工作机理可以将光放大器分为受激辐射光放大器、受激散射光放大器和参量光放大器三大类。受激辐射涉及原子核外电子的跃迁具有特定的吸收和辐射光谱。对于受激辐射光放大器，如半导体放大器和掺杂光纤放大器，它们通过外部电源或光源泵浦方式，在有源区形成粒子数反转分布；当光信号经过有源区时，利用受激辐射效应完成光子的倍增来实现光信号放大。

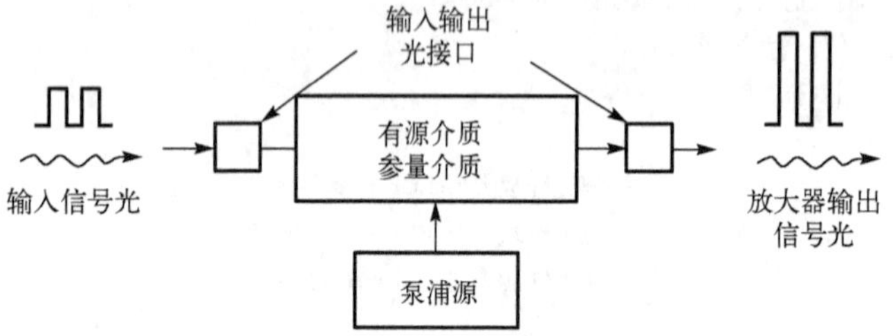

图 7.1.3　光放大器的通用结构

7.2　掺铒光纤放大器基础

7.2.1　EDFA 工作原理

EDFA 是利用掺铒光纤中泵浦光与铒离子相互作用，通过铒离子的受激跃迁将泵浦能量转移到信号光上，实现信号光的放大，属于非参量的激活过程。铒离子的能级示意图如

图 7.2.1 所示，其中原子能级采用原子物理学中常用的符号来标记。按照量子力学理论，原子的能量是量子化的，能量取一系列分立值。能级取决于原子的电子组态和原子内相互作用的耦合类型。在轨道自旋(LS)耦合情形下，能级用总轨道角动量、总自旋和总角动量的量子数 L、S、J 表示为 $^{2S+1}L_J$，其中，当 $L=0$、1、2、3、4、5、6…时，L 用字母 S、P、D、F、G、H、I、K、L、M、N 等代替。在磁场中，原子磁矩与磁场的相互作用导致能级分裂，还需用相应的磁量子数分别予以标记。

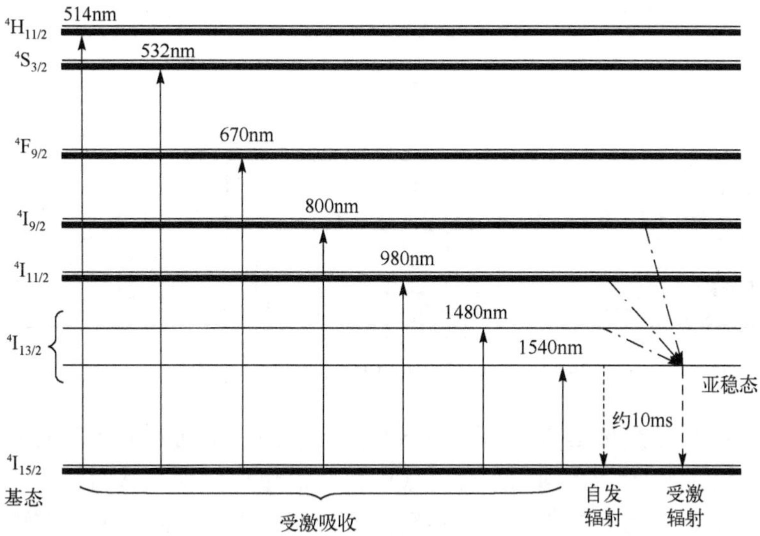

图 7.2.1　铒离子的能级示意图

EDFA 的工作原理可以用三能级模型加以说明。在掺铒光纤(EDF)中，铒离子有三个能态：基态、亚稳态和激发态。当泵浦光的光子能量为激发态和基态的能量差时，铒离子吸收泵浦光的光能从基态跃迁到激发态，但激发态不稳定，电子很快弛豫到亚稳态。若输入的信号光的光子能量等于亚稳态和基态之间能量差，则电子就会从亚稳态跃迁到基态，产生受激辐射光，信号光得到放大。

EDFA 主要由掺铒光纤、高功率泵浦源、光耦合器/波分复用器以及光隔离器等组成，其中掺铒光纤和高功率泵浦源是关键器件。EDFA 的增益取决于有源光纤中 Er^{3+}的浓度、有源光纤长度以及泵浦光功率等。商用的 EDFA 结构更复杂，包括光路模块、泵浦激光器驱动电路、微处理器控制单元、状态检测与显示等几部分，如图 7.2.2 所示[1]。

泵浦光源必须满足两个条件：①泵浦波长与铒离子能级跃迁相匹配；②有高的输出功率和较长的寿命。常用的泵浦光源有 1480nm、980nm 和 800nm 半导体激光器三种选择，其中，980nm 半导体激光泵浦源具有噪声小、泵浦效率高、驱动电流小、增益平坦性好等突出优点，从而被广泛应用。波长为 1480nm 的 InGaAsP 多量子阱(MQW)激光器输出光功率可达 100mW，泵浦光转换成信号光的效率在 6dB/mW 以上，且噪声低。

光耦合器/波分复用器把泵浦光和信号光耦合在一起，要求其插入损耗小，熔拉双锥光纤耦合型和干涉滤波型最适用。光隔离器置于波分复用器的支路端口，防止光反射，要求其插入损耗小、反射损耗大。

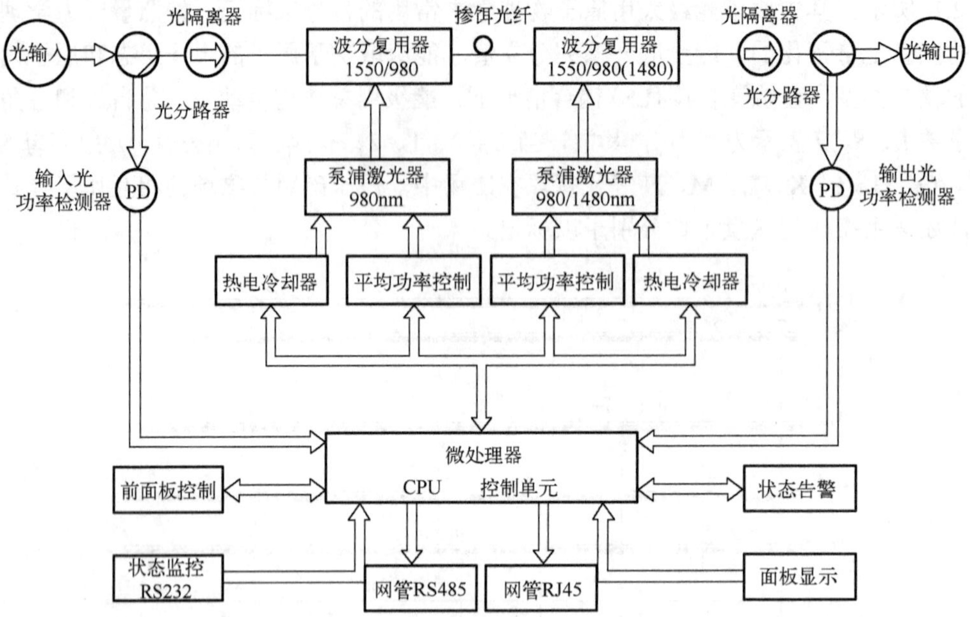

图 7.2.2　商用的 EDFA 产品结构[1]

根据泵浦光与信号光传播方向的不同，有同向泵浦、反向泵浦和双向泵浦三种基本泵浦方式，如图 7.2.3 所示。在同向泵浦方式中，泵浦光与信号光从同一端注入掺铒光纤。对于反向泵浦方式，泵浦光与信号光从不同的方向输入掺铒光纤，两者在掺铒光纤中以相反的方向传输。为了使掺铒光纤中铒离子能够得到充分的激励，可以采用双向泵浦方式，

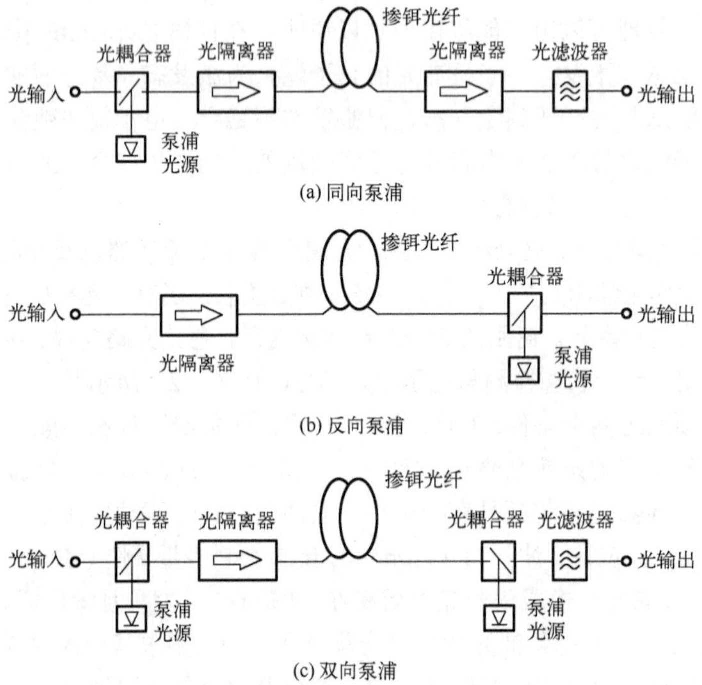

图 7.2.3　EDFA 的泵浦方式和光路结构

但需要至少两个泵浦源，成本增加。此外，根据泵浦光耦合到掺铒光纤的方式不同，又可分为芯层泵浦和包层泵浦两种。

7.2.2 EDFA 性能参数

1. 增益特性

掺铒光纤中，光功率沿光纤长度 z 的演化满足如下规律：

$$\frac{\mathrm{d}P(z)}{\mathrm{d}z}=g(\omega)P(z) \tag{7.2.1}$$

式中，$g(\omega)$ 为增益系数。

对于均匀展宽的增益介质，增益系数是频率 ω 和光功率 P 的函数，即

$$g(\omega)=\frac{g_0}{1+(\omega-\omega_\mathrm{a})^2T_2^2+P/P_\mathrm{sat}} \tag{7.2.2}$$

式中，g_0 为峰值增益系数，取决于放大器泵浦功率；ω_a 为原子跃迁频率；T_2 为偶极子弛豫时间(约 0.1ps)；P_sat 为饱和功率。

光放大器对光信号的放大能力用功率增益 G 表示，定义为输出光功率 P_out 与输入光功率 P_in 之比，即 $G=P_\mathrm{out}/P_\mathrm{in}$。小信号情形下，可不考虑增益系数 $g(\omega)$ 的功率依赖性，此时 $G(\omega)=\exp[g(\omega)L]$，$L$ 为光纤长度。光放大器的带宽定义为小信号功率增益 $G(\omega)$ 的半极大全宽(FWHM)值(用 $\Delta\nu_G$ 表示)，它与增益系数 $g(\omega)$ 的半极大全宽 $\Delta\nu_g$ 之间有如下关系：

$$\Delta\nu_G=\Delta\nu_g\sqrt{\frac{\ln 2}{\ln G_0-\ln 2}} \tag{7.2.3}$$

式中，G_0 为放大器的峰值增益。通常情况下，$\Delta\nu_G$ 小于 $\Delta\nu_g$。EDFA 一般工作在 1530～1565nm 波长范围，对应于波分复用(WDM)频带的 C 波段，典型的 EDFA 输出光谱如图 7.2.4 所示。

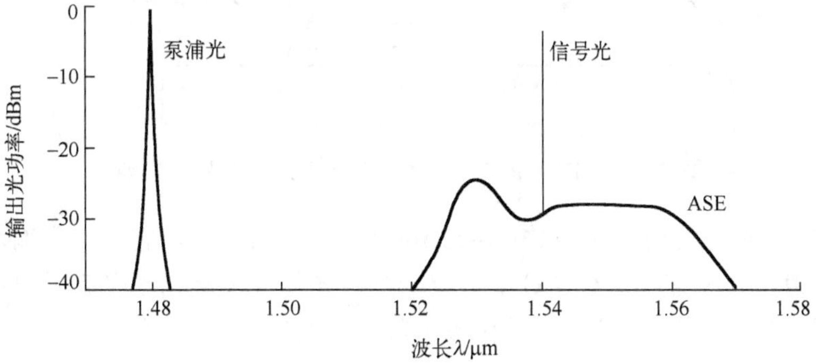

图 7.2.4　EDFA 的输出光谱

将式(7.2.2)代入式(7.2.1)，考虑到增益系数的功率依赖性，光放大器增益可用输出功率表示为

$$G=G_0\exp\left(-\frac{G-1}{G}\frac{P_\mathrm{out}}{P_\mathrm{sat}}\right) \tag{7.2.4}$$

由式(7.2.4)可知，随着输出功率的增加，放大器增益逐渐降低。当放大器增益下降 3dB 时，所对应的输出功率称为输出饱和功率 $P_{\text{sat}}^{\text{out}}$，即

$$P_{\text{sat}}^{\text{out}} = \frac{G_0 \ln 2}{G_0 - 2} P_{\text{sat}} \approx 0.68 P_{\text{sat}} \tag{7.2.5}$$

光放大器的增益饱和特性来源于增益系数的功率依赖关系，当输入功率增加时，受激辐射加快，以至于减少了粒子反转数，使受激辐射光减弱，输出功率趋于平稳(达到饱和)。在同样泵浦功率条件下，三种泵浦方式中，同向泵浦 EDFA 的饱和输出最小，双向泵浦 EDFA 的输出功率最大。

2. 噪声特性

在 EDFA 的输出光中，除了有信号光外，还有自发辐射光。自发辐射光与输入信号光一起被放大，放大的自发辐射(amplified spontaneous emission，ASE)是光域上劣化信号的噪声源。EDFA 的噪声包括热噪声、散粒噪声、自发辐射光谱与信号光间的差拍噪声、自发辐射光谱间的差拍噪声等，如图 7.2.5 所示。其中，ASE 与信号光之间的差拍噪声是光纤放大器噪声的主要来源，会使光电转换后电信号的信噪比(SNR)下降。

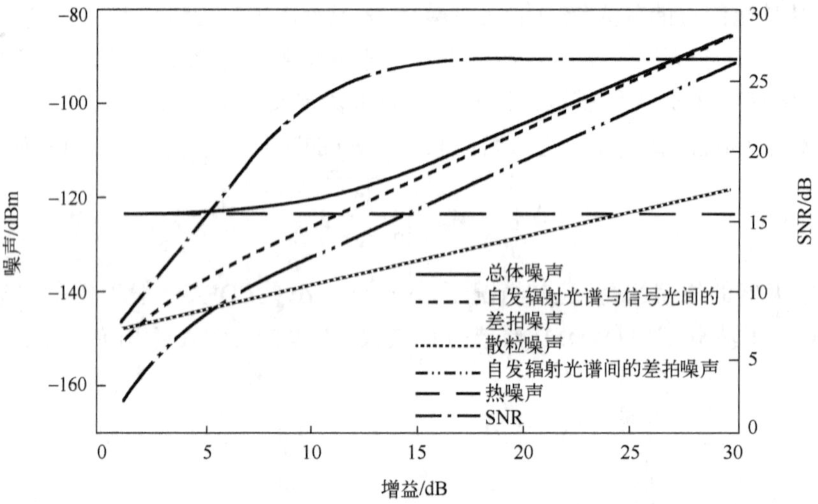

图 7.2.5　EDFA 的主要噪声来源及其对信噪比的影响

EDFA 的噪声特性可用噪声指数(noise figure，NF)来度量，它定义为输入信噪比与输出信噪比的比值，其中信噪比(SNR)由接收端机将光信号转换成光电流后的功率来计算。

在光探测器带宽范围(Δf)内，散粒噪声限制下的输入 SNR 为

$$(\text{SNR})_{\text{in}} = \frac{I^2}{\sigma_s^2} = \frac{(RP_{\text{in}})^2}{2q(RP_{\text{in}})\Delta f} = \frac{P_{\text{in}}}{2h\nu\Delta f} \tag{7.2.6}$$

式中，I 和 σ_s 分别为信号光电流和散粒噪声的均方根(RMS)；R 和 P_{in} 分别为光电检测器的响应度和输入光功率；q 和 ν 分别为电子电量和光子频率；h 为普朗克常量。

光放大器输出的光波经光电检测器后，其输出的噪声主要由散粒噪声、自发辐射光谱与信号光间的差拍噪声两部分组成，即

$$\sigma^2 = 2q(RGP_{\text{in}})\Delta f + 4(RGP_{\text{in}})(RS_{\text{sp}})\Delta f \tag{7.2.7}$$

式中，G 为光放大器的增益；$S_{\text{sp}}(\nu) = (G-1)n_{\text{sp}}h\nu$ 为宽带放大器自发辐射噪声的功率谱密度，$n_{\text{sp}} = N_2/(N_2 - N_1) = \rho_2/(2\rho_2 - 1)$ 为自发辐射因子（$n_{\text{sp}} \geqslant 1$），$\rho_2 = N_2/(N_1 + N_2)$ 为亚稳态能级的粒子占有率(粒子反转率)。n_{sp} 与 ρ_2 之间的对应关系如图 7.2.6 所示[1]，即粒子反转率越大，自发辐射因子越小。

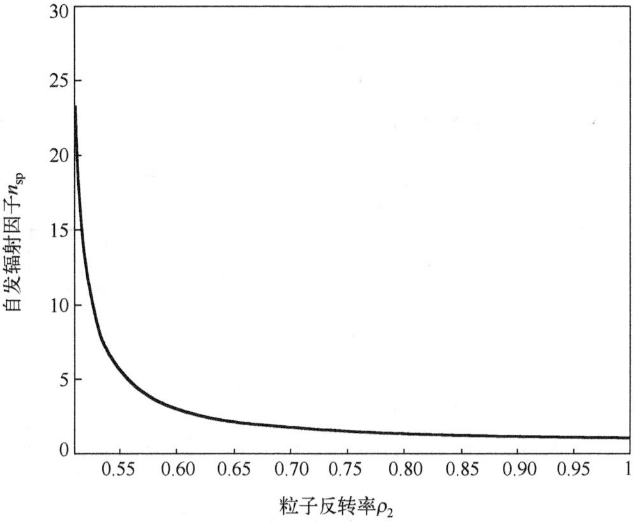

图 7.2.6 n_{sp} 与 ρ_2 之间的对应关系[1]

于是，光放大器的输出 SNR 为

$$(\text{SNR})_{\text{out}} = \frac{I_{\text{out}}^2}{\sigma^2} = \frac{(RGP_{\text{in}})^2}{\sigma^2} = \frac{GP_{\text{in}}}{2h\nu\Delta f + 4S_{\text{sp}}\Delta f} \approx \frac{GP_{\text{in}}}{4S_{\text{sp}}\Delta f} \tag{7.2.8}$$

由式(7.2.6)和式(7.2.8)可得光放大器的噪声指数为[2]

$$\text{NF} = \frac{(\text{SNR})_{\text{in}}}{(\text{SNR})_{\text{out}}} = \frac{1}{G} + \frac{2S_{\text{sp}}}{Gh\nu} \approx \frac{2n_{\text{sp}}(G-1)}{G} \approx 2n_{\text{sp}} \tag{7.2.9}$$

显然，EDFA 的噪声指数总大于 3dB，通常为 4～6dB。

由式(7.2.9)可知，光放大器的噪声指数还可以用 ASE 噪声功率表示为

$$\text{NF} = \frac{(\text{SNR})_{\text{in}}}{(\text{SNR})_{\text{out}}} = \frac{1}{G} + \frac{P_{\text{ASE}}}{Gh\nu B_{\text{o}}} \tag{7.2.10}$$

在相当小的光滤波器带宽（B_{o}）范围内，当 $G \gg 1$ 时，单级 EDFA 引入的 ASE 噪声功率为 $P_{\text{ASE}} = 2S_{\text{sp}}(\nu)B_{\text{o}} \approx \text{NF} \cdot G \cdot h\nu B_{\text{o}}$。

EDFA 噪声指数(NF)与输出功率和光纤长度有关，输出功率的增加会导致粒子反转数下降，自发辐射因子增加，噪声指数也增大。在未饱和区，三种泵浦方式中，同向泵浦 EDFA 的噪声指数最小，反向泵浦 EDFA 的噪声指数最大。实际设计 EDFA 时，往往首选 980nm 同向泵浦方式。

7.2.3 EDFA 的应用

1. 基本应用形式

1) 光功率放大(BA)

光功率放大是指将 EDFA 放在发射光源之后对信号进行放大的应用形式，其作用是提高光发射机的光功率，或者增加注入光纤的光功率，从而延长传输距离，如图 7.2.7(a)所示。要求光功率放大器具有较大的饱和输出功率，但对噪声性能要求不高。需指出的是，虽然采用 EDFA 可提高注入光纤的光功率，但当入纤功率达到一定数值时，将会产生光纤非线性效应，极大地限制了 EDFA 的放大性能和无中继传输距离。

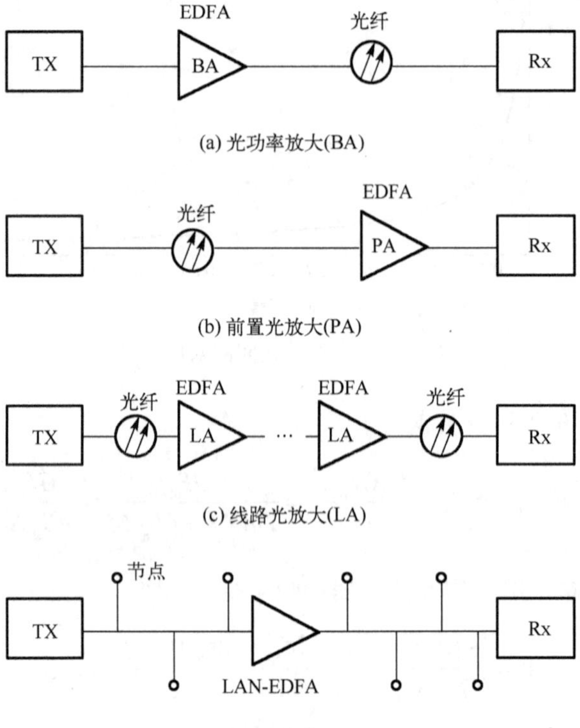

(a) 光功率放大(BA)

(b) 前置光放大(PA)

(c) 线路光放大(LA)

(d) LAN放大

图 7.2.7　EDFA 的基本应用形式

2) 前置光放大(PA)

前置光放大是指将 EDFA 放在光接收机的前面，以放大微弱的光信号，从而大大提高光接收机的接收灵敏度，如图 7.2.7(b)所示。要求前置光放大器的输入光功率和噪声指数都很低。

3) 线路光放大(LA)

线路光放大是指将 EDFA 直接插入光纤传输链路中对信号进行中继放大的应用形式，如图 7.2.7(c)所示。线路光放大器广泛地用于长距离通信，在光纤线路中每隔一段距离设置一个中继光放大器，以延长干线网的传输距离。相比于光功率放大器和前置光放大器，线路光放大器的输入光功率和噪声指数适中。

4) LAN 放大

LAN 放大是将 EDFA 放在光纤局域网中用作分配补偿放大器，以便增加光节点的数目，为更多的用户服务，常用于光纤有线电视系统中，如图 7.2.7(d)所示。

2. EDFA 的级联特性

EDFA 在光纤通信系统中的广泛应用，促进了 WDM 技术的实用化。EDFA 与 WDM 技术结合，大大提高了光纤通信系统的传输容量和传输距离，也推动了通信网络的发展。目前，EDFA 只适应于 1550nm 波段，通常可用的增益频谱在 1530～1565nm 范围，在这个 35nm 的增益带宽内可支持 80 多个 50GHz 波长间隔的信道。EDFA 对皮秒脉冲的放大可以使输出脉冲的形状和宽度基本上不发生变化，但在飞秒脉冲放大的情况下，由于飞秒脉冲的频谱宽度已接近放大器的增益带宽，脉冲频谱边缘分量的增益有所下降，即出现增益色散效应。

用于 WDM 系统的 EDFA 应具有足够的带宽和平坦的增益。EDFA 的增益平坦度(GF)是指在整个可用的增益通带内，最大增益与最小增益之差。一般的 EDFA 在其工作波长段内有一定的增益起伏，且各个 EDFA 的增益谱形状极为相近。当多个 EDFA 级联使用时，带内的增益起伏就变得很大，会导致接收机输入过载或信噪比达不到要求。因此，增益平坦度是 WDM 传输系统对 EDFA 的一个特殊要求，单个放大器的 GF 应限制在 1dB 之内。实现 EDFA 增益平坦的方案有：选用 EDFA 增益平坦的区域，如 1548～1560nm；采用增益均衡技术，即使用与放大器增益谱相反的均衡器来抵消增益的波长依赖性；设计增益平坦掺铒光纤等。

设有 N 个线路光放大器，它们具有相同的噪声指数 NF，其增益 G 正好补偿每一段的线路损耗 L，即 $G = L$，如图 7.2.8 所示。每个信道在主路接口发送端(MPI-S)的平均发送功率为 $P_{\text{MPI-S}} = P_{\text{WDM}}/M$，$P_{\text{WDM}}$ 为 M 个波分复用信号的总发射功率。由于每级 EDFA 的增益 G 正好补偿其前面一段传输光纤的损耗 L，则每级光放大器输出的信号功率等于 $P_{\text{MPI-S}}$。由前面的分析可知，在给定的光带宽 B_o 范围内，每个 EDFA 引入的 ASE 噪声功率为 $P_{\text{ASE}} = \text{NF}\cdot G\cdot h\nu B_o$，$N$ 个 EDFA 引入的总噪声功率为 $P_N = NP_{\text{ASE}}$。

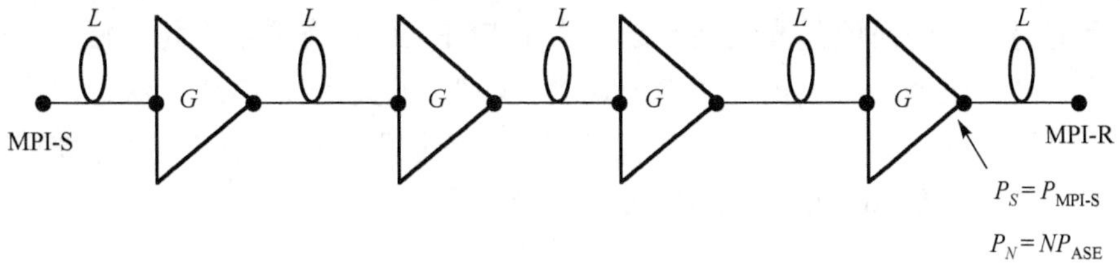

图 7.2.8　WDM 系统中 EDFA 的级联

光纤信道中，无源光器件以及光纤损耗等不会引入 ASE 噪声。因此，每个信道在主路接口接收端(MPI-S)的光信噪比(OSNR)为

$$\text{OSNR} = \frac{P_S}{P_N} \approx \frac{P_{\text{MPI-S}}}{N(\text{NF}\cdot G\cdot h\nu B_o)} \tag{7.2.11}$$

式中，$P_{\text{MPI-S}} = P_{\text{WDM}}/M$，$P_{\text{WDM}}$ 为 WDM 信号的总功率，M 表示波分复用信道数。

光信噪比还可以用 dB 表示为

$$\mathrm{OSNR}_{\mathrm{dB}} = (P_{\mathrm{WDM}}^{\mathrm{dBm}} - 10\lg M) - 10\lg N - \mathrm{NF}_{\mathrm{dB}} - L_{\mathrm{dB}} - 10\lg(h\nu B_{\mathrm{o}} \times 10^3) \tag{7.2.12}$$

式中，$P_{\mathrm{WDM}}^{\mathrm{dBm}}$ 为光功率 P_{WDM} 的 dBm 表示，其他参量用下标“dB”表示以 dB 为单位。按约定，光带宽总是取 0.1nm，在 1550nm 波长，$10\lg(h\nu B_{\mathrm{o}} \times 10^3) = -58.03\,\mathrm{dB}$。

图 7.2.9 表示 WDM 链路中每个波长信道的信号功率、ASE 噪声功率，以及光信噪比随 EDFA 级联数的变化规律。由图 7.2.9 可知，随着 EDFA 级联数目的增加，累积 ASE 噪声也不断提高，使系统的 OSNR 逐渐减小，从而限制了系统的传输容量。要使光信号能够传输更长距离，必须采用 2R 再生器(再整形和再放大)抑制 ASE 噪声。

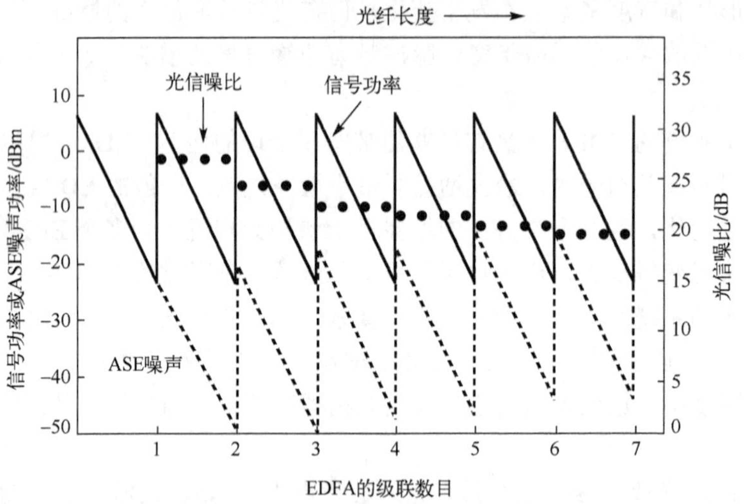

图 7.2.9　EDFA 的级联性能

在多信道复用信号放大过程中，信道间会出现四波混频串扰。当信道频率间隔 Δf 满足 $\Delta f \cdot \tau_{\mathrm{c}} \gg 1$ 时，四波混频串扰可以忽略，其中，τ_{c} 为载流子寿命。对于 EDFA，τ_{c} 应由 τ_{sp} 来代替。由于 τ_{sp} 具有较大的值(约 10ms)，利用 EDFA 对多信道信号进行放大时通常不考虑这种串扰。

另一个值得注意的问题是光浪涌问题。由于 EDFA 的动态增益变化较慢，当输入信号跳变的瞬间会产生浪涌，即输出光功率出现“尖峰”。尤其是在 EDFA 级联时更为明显，峰值光功率可达数瓦，有可能造成光/电变换器和光连接器端面的损坏。在系统中加入光浪涌保护装置，通过控制 EDFA 泵浦功率可消除光浪涌。

7.3　少模 EDFA 的理论模型

7.3.1　少模 EDFA 的增益微扰理论

掺铒光纤在泵浦光的照射下，发生粒子数反转，使输入信号光得到放大。光放大作用与复折射率虚部相联系，可以视为理想无源光纤基础上的微扰。

当忽略导波光电场纵向分量(沿+z 传播方向)的耦合作用以及偏振模转换效应时，时域微扰波动方程的标量形式为

$$\nabla^2 E - \mu_0 \varepsilon_0 \varepsilon_{r0} \frac{\partial^2}{\partial t^2} E = \mu_0 \varepsilon_0 \frac{\partial^2}{\partial t^2} (\Delta\varepsilon_r \cdot E) \tag{7.3.1}$$

式中，$\Delta\varepsilon_r$ 是与光放大效应相联系的附加相对介电系数。

根据耦合模理论，将微扰情形的光场用无微扰的本征模展开，即

$$\begin{aligned} E(x,y,z,t) &= \mathrm{Re}\left[\sum_m A_m(z,t)\hat{\psi}_m(x,y)\mathrm{e}^{\mathrm{j}(\omega t - \beta_m z)}\right] \\ &= \sum_m \frac{1}{2} A_m(z,t)\hat{\psi}_m(x,y)\mathrm{e}^{\mathrm{j}(\omega t - \beta_m z)} + \text{c.c.} \end{aligned} \tag{7.3.2}$$

式中，$\sum_m$ 表示对所有模数求和；c.c. 表示前项的复数共轭；$\hat{\psi}_m(x,y)$ 和 $A_m(z,t)$ 分别为功率归一化模式横向模场分布及其复包络。

功率归一化模场横向模场分布 $\hat{\psi}_m(x,y)$ 满足如下正交归一化条件：

$$\int_{-\infty}^{\infty} \hat{\psi}_m(x,y)\hat{\psi}_n^*(x,y)\mathrm{d}x\mathrm{d}y = 2Z_m \delta_{mn} \tag{7.3.3}$$

式中，$Z_m = \omega\mu_0 / \beta_m$ 为模式的波阻抗。相应地，模式光强分布和光功率可分别表示为 $I_m(x,y,z;t) = \left|\hat{\psi}_m(x,y)A_m(z,t)\right|^2 / (2Z_m)$ 和 $P_m(z,t) = \left|A_m(z,t)\right|^2$。

假设准连续波的复包络 $A_m(z)$ 沿 z 方向变化十分缓慢，将式(7.3.2)代入式(7.3.1)，并忽略二次微分项，可得

$$\sum_m -\mathrm{j}\beta_m \frac{\mathrm{d}A_m(z)}{\mathrm{d}z}\hat{\psi}_m(x,y)\mathrm{e}^{\mathrm{j}(\omega t - \beta_m z)} = \mu_0 \varepsilon_0 \frac{\partial^2}{\partial t^2}\left[(\Delta\varepsilon_r)\sum_m \frac{1}{2} A_m(z)\hat{\psi}_m(x,y)\mathrm{e}^{\mathrm{j}(\omega t - \beta_m z)}\right] \tag{7.3.4}$$

式中，$\Delta\varepsilon_r = \mathrm{j}\chi'' \approx 2n_0\Delta n = \mathrm{j}n_0 g/k_0$，$n_0$ 和 g 分别为有源光纤的纤芯折射率和增益系数。在 EDFA 的三能级模型中，信号光(或泵浦光)的增益系数可表示为 $g_{s(p)} = \sigma_{es(ep)}N_2(x,y,z) - \sigma_{as(ap)}N_1(x,y,z)$，$N_1(x,y,z)$ 和 $N_2(x,y,z)$ 分别为铒离子基态和亚稳态能级的铒离子浓度分布；$\sigma_{as(ap)}$ 和 $\sigma_{es(ep)}$ 分别为信号光(或泵浦光)的吸收截面和发射截面，它们是波长的函数，不随铒离子分布改变而改变。对于 980nm 泵浦光，其发射作用可以忽略，即 $\sigma_{ep} \approx 0$。

分别用 $[\hat{\psi}_n(x,y)]^*$ 乘以式(7.3.4)两边，并对横截面从 $(-\infty,\infty)$ 积分，利用正交归一化条件式(7.3.3)，可得

$$\frac{\mathrm{d}A_n(z)}{\mathrm{d}z} = -\mathrm{j}\sum_m \kappa_{nm} A_m(z)\mathrm{e}^{\mathrm{j}(\beta_n - \beta_m)z} = \sum_m \frac{1}{2}\gamma_{nm} A_m(z)\mathrm{e}^{\mathrm{j}\Delta\beta_{nm} z} \tag{7.3.5}$$

式中，$\Delta\beta_{nm} = \beta_n - \beta_m$ 为相位失配因子，与模式差拍效应有关；$\gamma_{nm} = -2\mathrm{j}\kappa_{nm}$ 为模式耦合参量，$\kappa_{nm} = \frac{\omega}{4}\int_{-\infty}^{\infty} \varepsilon_0 \Delta\varepsilon_r \hat{\psi}_n^*(x,y)\hat{\psi}_m(x,y)\mathrm{d}x\mathrm{d}y$。

若令 $f_m(x,y) = \hat{\psi}_m(x,y)/\sqrt{2Z_m}$，则有 $\int_{-\infty}^{\infty} f_m(x,y) f_n^*(x,y)\mathrm{d}x\mathrm{d}y = \delta_{mn}$，$f(x,y)$ 称为横向电

场的归一化函数。此时，$I_m(x,y,z;t)=\left|f_m(x,y)A_m(z,t)\right|^2$，$\gamma_{nm}=-2\mathrm{j}\kappa_{nm}=\int_{-\infty}^{\infty}\frac{n_0(x,y)}{n_{\mathrm{eff},m}}gf_n^*(x,y)f_m(x,y)\mathrm{d}x\mathrm{d}y$，$n_{\mathrm{eff},m}=\beta_m/k_0$ 为模式的有效折射率。在弱导近似下，$n_{\mathrm{eff},m}\approx n_0(x,y)$，信号光(或泵浦光)的耦合参量 γ_{nm} 可具体表示为

$$\gamma_{nm}^{(\mathrm{s,p})}=\int_{-\infty}^{\infty}(\sigma_{\mathrm{es(ep)}}N_2-\sigma_{\mathrm{as(ap)}}N_1)f_n^*(x,y)f_m(x,y)\mathrm{d}x\mathrm{d}y \tag{7.3.6}$$

式(7.3.5)写成矩阵形式为

$$\frac{\mathrm{d}}{\mathrm{d}z}\begin{bmatrix}A_1(z)\\A_2(z)\\A_3(z)\\\vdots\\A_n(z)\end{bmatrix}=\frac{1}{2}\begin{bmatrix}\gamma_{11} & \gamma_{12}\mathrm{e}^{\mathrm{j}\Delta\beta_{12}z} & \gamma_{13}\mathrm{e}^{\mathrm{j}\Delta\beta_{13}z} & \cdots & \gamma_{1n}\mathrm{e}^{\mathrm{j}\Delta\beta_{1n}z}\\ \gamma_{21}\mathrm{e}^{\mathrm{j}\Delta\beta_{21}z} & \gamma_{22} & \gamma_{23}\mathrm{e}^{\mathrm{j}\Delta\beta_{23}z} & \cdots & \gamma_{2n}\mathrm{e}^{\mathrm{j}\Delta\beta_{2n}z}\\ \gamma_{31}\mathrm{e}^{\mathrm{j}\Delta\beta_{31}z} & \gamma_{32}\mathrm{e}^{\mathrm{j}\Delta\beta_{32}z} & \gamma_{33} & \cdots & \gamma_{3n}\mathrm{e}^{\mathrm{j}\Delta\beta_{3n}z}\\ \vdots & \vdots & \vdots & & \vdots\\ \gamma_{n1}\mathrm{e}^{\mathrm{j}\Delta\beta_{n1}z} & \gamma_{n2}\mathrm{e}^{\mathrm{j}\Delta\beta_{n2}z} & \gamma_{n3}\mathrm{e}^{\mathrm{j}\Delta\beta_{n3}z} & \cdots & \gamma_{nn}\end{bmatrix}\begin{bmatrix}A_1(z)\\A_2(z)\\A_3(z)\\\vdots\\A_n(z)\end{bmatrix} \tag{7.3.7}$$

由式(7.3.7)可知，耦合系数矩阵的对角元素 γ_{nn} 与模式增益相联系，而非对角项的贡献依赖于模式间的耦合参量 γ_{nm} $(n\neq m)$ 和模式相位失配因子 $\Delta\beta_{nm}$。当增益系数具有非对称的横向分布且模式之间的传播常数十分接近时，才需考虑非对角项的贡献。

7.3.2　少模 EDFA 的强度模型

1. 铒离子浓度的速率方程

粒子数反转是 EDFA 实现光放大的最基本条件。铒离子的基态(E_1)、亚稳态(E_2)和激发态(E_3)之间形成了三能级结构。以 980nm 泵浦情形为例，亚稳态能级的铒离子浓度 N_2 满足速率方程[3]：

$$\frac{\partial N_2(x,y,z,t)}{\partial t}=R_{13}N_1(x,y,z,t)+W_{12}N_1(x,y,z,t)-W_{21}N_2(x,y,z,t)-\frac{N_2(x,y,z,t)}{\tau} \tag{7.3.8}$$

式中，$N_1(x,y,z,t)$ 和 $N_2(x,y,z,t)$ 分别为铒离子基态和亚稳态能级的铒离子浓度分布，它是掺铒光纤中空间位置 (x,y,z) 和时刻 t 的函数；τ 为亚稳态能级上铒离子的弛豫时间；R_{13}、W_{12} 和 W_{21} 分别代表铒离子能级 $E_1\to E_3$、$E_1\to E_2$ 和 $E_2\to E_1$ 的跃迁概率，它们正比于泵浦光光强 I_{p}、信号光和 ASE 噪声的光强 $(I_{\mathrm{s}}+I_{\mathrm{ASE}})$，具体表达式如下：

$$R_{13}=\frac{\sigma_{\mathrm{ap}}}{h\nu_{\mathrm{p}}}I_{\mathrm{p}},\quad W_{12}=\frac{\sigma_{\mathrm{as}}}{h\nu_{\mathrm{s}}}(I_{\mathrm{s}}+I_{\mathrm{ASE}}),\quad W_{21}=\frac{\sigma_{\mathrm{es}}}{h\nu_{\mathrm{s}}}(I_{\mathrm{s}}+I_{\mathrm{ASE}}) \tag{7.3.9}$$

式中，ν_{s} 和 ν_{p} 分别为信号光和泵浦光的频率；h 为普朗克常量；σ_{as} 和 σ_{es} 分别为信号光的吸收截面和发射截面；σ_{ap} 为泵浦光的吸收截面。

铒离子的发射截面和吸收截面是波长的函数，可根据荧光和吸收带宽的实验值计算得到，也可通过测量饱和输出功率获得，两种方法有一定差异[4]。前者是假设两能级间的 Stark 跃迁概率相等，与简单的增益测量结果有出入。饱和功率测量方法是通过测量饱和功率和有无泵浦情形的增益(或损耗)来确定吸收截面和发射截面的，测量结果表明，处于 1530nm 附近的峰值吸收截面大于峰值发射截面。Barnes 等[4]采用饱和功率方法测量了三种类型掺

铒光纤中 980nm 波长的吸收截面、1530nm 波长附近的峰值吸收截面和发射截面，如表 7.3.1 所示；同时，还给出了三种类型掺铒光纤中铒离子吸收截面和发射截面的波长依赖曲线，如图 7.3.1 所示[4]。

表 7.3.1　三种类型掺铒光纤中 980nm 波长的吸收截面、1530nm 波长附近的峰值吸收截面和发射截面[4]

光纤类型（纤芯组分）	$\sigma_{ap}/(10^{-25}m^{-2})$ (980nm)	$\sigma_{es}/(10^{-25}m^{-2})$ (1530nm)	$\sigma_{as}/(10^{-25}m^{-2})$ (1530nm)
GeO_2-SiO_2	2.52	6.7	7.9
Al_2O_3-SiO_2	1.9	4.4	5.1
GeO_2-Al_2O_3-SiO_2	1.7	4.4	4.7

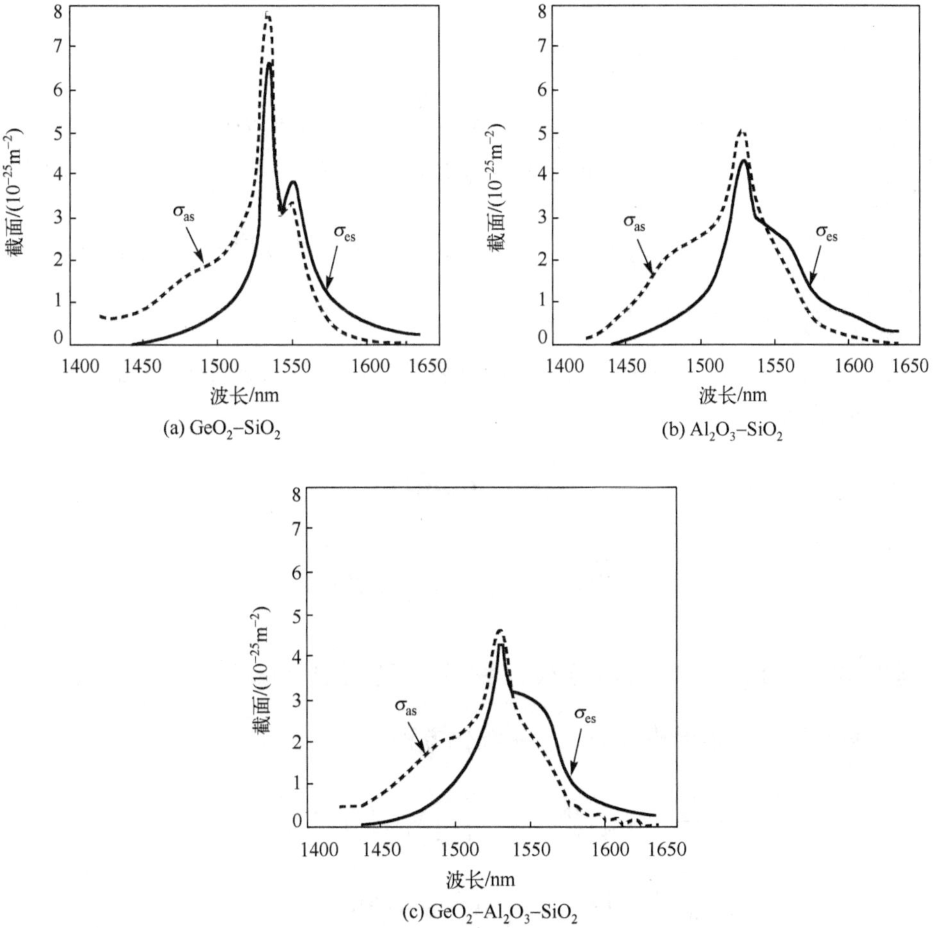

图 7.3.1　三种类型掺铒光纤中铒离子吸收截面和发射截面的波长依赖性[4]

由式(7.3.8)可知，稳态时（$\partial N_2/\partial t=0$）亚稳态能级上的铒离子浓度为

$$N_2(x,y,z)=\frac{(I_s+I_{ASE})\sigma_{as}/h\nu_s+I_p\sigma_{ap}/h\nu_p}{1/\tau+(I_s+I_{ASE})(\sigma_{as}+\sigma_{es})/h\nu_s+I_p\sigma_{ap}/h\nu_p}N_0(x,y,z) \tag{7.3.10a}$$

或者表示为

$$N_2/\tau = [\sigma_{as}N_0 - (\sigma_{as}+\sigma_{es})N_2](I_s + I_{ASE})/h\nu_s + \sigma_{ap}(N_0 - N_2)I_p/h\nu_p \tag{7.3.10b}$$

式中，$N_0 = N_1 + N_2$ 为有源光纤中铒离子的掺杂浓度。

由式(7.3.10)可知，N_2 的分布主要依赖于信号光和泵浦光的强度分布，非相干和相干模式复用下它们的总光强可分别表示为

$$I_{s,p}(x,y,z) = \begin{cases} \sum_m \left|f_m(x,y)A_m(z,t)\right|^2_{s,p} & (\text{非相干}) \\ \left|\sum_m f_m(x,y)A_m(z,t)\right|^2_{s,p} & (\text{相干}) \end{cases} \tag{7.3.11}$$

它们分别对应于 FM-EDFA 的强度模型和差拍模型。强度模型相对简单，实际中较为常用；而差拍模型适合于模式相干的情形。

2. 泵浦和信号模式的功率演化方程

在 FM-EDFA 的强度模型中，泵浦光或信号光的总光强为所有模式的光强之和，即 $I_{p,s} = \sum_m I_m^{(p,s)}$，其中，第 m 个泵浦光或信号光的光强 $I_m^{(p,s)}$ 可用模场的归一化分布函数 $f_m^{(p,s)}(x,y)$ 表示为 $I_m^{(p,s)} = \left|f_m^{(p,s)}(x,y)A_m^{(p,s)}(z)\right|^2$，$A_m^{(p,s)}(z)$ 为泵浦或信号光在光纤长度 z 处的复包络，$\int_{-\infty}^{\infty}\int_{-\infty}^{\infty}\left|f_m^{(p,s)}(x,y)\right|^2 \mathrm{d}x\mathrm{d}y = 1$。

进一步地，忽略式(7.3.7)中模式之间的耦合作用，可得第 m 个泵浦光或信号光的光强 $I_m^{(p,s)}$ 沿+z 方向的演化方程

$$\frac{\partial I_m^{(p)}}{\partial z} = -\sigma_{ap}N_1 I_m^{(p)} \tag{7.3.12}$$

$$\frac{\partial I_m^{(s)}}{\partial z} = (\sigma_{es}N_2 - \sigma_{as}N_1)I_m^{(s)} \tag{7.3.13}$$

分别对式(7.3.12)和式(7.3.13)横向积分，利用 $P_m^{(p,s)}(z) = \int_{-\infty}^{\infty}\int_{-\infty}^{\infty} I_m^{(p,s)}(x,y,z)\mathrm{d}x\mathrm{d}y = \left|A_m^{(p,s)}(z)\right|^2$，可得泵浦和信号模式的光功率演化方程：

$$\frac{\partial P_m^{(p)}}{\partial z} = -\sigma_{ap}P_m^{(p)}(z)\int_{-\infty}^{\infty}\int_{-\infty}^{\infty} N_1\left|f_m^{(p)}(x,y)\right|^2 \mathrm{d}x\mathrm{d}y \tag{7.3.14}$$

$$\frac{\partial P_m^{(s)}}{\partial z} = P_m^{(s)}\begin{bmatrix} (\sigma_{as}+\sigma_{es})\int_{-\infty}^{\infty} N_2\left|f_m^{(s)}(x,y)\right|^2 \mathrm{d}x\mathrm{d}y \\ -\sigma_{as}\int_{-\infty}^{\infty} N_0\left|f_m^{(s)}(x,y)\right|^2 \mathrm{d}x\mathrm{d}y \end{bmatrix} \tag{7.3.15}$$

对于同向泵浦情形，若 EDFA 中掺铒光纤长度为 L，则泵浦和信号模式的输出光功率为

$$P_{m,out}^{(p)}(z=L) = P_{m,in}^{(p)}\exp\left(-\sigma_{ap}\int_0^L\int_{-\infty}^{\infty}\int_{-\infty}^{\infty} N_1\left|f_m^{(p)}(x,y)\right|^2 \mathrm{d}x\mathrm{d}y\mathrm{d}z\right) \tag{7.3.16}$$

$$P_{m,\text{out}}^{(\text{s})}(z=L)=P_{m,\text{in}}^{(\text{s})}\exp\left[\begin{array}{l}(\sigma_{\text{as}}+\sigma_{\text{es}})\int_0^L\int_{-\infty}^{\infty}\int_{-\infty}^{\infty}N_2\left|f_m^{(\text{s})}(x,y)\right|^2\text{d}x\text{d}y\text{d}z\\-\sigma_{\text{as}}\int_0^L\int_{-\infty}^{\infty}\int_{-\infty}^{\infty}N_0\left|f_m^{(\text{s})}(x,y)\right|^2\text{d}x\text{d}y\text{d}z\end{array}\right]\tag{7.3.17}$$

或者用吸收系数和增益系数统一表示为如下形式：

$$P_{m,\text{out}}^{(\text{p,s})}(z=L)=P_{m,\text{in}}^{(\text{p,s})}\exp\left\{\int_0^L\left[g_m^{(\text{p,s})}(z)-\alpha_m^{(\text{p,s})}\right]\text{d}z\right\}\tag{7.3.18}$$

式中，$P_{m,\text{in}}^{(\text{p,s})}$ 为泵浦或信号模式的输入光功率；$\alpha_m^{(\text{p,s})}=\sigma_{\text{ap,as}}\int_{-\infty}^{\infty}\int_{-\infty}^{\infty}N_0(x,y)\left|f_m^{(\text{p,s})}(x,y)\right|^2\text{d}x\text{d}y$ 和 $g_m^{(\text{p,s})}(z)=(\sigma_\text{a}+\sigma_\text{e})_{\text{p,s}}\int_{-\infty}^{\infty}\int_{-\infty}^{\infty}N_2(x,y,z)\left|f_m^{(\text{p,s})}(x,y)\right|^2\text{d}x\text{d}y$ 分别为铒离子对泵浦或信号模式功率的吸收系数和增益系数。显然，与铒离子无关的光纤背景损耗系数也很容易包括在式 (7.3.18) 中。

3. ASE 噪声的功率演化方程

ASE 噪声的光功率演化包括 ASE 增益和 ASE 产生两个过程，即

$$\begin{aligned}\frac{\text{d}P_m^{(\text{n})}(z)}{\text{d}z}=P_m^{(\text{n})}(z)&\left[\begin{array}{l}(\sigma_{\text{as}}+\sigma_{\text{es}})\int_{-\infty}^{\infty}\int_{-\infty}^{\infty}N_2\left|f_m^{(\text{s})}(x,y)\right|^2\text{d}x\text{d}y\\-\sigma_{\text{as}}\int_{-\infty}^{\infty}\int_{-\infty}^{\infty}N_0\left|f_m^{(\text{s})}(x,y)\right|^2\text{d}x\text{d}y\end{array}\right]\\&+2h\nu_m\Delta\nu\int_{-\infty}^{\infty}\int_{-\infty}^{\infty}N_2\sigma_{\text{es}}\left|f_m^{(\text{s})}(x,y)\right|^2\text{d}x\text{d}y\end{aligned}\tag{7.3.19}$$

式中，等号右边第一项为 ASE 增益过程，与信号光的功率演化规律相同；第二项为两个正交偏振方向的 ASE 产生过程，$\Delta\nu$ 为噪声带宽。

令 $P(z)=-\left[(\sigma_{\text{as}}+\sigma_{\text{es}})\int_{-\infty}^{\infty}\int_{-\infty}^{\infty}N_2\left|f_m^{(\text{s})}(x,y)\right|^2\text{d}x\text{d}y-\sigma_{\text{as}}\int_{-\infty}^{\infty}\int_{-\infty}^{\infty}N_0\left|f_m^{(\text{s})}(x,y)\right|^2\text{d}x\text{d}y\right]$ 和 $Q(z)=2h\nu_m\Delta\nu\int_{-\infty}^{\infty}\int_{-\infty}^{\infty}N_2\sigma_{\text{es}}\left|f_m^{(\text{s})}(x,y)\right|^2\text{d}x\text{d}y$，则同向泵浦情形下非齐次线性微分方程(7.3.19)的解可表示为

$$\begin{aligned}P_{m,\text{out}}^{(\text{n})}(z=L)&=\left[P_{m,\text{in}}^{(\text{n})}+\int_0^L Q(z)\text{e}^{\int_0^z P(z')\text{d}z'}\text{d}z\right]\exp\left[-\int_0^L P(z)\text{d}z\right]\\&=\left[P_{m,\text{in}}^{(\text{n})}+\int_0^L Q(z)\text{e}^{\int_0^z P(z')\text{d}z'}\text{d}z\right]\exp\left\{\int_0^L[g_m^{(\text{s})}(z)-\alpha_m^{(\text{s})}]\text{d}z\right\}\\&=[P_{m,\text{in}}^{(\text{n})}+\Delta P_m^{(\text{n})}(L)]G_m^{(\text{s})}(L)\end{aligned}\tag{7.3.20}$$

式中，$P_{m,\text{in}}^{(\text{n})}$ 和 $P_{m,\text{out}}^{(\text{n})}$ 分别为 EDFA 实际输入和输出的 ASE 噪声功率；$G_m^{(\text{s})}(L)$ 为信号光的模式增益；$\Delta P_m^{(\text{n})}(L)$ 为等效到输入端的附加 ASE 噪声，即

$$\Delta P_m^{(\text{n})}(L)=\int_0^L Q(z)\text{e}^{\int_0^z P(z')\text{d}z'}\text{d}z$$

$$
\begin{aligned}
&=\int_0^L \mathrm{d}z\left\{\begin{aligned}&2h\nu_m\Delta\nu\int_{-\infty}^{\infty}\int_{-\infty}^{\infty}N_2\sigma_{\mathrm{es}}\left|f_m^{(\mathrm{s})}(x,y)\right|^2\mathrm{d}x\mathrm{d}y\\&\cdot\exp\left\{-\int_0^z[g_m^{(\mathrm{s})}(z)-\alpha_m^{(\mathrm{s})}]\mathrm{d}z'\right\}\end{aligned}\right\}\\
&=\int_0^L\left[\frac{2h\nu_m\Delta\nu}{G_m^{(\mathrm{s})}(z)}\frac{\sigma_{\mathrm{es}}}{\sigma_{\mathrm{as}}+\sigma_{\mathrm{es}}}g_m^{(\mathrm{s})}(z)\right]\mathrm{d}z
\end{aligned}
\tag{7.3.21}
$$

EDFA 的光放大过程可根据铒离子浓度方程(7.3.10)、泵浦和信号模式的功率演化方程(7.3.14)和方程(7.3.15)，以及 ASE 噪声的功率演化方程(7.3.19)进行完整的严格理论分析。铒离子各能级的占有数依赖于信号和泵浦的光强分布，它是空间位置的函数，通常需要将掺铒光纤分割成 N 个光纤段依次进行数值计算。根据输入信号光和泵浦光的初始功率，利用铒离子浓度方程计算出第一个光纤段的亚稳态铒离子浓度分布 N_2；然后，利用信号光或泵浦光的功率演化方程计算该段的输出功率，并作为下一光纤段的输入条件。重复上述过程，可计算整个掺铒光纤长度（$L=N\cdot\Delta L$）上信号模式的增益 $G_m^{(\mathrm{s})}(L)=P_{m,\mathrm{out}}^{(\mathrm{s})}(z=L)\big/P_{m,\mathrm{in}}^{(\mathrm{s})}(z=0)$，其中，$\Delta L$ 为每个光纤段的长度。

7.3.3　解析方法与交叠积分近似

由式(7.3.17)可知，信号光的模式增益依赖于亚稳态铒离子浓度分布 N_2。本节通过求解关于亚稳态铒离子数目 $\rho=\int_0^L\int_{-\infty}^{\infty}\int_{-\infty}^{\infty}N_2\mathrm{d}x\mathrm{d}y\mathrm{d}z$ 的超越方程(而不是直接计算 N_2)，给出模式增益的解析表达式。

为简单起见，暂时忽略 ASE 噪声的影响。将式(7.3.12)和式(7.3.13)代入式(7.3.8)可得[3]

$$
\frac{\partial}{\partial t}N_2(x,y,z,t)=-\frac{1}{h\nu_{\mathrm{p}}}\frac{\partial}{\partial z}\sum_m I_m^{(\mathrm{p})}-\frac{1}{h\nu_{\mathrm{s}}}\frac{\partial}{\partial z}\sum_m I_m^{(\mathrm{s})}-\frac{N_2}{\tau}
\tag{7.3.22}
$$

在掺铒光纤横截面上，对式(7.3.22)积分可得

$$
\frac{\partial}{\partial t}\int_{-\infty}^{\infty}\int_{-\infty}^{\infty}N_2(x,y,z,t)\mathrm{d}x\mathrm{d}y=-\frac{1}{h\nu_{\mathrm{p}}}\frac{\partial}{\partial z}\sum_m P_m^{(\mathrm{p})}-\frac{1}{h\nu_{\mathrm{s}}}\frac{\partial}{\partial z}\sum_m P_m^{(\mathrm{s})}-\frac{\int_{-\infty}^{\infty}\int_{-\infty}^{\infty}N_2\mathrm{d}x\mathrm{d}y}{\tau}
\tag{7.3.23}
$$

式中，m 为信号或泵浦的模式指数。

在整个掺铒光纤长度上对式(7.3.23)积分，利用式(7.3.14)和式(7.3.15)可得[5]

$$
\begin{aligned}
\frac{\partial\int_0^L\int_{-\infty}^{\infty}\int_{-\infty}^{\infty}N_2\mathrm{d}x\mathrm{d}y\mathrm{d}z}{\partial t}=&\frac{1}{h\nu_{\mathrm{p}}}\sum_m P_{m,\mathrm{in}}^{(\mathrm{p})}\left\{1-\exp\left[-\sigma_{\mathrm{ap}}\int_0^L\int_{-\infty}^{\infty}\int_{-\infty}^{\infty}N_1\left|f_m^{(\mathrm{p})}(x,y)\right|^2\mathrm{d}x\mathrm{d}y\mathrm{d}z\right]\right\}\\
&+\frac{1}{h\nu_{\mathrm{s}}}\sum_m P_{m,\mathrm{in}}^{(\mathrm{s})}\left\{1-\exp\left[(\sigma_{\mathrm{as}}+\sigma_{\mathrm{es}})\int_0^L\int_{-\infty}^{\infty}\int_{-\infty}^{\infty}N_2\left|f_m^{(\mathrm{s})}(x,y)\right|^2\mathrm{d}x\mathrm{d}y\mathrm{d}z\right.\right.\\
&\left.\left.-\sigma_{\mathrm{as}}L\int_{-\infty}^{\infty}\int_{-\infty}^{\infty}N_0\left|f_m^{(\mathrm{s})}(x,y)\right|^2\mathrm{d}x\mathrm{d}y\right]\right\}-\frac{\int_0^L\int_{-\infty}^{\infty}\int_{-\infty}^{\infty}N_2\mathrm{d}x\mathrm{d}y\mathrm{d}z}{\tau}
\end{aligned}
\tag{7.3.24}
$$

在足够短的光纤长度 ΔL 内，将 N_2 表示为分离变量形式 $N_2 = N_t(x,y)N_z(z)$，其中，$N_t(x,y)$ 为归一化横向分布，它依赖于泵浦和信号的模场分布，并满足横向归一化分布条件 $\int_{-\infty}^{\infty}\int_{e-\infty}^{\infty} N_t(x,y)\mathrm{d}x\mathrm{d}y = 1$。显然，$\int_{-\infty}^{\infty}\int_{-\infty}^{\infty} N_2(x,y,z)\mathrm{d}x\mathrm{d}y = N_z(z)$。一般地，掺铒光纤中轴向任意位置 $z=z_i$ 的归一化横向分布 $N_t(x,y)$ 可由 $N_t(x,y,z_i) = N_2(x,y,z_i)\Big/\iint N_2(x,y,z_i)\mathrm{d}x\mathrm{d}y$ 计算[6]。于是，总的反转粒子数为

$$\rho = \int_0^{\Delta L}\int_{-\infty}^{\infty}\int_{-\infty}^{\infty} N_2\mathrm{d}x\mathrm{d}y\mathrm{d}z = \int_0^{\Delta L} N_z(z)\mathrm{d}z\int_{-\infty}^{\infty}\int_{-\infty}^{\infty} N_t(x,y,z)\mathrm{d}x\mathrm{d}y = \int_0^{\Delta L} N_z(z)\mathrm{d}z = \rho_l \Delta L \tag{7.3.25}$$

式中，$\rho_l = \dfrac{1}{\Delta L}\int_0^{\Delta L} N_z(z)\mathrm{d}z$ 为相应光纤段内的平均反转粒子数(线)密度。

稳态情形下，由式(7.3.18)可知，泵浦或信号模式的净增益由相应的模式增益或吸收系数 $g_m^{(\mathrm{p,s})}$ 和 $\alpha_m^{(\mathrm{p,s})}$ 共同决定，即

$$G_m^{(\mathrm{p,s})}(z=\Delta L) = P_{m,\mathrm{out}}^{(\mathrm{p,s})}(z=\Delta L)\Big/P_{m,\mathrm{in}}^{(\mathrm{p,s})}(z=0) = \exp\left[(g_m^{(\mathrm{p,s})} - \alpha_m^{(\mathrm{p,s})})\Delta L\right] \tag{7.3.26}$$

式中，$g_m^{(\mathrm{p,s})}$ 和 $\alpha_m^{(\mathrm{p,s})}$ 分别与光纤横截面上的反转粒子数归一化分布 $N_t(x,y)$ 和铒离子掺杂浓度 $N_0(x,y)$ 相联系，可用平均反转粒子数密度参数 ρ_l 表示为

$$g_m^{(\mathrm{p})} = \rho_l\sigma_{\mathrm{ap}}\int_{-\infty}^{\infty}\int_{-\infty}^{\infty} N_t(x,y)\left|f_m^{(\mathrm{p})}(x,y)\right|^2\mathrm{d}x\mathrm{d}y$$

$$g_m^{(\mathrm{s})} = \rho_l(\sigma_{\mathrm{as}} + \sigma_{\mathrm{es}})\int_{-\infty}^{\infty}\int_{-\infty}^{\infty} N_t(x,y)\left|f_m^{(\mathrm{s})}(x,y)\right|^2\mathrm{d}x\mathrm{d}y$$

$$\alpha_m^{(\mathrm{p,s})} = \sigma_{\mathrm{ap,as}}\int_{-\infty}^{\infty}\int_{-\infty}^{\infty} N_0(x,y)\left|f_m^{(\mathrm{p,s})}(x,y)\right|^2\mathrm{d}x\mathrm{d}y$$

进一步地，稳态情形下式(7.3.24)可化简为

$$\begin{aligned}\frac{\int_0^{\Delta L}\int_{-\infty}^{\infty}\int_{-\infty}^{\infty} N_2\mathrm{d}x\mathrm{d}y\mathrm{d}z}{\tau} &= \frac{1}{h\nu_{\mathrm{p}}}\sum_m P_{m,\mathrm{in}}^{(\mathrm{p})}\left\{1-\exp\left[(g_m^{(\mathrm{p})} - \alpha_m^{(\mathrm{p})})\Delta L\right]\right\} \\ &\quad + \frac{1}{h\nu_{\mathrm{s}}}\sum_m P_{m,\mathrm{in}}^{(\mathrm{s})}\left\{1-\exp\left[(g_m^{(\mathrm{s})} - \alpha_m^{(\mathrm{s})})\Delta L\right]\right\}\end{aligned} \tag{7.3.27}$$

总反转粒子数 ρ 也可以用光纤横截面的光子数通量 $\phi = P/(h\nu)$ 表示：

$$\rho = \rho_l\Delta L = \tau\left[(\phi_{\mathrm{in}}^{(\mathrm{p})} - \phi_{\mathrm{out}}^{(\mathrm{p})}) + (\phi_{\mathrm{in}}^{(\mathrm{s})} - \phi_{\mathrm{out}}^{(\mathrm{s})})\right] = \tau\left[(\phi_{\mathrm{in}}^{(\mathrm{p})} + \phi_{\mathrm{in}}^{(\mathrm{s})}) - (\phi_{\mathrm{out}}^{(\mathrm{p})} + \phi_{\mathrm{out}}^{(\mathrm{s})})\right] \tag{7.3.28}$$

式中，$\phi_{\mathrm{in/out}}^{(\mathrm{p,s})} = P_{\mathrm{in/out}}^{(\mathrm{p,s})}\big/(h\nu_{\mathrm{p,s}})$ 分别为泵浦光或信号光的输入/输出光子数通量，$P_{\mathrm{in/out}}^{(\mathrm{p,s})} = \sum_m P_{m,\mathrm{in/out}}^{(\mathrm{p,s})}$ 为所有模式的信号光或泵浦光总功率，$P_{m,\mathrm{in/out}}^{(\mathrm{p,s})}$ 为第 m 个模式的泵浦光或信号光输入/输出功率。式(7.3.28)是关于平均反转粒子数(线)密度 ρ_l 的超越解析方程，可以看出，粒子数反转数目正比于光子数通量的减少。

当反转粒子数在光纤横截面上的分布近似按均匀分布处理时，可采用交叠积分近似方法分析，即

$$\begin{aligned} g_m^{(\mathrm{p,s})}(z) &= (\sigma_{\mathrm{a}}+\sigma_{\mathrm{e}})_{\mathrm{p,s}} \int_{-\infty}^{\infty}\int_{-\infty}^{\infty} N_2(x,y,z)\left|f_m^{(\mathrm{p,s})}(x,y)\right|^2 \mathrm{d}x\mathrm{d}y \\ &= (\sigma_{\mathrm{a}}+\sigma_{\mathrm{e}})_{\mathrm{p,s}} N_z(z) \int_{-\infty}^{\infty}\int_{-\infty}^{\infty} N_t(x,y)\left|f_m^{(\mathrm{p,s})}(x,y)\right|^2 \mathrm{d}x\mathrm{d}y \\ &\approx (\sigma_{\mathrm{a}}+\sigma_{\mathrm{e}})_{\mathrm{p,s}} \Gamma_m^{(\mathrm{p,s})} N_z(z)/A_c \end{aligned} \tag{7.3.29}$$

式中，$\Gamma_m^{(\mathrm{p,s})} = \int_{A_c}\left|f_m^{(\mathrm{p,s})}(x,y)\right|^2 \mathrm{d}x\mathrm{d}y$ 为泵浦或信号模场在掺杂横截面积 A_c 上的限制因子，交叠积分近似下 $N_z(z) \approx \int_{-\infty}^{\infty}\int_{-\infty}^{\infty} N_0(x,y,z)\mathrm{d}x\mathrm{d}y$。将式(7.3.29)代入式(7.3.18)，可用交叠积分近似方法计算泵浦光或信号光的功率演化。

7.3.4　少模 EDFA 的差拍模型

少模光纤可支持多个空间模式导波光的传播，非简并的空间模式有不同的传播常数，它们在光纤中传播时会发生模式光场的相干叠加，产生模式差拍效应。例如，矢量模式 $\mathrm{HE}_{21}^{\mathrm{e}}$ 和 TM_{01} 同属于 LP_{11} 模群，其模场可由线偏振模近似构建，即

$$\mathrm{HE}_{21}^{\mathrm{e}}(\beta_1) = \frac{1}{\sqrt{2}}(\mathrm{LP}_{11}^{ex} - \mathrm{LP}_{11}^{oy}),\quad \mathrm{TM}_{01}(\beta_2) = \frac{1}{\sqrt{2}}(\mathrm{LP}_{11}^{ex} + \mathrm{LP}_{11}^{oy}) \tag{7.3.30}$$

它们的传播常数略有差异（$\beta_1 \approx \beta_2$），差拍长度为 $L_{\mathrm{B}} = 2\pi/\left|\beta_1 - \beta_2\right|$；差拍长度越大，模式传播常数越接近。图 7.3.2 画出了矢量模式 $\mathrm{HE}_{21}^{\mathrm{e}}$ 和 TM_{01} 在少模光纤中同步传播时的模场强度分布。强度模型下，$\mathrm{HE}_{21}^{\mathrm{e}}$ 和 TM_{01} 的传播常数视为相同（$\beta_1 = \beta_2$），它们同相位叠加形成 LP_{11}^{ex} 模式，在光纤中的模场分布保持不变。差拍模型下，矢量模式 $\mathrm{HE}_{21}^{\mathrm{e}}$ 和 TM_{01} 所对应的 LP 模有不同的传播常数，它们的叠加光场依赖于光纤中的位置；同时，两个同偏振分量的 LP_{11} 模态会发生相干叠加，影响反转铒离子的浓度分布。因此，差拍模型中模态的分布依赖于模式相关增益或损耗特性。

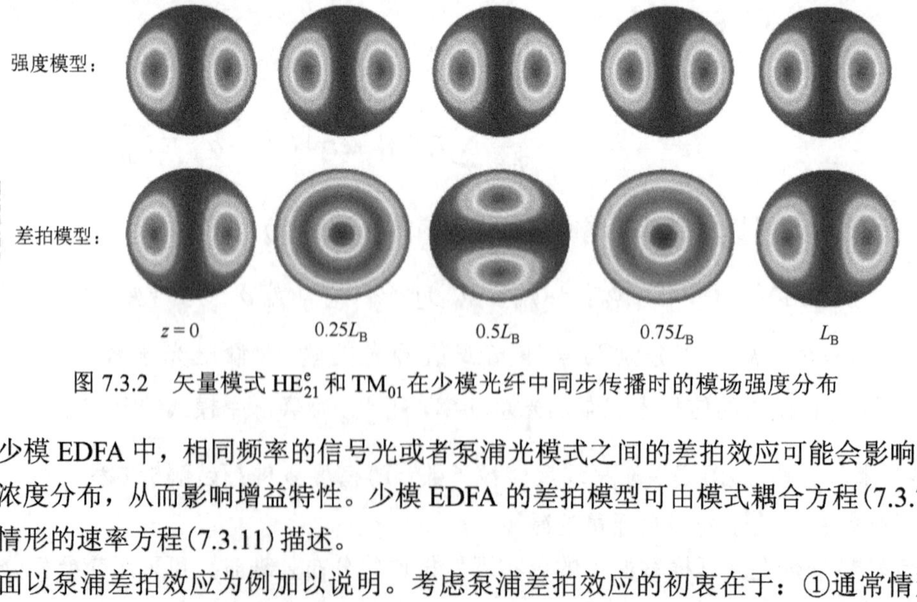

彩图

图 7.3.2　矢量模式 $\mathrm{HE}_{21}^{\mathrm{e}}$ 和 TM_{01} 在少模光纤中同步传播时的模场强度分布

在少模 EDFA 中，相同频率的信号光或者泵浦光模式之间的差拍效应可能会影响反转铒离子的浓度分布，从而影响增益特性。少模 EDFA 的差拍模型可由模式耦合方程(7.3.7)和模场相干情形的速率方程(7.3.11)描述。

下面以泵浦差拍效应为例加以说明。考虑泵浦差拍效应的初衷在于：①通常情形下，EDFA 中粒子数反转(或亚稳态铒离子数浓度)分布主要受泵浦模场的影响；②集总式 EDFA

的泵浦激光在本地产生，多泵浦方式下可以实现相干控制。图 7.3.3 给出了同向泵浦少模 EDFA 的多泵浦差拍结构，其核心是相干泵浦单元。相干泵浦单元由 980nm(或 1480nm)泵浦激光器、分束器、模式转换器、相位控制器、泵浦模分复用器组成。相干泵浦单元的信号处理过程如下：采用 980nm 泵浦激光器产生 980nm 波长的高功率基模泵浦光，然后由分束器按所需泵浦模式功率分为多个光束；模式转换器将基模转换为所需的泵浦模态，并通过相位控制器调整每个泵浦模态的相位；最后由泵浦模式复用器将所有模式的泵浦光复用到一根光纤中，作为相干泵浦单元的输出。

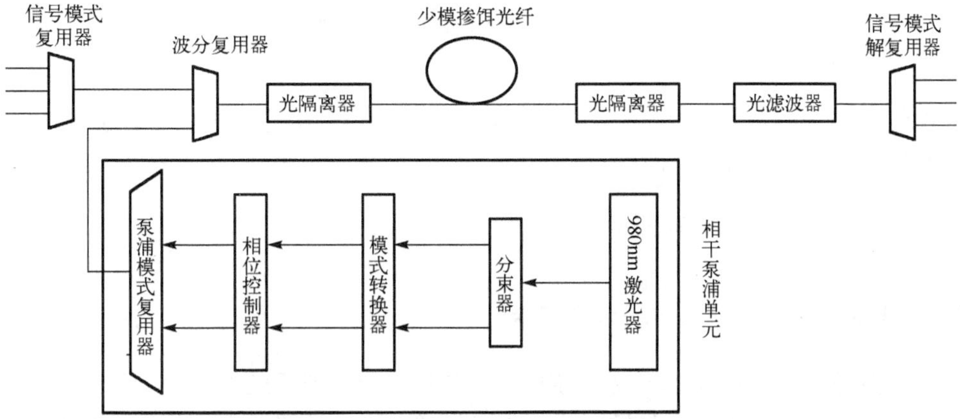

图 7.3.3　少模 EDFA 的泵浦差拍结构

考虑具有同一频率的 N 个泵浦光模式之间的差拍效应。光纤中导波光的精确模式总可以分解为 x 和 y 两个偏振分量，不同泵浦模式的相同偏振分量在少模掺铒光纤中进行光场相干叠加，其光强分布为

$$
\begin{aligned}
I_{\mathrm{p}} &= \left|\sum_{m=1}^{N} E_m(x,y,z)\right|^2 \\
&= \sum_{m=1}^{N} |f_m(x,y)|^2 |A_m(z)|^2 + \sum_{m,n=1(m\neq n)}^{N} f_m(x,y) f_n^*(x,y) A_m(z) A_n^*(z) \exp\left[\mathrm{j}(\beta_n-\beta_m)z\right] \\
&= \sum_{m=1}^{N} I_m + \sum_{m,n=1(m\neq n)}^{N} \sqrt{I_m I_n} \exp[\mathrm{j}(\Delta\beta_{nm} z + \Delta\varphi_{mn})]
\end{aligned} \tag{7.3.31}
$$

式中，$I_m = |A_m(z) f_m(x,y)|^2$ 为第 m 个模式的光强；$\Delta\beta_{nm} = \beta_n - \beta_m$ 为模式之间的传播常数差；$\Delta\varphi_{mn} = \varphi_m - \varphi_n$ 表示输入到光纤的模式相位差。

稳态时（$\partial N_2/\partial t = 0$），由式(7.3.10b)可知：

$$
\begin{aligned}
N_2/\tau &= [\sigma_{\mathrm{as}} N_0 - (\sigma_{\mathrm{as}} + \sigma_{\mathrm{es}}) N_2] I_{\mathrm{s}}/h\nu_{\mathrm{s}} + \sigma_{\mathrm{ap}}(N_0 - N_2) I_{\mathrm{p}}/h\nu_{\mathrm{p}} \\
&= -\frac{1}{h\nu_{\mathrm{s}}} \frac{\partial}{\partial z} \sum_m I_m^{(\mathrm{s})} + \frac{\sigma_{\mathrm{ap}}(N_0 - N_2)}{h\nu_{\mathrm{p}}} \sum_{m,n=1}^{N} f_m(x,y) f_n^*(x,y) A_m(z) A_n^*(z) \exp(\mathrm{j}\Delta\beta_{nm} z)
\end{aligned} \tag{7.3.32}
$$

可见，模式差拍效应使 N_2 的横向分布 $N_t(x,y)$ 较强地依赖于光传播位置 z，对 N_2 分离变量的解析分析方法不再适用，也就难以用反转粒子数表示输出功率。

在整个光纤体积范围内对式(7.3.32)积分，利用式(7.3.6)可得

$$\begin{aligned}\frac{\rho}{\tau}&=\frac{1}{h\nu_{\rm s}}\sum_{m}[P_m^{({\rm s})}(0)-P_m^{({\rm s})}(L)]-\frac{1}{h\nu_{\rm p}}\sum_{m,n=1}^{N}\int_0^L\gamma_{nm}^{({\rm p})}(z)A_m(z)A_n^*(z){\rm e}^{{\rm j}\Delta\beta_{nm}z}{\rm d}z\\&=\frac{1}{h\nu_{\rm s}}\sum_{m}[P_m^{({\rm s})}(0)-P_m^{({\rm s})}(L)]+\frac{1}{h\nu_{\rm p}}\sum_{n=1}^{N}[P_n^{({\rm p})}(0)-P_n^{({\rm p})}(L)]\end{aligned}\tag{7.3.33}$$

式(7.3.33)所揭示的物理本质与式(7.3.27)完全一致。

7.4 全光纤 FM-EDFA 的构建

根据泵浦和信号的复用方式，全光纤少模 EDFA 可由模式选择光子灯笼(MSPL)或 IWDM 构建，下面比较两者的特点。

7.4.1 基于 MSPL 的 FM-EDFA

1. 基于波长映射的模式功率检测方法

光子灯笼是一种连接单个多模波导与多个单模波导的低损耗器件，一般由低折射率玻璃套管中的多根单模光纤绝热拉锥而成。光子灯笼有模式选择性和非模式选择性两种，非模式选择光子灯笼由相同的标准单模光纤放到一条低折射率的毛细玻璃管中绝热拉锥形成，模式选择光子灯笼(MSPL)可使不同单模光纤的入射光激发出相应的独立模式。现阶段光子灯笼还存在较大的模式串扰，串扰大小依赖于输入单模信号的偏振状态。如果直接将 MSPL 解复用的信号功率作为各个模式的输出功率，会对 FM-EDFA 的增益计算带来较大误差。因此，基于 MSPL 的 FM-EDFA 中，直接测量 MDM 信号中的模式成分或者较为纯净地分离模分复用信号中的各个模式，都不是容易的事情。

波长映射是指将模式与波长一一对应，即将模式的解复用转化为波长的解复用，或者说通过检测不同的波长成分来检测不同的模式。针对基于 MSPL 的 FM-EDFA，提出一种基于波长映射的模式功率检测方法，它通过在 MSPL 后面增加波分复用器的方式，解复用出每个 MSPL 单模输出端口的所有信号模式，然后根据解复用信号中各个模式的成分计算出 MSPL 少模输入端口每个模式的总功率。这种模式功率检测方法，消除了 MSPL 引起的模式串扰劣化，可以分析模式复用光中各个模式所占的功率比例，能够准确地测量 FM-EDFA 的模式输出功率和增益。

为了便于描述，选用具有三个单模端口的 MSPL 与 DWDM 制作模式功率检测单元，其结构原理图如图 7.4.1 所示[7]，三模复用信号中 LP_{01}、LP_{11a} 和 LP_{11b} 模式分别对应三个波长($\lambda_{1\sim3}$)。对应不同波长的三个模式复用信号从 MSPL 的少模端注入光子灯笼，然后转换成单模从 MSPL 的单模端输出。由于模式串扰的存在，每个单模输出端口都或多或少地包含三个波长成分。使用密集型波分复用器(DWDM)可对这三个波长成分加以分离。在模式功率检测单元中使用 DWDM 有如下好处：①通过密集型波分复用器滤除泵浦波长；②可以代替昂贵的光谱分析仪进行增益测量；③可以比一般的光谱分析仪承受更大的功率。此

外，模式功率检测单元中，偏振控制器用于调节复用信号的偏振状态，也可用于研究模式功率检测单元对偏振的敏感性。

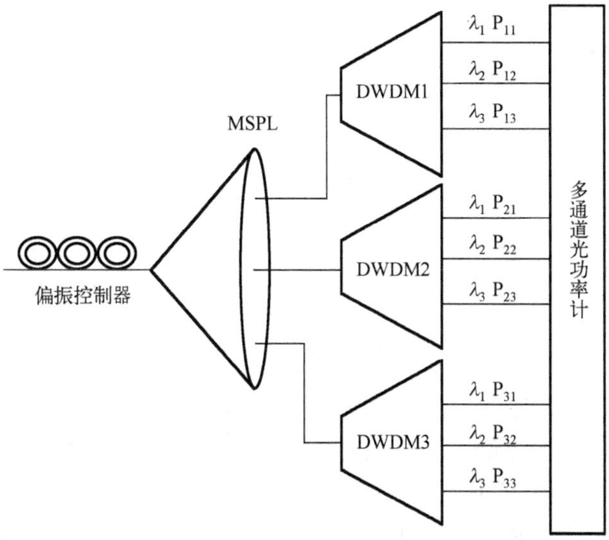

图 7.4.1　模式功率检测单元[7]

将待测复用信号中 LP_{01}、LP_{11a} 和 LP_{11b} 的模式功率分别用 P_{01}、P_{11a} 和 P_{11b} 表示；针对每个DWDM，其输出的总功率包括所有模式(或波长)，用 P_n 表示($n=1\sim3$)；将三个DWDM输出的相同波长信号进行功率叠加，可得到每个模式的检测功率，用 P_m' 表示($m=1\sim3$)。若已知该模式功率检测单元的功率转移(透射率)矩阵$[t_{nm}]_{3\times3}$，则有

$$\begin{bmatrix} P_1 \\ P_2 \\ P_3 \end{bmatrix} = \begin{bmatrix} t_{11} & t_{12} & t_{13} \\ t_{21} & t_{22} & t_{23} \\ t_{31} & t_{32} & t_{33} \end{bmatrix} \begin{bmatrix} P_{01} \\ P_{11a} \\ P_{11b} \end{bmatrix} \tag{7.4.1}$$

$$\begin{cases} P_1' = (t_{11}+t_{21}+t_{31})P_{01} = t_1 P_{01} \\ P_2' = (t_{12}+t_{22}+t_{32})P_{11a} = t_2 P_{11a} \\ P_3' = (t_{13}+t_{23}+t_{33})P_{11b} = t_3 P_{11b} \end{cases} \tag{7.4.2}$$

式中，$t_m = t_{1m} + t_{2m} + t_{3m}$ ($m=1, 2, 3$)表示相应模式的透射率，即转移矩阵的列向量元素之和。利用式(7.4.1)和式(7.4.2)均可计算出输入到光子灯笼的模式功率，分别称为混合模式和单一模式的功率检测方法。

混合模式功率计算方式是通过 MSPL 输出端口的总功率来求模式功率的，对不同模式的功率分配比较敏感，测试过程中必须保证所标定的转移矩阵保持不变。实验研究表明[7]：①混合模式功率计算过程中，当三个模式功率差异较大时，会产生更大的误差；单一模式功率计算过程中，不同模式的功率不会互相产生影响，计算误差相对稳定。②由于模式功率检测单元中 MSPL 的偏振敏感性，当各个模式的输入功率不变的情况下，调节模式检测单元中的偏振控制器，其功率转移矩阵也会发生变化。与混合模式功率计算方式相比，单一模式功率计算方式中，模式功率检测单元输入端口的少模光纤偏振变化对透射率 t_n 的值影响很小，这种特性在实际中更具实用性价值。可见，单一模式比混合模式的功率计算方式有更好的适应性。

前面分析了三个模式的模式功率检测过程，随着复用模式的增加，所需要的 DWDM 数目也会增加。可以使用光开关解决这个问题，即利用光开关切换 MLSP 与 DWDM 的连接端口，实现同一个 DWDM 对光子灯笼所有单模端口的测量。模式功率检测单元中的核心器件是 MSPL 与 DWDM，其中 DWDM 用于分离不同波长的单模信号。因此，选择模式信号对应的波长时，应在 DWDM 工作波段内。另外，由于 FM-EDFA 增益的波长依赖性，模式的波长间隔尽可能小。

2. 三模 EDFA 放大实验

基于波长映射法，使用模式功率检测单元测试了三模放大性能，实验系统如图 7.4.2 所示[8]。实验中，LP_{01}、LP_{11a} 和 LP_{11b} 模式信号的波长分别设置为 1551.3nm、1549.233nm 和 1553.044nm。为了尽可能降低差模增益，采用 LP_{11a} 和 LP_{11b} 两个模式的 1480nm 激光器进行向前泵浦。使用单模波分复用器(WDM)将信号光和泵浦光复用起来，通过三模 MSPL 在少模掺铒光纤(FM-EDF)中激发出所需的模式信号光和泵浦光。FM-EDF 的长度为 3.2m，其折射率分布如图 7.4.2 所示。FM-EDF 的输入和输出模式功率均采用图 7.4.1 所示的基于光子灯笼的模式功率检测方法进行测量。

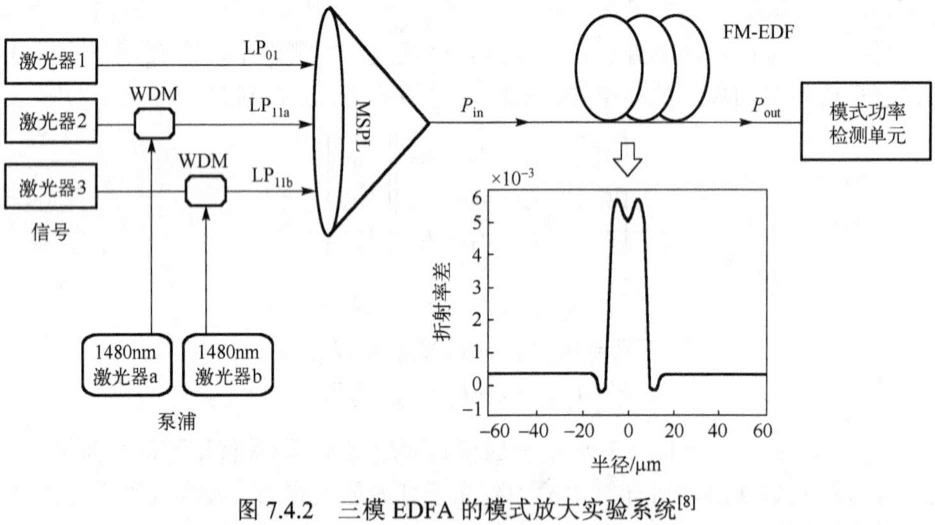

图 7.4.2　三模 EDFA 的模式放大实验系统[8]

将三路信号光与两路泵浦光同时注入 FM-EDF 中，固定 LP_{11a} 模式的泵浦光入纤光功率为 $P_{11a}=25.17$dBm，调节 LP_{11b} 泵浦光的入纤光功率 P_{11b}。LP_{01}、LP_{11a} 和 LP_{11b} 三个模式信号的增益和差模增益(DMG)的测量结果如图 7.4.3 所示[8]。由图 7.4.3 可知，整体上，三个模式信号的增益随着 LP_{11b} 泵浦光功率 P_{11b} 的增加而增加，实验范围内 DMG 均小于 2dB。当 P_{11b} 达到最大 22.4dBm 时，入纤功率为−15dBm 情形的模式增益分别为 28.0dB、26.3dB 和 26.2dB，入纤功率为−20dBm 情形的模式增益分别为 29.1dB、27.7dB 和 27.5dB。可见，模式信号的入纤功率越小，增益越大。

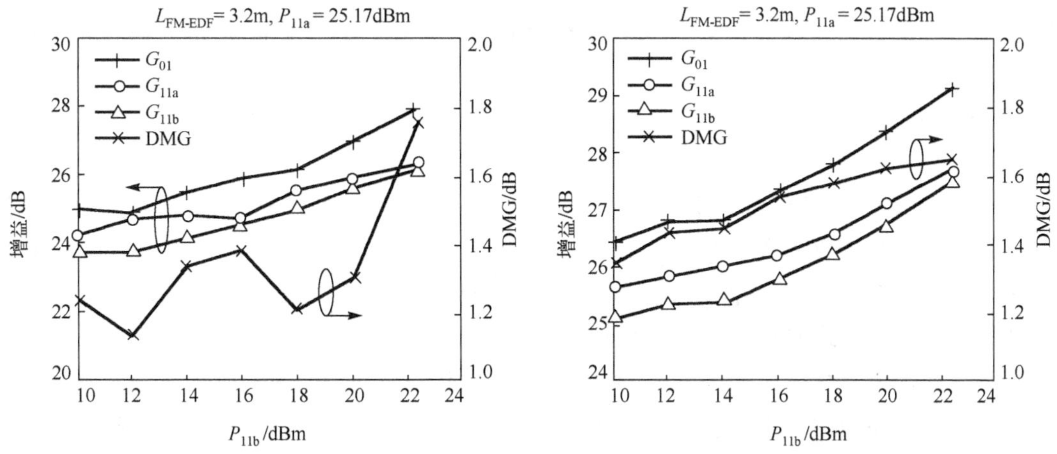

(a) P_{in} = −15dBm　　(b) P_{in} = −20dBm

图 7.4.3　三模 EDFA 的模式增益和 DMG 随 LP_{11b} 泵浦光功率 P_{11b} 的变化曲线[8]

3. 六模 EDFA 放大实验

本节基于我国自研的 FM-EDF 构建低差模增益的六模全光纤 FM-EDFA[9]，实验装置如图 7.4.4 所示，图中给出少模掺铒光纤(FM-EDF)相对折射率差的分布，它在 1550nm 处支持 LP_{01}、LP_{11a}、LP_{11b}、LP_{21a}、LP_{21b}、LP_{02} 六种模式。根据经验，在低阶模式泵浦情形下，高阶信号模式(LP_{21a}、LP_{21b} 和 LP_{02})通常比低阶模式(LP_{01}、LP_{11a} 和 LP_{11b})有更低的增益。因此，这里选择 LP_{21a}、LP_{21b} 和 LP_{02} 三个 1480nm 泵浦光源，以提高高阶模式信号的增益。两个六模模式选择光子灯笼(6M-MSPL)用于完成信号和泵浦模式的复用与解复用。LP_{01}、LP_{11a} 和 LP_{11b} 信号模式由 MSPL 直接生成；其他模式的信号光和泵浦光通过 1550nm/1480nm

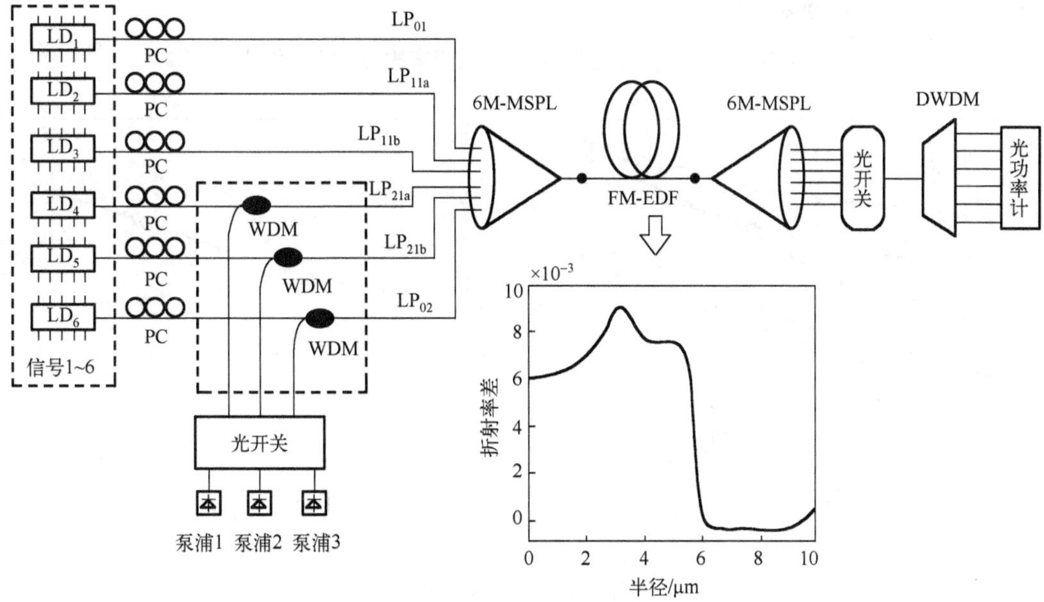

图 7.4.4　全光纤 FM-EDFA 示意图[9]

波分复用器(WDM)共享 MSPL 的相应单模端口，生成 LP_{21a}、LP_{21b} 和 LP_{02} 模式。实验中所用 FM-EDF 的长度为 1.8m。在 FM-EDF 的输出端，放大的少模式信号由另一个 MSPL 解复用并转换为单模。信号模式增益由模式功率检测单元测量，避免高功率泵浦损坏光谱仪。

将输入到 FM-EDF 的每个信号模式功率固定为−15dBm，优化 6M-MSPL 前面的偏振控制器，以获得尽可能低的差模增益。由于 6M-MSPL 和 WDM 的插入损耗，输入到 FM-EDF 的 LP_{21a}、LP_{21b} 和 LP_{02} 泵浦模式功率最大分别为 25.5dBm、26.3dBm 和 25dBm。分别改变 LP_{21a} 模式和 LP_{02} 模式的泵浦功率，其他泵浦模式调到最大，测量 LP_{01}、LP_{11a}、LP_{11b}、LP_{21a}、LP_{21b} 和 LP_{02} 六个信号模式的增益和 DMG 曲线，如图 7.4.5 和图 7.4.6 所示。实验结果表明：①LP_{01} 模式的增益最大，LP_{21a} 模式的增益最小；②随着 LP_{21a} 或 LP_{02} 泵浦功率的增加，各个模式增益逐渐增大，DMG 逐渐减小；③在最大泵浦功率下，6 个模式信号的平均增益高达 24.9dB，DMG 为 2dB。

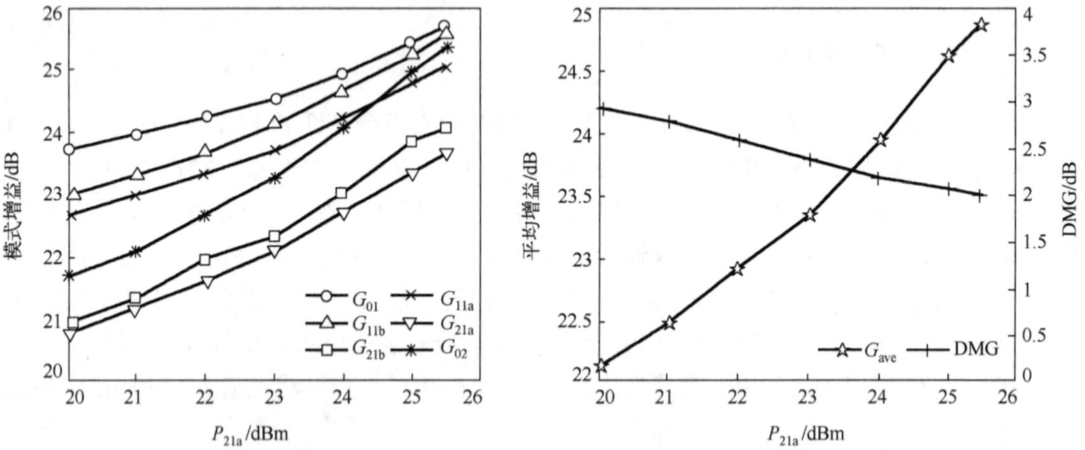

图 7.4.5　信号模式增益随 LP_{21a} 泵浦模式功率的变化[9]

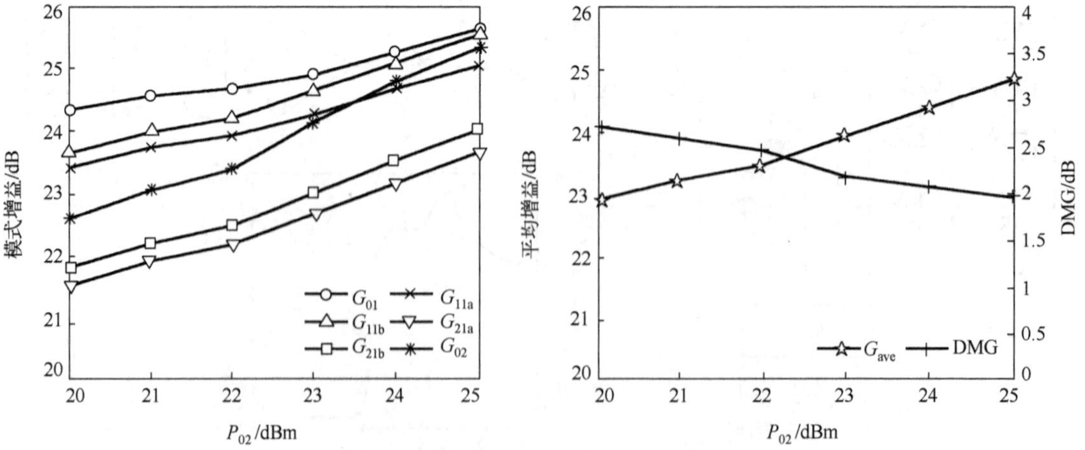

图 7.4.6　信号模式增益随 LP_{02} 泵浦模式功率的变化[9]

7.4.2　基于 IWDM 的 FM-EDFA

1. FM-IWDM 器件原理

FM-EDFA 可采用相位板、二色镜、空间光调制器等空间光学元件构建。相比之下，紧凑的光纤型 FM-EDFA 在工程应用中更有实用化前景，它具有损耗小、结构简单、集成度高的优点。模式选择光子灯笼可以将输入的单模信号复用到少模光纤中，也可以将信号光与泵浦光复用在一起构建 FM-EDFA，仅适用于同向泵浦方案，并且还需要在后端滤除泵浦光，这种方案适应性较差。

为了满足不同泵浦方式的需求，简化 FM-EDFA 的结构，实现整个 FM-EDFA 的光纤化，可将光隔离器(isolator)和波分复用器(WDM)的功能组合在一起(简称 IWDM)，并将输入和输出少模光纤封装在微光准直器组件中，制作光纤型的少模 IWDM 复用和解复用器件，实现 1550nm 少模信号光与 980nm 或 1480nm 少模泵浦光的复用和解复用，同时保持少模放大信号的单向传输。

下面以 FM-IWDM 复用器为例，描述 FM-IWDM 的制作过程，其结构示意如图 7.4.7(a) 所示[10]。FM-IWDM 的三个端口的尾纤都由少模光纤组成，并经过扩束处理以承受更高的激光功率。在 FM-IWDM 复用器中，信号光从 1550nm 端口输入，依次通过自聚焦透镜 1、隔离器和自聚焦透镜 2 到达公共输出端口；泵浦光从 1480nm 端口输入，经过自聚焦透镜 2 端面反射到公共输出端口，其中隔离器正向放置，可抑制信号光和泵浦光反射到信号输入端口。

图 7.4.7(b)和(c)分别为 FM-IWDM 复用器和 FM-IWDM 解复用器的功能示意图。FM-IWDM 复用器将同向泵浦光复用到少模掺铒光纤(FM-EDF)，并滤除或者解复用出反向泵浦光。FM-IWDM 解复用器的结构与 FM-IWDM 复用器类似，只是隔离器的方向不同。FM-IWDM 解复用器不仅能够分离放大的信号光和同向传输的泵浦光，还可以将泵浦光反向复用到 FM-EDF。

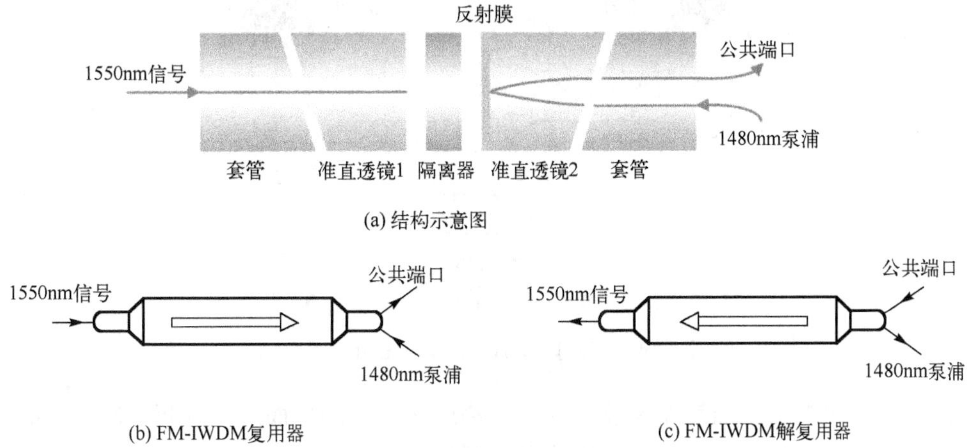

图 7.4.7　光纤型 1550/1480 FM-IWDM 器件[10]

表 7.4.1 给出了 FM-IWDM 成品的性能测试结果。由表 7.4.1 可知：①FM-IWDM 复用器对 LP_{01} 和 LP_{11} 信号光的插入损耗分别为 0.8dB 和 2dB，隔离度大于 44.6dB；对 LP_{01} 与 LP_{11} 泵浦光的插入损耗分别为 4.9dB 和 4.3dB。②FM-IWDM 解复用器对 LP_{01} 与 LP_{11} 信号光的插入损耗分别为 0.9dB 和 1.9dB，隔离度大于 47dB；对 LP_{01} 与 LP_{11} 泵浦光的插入损耗分别为 5dB 和 5.3dB。可见，对于 1550nm 波长的信号光，三模 IWDM 的模式相关损耗分别为 1.2dB 和 1dB，其中，LP_{11} 的插入损耗较大(约 2dB)。

表 7.4.1　FM-IWDM 的测试结果[10]

测试数据	FM-IWDM 复用器				FM-IWDM 解复用器			
	1550nm		1480nm		1550nm		1480nm	
	LP_{01}	LP_{11}	LP_{01}	LP_{11}	LP_{01}	LP_{11}	LP_{01}	LP_{11}
插入损耗/dB	0.8	2	4.9	4.3	0.9	1.9	5	5.3
隔离度/dB	44.6	45.4	≥50	≥50	47	48.5	≥50	≥50

2. 基于 IWDM 的 FM-EDFA 结构

下面采用 FM-IWDM 来构建全光纤 FM-EDFA，并开展 LP_{01}、LP_{11e} 和 LP_{11o} 三个模式信号放大实验。为了实现差模增益可调的目标，还需对 FM-EDFA 的泵浦方式进行了灵活设计，包括：①能够同时兼容同向、反向和双向等多种泵浦方式；②可以实现泵浦光基模到高阶模的灵活转换；③泵浦功率能够在不同泵浦模式之间按需分配和调节。

所构建的 FM-EDFA 主要由 FM-IWDM、泵浦单元以及 FM-EDF 三部分组成，如图 7.4.8 所示。各部分的作用如下。

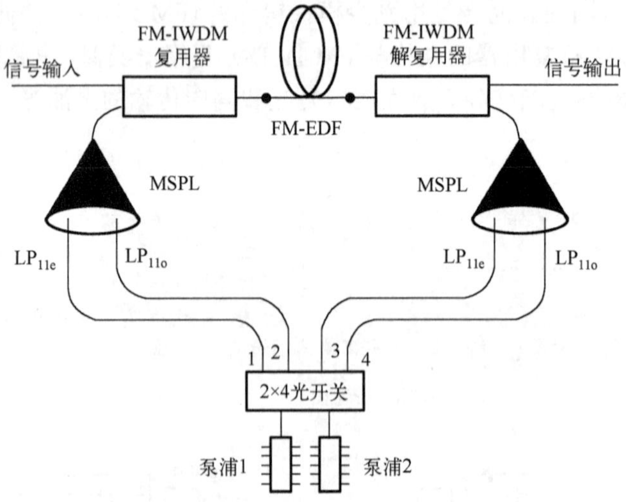

图 7.4.8　基于 IWDM 的 FM-EDFA 结构

(1) FM-IWDM 由光隔离器和波分复用器集成在一起制作而成，并将 FM-IWDM 视为 FM-EDFA 整机的组成部分，完成少模信号和泵浦的复用或解复用，同时隔离反射信号。

(2) 泵浦单元由两个 1480nm 泵浦激光器、一个 2×4 光开关、两个模式选择光子灯笼

(MSPL)组成，其中两个泵浦激光器的最大输出功率为 1000mW，分别与光开关的两个输入端口连接，光开关的四个输出端口分别连接两个 MSPL 的 LP_{11e} 和 LP_{11o} 输入端口。通过 2×4 光开关的切换功能可将两个泵浦同向、双向或反向注入 FM-EDF 中，从而实现 LP_{11e} 和 LP_{11o} 模式泵浦对三模信号的灵活放大。

(3) 实验中所用的少模掺铒光纤(FM-EDF)长度为 3.2m，其折射率分布可参见图 7.4.2。

3. 三种泵浦方式的放大实验

基于 FM-IWDM 的全光纤 FM-EDFA 可以灵活实现多种模式和方向的泵浦组合。作为例子，这里采用 LP_{11e} 和 LP_{11o} 两模泵浦，开展同向、双向和反向三种泵浦方式的放大实验。实验中，改变 LP_{11e} 泵浦模式功率来优化 FM-EDFA 的差模增益，LP_{11o} 泵浦模式功率调到最大。输入到 FM-IWDM 的泵浦模式功率如表 7.4.2 所示。LP_{01}、LP_{11e} 和 LP_{11o} 信号模式由三模 MSPL 产生，它们输入到 FM-EDFA 的光功率固定在−20dBm。信号模式的增益和信噪比采用波长映射方法测量，光谱仪(OSA)的分辨率设置为 0.1nm。三个信号的波长分别为 1553nm、1554nm 和 1555nm，如图 7.4.9(a)所示。

表 7.4.2　三种少模放大实验的泵浦条件和最小 DMG

泵浦方式	LP_{11e} 泵浦模式功率/dBm	LP_{11o} 泵浦模式功率/dBm	最小 DMG/dB
同向泵浦	20～27.6	27	0.14
双向泵浦	20～28(同向)	28(反向)	0.85
反向泵浦	20～27.6	27	0.68

在同向泵浦实验中，将两个泵浦激光器通过光开关连接到前置 MSPL，产生与信号同向传输的 LP_{11e} 和 LP_{11o} 泵浦模式，它们注入 FM-IWDM 复用器的最大泵浦功率分别为 27.6dBm 和 27dBm。当 LP_{11e} 和 LP_{11o} 泵浦模式功率分别为 25dBm 和 27dBm 时，LP_{01}、LP_{11e} 和 LP_{11o} 信号模式的增益分别为 21.93dB、21.79dB 和 21.93dB，可获得最小 DMG 为 0.14dB，此时的输入和输出光谱如图 7.4.9(a)和(b)所示。进一步地，由式(7.2.10)可计算三个信号模式的噪声指数分别为 9.65dB、9.64dB 和 9.35dB。信号模式增益及其 DMG 随 LP_{11e} 泵浦模式功率的变化曲线如图 7.4.9(c)所示，当 LP_{11e} 和 LP_{11o} 的泵浦功率均为 27dBm 时，LP_{11e} 和 LP_{11o} 信号模式的增益相同。

图 7.4.10(a)和(b)分别给出了双向泵浦和反向泵浦的实验结果。双向泵浦实验中，当 LP_{11e} 泵浦功率为 25dBm 时，可获得的最小 DMG 为 0.85dB，三个信号模式的增益分别为 21.8dB、21dB 和 21.7dB。反向泵浦实验中，当 LP_{11e} 泵浦功率为 22dBm 时，可获得最小的 DMG 为 0.68dB，三个信号模式的增益分别为 21.5dB、20.85dB 和 21.53dB。

三种泵浦实验有如下共同规律：①三个模式信号的增益均随着 LP_{11e} 泵浦功率的增加而升高；②随着 LP_{11e} 泵浦模式功率的增加，LP_{01} 信号模式增益逐渐超过 LP_{11o} 信号，LP_{11o} 与 LP_{11e} 的增益差逐渐减小。上述增益特性可由信号的模场分布与泵浦模式的光强分布之间的交叠积分加以解释。比较三种泵浦实验，同向泵浦情形可获得最小的 DMG (0.14dB)。

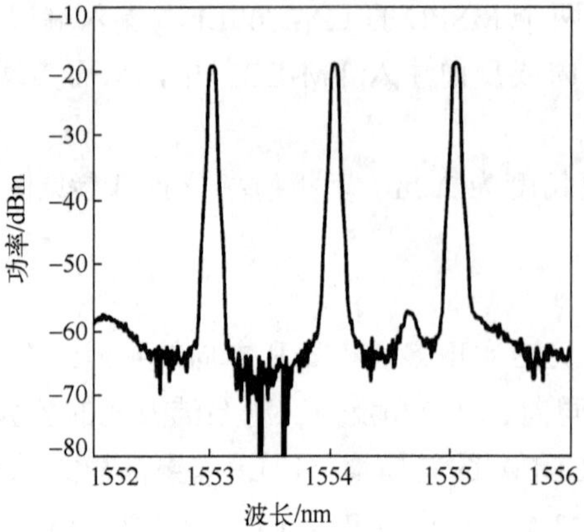

(a) 输入光谱

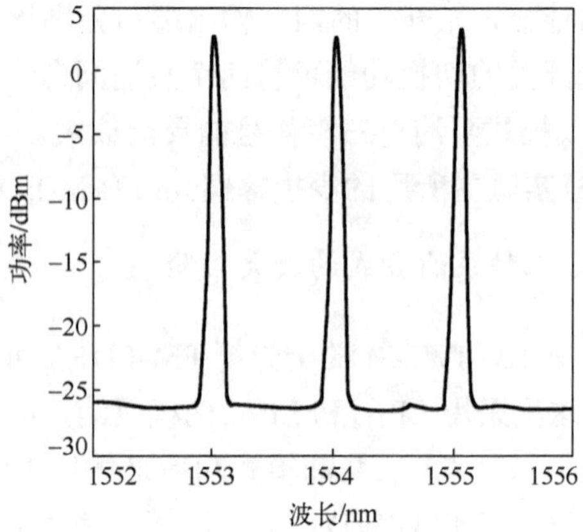

(b) 输出光谱

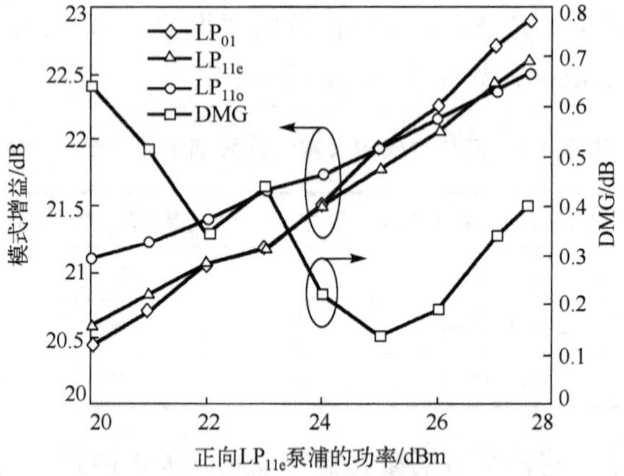

(c) 信号模式增益及其DMG的变化

图 7.4.9　同向泵浦实验结果

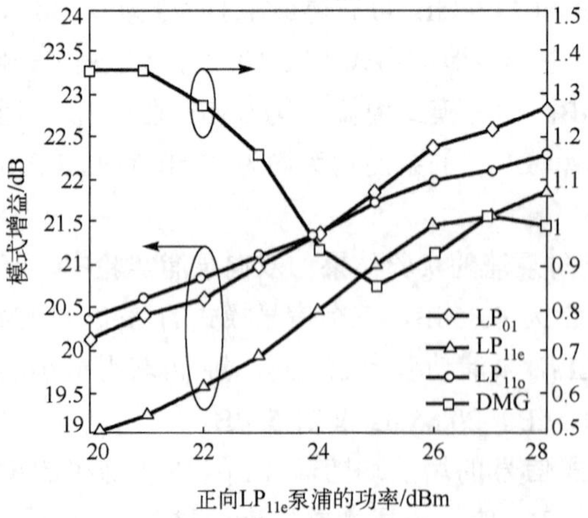

(a) 双向泵浦

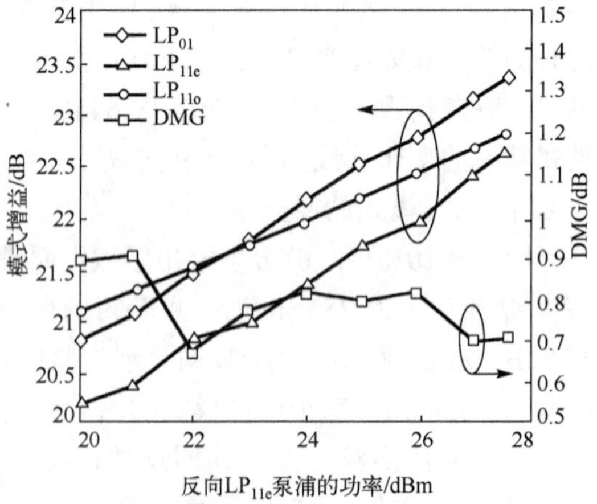

(b) 反向泵浦

图 7.4.10　双向泵浦和反向泵浦的实验结果

思　考　题

7.1　光纤放大器可分为掺稀土元素的放大器和光纤非线性放大器两种，请举例加以细分。

7.2　原子的能级可用符号 $^{2S+1}L_J$ 表示，请指出 S、L 和 J 所代表的含义。

7.3　掺铒光纤放大器是一种受激辐射光放大器，主要放大 C 波段(1530～1565nm)光信号，常用的泵浦光源波长有哪些？

7.4　简单描述商用掺铒光纤放大器的产品结构。

7.5　根据泵浦光与信号光传播方向的不同，掺铒光纤放大器有哪些泵浦方式？

7.6　EDFA 的噪声特性可用噪声指数来度量，请给出噪声指数与 ASE 噪声功率之间的关系。

7.7　EDFA 有哪些基本应用形式？分析 DWDM 系统中 EDFA 的级联特性(用光信噪比表示)。

7.8　将增益微扰归结为附加介电系数的虚部，可推导少模 EDFA 中光场复振幅的耦合方程，请给出相应的耦合系数矩阵。

7.9　信号光和泵浦光的模式演化方程可以用模式光强或光功率表示，它们可通过光纤横截面积分进行转换。请给出同向泵浦少模 EDFA 的输出模式功率(用光功率的增益系数和吸收系数表示)。

7.10　请描述少模 EDFA 增益特性的解析分析方法。提示：将少模 EDFA 的输出模式功率用平均反转粒子数密度表示，然后根据方程(7.3.28)计算出平均反转粒子数密度。

7.11　若将 EDFA 产生的 ASE 噪声功率等效到 EDFA 的输入端进行分析，则等效的输入 ASE 功率如何计算？

7.12　查阅相关文献，了解少模 EDFA 差拍模型与强度模型的计算结果差异。

7.13　将光隔离器和泵浦/信号波分复用器功能集成在一起，形成了少模 IWDM 器件，可用于构建全光纤少模 EDFA。请描述少模 IWDM 的工作原理。

7.14　根据泵浦和信号的复用方式，全光纤少模 EDFA 可由模式选择光子灯笼或 IWDM 构建，比较两者的特点。

参 考 文 献

[1]　武保剑, 邱昆. 光纤信息处理原理及技术. 北京：科学出版社, 2013.

[2]　YARIV A, YEH P. 光子学：现代通信光电子学[M]. 6 版. 陈鹤鸣，施伟华，汪静丽，等译. 北京：电子工业出版社, 2009.

[3]　PREMARATNE M, AGRAWAL G P. Light propagation in gain media[M]. Cambridge: Cambridge University Press, 2011.

[4]　BARNES W L, LAMING R I, TARBOX E J, et al. Absorption and emission cross section of Er^{3+} doped silica fibers[J]. IEEE journal of quantum electronics, 1991, 27(4):1004-1010.

[5] CHEN X W, WU B J, XIE Y Q, et al. Analytical method for few-mode erbium doped fiber amplifiers[J], Laser physics letters, 2020, 17(3): 035102.

[6] JIANG X R, WU B J, XIE Y Q, et al. A semi-analytic method for FM-EDFA intensity model[J]. Optical fiber technology, 2021, 64:102546.

[7] 郭浩淼, 武保剑, 江歆睿, 等. 基于光子灯笼的模式功率检测方法[J]. 光学学报, 2022, 42(1): 81-87.

[8] 郭浩淼. 全光纤少模掺铒光纤放大器泵浦优化技术研究[D]. 成都：电子科技大学，2022.

[9] JIANG X J, WU B J, WEN F, et al. Pump optimization experiments of all-fiber few-mode erbium-doped fiber amplifiers for low differential mode gain[C]. The 13th international conference on information optics and photonics (CIOP2022). Xi'an, 2022.

[10] 江歆睿, 武保剑, 许焰, 等. 光纤型少模掺铒光纤放大器的差模增益可调性研究[J]. 光学学报, 2022, 42(15): 33-38.

第 8 章　少模光纤非线性理论

本章主要研究少模光纤的克尔非线性效应。首先，从光纤的三阶电极化率与导波光场之间的本构关系出发，分析自相位调制(SPM)、交叉相位调制(XPM)和四波混频(FWM)效应引起的折射率微扰。然后，根据耦合模微扰理论推导光脉冲的光纤非线性传播方程，并简单介绍快速求解非线性薛定谔方程的分步傅里叶算法。最后，给出少模光纤 FWM 耦合方程的完整表达式，以及模式非线性系数与空间模场分布的关系；详细推导准连续波形下 FWM 耦合方程的解析解，用于解释少模 FWM 相位运算器的工作原理。

8.1　介质的非线性极化

当光纤介质受到强电场作用时，媒质极化强度 $\boldsymbol{P}$ 与电场 $\boldsymbol{E}$ 之间不再是线性关系，而是电场 $\boldsymbol{E}$ 的非线性响应函数，即[1]

$$\boldsymbol{P} = \varepsilon_0 \boldsymbol{\chi}_{\mathrm{e}}^{(1)} \cdot \boldsymbol{E} + \varepsilon_0 \boldsymbol{\chi}_{\mathrm{e}}^{(2)} \cdot \boldsymbol{EE} + \varepsilon_0 \boldsymbol{\chi}_{\mathrm{e}}^{(3)} \cdot \boldsymbol{EEE} + \cdots \tag{8.1.1}$$

式中，$\boldsymbol{\chi}_{\mathrm{e}}^{(n)}$ 为 n 阶电极化率张量。在三维直角坐标系中，电各向异性介质的 $\boldsymbol{\chi}_{\mathrm{e}}^{(n)}$ 有 3^{n+1} 个张量元素。通常情形下，各阶电极化率之间的相对大小 $\chi_{\mathrm{e}}^{(n)} / \chi_{\mathrm{e}}^{(n+1)}$ 在原子内部的库仑场量级(约 $10^{10}\,\mathrm{V/m}$)。

一般地，对于多个光场的非线性相互作用情形，n 阶复电极化强度 $\boldsymbol{P}^{(n)}(\omega,t)$ 与各个频率成分的复电场 $\boldsymbol{E}(\omega_i,t)$ 之间应满足能量守恒条件 $\omega = \sum_{i=1}^{n} \omega_i$，其中，角频率 ω_i 可取正、负值，负值与复共轭量相联系，即 $\boldsymbol{E}(-\omega_i,t) = \boldsymbol{E}^*(\omega_i,t)$。进一步地，若固定不同光波电场排列次序，对于给定的频率组合，复电极化强度 $\boldsymbol{P}^{(n)}(\omega,t)$ 与相应次序下的电场关系可用极化率张量 $\boldsymbol{\chi}^{(n)}$ 表示为[2]

$$\begin{aligned}\boldsymbol{P}^{(n)}(\omega,t) &= \varepsilon_0 \boldsymbol{\chi}_{\mathrm{e}}^{(n)} \cdot \underbrace{\boldsymbol{EE}\cdots\boldsymbol{E}}_{n} \\ &= \varepsilon_0 D \boldsymbol{\chi}^{(n)}(\omega \mid \omega_1, \omega_2, \cdots, \omega_i, \cdots, \omega_n) \cdot \underbrace{\boldsymbol{E}(\omega_1,t)\boldsymbol{E}(\omega_2,t)}_{n_1} \underbrace{\cdots \boldsymbol{E}(\omega_i,t)}_{n_2} \underbrace{\cdots \boldsymbol{E}(\omega_n,t)}_{n_q}\end{aligned} \tag{8.1.2}$$

式中，$n_1, n_2, \cdots, n_q$ 表示同一频率光波出现的次数；$D = \dfrac{n!}{n_1!\,n_2!\cdots n_q!}$ 为光波简并因子，$n = \sum_{i=1}^{q} n_i$。

可以证明，在光场作用下，分子结构具有中心反演对称性的介质中不会产生偶数阶的非线性极化。例如，石英光纤的主要成分是 SiO_2，其分子结构中心对称，因此石英光纤通常不表现出二阶非线性效应。只在某些分子结构呈非反演对称的介质中，二阶电极化率 $\boldsymbol{\chi}_{\mathrm{e}}^{(2)}$ 才不为零，可产生二次谐波以及和(差)频等二阶非线性现象。当光纤纤芯中掺杂有其他物质时，某些特定条件下也会产生二次谐波。可见，光纤的非线性效应主要来源于三阶电极化强度，由 $\boldsymbol{\chi}_{\mathrm{e}}^{(3)}$ 可确定光纤中各种非线性效应对应的非线性系数。

在推导非线性耦合模方程时，实际更关注各种非线性效应系数之间的比例关系，通常以各向同性光纤中自相位调制的非线性系数作为基准。在各向同性介质中，三阶极化率张量 $\boldsymbol{\chi}^{(3)}$ 的张量元只有 $\chi_{iiii}^{(3)},\chi_{iijj}^{(3)},\chi_{ijij}^{(3)},\chi_{ijji}^{(3)}(i,j=x,y,z)$ 不恒为零，且有 $\chi_{iiii}^{(3)}=\chi_{iijj}^{(3)}+\chi_{ijij}^{(3)}+\chi_{ijji}^{(3)}$。

光纤的三阶非线性效应具有快速的时间响应(典型地小于 10fs)，在超高速、全光信息处理领域有着重要的应用前景。光纤的非线性效应包括三次谐波产生、自相位调制(SPM)、交叉相位调制(XPM)、四波混频(FWM)、受激拉曼散射(SRS)、受激布里渊散射(SBS)、光相位共轭(OPC)、双光子吸收(TPA)等。自相位调制、交叉相位调制和四波混频是由非线性折射率引起的弹性非线性过程，光波和极化介质之间没有能量交换。而受激拉曼散射和受激布里渊散射是受激非弹性散射的非线性效应，在此过程中光场与非线性介质之间会发生部分能量转移。四波混频参量过程和受激散射过程的主要差别在于：在受激拉曼散射和受激布里渊散射过程中，由于非线性介质的有效参与，相位匹配条件自动满足；在四波混频参量过程中，则必须适当选择频率和折射率来满足相位匹配条件，以使参量过程有效发生，此时四波混频比拉曼散射过程有更低的阈值泵浦功率。

8.2　克尔非线性效应

克尔(Kerr)非线性效应是指折射率改变与光场的平方成正比的现象，包括自相位调制、交叉相位调制和四波混频等。光纤的三阶非线性效应也可视为一种微扰因素，通过改变光纤折射率而影响光纤中导波光的传输特性[2]。

8.2.1　自相位调制

1. 非线性方程推导

单个光波在非线性媒质中传播时，光场的相位受到自身光功率调制的现象称为自相位调制。与线偏振光波自相位调制相联系的三阶非线性电极化强度为

$$\begin{aligned}\tilde{\boldsymbol{P}}^{(3)}(\omega)&=\varepsilon_0 3\boldsymbol{\chi}^{(3)}(\omega\,|-\omega,\omega,\omega)\cdot\tilde{\boldsymbol{E}}(-\omega)\tilde{\boldsymbol{E}}(\omega)\tilde{\boldsymbol{E}}(\omega)\\&=\varepsilon_0 3\chi_{xxxx}^{(3)}\left|\tilde{\boldsymbol{E}}(\omega)\right|^2\tilde{\boldsymbol{E}}(\omega)\end{aligned}\tag{8.2.1}$$

式中，$\chi_{xxxx}^{(3)}$ 为三阶极化率张量 $\boldsymbol{\chi}^{(3)}$ 的张量元。显然，自相位调制引起的附加相对介电系数为

$$\Delta\varepsilon_{\mathrm{r}}=3\chi_{xxxx}^{(3)}\left|\tilde{\boldsymbol{E}}(\omega)\right|^2\tag{8.2.2}$$

它正比于导波光的强度。

由 $\varepsilon_{\mathrm{r}}(\omega)=(n_0+\Delta n)^2\approx n_0^2+2n_0\Delta n$ 可知，$\Delta\varepsilon_{\mathrm{r}}(\omega)=2n_0\Delta n$，其中，$\Delta n$ 为折射率微扰。对于自相位调制和弱吸收效应，有

$$\Delta n = n_2 \left|\tilde{\boldsymbol{E}}(\omega)\right|^2 + \mathrm{i}\frac{\alpha}{2k_0} \tag{8.2.3}$$

式中，三阶非线性折射率系数 $n_2 = \frac{3}{2n_0}\mathrm{Re}[\chi_{xxxx}^{(3)}]$，其单位为 $\mathrm{m^2/W}$(光强单位的倒数)；$\alpha = \alpha_0 + \alpha_2 \left|\tilde{\boldsymbol{E}}(\omega)\right|^2$ 为功率吸收系数，$\alpha_0 = \frac{k_0}{n_0}\mathrm{Im}[\chi^{(1)}]$ 和 $n_0 = \sqrt{1+\mathrm{Re}[\chi^{(1)}]}$ 分别为光纤的线性吸收系数和折射率，它们与一阶电极化率 $\chi^{(1)}$ 相联系；$\alpha_2 = \frac{3k_0}{n_0}\mathrm{Im}[\chi_{xxxx}^{(3)}]$，与三阶电极化率分量 $\chi_{xxxx}^{(3)}$ 相联系，$k_0 = \omega/c$ 为真空中波数。对于石英光纤，$n_2 = 2.2\times10^{-20} \sim 3.9\times10^{-20}\,\mathrm{m^2/W}$。

将导波光场表示为 $E_l(x,y,z;t) = A_l(z,t)F_l(x,y)\exp[\mathrm{i}(s\beta_{0l}z - \omega_0 t)]$ 形式，$F_l(x,y)$ 和 $A_l(z,t)$ 分别为模场分布及其复包络，$\exp[\mathrm{i}(s\beta_{0l}z - \omega_0 t)]$ 为传播因子，$s = \pm 1$ 表示正反向传播，下标 l 可代表模式。根据微扰波动方程(4.3.11)，并利用模式的正交性，可得慢变复包络 $\tilde{A}_l(z,\omega)$ 满足的频域演化方程[2]：

$$\begin{aligned}&\left[\tilde{A}_l({\beta_l}^2 - {\beta_{0l}}^2) + \frac{\partial^2 \tilde{A}_l}{\partial z^2} + 2\mathrm{i}s\beta_{0l}\frac{\partial \tilde{A}_l}{\partial z}\right]\iint \left|F_l(x,y)\right|^2 \mathrm{d}x\mathrm{d}y \\ &= -k_0^2 \tilde{A}_l \iint \Delta\varepsilon_{\mathrm{r}}(\boldsymbol{r},\omega)\left|F_l(x,y)\right|^2 \mathrm{d}x\mathrm{d}y\end{aligned} \tag{8.2.4}$$

利用 $\beta_l \approx \beta_{0l}$，进而 ${\beta_l}^2 - {\beta_{0l}}^2 \approx 2\beta_{0l}(\beta_l - \beta_{0l})$，式(8.2.4)可进一步化为

$$\frac{\tilde{A}_l(\beta_l - \beta_{0l}) + \frac{1}{2\beta_{0l}}\frac{\partial^2 \tilde{A}_l}{\partial z^2} + \mathrm{i}s\frac{\partial \tilde{A}_l}{\partial z}}{\tilde{A}_l} = -\frac{n_0 k_0}{\beta_{0l}}\frac{k_0 \iint \Delta n \left|F_l(x,y)\right|^2 \mathrm{d}x\mathrm{d}y}{\iint \left|F_l(x,y)\right|^2 \mathrm{d}x\mathrm{d}y} \equiv -\Delta\beta_l \tag{8.2.5}$$

在慢变包络近似下，忽略 $\tilde{A}_l(z,\omega)$ 关于 z 的二阶偏导数项，于是有

$$s\frac{\partial \tilde{A}_l}{\partial z} = \mathrm{i}[\beta_l(\omega) + \Delta\beta_l - \beta_{0l}]\tilde{A}_l \tag{8.2.6}$$

式中，$\Delta\beta_l = \frac{n_0 k_0}{\beta_{0l}}\frac{k_0 \iint \Delta n \left|F_l(x,y)\right|^2 \mathrm{d}x\mathrm{d}y}{\iint \left|F_l(x,y)\right|^2 \mathrm{d}x\mathrm{d}y} = \frac{n_0 k_0}{\beta_{0l}}\left(k_0 f_{ll}\left|A_l\right|^2 + \mathrm{i}\frac{\alpha_l}{2}\right) \approx \gamma_l \left|A_l\right|^2 + \mathrm{i}\frac{\alpha_l}{2}$，其物理意义是非线性微扰对传播常数的修正，$f_{ll} = \frac{\iint n_2 \left|F_l(x,y)\right|^4 \mathrm{d}x\mathrm{d}y}{\left(\iint \left|F_l(x,y)\right|^2 \mathrm{d}x\mathrm{d}y\right)^2}$ 为有效非线性折射率系数，α_l 为光功率损耗系数，$\gamma_l = f_{ll}k_0$ 为三阶非线性系数，用 $\left|A_l\right|^2$ 代表光功率时，γ_l 的单位为 $\mathrm{W^{-1}/km}$。

将 $\beta_l(\omega)$ 在频率 ω_0 处进行泰勒级数展开，然后将式(8.2.6)傅里叶逆变换到时域，相当于用 $\mathrm{i}\frac{\partial}{\partial t}$ 代替 $\omega - \omega_0$，可得如下时域包络方程[2]：

$$s\frac{\partial A_l}{\partial z} + \sum_{n=1}^{\infty}\beta_l^{(n)}(\omega_0)\frac{\mathrm{i}^{n-1}}{n!}\frac{\partial^n A_l}{\partial t^n} + \frac{\alpha_l}{2}A_l = \mathrm{i}\delta_l A_l + \mathrm{i}(\Delta\beta_l)A_l \tag{8.2.7}$$

式中，$\delta_l = \beta_l(\omega_0) - \beta_{0l}$；$\Delta\beta_l = \gamma_l \left|A_l\right|^2$。若取 $\beta_{0l} = \beta_l(\omega_0)$，则 $\delta_l = 0$。式(8.2.7)为慢变包络近

似下复包络 $A_l(z,t)$ 满足的时域微扰波动方程，也是微扰理论分析中普遍适用的形式。考虑到三阶色散时，式(8.2.7)的具体表达为

$$\begin{aligned} & s\frac{\partial A_l}{\partial z}+\beta_l^{(1)}(\omega_0)\frac{\partial A_l}{\partial t}+\frac{\mathrm{i}}{2}\beta_l^{(2)}(\omega_0)\frac{\partial^2 A_l}{\partial t^2}-\frac{1}{6}\beta_l^{(3)}(\omega_0)\frac{\partial^3 A_l}{\partial t^3}+\frac{\alpha_l}{2}A_l \\ & =\mathrm{i}\delta_l A_l+\mathrm{i}\gamma_l\left|A_l\right|^2 A_l \end{aligned} \tag{8.2.8}$$

若选取群速为 $v_{\mathrm{g}}=[\beta^{(1)}(\omega_0)]^{-1}$ 的移动坐标系，利用变换关系 $T=t-s\beta^{(1)}(\omega_0)z$，可将式 (8.2.8) 中含有 $\beta_l^{(1)}$ 的项去掉。此时，导波光脉冲的复包络 $A_l(z,T)$ 满足的非线性薛定谔方程(NLSE)为

$$\begin{aligned} & s\frac{\partial A_l}{\partial z}+\frac{\mathrm{i}}{2}\beta_l^{(2)}(\omega_0)\frac{\partial^2 A_l}{\partial T^2}-\frac{1}{6}\beta_l^{(3)}(\omega_0)\frac{\partial^3 A_l}{\partial T^3}+\frac{\alpha_l}{2}A_l \\ & =\mathrm{i}\delta_l A_l+\mathrm{i}\gamma_l\left|A_l\right|^2 A_l \end{aligned} \tag{8.2.9}$$

显然，当导波光脉冲沿光纤传播时，色散和自相位调制同时起作用。

2. 脉冲频谱展宽

将光脉冲包络表示为 $A(z,\tau)=\sqrt{P_0}\exp(-\alpha z/2)U(z,\tau)$ 形式，其中 $\tau=T/T_0$，T_0 为脉冲持续时间，P_0 为输入脉冲峰值功率，α 为光功率衰减系数，$U(z,\tau)$ 表示光脉冲的峰值归一化包络函数。由式(8.2.9)可得[1]

$$\mathrm{i}\frac{\partial U}{\partial z}=\frac{\mathrm{sgn}(\beta^{(2)})}{2L_{\mathrm{D}}}\frac{\partial^2 U}{\partial \tau^2}-\frac{\exp(-\alpha z)}{L_{\mathrm{NL}}}|U|^2 U \tag{8.2.10}$$

式中，$L_{\mathrm{D}}=T_0^2\big/\left|\beta^{(2)}\right|$ 和 $L_{\mathrm{NL}}=(\gamma P_0)^{-1}$ 分别为表征光纤色散和非线性效应大小的特征长度。

下面考察高斯脉冲输入情形，即 $U(z=0,T)=\exp[-T^2/(2T_0^{\,2})]$。先不考虑光纤色散($\beta^{(2)}=0$)，将脉冲包络函数表示成 $U(z,T)=|U(z,T)|\mathrm{e}^{\mathrm{i}\phi_{\mathrm{SPM}}(z,T)}$ 形式，代入式(8.2.10)可知，幅度 $|U(z,T)|$ 不随光纤长度 z 变化，自相位调制引起的相移 $\phi_{\mathrm{SPM}}(z,T)$ 为

$$\phi_{\mathrm{SPM}}(z,T)=|U(z=0,T)|^2 L_{\mathrm{eff}}(z)/L_{\mathrm{NL}}=\gamma P_{\mathrm{in}}(z=0,T)L_{\mathrm{eff}}(z) \tag{8.2.11}$$

式中，$L_{\mathrm{eff}}(z)=[1-\exp(-\alpha z)]/\alpha$ 为光纤等效长度，无损耗时等效长度等于实际长度；$P_{\mathrm{in}}(z=0,T)=P_0|U(z=0,T)|^2=P_0\exp(-T^2/T_0^{\,2})$ 为输入光脉冲的瞬时功率。由式(8.2.11)可知，自相位调制引起的相移正比于输入光脉冲的瞬时功率。

同时，复振幅可以表示为 $A(z,T)=\sqrt{P_0}\exp(-\alpha z/2)|U(z=0,T)|\mathrm{e}^{\mathrm{i}\phi_{\mathrm{SPM}}(z,T)}$，利用变换关系 $T=t-s\beta^{(1)}(\omega_0)z$，可得光场的时域表达式：

$$\begin{aligned} E(z,T) &= A(z,T)\exp(-\mathrm{i}\omega_0 T) \\ &= \sqrt{P_0}\exp(-\alpha z/2)|U(z=0,T)|\exp\left\{\mathrm{i}\left[\phi_{\mathrm{SPM}}(z,T)-\omega_0 T\right]\right\} \end{aligned} \tag{8.2.12}$$

式中，省略了光场的空间模式分布。可见，自相位调制引起的瞬时频率偏移为

$$\Delta\omega(T)=\omega(T)-\omega_0=-\frac{\partial\phi_{\mathrm{SPM}}}{\partial T}=\frac{2L_{\mathrm{eff}}(z)}{L_{\mathrm{NL}}}\frac{T}{T_0^{\,2}}\exp\left[-\left(\frac{T}{T_0}\right)^2\right] \tag{8.2.13}$$

根据式(8.2.12)，可画出无色散光纤中输入(z=0)和输出(z=2.5km)高斯光脉冲电场的时域波形，如图 8.2.1 所示。所用的计算参数为：光载波波长 $\lambda_0 = 1550\text{nm}$，脉冲宽度 $T_0 = 0.03\text{ps}$，光纤非线性系数 $\gamma = 12.2\text{W}^{-1}/\text{km}$，光纤损耗系数 $\alpha = 0.2\text{dB/km}$。由式(8.2.13)和图 8.2.1 可以看出，自相位调制引起的频率偏移随着传输距离 z 的增加而增大，不断产生新的频率成分(频谱展宽)，光脉冲的后沿($T>0$)比前沿($T<0$)具有更高的频率。这种不同脉冲部位具有不同频率的现象称为频率啁啾。

当不考虑光纤非线性效应($\gamma = 0$)时，可分析光纤的色散特性，色散会导致脉冲展宽。由式(3.3.15)可知，光纤色散引起的频率啁啾为

$$\Delta\omega(T) = \text{sgn}(\beta^{(2)})\frac{z/L_\text{D}}{1+(z/L_\text{D})^2}\frac{T}{T_0^2} \tag{8.2.14}$$

由式(8.2.14)可知，脉冲从前沿到后沿的频率变化是线性的，称为线性啁啾，啁啾的正负特性取决于 $\beta^{(2)}(\omega)$ 的符号。当 $\beta^{(2)}<0$ (反常色散)时，色散引起的频率啁啾效应可抵消自相位调制引起的频谱展宽，使光脉冲的形状保持不变，从而实现光孤子传输，极大地延长通信距离。与 SPM 引起的频率啁啾不同，色散引起的啁啾效应不产生新的频率，只引起脉冲所包含的各种频率成分重新分布。

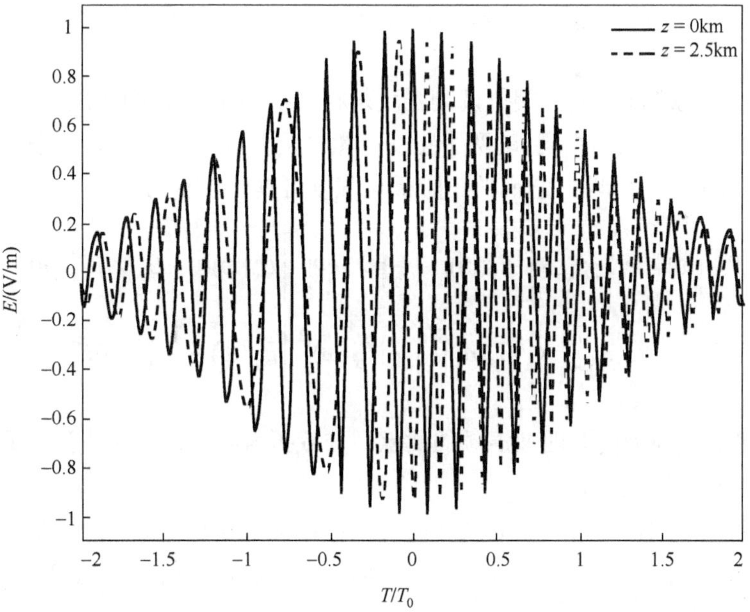

图 8.2.1　无色散光纤中自相位调制对输入高斯光脉冲电场的影响

8.2.2　交叉相位调制

交叉相位调制(XPM)是指一个导波光场的相位受到其他导波光强度调制的现象。交叉相位调制会导致导波光脉冲的频谱出现不对称展宽。对于多信道复用系统，自相位调制和交叉相位调制的共同作用下，各信道的光场相位会发生改变，严重影响相干通信系统的性能。

考虑各向同性介质中不同频率光波(频率为 ω_1 和 ω_2)的非线性传输，频率为 ω_1 的光波感受到的三阶极化强度为

$$\begin{aligned}\tilde{\boldsymbol{P}}^{(3)}(\omega_1) &= \varepsilon_0 3\boldsymbol{\chi}^{(3)}(\omega_1 \mid -\omega_1,\omega_1,\omega_1)\cdot\tilde{\boldsymbol{E}}(-\omega_1)\tilde{\boldsymbol{E}}(\omega_1)\tilde{\boldsymbol{E}}(\omega_1) \\ &\quad + \varepsilon_0 6\boldsymbol{\chi}^{(3)}(\omega_1 \mid -\omega_2,\omega_2,\omega_1)\cdot\tilde{\boldsymbol{E}}(-\omega_2)\tilde{\boldsymbol{E}}(\omega_2)\tilde{\boldsymbol{E}}(\omega_1) \\ &= \varepsilon_0 3\boldsymbol{\chi}^{(3)}(\omega_1 \mid -\omega_1,\omega_1,\omega_1)\left|\tilde{\boldsymbol{E}}(\omega_1)\right|^2\tilde{\boldsymbol{E}}(\omega_1) \\ &\quad + \varepsilon_0 6\boldsymbol{\chi}^{(3)}(\omega_1 \mid -\omega_2,\omega_2,\omega_1)\left|\tilde{\boldsymbol{E}}(\omega_2)\right|^2\tilde{\boldsymbol{E}}(\omega_1)\end{aligned} \tag{8.2.15}$$

根据式(8.2.15)，可得到如下结论。

(1)对于偏振态相同的两个线偏光情形，式(8.2.15)可化简为

$$\tilde{\boldsymbol{P}}^{(3)}(\omega_1) = \varepsilon_0 3\chi_{xxxx}^{(3)}[\left|\tilde{\boldsymbol{E}}(\omega_1)\right|^2 + 2\left|\tilde{\boldsymbol{E}}(\omega_2)\right|^2]\tilde{\boldsymbol{E}}(\omega_1) \tag{8.2.16}$$

式中，等号右边括号[ ]中第一项和第二项分别对应于自相位调制和交叉相位调制，此时交相位调制的强度是自相位调制的 2 倍。

(2)对于偏振态相互正交的两个线偏光情形，交叉相位调制项的电极化率为 $\chi_{xyyx}^{(3)} = \chi_{xxxx}^{(3)}/3$，式(8.2.15)可化简为

$$\tilde{\boldsymbol{P}}^{(3)}(\omega_1) = \varepsilon_0 3\chi_{xxxx}^{(3)}\left[\left|\tilde{\boldsymbol{E}}(\omega_1)\right|^2 + \frac{2}{3}\left|\tilde{\boldsymbol{E}}(\omega_2)\right|^2\right]\tilde{\boldsymbol{E}}(\omega_1) \tag{8.2.17}$$

显然，正交线偏振光之间的交叉相位调制强度是相同线偏振光情形的 1/3。

(3)对于同一光波(频率相同)的两个正交分量之间的非线性耦合，还需另外计及简并四波混频的影响(参见 8.2.3 节)，它们的三阶极化强度可具体表示为[2]

$$\begin{cases}\tilde{P}_x^{(3)}(\omega) = \varepsilon_0 3\chi_{xxxx}^{(3)}\left\{\left[\left|\tilde{E}_x(\omega)\right|^2 + \dfrac{2}{3}\left|\tilde{E}_y(\omega)\right|^2\right]\tilde{E}_x(\omega) + \dfrac{1}{3}\tilde{E}_y^2(\omega)\tilde{E}_x^*(\omega)\right\} \\ \tilde{P}_y^{(3)}(\omega) = \varepsilon_0 3\chi_{xxxx}^{(3)}\left\{\left[\left|\tilde{E}_y(\omega)\right|^2 + \dfrac{2}{3}\left|\tilde{E}_x(\omega)\right|^2\right]\tilde{E}_y(\omega) + \dfrac{1}{3}\tilde{E}_x^2(\omega)\tilde{E}_y^*(\omega)\right\}\end{cases} \tag{8.2.18}$$

式中括号{}中最后一项为简并四波混频的贡献，与双折射导致的相位失配相联系。理想的圆形光纤中不发生双折射现象。

当多个线偏光共同传输时，就光波 l 而言，自相位调制和交叉相位调制引起的折射率微扰可表示为 $\Delta n_l = n_2\left(\left|\boldsymbol{E}_l\right|^2 + 2\sum_{j\neq l}B_j\left|\boldsymbol{E}_j\right|^2\right)$，所导致的传播常数修正 $\Delta\beta_l$ 为[2]

$$\Delta\beta_l = \frac{n_0 k_0}{\beta_{0l}}k_0\left(f_{ll}\left|A_l\right|^2 + 2\sum_{j\neq l}B_j f_{lj}\left|A_j\right|^2\right) \tag{8.2.19}$$

式中，有效非线性折射率系数 $f_{lj} = \dfrac{\iint n_2\left|F_l(x,y)\right|^2\left|F_j(x,y)\right|^2\mathrm{d}x\mathrm{d}y}{\iint\left|F_l(x,y)\right|^2\mathrm{d}x\mathrm{d}y\iint\left|F_j(x,y)\right|^2\mathrm{d}x\mathrm{d}y}$； B_j 为偏振相关因子。

与式(8.2.7)的推导过程类似，在慢变包络近似下导波光脉冲复包络 $A_l(z,t)$ 的演化方程为

$$
\begin{aligned}
& s\frac{\partial A_l}{\partial z}+\beta_l^{(1)}(\omega_0)\frac{\partial A_l}{\partial t}+\frac{\mathrm{i}}{2}\beta_l^{(2)}(\omega_0)\frac{\partial^2 A_l}{\partial t^2}-\frac{1}{6}\beta_l^{(3)}(\omega_0)\frac{\partial^3 A_l}{\partial t^3}+\frac{\alpha_l}{2}A_l \\
& =\mathrm{i}\delta_l A_l+\mathrm{i}(\Delta\beta_l)A_l
\end{aligned}
\tag{8.2.20}
$$

式中，$\delta_l=\beta_l(\omega_0)-\beta_{0l}$，相位调制引起的传播常数修正 $\Delta\beta_l$ 由式(8.2.19)给出。

8.2.3　四波混频

四波混频是介质中四个光子相互作用(能量守恒)所引起的非线性光学效应，起源于光场作用下束缚电子的三阶非线性(极化)响应。非线性介质材料的本征频率不与光场频率发生耦合，只是促进光场之间的相互作用，相互作用后介质的原子状态保持不变，称为参量过程。石英光纤中，三阶参量过程涉及四个光波的相互作用，包括三次谐波的产生、四波混频(FWM)和参量放大等现象。光学参量过程一般采取一定的相位匹配方式来实现。

四波混频(FWM)参量过程中，一个或多个光子消失，同时产生出不同频率的新光子。根据非线性耦合理论，要发生显著的四波混频现象，必须满足能量守恒(频率关系)和动量守恒(相位匹配)。图 8.2.2 给出了非简并四波混频过程(两个光子湮灭情形)，两个不同频率的泵浦光($\nu_1\neq\nu_2$)能量转移到信号光上，同时产生一个新频率的光，称为闲频光。闲频光功率与三个入射波的功率成正比，它们的频率满足关系 $\nu_1+\nu_2=\nu_3+\nu_4$。此外，光场之间必须满足一定的相位匹配条件，即它们的传播常数 β_i ($i=1\sim4$)满足 $\Delta\beta=\beta_3+\beta_4-\beta_2-\beta_1\approx0$。当两个泵浦简并为单个泵浦时，相应的参量过程称为简并 FWM 过程，即湮灭两个相同的泵浦光子，以产生较低频率的斯托克斯光子和较高频率的反斯托克斯光子。

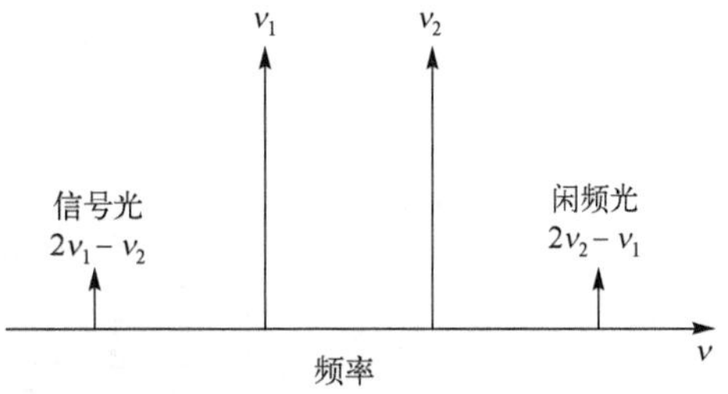

图 8.2.2　非简并四波混频参量过程

用下标 m、n、k、l 表示四个光波的相应物理量，同时将自相位调制(SPM)和交叉相位调制(XPM)视为 FWM 的特殊情形，则光波 l 的复包络满足的参量耦合方程为

$$
\begin{aligned}
& \frac{\partial A_l}{\partial z}+\beta_l^{(1)}\frac{\partial A_l}{\partial t}+\beta_l^{(2)}\frac{\mathrm{i}}{2}\frac{\partial^2 A_l}{\partial t^2}+\frac{\alpha_l}{2}A_l \\
& =\mathrm{i}\delta_l A_l+\mathrm{i}\sum_{m,n,k,l}\gamma_{mnkl}\frac{D_{mn}}{D_{\mathrm{p}}}A_m A_n A_k^{*}\exp[\mathrm{i}(\Delta\beta_{mnkl}z-\Delta\omega_{mnkl}t)]
\end{aligned}
\tag{8.2.21}
$$

式中，能量守恒要求 $\Delta\omega_{mnkl}=\omega_m+\omega_n-\omega_k-\omega_l=0$，$\Delta\beta_{mnkl}=\beta_m+\beta_n-\beta_k-\beta_l$ 为相位失配因子；D_{mn} 为光波简并因子，当 $m=n$ 时，$D_{mn}=1$，否则 $D_{mn}=2$；D_{p} 为偏振相关因子，相同线偏振作用时 $D_{\mathrm{p}}=1$，正交线偏振时 $D_{\mathrm{p}}=3$；非线性系数 $\gamma_{mnkl}=\dfrac{\omega_l}{c}\dfrac{\iint n_2F_mF_nF_k^{*}F_l^{*}\mathrm{d}x\mathrm{d}y}{\sqrt{N_mN_nN_kN_l}}$，$N_l=\iint|F_l(x,y)|^2\,\mathrm{d}x\mathrm{d}y$ 为模场归一化因子。

四波混频参量响应过程依赖于相位匹配条件，可分为三种相互作用类型，如图 8.2.3 所示[2]。下面以相同线偏振光的双泵浦情形为例加以说明。

(1) 相位共轭(phase conjugation，PC)，信号光和闲频光的位置关于两个泵浦光频率对称，即它们的和频相等，如 $\dfrac{\partial A_{2+}}{\partial z}=2\mathrm{i}\gamma A_1 A_2 A_{1-}^{*}\exp(\mathrm{i}\Delta\beta_{\mathrm{PC}} z)$，$\Delta\beta_{\mathrm{PC}}=\beta_1+\beta_2-\beta_{1-}-\beta_{2+}$。

(2) 布拉格散射(Bragg scattering, BS)，信号光和闲频光的差频等于两个泵浦光的差频，它们也产生稳定的能量交换，如 $\dfrac{\partial A_{2+}}{\partial z}=2\mathrm{i}\gamma A_{1+} A_2 A_1^{*}\exp(\mathrm{i}\Delta\beta_{\mathrm{BS}} z)$，$\Delta\beta_{\mathrm{BS}}=\beta_{1+}+\beta_2-\beta_1-\beta_{2+}$。

(3) 调制不稳性(modulation instability，MI)，即在每个泵浦波长附近产生边带信号(类似于单泵浦)，如 $\dfrac{\partial A_{2+}}{\partial z}=\mathrm{i}\gamma A_2^2 A_{2-}^{*}\exp(\mathrm{i}\Delta\beta_{\mathrm{MI}} z)$，$\Delta\beta_{\mathrm{MI}}=2\beta_2-\beta_{2-}-\beta_{2+}$。

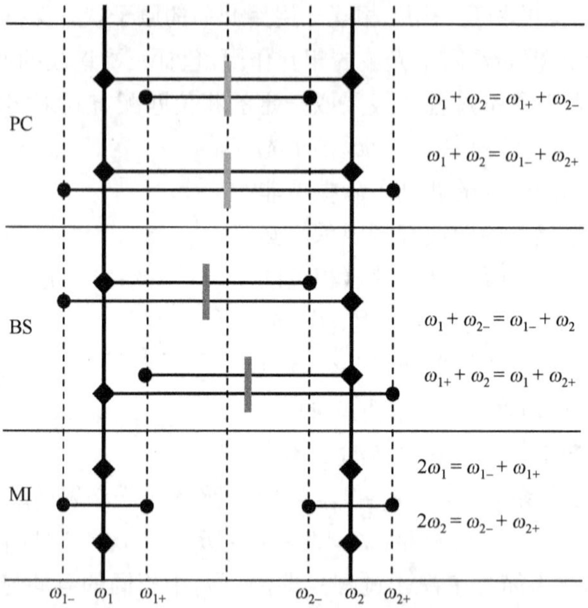

图 8.2.3　三种双泵浦 FWM 参量过程[2]

8.3　分步傅里叶变换方法

式(8.2.9)给出了群速为 $v_{\mathrm{g}}=[\beta^{(1)}(\omega_0)]^{-1}$ 的移动坐标系下，导波光脉冲复包络 $A_l(z,T)$ 满足的非线性薛定谔方程(NLSE)，并分析了自相位调制对高斯光脉冲的影响。对于存在多个光波一起传输的情形，往往还需考虑交叉相位调制和四波混频等非线性效应的影响，此时可用非线性薛定谔方程组表达光脉冲复包络的演化，但需注意不同光波之间的脉冲走离效应。

在求解非线性薛定谔方程的各种方法中，相同精度下，分步傅里叶变换方法比大多数差分方法的运算速度快，广泛用于研究光纤中脉冲的非线性传播特性。下面描述分步傅里叶变换方法(Split-step Fourier transform method，SSFTM)[1]。

作为例子，考虑如下时域非线性薛定谔方程：

$$\frac{\partial A_s}{\partial z}+\left(\frac{\mathrm{i}}{2}\beta^{(2)}\frac{\partial^2}{\partial T^2}-\frac{1}{6}\beta^{(3)}\frac{\partial^3}{\partial T^3}+\frac{\alpha}{2}\right)A_s=\mathrm{i}(\Delta\beta_{\mathrm{NL}})A_s \tag{8.3.1}$$

式中，$A_s(z,T)$ 为信号光脉冲的复包络；$\beta^{(2,3)}$ 为色散参量；α 为功率衰减系数；$\Delta\beta_{\mathrm{NL}}$ 为非线性效应对传播常数的修正。

分步傅里叶变换方法作为一种求解非线性偏微分方程的数值方法，它将线性和非线性项的贡献分步长考虑。将慢变包络 A_s 满足的 NLSE 表示为如下形式：

$$\frac{\partial A_s}{\partial z}=(\hat{D}+\hat{N})A_s \tag{8.3.2}$$

式中，线性算子 $\hat{D}=-\frac{\mathrm{i}}{2}\beta^{(2)}\frac{\partial^2}{\partial T^2}+\frac{1}{6}\beta^{(3)}\frac{\partial^3}{\partial T^3}-\frac{\alpha}{2}$，与光纤色散和损耗相联系；非线性算子 $\hat{N}=\mathrm{i}(\Delta\beta_{\mathrm{NL}})$，对应于非线性效应项。

为了提高计算精度，通常采用对称分步傅里叶变换方法进行近似求解，即在每个分段 $(z_0,z_0+\delta z)$ 中间 $z_0+\delta z/2$ 处(而不是分段的边界)引入整个分段的非线性效应贡献。也就是说，复包络 A_s 的计算过程按"Ω"方式分步处理色散和非线性，如图 8.3.1 所示[3]。一般来说，光脉冲在光纤中传播时会同时受到色散和非线性的作用，当传播距离很短时，可认为两者的作用是独立的。在这种近似下，式(8.3.2)的解可表示成如下对称形式：

$$A_s(z_0+\delta z,T)\approx\exp\left(\frac{\delta z}{2}\hat{D}\right)\exp\left(\int_{z_0}^{z_0+\delta z}N(Z)\mathrm{d}z\right)\exp\left(\frac{\delta z}{2}\hat{D}\right)A_s(z_0,T) \tag{8.3.3}$$

对称分步傅里叶变换方法的近似误差量级为 $O[(\delta z)^3]$。

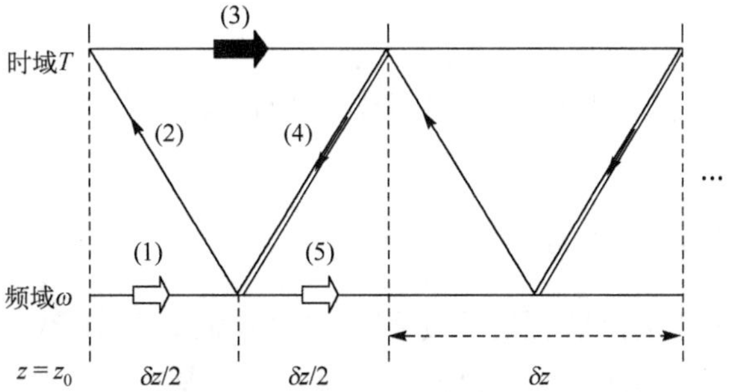

图 8.3.1　对称分步傅里叶变换方法示意图[3]

对称分步傅里叶变换方法在一个步长的具体实施过程如下。

第一步，在 $(z_0,z_0+\delta z/2)$ 内忽略非线性的影响，将与时间相关的线性算子 $\hat{D}$ 和时域复包络 $A_s(z_0,T)$ 变换到频域，分别用 $\hat{D}_\Omega$ 和 $\tilde{A}_s(z,\Omega)$ 表示，其中，傅里叶变换核为 $\mathrm{e}^{\mathrm{i}\Omega T}$，将 $\hat{D}$ 中的 $\partial/\partial T$ 替换为 $-\mathrm{i}\Omega$ 可得 $\hat{D}_\Omega$。由式(3.3.10)可知：

$$\frac{\partial A_s(z,T)}{\partial z}=\hat{D}A_s(z,T)\Leftrightarrow\frac{\partial\tilde{A}_s(z,\Omega)}{\partial z}=\hat{D}_\Omega\tilde{A}_s(z,\Omega) \tag{8.3.4}$$

则有

$$\tilde{A}_s^{(1)}(z_0+\delta z/2,\Omega)=\exp(\hat{D}_\Omega\cdot\delta z/2)\tilde{A}_s(z_0,\Omega) \tag{8.3.5}$$

第二步，将频域线性算子 $\hat{D}_\Omega$ 作用后的频域复包络 $\tilde{A}_s^{(1)}(z_0+\delta z/2,\Omega)$ 傅里叶逆变换到时域，得到 $A_s^{(1)}(z_0+\delta z/2,T)$。

第三步，在整个分段 $(z_0,z_0+\delta z)$ 内忽略线性算子的作用，将时域非线性算子 $\hat{N}$ 作用到

$A_s^{(1)}(z_0+\delta z/2,T)$ 上，解方程 $\partial A_s/\partial z=\hat{N}A_s$ 可得

$$A_s^{(2)}(z_0+\delta z,T)=\exp[N(z)\cdot\delta z]A_s^{(1)}(z_0+\delta z/2,T) \tag{8.3.6}$$

第四步，将时域非线性算子 $\hat{N}$ 作用后的时域复包络 $A_s^{(2)}(z_0+\delta z,T)$ 再傅里叶变换到频域，得到 $\tilde{A}_s^{(2)}(z_0+\delta z,\Omega)$。

第五步，类似第一步，将 $\tilde{A}_s^{(2)}(z_0+\delta z,\Omega)$ 作为输入，在频域线性算子 $\hat{D}_\Omega$ 作用下，从 $z_0+\delta z/2$ 开始传播剩余的 $\delta z/2$ 距离，得到

$$\tilde{A}_s^{(3)}(z_0+\delta z,\Omega)=\exp(\hat{D}_\Omega\cdot\delta z/2)\tilde{A}_s^{(2)}(z_0+\delta z,\Omega) \tag{8.3.7}$$

于是，完成了从 z_0 到 $z_0+\delta z$ 一个步长的复包络计算，可用公式完整地表示为

$$A_s(z_0+\delta z,T)=\mathbb{F}^{-1}\left\{\begin{array}{l}\exp(\delta z\cdot\hat{D}_\Omega/2)\\ \cdot\,\mathbb{F}\left\{\begin{array}{l}\exp[\delta z\cdot N(z)]\\ \cdot\,\mathbb{F}^{-1}\left[\begin{array}{l}\exp(\delta z\cdot\hat{D}_\Omega/2)\\ \cdot\,\mathbb{F}[A_s(z_0,T)]\end{array}\right]\end{array}\right\}\end{array}\right\} \tag{8.3.8}$$

式中，$\mathbb{F}(\cdot)$ 和 $\mathbb{F}^{-1}(\cdot)$ 分别表示傅里叶变换和傅里叶逆变换。

重复上述过程，进行下一个分段的计算。计算中 z 和 T 的步长选择要合适，这一点相当重要，其中步长 δz 的值可由最大相移来确定，即

$$\phi_{\max}=\gamma\left|A_{\text{peak}}\right|^2\delta z\leqslant 0.05\text{rad} \tag{8.3.9}$$

8.4 少模光纤四波混频

8.4.1 少模光纤 FWM 耦合方程

为了大幅提升通信容量，可将空分复用（SDM）与波分复用（WDM）技术相结合，构成空频复用传输系统。在单模光纤中，FWM 过程发生在具有不同频率的相同模式之间；在模式复用系统中，具有相同或不同频率的模式之间也会发生 FWM。光纤 FWM 耦合方程一般采用分步傅里叶变换方法进行数值求解，在准连续波情形下也可以获得其解析解，从而能够直观地反映出非线性过程中参数的依赖关系。

为简单起见，考虑少模光纤中准连续光波之间的非简并 FWM 过程，并假设这些光波具有相同线偏振态。此时，导波光场复振幅 $A_l(l=1\sim4)$ 满足如下空频复用 FWM 耦合方程[4]：

$$\begin{cases}\dfrac{\mathrm{d}A_1}{\mathrm{d}z}=\mathrm{i}\dfrac{\omega_1}{c}(f_{1111}|A_1|^2A_1+2f_{1122}|A_2|^2A_1+2f_{1133}|A_3|^2A_1+2f_{1144}|A_4|^2A_1+2f_{1234}A_2^*A_3A_4\,\mathrm{e}^{\mathrm{i}\Delta\beta z})\\ \dfrac{\mathrm{d}A_2}{\mathrm{d}z}=\mathrm{i}\dfrac{\omega_2}{c}(f_{2222}|A_2|^2A_2+2f_{2211}|A_1|^2A_2+2f_{2233}|A_3|^2A_2+2f_{2244}|A_4|^2A_2+2f_{2134}A_1^*A_3A_4\,\mathrm{e}^{\mathrm{i}\Delta\beta z})\\ \dfrac{\mathrm{d}A_3}{\mathrm{d}z}=\mathrm{i}\dfrac{\omega_3}{c}(f_{3333}|A_3|^2A_3+2f_{3311}|A_1|^2A_3+2f_{3322}|A_2|^2A_3+2f_{3344}|A_4|^2A_3+2f_{3412}A_4^*A_1A_2\,\mathrm{e}^{-\mathrm{i}\Delta\beta z})\\ \dfrac{\mathrm{d}A_4}{\mathrm{d}z}=\mathrm{i}\dfrac{\omega_4}{c}(f_{4444}|A_4|^2A_4+2f_{4411}|A_1|^2A_4+2f_{4422}|A_2|^2A_4+2f_{4433}|A_3|^2A_4+2f_{2134}A_3^*A_1A_2\,\mathrm{e}^{-\mathrm{i}\Delta\beta z})\end{cases} \tag{8.4.1}$$

式中，c 为真空中光速；z 表示少模光纤的长度；$\omega_l(l=1\sim 4)$ 为各导波光的角频率，导波光之间满足能量守恒关系，即 $\omega_4+\omega_3-\omega_2-\omega_1=0$；$\Delta\beta=\beta_4+\beta_3-\beta_2-\beta_1$，为导波光传播常数 $\beta_l(l=1\sim 4)$ 之间的相位失配因子；有效非线性折射率系数 $f_{mnkl}=\dfrac{\iint n_2F_mF_nF_k^*F_l^*\mathrm{d}x\mathrm{d}y}{\sqrt{N_mN_nN_kN_l}}$ $(m,n,k,l=1,2,3,4)$，$N_l=\iint|F_l(x,y)|^2\mathrm{d}x\mathrm{d}y$ 为模场归一化因子，n_2 为光纤的非线性折射率参量。

将光场的复振幅表示为振幅和相位形式，即 $A_l=\sqrt{P_l}\exp(\mathrm{i}\varphi_l)$，将其代入式(8.4.1)，可得到功率 P_l 和相位 φ_l 的演化方程[4]：

$$\begin{cases}\dfrac{\mathrm{d}P_1}{\mathrm{d}z}=-\dfrac{\omega_1}{c}f_{1234}4\sqrt{P_1P_2P_3P_4}\sin\theta\\ \dfrac{\mathrm{d}P_2}{\mathrm{d}z}=-\dfrac{\omega_2}{c}f_{1234}4\sqrt{P_1P_2P_3P_4}\sin\theta\\ \dfrac{\mathrm{d}P_3}{\mathrm{d}z}=\dfrac{\omega_3}{c}f_{1234}4\sqrt{P_1P_2P_3P_4}\sin\theta\\ \dfrac{\mathrm{d}P_4}{\mathrm{d}z}=\dfrac{\omega_4}{c}f_{1234}4\sqrt{P_1P_2P_3P_4}\sin\theta\end{cases}\tag{8.4.2}$$

$$\frac{\mathrm{d}\varphi_l}{\mathrm{d}z}=\kappa_l+\frac{2}{P_l}\frac{\omega_lf_{1234}}{c}\sqrt{P_1P_2P_3P_4}\cos\theta,\quad l=1\sim 4\tag{8.4.3}$$

式中，$l=1,2$ 对应于两个泵浦光，$l=3,4$ 分别对应于信号光和闲频光；$\theta=\Delta\beta z+\varphi_3(z)+\varphi_4(z)-\varphi_1(z)-\varphi_2(z)$；耦合系数 κ_l 与相位调制有关，它依赖于光波功率 P_l、角频率 ω_l 以及有效非线性折射率系数 f_{mnkl}，即

$$\begin{cases}\kappa_1=\omega_1(f_{1111}P_1+2f_{1122}P_2+2f_{1133}P_3+2f_{1144}P_4)/c\\ \kappa_2=\omega_2(f_{2222}P_2+2f_{2211}P_1+2f_{2233}P_3+2f_{2244}P_4)/c\\ \kappa_3=\omega_3(f_{3333}P_3+2f_{3311}P_1+2f_{3322}P_2+2f_{3344}P_4)/c\\ \kappa_4=\omega_4(f_{4444}P_4+2f_{4411}P_1+2f_{4422}P_2+2f_{4433}P_3)/c\end{cases}\tag{8.4.4}$$

为了便于求解，引入能量参数 $Q_l=P_l/\omega_l$，并令非线性系数 $\gamma=\dfrac{f_{1234}}{c}\sqrt{\omega_1\omega_2\omega_3\omega_4}$，则式 (8.4.2)可重新表示为

$$\frac{\mathrm{d}Q_1}{\mathrm{d}z}=\frac{\mathrm{d}Q_2}{\mathrm{d}z}=-\frac{\mathrm{d}Q_3}{\mathrm{d}z}=-\frac{\mathrm{d}Q_4}{\mathrm{d}z}=-4\gamma\sqrt{Q_1Q_2Q_3Q_4}\sin\theta\tag{8.4.5}$$

由式(8.4.3)可知，

$$\begin{aligned}\frac{\mathrm{d}\theta}{\mathrm{d}z}&=\Delta\beta+\frac{\mathrm{d}\varphi_4}{\mathrm{d}z}+\frac{\mathrm{d}\varphi_3}{\mathrm{d}z}-\frac{\mathrm{d}\varphi_1}{\mathrm{d}z}-\frac{\mathrm{d}\varphi_2}{\mathrm{d}z}\\&=\Delta\beta+\kappa_4+\kappa_3-\kappa_2-\kappa_1+\frac{f_{1234}}{c}2\sqrt{P_1P_2P_3P_4}\cos\theta\left(\frac{\omega_4}{P_4}+\frac{\omega_3}{P_3}-\frac{\omega_2}{P_2}-\frac{\omega_1}{P_1}\right)\\&=\Delta\beta+(\kappa_4+\kappa_3-\kappa_2-\kappa_1)+2\gamma(Q_4^{-1}+Q_3^{-1}-Q_2^{-1}-Q_1^{-1})\sqrt{Q_1Q_2Q_3Q_4}\cos\theta\end{aligned}\tag{8.4.6}$$

令 $q(z)$ 为导波光之间的能量转移，由式(8.4.5)可知，各导波光的能量参数为

$$\begin{cases} Q_1 = Q_{10} - q(z) \\ Q_2 = Q_{20} - q(z) \\ Q_3 = Q_{30} + q(z) \\ Q_4 = Q_{40} + q(z) \end{cases} \tag{8.4.7}$$

式中，$Q_{l0} = P_{l0}/\omega_l$ 为初始能量，对应于初始功率 P_{l0}。

将式(8.4.7)代入式(8.4.5)，可得能量转移 $q(z)$ 满足的方程：

$$\frac{\mathrm{d}q}{\mathrm{d}z} = 4\gamma\sqrt{Q_1Q_2Q_3Q_4}\sin\theta = \pm 4\gamma\sqrt{Q_1Q_2Q_3Q_4(1-\cos^2\theta)} = \pm 2\sqrt{f(q)} \tag{8.4.8}$$

式中，$f(q) = 4\gamma^2(Q_{10}-q)(Q_{20}-q)(Q_{30}+q)(Q_{40}+q) - \frac{1}{4}[I_0 - \Delta\beta q - K(q)]^2$，由输入的初始光波功率和相位可确定 $I_0 = 4\gamma\sqrt{Q_{10}Q_{20}Q_{30}Q_{40}}\cos\theta_0$，$\theta_0 = \varphi_{40} + \varphi_{30} - \varphi_{20} - \varphi_{10}$；参数 $K(q)$ 是能量转移参数 q 的二次函数，即

$$K(q) = (R_1Q_{10} + R_2Q_{20} + R_3Q_{30} + R_4Q_{40})q + \frac{1}{2}(R_4 + R_3 - R_2 - R_1)q^2 \tag{8.4.9a}$$

$$\begin{cases} R_1 = \dfrac{\omega_1}{c}(\omega_4 2f_{4411} + \omega_3 2f_{3311} - \omega_2 2f_{2211} - \omega_1 f_{1111}) \\ R_2 = \dfrac{\omega_2}{c}(\omega_4 2f_{4422} + \omega_3 2f_{3322} - \omega_2 f_{2222} - \omega_1 2f_{1122}) \\ R_3 = \dfrac{\omega_3}{c}(\omega_4 2f_{4433} + \omega_3 f_{3333} - \omega_2 2f_{2233} - \omega_1 2f_{1133}) \\ R_4 = \dfrac{\omega_4}{c}(\omega_4 f_{4444} + \omega_3 2f_{3344} - \omega_2 2f_{2244} - \omega_1 2f_{1144}) \end{cases} \tag{8.4.9b}$$

根据式(8.4.8)可求出能量转移参数 q 随长度 z 的演化，进而给出功率和相位的解析表达式。由式(8.4.8)可知，当没有闲频光输入时，$Q_{40}=0,\ I_0=0$，$f(q)$ 表达式中不再含有光波初相位 θ_0（或 φ_{l0}）的信息，对应于相位不敏感的放大(PIA)；当四个光波都有光功率输入时，I_0 依赖于光波初相位 θ_0（或 φ_{l0}），$f(q)$ 与光波初相位 θ_0（或 φ_{l0}）密切相关，从而实现相位敏感放大(PSA)。

8.4.2 FWM 耦合方程的解析解

1. 解析解的推导

由式(8.4.8)可知，$f(q)$ 是关于能量转移参数 q 的四次多项式，在给定的初始条件下，可以表示为四次多项式形式，即 $f(q) = C_0^2(q-\eta_1)(q-\eta_2)(q-\eta_3)(q-\eta_4)$，其中 $\eta_1 < \eta_2 < \eta_3 < \eta_4$ 为从小到大顺序排列的 $f(q)=0$ 的根，$C_0{}^2$ 表示 $f(q)$ 最高次项的系数。于是，式 (8.4.8) 可以进一步表示为

$$z=\int_0^q \frac{\mathrm{d}q'}{2\xi\sqrt{f(q')}} \tag{8.4.10}$$

式中，$\xi=\mathrm{sgn}(\sin\theta_0)$ 为符号函数，取决于输入光波的初始相位关系。

根据第一类椭圆积分 $F(\phi,k)=\int_0^{\pi/2}(1-k^2\sin^2\phi)^{-1/2}\mathrm{d}\phi$ 与雅可比椭圆函数 $\mathrm{sn}(\mu,k)$ 之间的互逆运算关系，FWM 的能量转移参数 $q(z)$ 可解析表达为[5]

$$q(z)=\eta_1+(\eta_2-\eta_1)\left[1-\eta\cdot\mathrm{sn}^2\left(\frac{z-Z_0}{Z_c},k\right)\right]^{-1} \tag{8.4.11}$$

式中

$$\begin{aligned}
&\eta=(\eta_3-\eta_2)/(\eta_3-\eta_1)\\
&k=\sqrt{\eta(\eta_4-\eta_1)/(\eta_4-\eta_2)}\\
&Z_c=\xi/\sqrt{C_0(\eta_3-\eta_1)(\eta_4-\eta_2)}\\
&Z_0=-\xi Z_c\cdot F\left[\arcsin(\sqrt{\eta_2/(\eta\eta_1)}),k\right]
\end{aligned}$$

进一步地，由式(8.4.7)可得导波光功率的解析表达式为

$$\begin{cases}
P_1(z)=P_{10}-\omega_1 q(z)\\
P_2(z)=P_{20}-\omega_2 q(z)\\
P_3(z)=P_{30}+\omega_3 q(z)\\
P_4(z)=P_{40}+\omega_4 q(z)
\end{cases} \tag{8.4.12}$$

根据非简并 FWM 过程满足的频率关系 $\omega_1+\omega_2=\omega_3+\omega_4$，由式(8.4.12)可知，$P_1(z)+P_2(z)+P_3(z)+P_4(z)=P_{10}+P_{20}+P_{30}+P_{40}$，总功率始终保持不变，即 FWM 作用过程中导波光总能量守恒。式(8.4.12)也适用于空频复用多模光纤的情况。

由式(8.4.3)和式(8.4.8)可知，导波光场的相位可以由 $q(z)$ 的解析式推导。例如，闲频光相位 φ_4 满足微分方程：

$$\frac{\mathrm{d}\varphi_4}{\mathrm{d}z}=\kappa_4+\frac{I_0-\Delta\beta q-K(q)}{2(Q_{40}+q)} \tag{8.4.13}$$

积分可得

$$\varphi_4=\varphi_{40}^*+\int_0^z\left[\kappa_4+\frac{I_0-\Delta\beta q-K(q)}{2(Q_{40}+q)}\right]\mathrm{d}z \tag{8.4.14}$$

式中，φ_{40}^* 为积分常数。对于相位不敏感放大器(PIA)，$\varphi_{40}^*=\varphi_{20}+\varphi_{10}-\varphi_{30}$，取决于输入导波光的初始相位[6]。类似地，也可得到其他导波光的相位表达式。

需指出的是，随着光纤长度 z 的增加，$q(z)$ 的演化具有周期振荡特性。在式(8.4.10)中，符号 ξ 改变位置，$q(z)$ 的单调性也随之发生改变，导致相位解析解出现奇异(相位跳变)。此外，在 z=0 的初始位置 $q(z)$=0，没有闲频光输入时，$f(q)=0$，此时的相位解析解也存在奇异性。因此，需单独分析各单调区间的情况，并考虑 $q(z)$ 周期变化对相位的累积影响[5]。

2. 解析解的数值验证

下面采用解析方法计算少模光纤 FWM 中闲频光功率及其模场相位，并通过数值计算结果验证上述解析解的正确性[4]。考虑三模光纤情形(支持 LP_{01}、LP_{11a} 和 LP_{11b} 模式)，设两个泵浦光的频率为 f_1 和 f_2，探测光和闲频光的频率分别为 f_3 和 f_4，它们对应的模场分布和频率配置如图 8.4.1 所示。

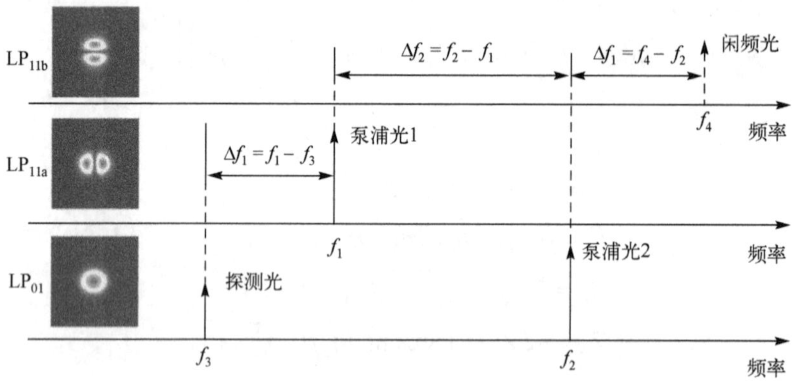

图 8.4.1　非简并 FWM 过程中导波光的模式与频谱分布[4]

对于给定的少模光纤参数，为了尽可能满足 FWM 相位匹配条件 $\Delta\beta \approx 0$，需要优化导波光的频率分布。这里取 f_1=194.81THz，f_2=195.14THz，f_3=194.68THz，f_4=195.27THz。简并模 LP_{11a} 和 LP_{11b} 具有相同的传播常数，差模群时延 $\beta_1^{LP_{11}} - \beta_1^{LP_{01}}$ =100ps/km，对应的色散参量为 $\beta_2^{LP_{01}}$=–24.3ps²/km 和 $\beta_2^{LP_{11}}$=–23.03ps²/km，并且假定所有模式具有相同的色散斜率，其中参考频率为 194.81THz。此外，计算非线性系数时也会用到模场的交叠积分。表 8.4.1 列出了不同模式组合时相对于 LP_{01} 模的归一化模场交叠积分[7,8]。

表 8.4.1　不同模式组合的归一化模场交叠积分[7,8]

不同的模式组合	归一化模场交叠积分
4 束光均为 LP_{01} 模	1
4 束光均为 LP_{11a} 或 LP_{11b} 模	0.747
2 束光为 LP_{01} 模、2 束光为 LP_{11a} 或 LP_{11b} 模	0.496
2 束光为 LP_{11a} 模、2 束光为 LP_{11b} 模	0.249

根据上述参数，可利用解析解计算输出闲频光功率和相位，也可以采用四阶龙格-库塔法对式(8.4.13)直接数值求解。当输入探测光功率(P_s)分别为 0.01W、0.05W 和 0.1W 时，闲频光功率和相位随光纤长度 z 的变化曲线如图 8.4.2 所示[4]，其中泵浦光 1 和泵浦光 2 的光功率分别为 0.5W 和 0.35W。由图 8.4.2 可以看出，闲频光输出功率的解析解与直接的数值计算结果完全相同；在功率单调变化区间内，闲频光相位的解析解也与数值结果吻合。需指出，无闲频光输入时，闲频光相位在光纤输入端会出现跳变，计算图 8.4.2(b)时闲频光功率取了一个很小的值。

由图 8.4.2 可知，信号光输入功率越大，输出闲频光功率达到最大所需的光纤长度越短；

在信号光的交叉相位调制作用下，闲频光相位也会随输入信号光功率增大。与此同时，上述 FWM 作用过程还实现了基模到高阶模的全光模式和波长的同时转换。

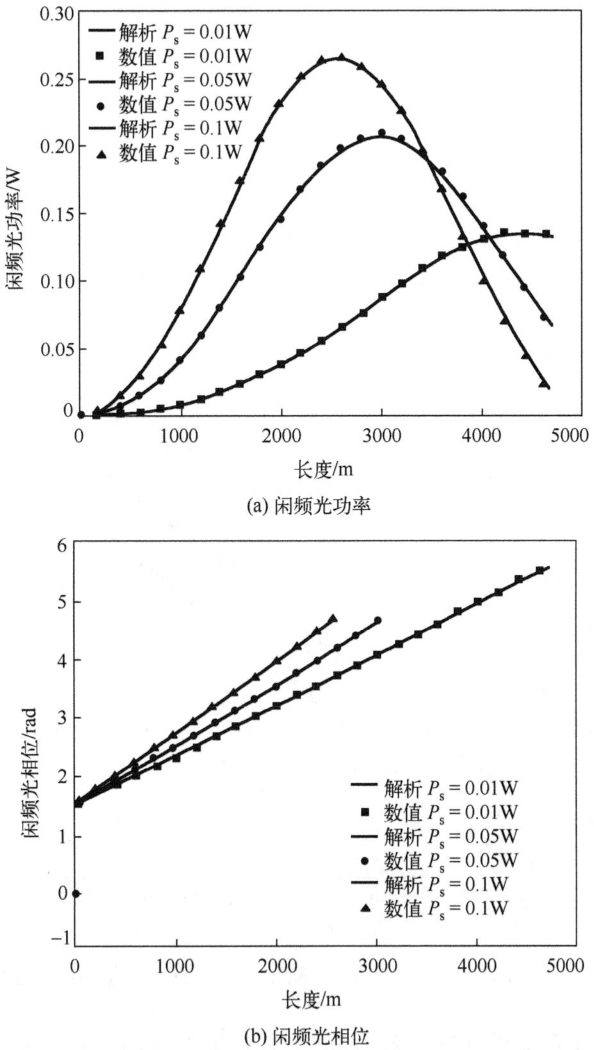

(a) 闲频光功率

(b) 闲频光相位

图 8.4.2　解析解与数值结果的比较[4]

8.4.3　少模 FWM 解析解的应用

与数值计算方法相比，解析分析方法更加便捷，可快速分析少模光纤 FWM 效应，有助于简化多波耦合方程、快速实施非线性补偿以及设计大规模并行相位运算器等[4]。

在空频复用光纤中，多个频率的不同模式导波光之间会产生多组 FWM 耦合项，其中有些模式和频率的导波光可能同时与多组 FWM 过程相联系，从而构成级联 FWM 的多波耦合方程。理论上讲，随导波光模式数的增加，FWM 耦合项的数目呈指数增长，此时若采用分步傅里叶变换方法求解多波耦合方程，计算效率会急剧下降。为此，可预先根据相位失配 $\Delta\beta$ 的大小，采用解析方法对多波耦合方程中的耦合项进行筛选，只保留有重要贡献的耦合项，从而简化多波问题的分析。

利用 FWM 解析解也可以简化少模传输系统的非线性补偿计算。先通过训练序列得到通信链路的非线性响应，采用遗传算法或二分法对解析式中的非线性参量进行估计；然后，根据接收到的数据，通过解析解倒推出发送端的光功率和信号相位信息，从而实现少模光纤非线性的补偿。

基于少模 FWM 的相位不敏感放大特性，可设计并行相位运算器。仍以图 8.4.1 所示的模间 FWM 过程为例，由式(8.4.1)可计算得到输出闲频光相位 φ_4 随输入相位运算量($\varphi_{10}+\varphi_{20}-\varphi_{30}$)的变化，如图 8.4.3 所示，其中少模光纤长度为 4.5km，其他计算参数与 8.4.2 节相同。由图 8.4.3 可知，输出闲频光相位 φ_4 与输入相位运算量之间呈线性关系，它们之间具有一个固定的相移 $\Delta\varphi$=0.5236rad，$\Delta\varphi$ 依赖于光纤长度，但不依赖于输入导波光的初相位。另外，由少模 FWM 解析解的相位关系式(8.4.14)可知，对于没有闲频光输入的相位不敏感放大情形，输出闲频光相位可表示为 $\varphi_4=\varphi_{40}^*+\Delta\varphi$，其中 φ_{40}^* 为积分常数。因此，$\varphi_{40}^*=\varphi_{10}+\varphi_{20}-\varphi_{30}$。

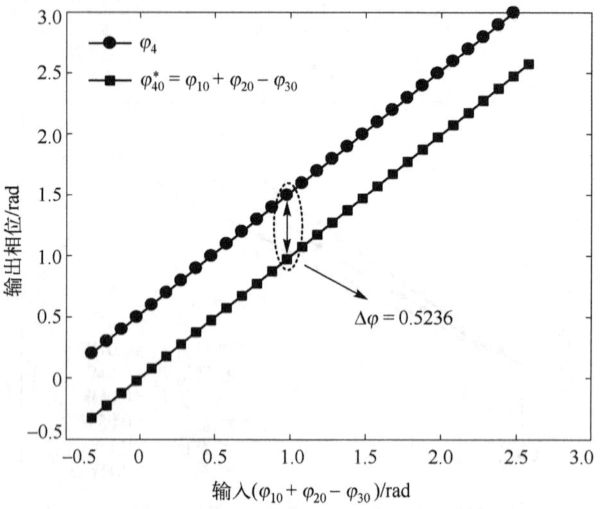

图 8.4.3　输出闲频光相位 φ_4 与输入初相位运算($\varphi_{10}+\varphi_{20}-\varphi_{30}$)之间的关系[6]

在光接收端，对 LP_{11b} 模式的闲频光进行相位补偿($-\Delta\varphi$)后，可以获得如下相位运算关系[6]：

$$\varphi_4-\Delta\varphi=\varphi_{10}+\varphi_{20}-\varphi_{30} \tag{8.4.15}$$

从而揭示了 FWM 相位运算器的本质。

用四进制数字序列调制三个输入导波光场，生成三路 QPSK 信号，也可以叠加一个零均值的高斯白噪声来模拟信号的劣化。输入信号经过少模非线性光纤传输后，通过滤波得到频率为 f_4 的闲频光；最后由光接收机接收，完成相位补偿和解调。少模光纤相位运算器输出的 QPSK 信号质量与输入信号的信噪比(SNR)密切相关，其噪声转移特性可通过少模 FWM 解析解计算。图 8.4.4 给出了输出 QPSK 信号的误差矢量幅度(EVM)和信噪比(SNR)曲线[6]，可以看出：①输出 QPSK 信号的 SNR 正比于输入 SNR，该相位运算器约有 1.6dB 的 SNR 劣化；②随输入信号信噪比的提升，输出信号的质量也变好(输出 EVM 快速下降)；当输入 SNR 大于 26dB 时，输出 EVM 小于 20%。

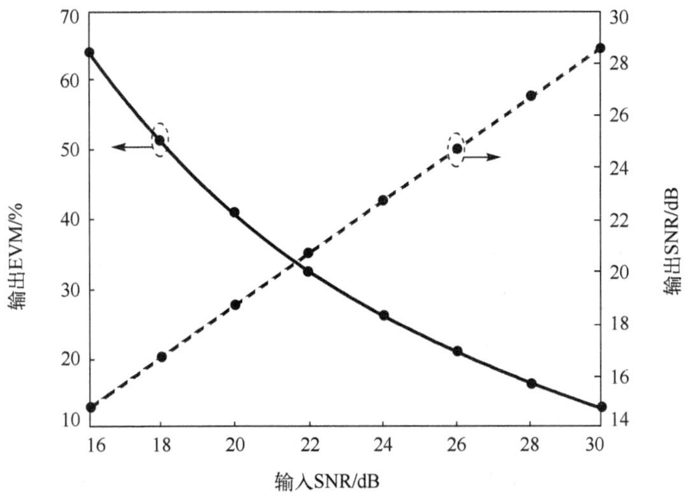

图 8.4.4　相位运算器输出的 QPSK 信号的 EVM 和 SNR 曲线[6]

上述分析表明，将数字运算序列分别调制到若干个空间模式上，利用模分复用非线性光纤产生的多组 FWM 产物，还可以实现多通道相位运算器。

思　考　题

8.1　介质的 n 阶复电极化强度 $\boldsymbol{P}^{(n)}(\omega,t)$ 与 n 个电场 $\boldsymbol{E}$ 相联系，请说明引入光波简并因子 D 的前提条件，并讨论三阶非线性极化过程中光波简并因子 D 的取值。

8.2　在各向同性介质中，三阶电极化率张量 $\boldsymbol{\chi}^{(3)}$ 元素之间有什么关系？

8.3　在推导非线性耦合模方程时，特别关注各种非线性效应系数之间的比例关系，通常以各向同性光纤中自相位调制的非线性系数作为基准。请写出自相位调制的三阶非线性电极化强度及其折射率微扰的表达式。

8.4　已知光纤的非线性折射率系数 $n_2 = 2.6\times10^{-20}\ \mathrm{m^2/W}$，请估算 G.652 单模光纤的三阶非线性系数 γ。

8.5　根据非线性光纤中光脉冲复包络的时域演化方程，描述自相位调制现象。

8.6　写出损耗光纤中自相位调制的相移表达式，比较自相位调制和光纤色散引起的频率啁啾特点。

8.7　讨论少模光纤中导波光模式分布及其偏振特性对交叉相位调制强度的影响。

8.8　根据式(8.2.21)，说明光纤参量耦合方程中四波混频耦合项的特点，包括相位失配因子表达式与复包络共轭形式的对应关系，以及 FWM 耦合项系数对光波简并因子、光偏振态、模式交叠积分等的依赖性。

8.9　四波混频参量过程可分为相位共轭、布拉格散射和调制不稳性三种相互作用类型，请描述它们的特点。

8.10　为了求解非线性薛定谔方程(NLSE)，相同精度下分步傅里叶变换方法比大多数差分方法的运算速度快，请描述对称分步傅里叶变换方法的具体实施过程。

8.11　写出少模光纤中四波混频耦合方程的完整形式，根据其解析解说明参量放大过程对光波初相位的敏感性。

8.12 简述少模 FWM 相位运算器的工作原理，多通道工作模式是如何实现的？

参 考 文 献

[1] AGRAWAL G P. 非线性光纤光学原理及应用[M]. 2 版. 贾东方，译. 北京: 电子工业出版社, 2010.

[2] 武保剑, 邱昆. 光纤信息处理原理及技术[M]. 北京：科学出版社, 2013.

[3] 武保剑. 光通信中的电磁场与波基础[M]. 北京: 科学出版社, 2017.

[4] 万峰, 武保剑, 曹亚敏, 等. 空频复用光纤中四波混频过程的解析分析方法[J]. 物理学报, 2019, 68(11): 114207.

[5] MARHIC M E. Fiber optical parametric amplifiers, oscillators and related devices[M]. Cambridge: Cambridge University Press, 2008.

[6] 曹亚敏, 武保剑, 万峰, 等. 四波混频光相位运算器原理及其噪声性能研究[J]. 物理学报, 2018, 67(9): 094208.

[7] NAZEMOSADAT E, LORENCES-RIESGO A, KARLSSON M, et al. Design of highly nonlinear few-mode fiber for C-band optical parametric amplification[J]. Journal of lightwave technology, 2017, 35(14): 2810-2817.

[8] XIAO Y Z, ESSIAMBRE R J, DESGROSEILLIERS M, et al. Theory of intermodal four-wave mixing with random linear mode coupling in few-mode fibers[J]. Optics express, 2014, 22(26): 32039-32059.

第 9 章　轨道角动量光纤传输

本章从电流连续性方程和电磁能量守恒定律入手，引出电磁场的线动量和角动量连续性方程，通过计算光束的平均角动量流强度，可将角动量分为自旋和轨道两部分，并给出它们与电磁场量的关系。接下来，介绍傍轴近似下轨道角动量(OAM)光束的特点，揭示轨道角动量与螺旋相位、自旋角动量与光偏振态之间的本质联系。最后，考察光纤的轨道角动量模式及其复用技术，主要涉及光纤 OAM 模态的精确模组合、环芯光纤中 LP 模和 OAM 模的模场分布、阶跃光纤的矢量 OAM 模态分析，以及光纤 OAM 的复用过程。

9.1　光的角动量概念

9.1.1　电磁场守恒定律

电磁场与电磁波的基本规律可由麦克斯韦(Maxwell)方程描述，根据麦克斯韦方程组可直接推导出电荷守恒定律。连续媒质中电荷量的变化，满足电流连续性方程：

$$\frac{\partial \rho}{\partial t}+\nabla \cdot \boldsymbol{j}=0 \tag{9.1.1}$$

式中，ρ 和 $\boldsymbol{j}$ 分别表示电荷密度和电流密度。由式(9.1.1)可知，在时变电磁场中，只有传导电流与位移电流之和才是连续的。

在线性、各向同性媒质中，根据媒质的本构方程和 μ 、ε 不随时间变化的条件，也可推导出电磁能量(W)守恒定律：

$$\frac{\partial \rho^{(W)}}{\partial t}+\nabla \cdot \boldsymbol{j}^{(W)}=q^{(W)} \tag{9.1.2}$$

式中，电磁能量密度 $\rho^{(W)}=w_{\mathrm{e}}+w_{m}$；能流密度 $\boldsymbol{j}^{(W)}=\boldsymbol{E}\times\boldsymbol{H}$；能量源密度 $q^{(W)}=-\boldsymbol{j}\cdot\boldsymbol{E}$，表示减小的焦耳热损耗功率密度。式(9.1.2)也称为坡印亭定理，由其积分形式可知：流进体积 V 内的电磁功率等于储存在体积 V 内的电磁功率和消耗在体积 V 内的焦耳热功率(损耗功率)之和。

类似地，线动量($\boldsymbol{P}$)和总角动量($\boldsymbol{J}$)等力学特性的守恒性也可由相应的连续性方程描述。对于电磁场，这些力学量的连续性方程之间有着必然的联系，如线动量密度与能流密度相联系，角动量密度与线动量密度也直接相关。更一般地，一个局域量的密度 $\rho^{(i)}$ 随时间的变化率由其流密度 $\boldsymbol{j}^{(i)}$ 的散度和源密度 $q^{(i)}$ 给出[1]：

$$\frac{\partial \rho^{(i)}}{\partial t}+\nabla \cdot \boldsymbol{j}^{(i)}=q^{(i)} \tag{9.1.3}$$

式中，$\rho^{(i)}$ 可代表电磁荷密度、能量密度，还可以代表线动量或角动量密度，具体可由上角标加以区别；$\boldsymbol{j}^{(i)}$ 和 $q^{(i)}$ 分别为相应的流密度(flux density)和源密度(source density)。当源密度 $q^{(i)}=0$ 时，该局域量守恒。例如，光的角动量连续性方程遵守总角动量局域守恒。

由矢量场的亥姆霍兹定理可知，仅由一个连续性方程(如电流连续性方程)还不能完全确定一个量的密度(如电荷密度)和流密度(如电流密度)。

9.1.2 轨道和自旋角动量

电荷量和能量为标量，而线动量是矢量，其连续性方程表示起来会更复杂些。为简化表示，用 $x_i(i=1,2,3)$ 表示坐标 x、y、z，并省略求和号(约定对相同下标求和)，则线动量连续性方程的分量形式为

$$\frac{\partial \rho_k^{(\boldsymbol{P})}}{\partial t}+\frac{\partial j_{ik}^{(\boldsymbol{P})}}{\partial x_i}=q_k^{(\boldsymbol{P})} \tag{9.1.4}$$

式中，线动量的源密度 $q_k^{(\boldsymbol{P})}\equiv -f_k=-\rho E_k-v_{klm}j_l B_m$，$j_l=\rho v_l$ 为电流密度，v_{ijk} 为 Levi-Civita (列维-奇维塔，意大利数学家)算符，下标 i、j、k 均可取 1、2、3 中的任何值，其中 1、2、3 分别对应于 x、y、z 分量。当 i、j、k 为 1、2、3 的偶置换时，$v_{ijk}=1$；当 i、j、k 为 1、2、3 的奇置换时，$v_{ijk}=-1$；其他情况，$v_{ijk}=0$。由洛仑兹力 $\boldsymbol{F}=q(\boldsymbol{E}+\boldsymbol{v}\times\boldsymbol{B})$ 的直角坐标分量形式 $F_i=q(E_i+v_{ijk}v_j B_k)$ 可知，线动量的源密度 $q_k^{(\boldsymbol{P})}$ 为负的洛伦兹力(Lorentz force)密度。

将麦克斯韦方程代入式(9.1.4)，可推导出线动量密度和线动量流密度的表达式[1]：

$$\rho_k^{(\boldsymbol{P})}=\varepsilon_0 v_{klm}E_l B_m \tag{9.1.5}$$

$$j_{ik}^{(\boldsymbol{P})}=\varepsilon_0\left(\frac{1}{2}E^2\delta_{ik}-E_iE_k\right)+\frac{1}{\mu_0}\left(\frac{1}{2}B^2\delta_{ik}-B_iB_k\right) \tag{9.1.6}$$

由式(9.1.5)可知，线动量密度矢量可表示为 $\boldsymbol{\rho}^{(\boldsymbol{P})}=\varepsilon_0\boldsymbol{E}\times\boldsymbol{B}$。

在连续体理论中，对于足够小体积，所有的角量可由相应的线性量给出。位置矢量 $\boldsymbol{r}$ 与相应线局域量密度叉乘，可得到它们的角局域量密度、流密度和源密度。类似于刚体中力矩定义 $\boldsymbol{\tau}=\boldsymbol{r}\times\boldsymbol{F}$，角动量 $\boldsymbol{J}$ 与线动量 $\boldsymbol{P}$ 的关系为 $\boldsymbol{J}=\boldsymbol{r}\times\boldsymbol{P}$。

用磁场矢位 $\boldsymbol{A}$ 表示磁感应强度 $\boldsymbol{B}=\nabla\times\boldsymbol{A}$，并利用高斯定理，可将总角动量分解为轨道($\boldsymbol{L}$)和自旋($\boldsymbol{S}$)两部分[1]：

$$\begin{aligned}\boldsymbol{J}&=\iiint\varepsilon_0\boldsymbol{r}\times(\boldsymbol{E}\times\boldsymbol{B})\mathrm{d}V\\&=\varepsilon_0\iiint[E_i(\boldsymbol{r}\times\nabla)A_i+\boldsymbol{E}\times\boldsymbol{A}-\nabla_i(E_i\boldsymbol{r}\times\boldsymbol{A})]\mathrm{d}V\\&=\varepsilon_0\iiint[E_i(\boldsymbol{r}\times\nabla)A_i]\mathrm{d}V+\varepsilon_0\iiint(\boldsymbol{E}\times\boldsymbol{A})\mathrm{d}V-\varepsilon_0\iiint(\boldsymbol{r}\times\boldsymbol{A})\boldsymbol{E}\cdot\mathrm{d}\boldsymbol{S}\end{aligned} \tag{9.1.7}$$

式中，第一项依赖于空间位置矢量，与轨道角动量相联系，类似于量子理论中的角动量算符；第二项明显依赖于场的矢量特征，与偏振有关，使其与自旋相联系；对于第三项，随着面积分的增加，关于电磁场量的被积函数衰减得更快，从而导致最终的计算结果为 0。于是，轨道和自旋角动量可分别表示为

$$L = \varepsilon_0 \iiint [E_i (\boldsymbol{r} \times \nabla) A_i] \mathrm{d}V \tag{9.1.8}$$

$$\boldsymbol{S} = \varepsilon_0 \iiint (\boldsymbol{E} \times \boldsymbol{A}) \mathrm{d}V \tag{9.1.9}$$

就电磁场而言，自旋与偏振相关，如圆偏振光携带有自旋角动量；而轨道角动量可以从光束的相位结构获得。需指出的是，有时将总角动量分解为“自旋”和“轨道”两部分是困难的。对于光束，使用角动量流而非角动量密度本身，至少可以部分解决这个困难。

9.1.3　角动量连续性方程

下面将证明，对于一个对称的动量流密度，角动量连续性方程也成立[1]。利用 $j_{lj}^{(P)}$ 的 l 和 j 的对称性（$v_{ijl} j_{lj}^{(P)} = 0$），由线动量连续性方程式(9.1.4)可知：

$$v_{ijk} x_j \left(\frac{\partial \rho_k^{(P)}}{\partial t} + \frac{\partial j_{kl}^{(P)}}{\partial x_l} - q_k^{(P)} \right) = 0 \tag{9.1.10}$$

根据角动量的密度、流密度和源密度与各自的线动量之间的关系：

$$\begin{cases} \rho_k^{(J)} = v_{klm} x_l \rho_m^{(P)} \\ j_{ik}^{(J)} = v_{ijl} x_j j_{lk}^{(P)} \\ q_k^{(J)} = v_{klm} x_l q_m^{(P)} \end{cases} \tag{9.1.11}$$

以及 $\dfrac{\partial j_{ik}^{(J)}}{\partial x_k} = v_{ijl} x_j \dfrac{\partial j_{lk}^{(P)}}{\partial x_k}$，可得完整的角动量连续性方程为

$$\frac{\partial \rho_k^{(J)}}{\partial t} + \frac{\partial j_{kl}^{(J)}}{\partial x_l} - q_k^{(J)} = 0 \tag{9.1.12}$$

考虑自由空间中的麦克斯韦方程，所有的源密度为 0，光的角动量密度 $\boldsymbol{\rho}^{(J)}$ 为

$$\boldsymbol{\rho}^{(J)} = \varepsilon_0 \boldsymbol{r} \times (\boldsymbol{E} \times \boldsymbol{B}) \quad \text{或者} \quad \rho_i^{(J)} = \varepsilon_0 (E_i x_j B_j - B_i x_j E_j) \tag{9.1.13}$$

由式(9.1.6)和式(9.1.11)可得角动量流密度 $\boldsymbol{j}^{(J)}$，其分量表示为

$$m_{ik} \equiv j_{ik}^{(J)} = v_{ilk} x_l w - v_{ilm} x_l \left(\varepsilon_0 E_m E_k + \frac{1}{\mu_0} B_m B_k \right) \tag{9.1.14}$$

式中，w 为电磁能量密度。

对于沿光轴 z 方向传播的光束，通过横截面的角动量流强度(类似于电流强度)可由下列通量积分给出：

$$M_{zz} = \iint m_{33} \mathrm{d}x\mathrm{d}y \tag{9.1.15}$$

实际中，人们更关注光束的平均角动量流强度，并将其分为自旋和轨道两部分。具体处理过程是：用电磁场量的复振幅计算角动量流密度在光学周期（$T = 2\pi/\omega$）内的平均值 $\bar{m}_{33}$，然后横向积分计算出总的角动量流 $\bar{M}_{zz}$。

角动量流密度在一个光学周期上积分后，只有不含时变因子 $\exp(-\mathrm{i}\omega t)$ 的项被保留下来。因此，光学周期内角动量流密度的平均值为

$$\bar{m}_{33}=\frac{1}{2}\mathrm{Re}\left[y\left(\varepsilon_0E_xE_z^*+\frac{1}{\mu_0}B_x^*B_z\right)-x\left(\varepsilon_0E_yE_z^*+\frac{1}{\mu_0}B_y^*B_z\right)\right] \tag{9.1.16}$$

在柱坐标系中，对 $\bar{m}_{33}$ 在整个横向截面积分，利用 Maxwell 方程消除电场和磁场的 z 分量，得到总角动量流的周期平均值，并将其分为自旋和轨道两部分[1]：

$$\bar{M}_{zz}^{(J)}=\bar{M}_{zz}^{(L)}+\bar{M}_{zz}^{(S)} \tag{9.1.17}$$

式中，轨道部分与 φ 的变化有关，即

$$\bar{M}_{zz}^{(L)}=\frac{\varepsilon_0c^2}{4\omega}\mathrm{Re}\left[-\mathrm{i}\iint\rho\mathrm{d}\rho\mathrm{d}\varphi\begin{pmatrix}-B_x^*\dfrac{\partial}{\partial\varphi}E_y+E_y\dfrac{\partial}{\partial\varphi}B_x^*\\-E_x\dfrac{\partial}{\partial\varphi}B_y^*+B_y^*\dfrac{\partial}{\partial\varphi}E_x\end{pmatrix}\right] \tag{9.1.18}$$

自旋部分依赖于光束的偏振，即

$$\bar{M}_{zz}^{(S)}=\frac{\varepsilon_0c^2}{2\omega}\mathrm{Re}\left[-\mathrm{i}\iint\rho\mathrm{d}\rho\mathrm{d}\varphi(E_xB_x^*+E_yB_y^*)\right] \tag{9.1.19}$$

式中，c 为真空中光速。

由式(9.1.18)和式(9.1.19)可知，即使 x 和 y 分量有不同的传播相移，也不会引发方位角相移，因此轨道部分没有变化。但如果一个光器件有一个方位角相移，则所有分量将以相同的方式变化，自旋部分不发生改变。可见，将自旋和轨道分开考虑，有助于分析双折射对光束的影响。

9.2　轨道角动量光束

9.2.1　光束的傍轴近似

时变电磁场量 $\boldsymbol{E}$ 和 $\boldsymbol{B}$ 可由电磁矢量位 $\boldsymbol{A}$ 和标量位 φ 表示为

$$\boldsymbol{E}=-\nabla\varphi-\frac{\partial\boldsymbol{A}}{\partial t},\ \boldsymbol{B}=\nabla\times\boldsymbol{A} \tag{9.2.1}$$

根据麦克斯韦方程和洛伦兹条件（$\nabla\cdot\boldsymbol{A}=-\mu\varepsilon\,\partial\varphi/\partial t$），可得 φ 和 $\boldsymbol{A}$ 满足的达朗贝尔波动方程[2]：

$$\begin{cases}\nabla^2\varphi-\mu\varepsilon\dfrac{\partial^2\varphi}{\partial t^2}=-\dfrac{\rho}{\varepsilon}\\\nabla^2\boldsymbol{A}-\mu\varepsilon\dfrac{\partial^2\boldsymbol{A}}{\partial t^2}=-\mu\boldsymbol{J}\end{cases} \tag{9.2.2}$$

无源空间中，当 $\boldsymbol{A}$ 和 φ 的时变因子取 $\exp(-\mathrm{i}\omega t)$ 形式时，洛伦兹条件简化为 $\varphi=-\mathrm{i}c^2(\nabla\cdot\boldsymbol{A})/\omega$。进一步地，考虑矢量场有一个垂直于光轴($z$ 轴)的不变偏振情形，则矢量位 $\boldsymbol{A}$ 满足标量 Helmholtz 方程：

$$\nabla^2\xi+k^2\xi=0 \tag{9.2.3}$$

式中，$k=\omega\sqrt{\mu\varepsilon}=\omega/c$。式(9.2.3)是分析 OAM 光束精确形式的出发点。

下面考虑光束与光轴夹角很小时 Helmholtz 方程的近似情形，在几何光学中称为傍轴近似：$\left|\frac{\partial^2 u}{\partial z^2}\right| \ll \left|k\frac{\partial u}{\partial z}\right| \ll \left|k^2 u\right|$。在波动光学中，傍轴光束的角谱主要由靠近光束传播方向的平面波组成，傍轴波矢量的最大分量为 $k_z=\sqrt{k^2-\kappa^2}\approx k[1-\kappa^2/(2k^2)]$，$\kappa=\sqrt{k_x^2+k_y^2}$ 为横向波数。傍轴近似可以视为一个小角近似，其中 κ/k 很小。令 $\xi(\boldsymbol{r})=u(\boldsymbol{r})\exp(\mathrm{i}kz)$，将其代入式(9.2.3)，并利用 $\nabla=\nabla_t+\hat{z}\frac{\partial}{\partial z},(t=x,y)$ 可得

$$\nabla_t^2 u(\boldsymbol{r})+\frac{\partial^2 u(\boldsymbol{r})}{\partial z^2}+2\mathrm{i}k\frac{\partial u(\boldsymbol{r})}{\partial z}=0 \tag{9.2.4}$$

式中，$u(\boldsymbol{r})$ 为幅度分布，衍射或传播效应会使其随着距离 z 改变。对于很好准直的光束，与主要变化 $\exp(\mathrm{i}kz)$ 相比，这种变化是很小的。若 $u(\boldsymbol{r})$ 只是 z 的慢变，则 $u(\boldsymbol{r})$ 的横向变化占主导，式(9.2.4)中 $\partial^2 u(\boldsymbol{r})/\partial z^2$ 项可以忽略，就构成了傍轴近似下的波动方程

$$\nabla_t^2 u+2\mathrm{i}k\frac{\partial u}{\partial z}=0 \tag{9.2.5}$$

省略时变因子 $\exp(-\mathrm{i}\omega t)$，将电磁场的矢量位 $\boldsymbol{A}$ 表示为如下形式：

$$\boldsymbol{A}=(\alpha\hat{\boldsymbol{x}}+\beta\hat{\boldsymbol{y}})u(\boldsymbol{r})\exp(\mathrm{i}kz) \tag{9.2.6}$$

式中，α 和 β 为复数，与电磁场的偏振态相联系，且满足 $|\alpha|^2+|\beta|^2=1$。例如，对于圆偏振光，$\beta=\pm\mathrm{i}\alpha$。在傍轴近似下，将式(9.2.6)代入式(9.2.1)可得[3]

$$\begin{aligned}\boldsymbol{E}&=\mathrm{i}\omega\boldsymbol{A}-\nabla[-\mathrm{i}c^2(\nabla\cdot\boldsymbol{A})/\omega]\\&=\left[\mathrm{i}\omega\alpha u\hat{\boldsymbol{x}}+\mathrm{i}\omega\beta u\hat{\boldsymbol{y}}-c\left(\alpha\frac{\partial u}{\partial x}+\beta\frac{\partial u}{\partial y}\right)\hat{\boldsymbol{z}}\right]\exp(\mathrm{i}kz)\end{aligned} \tag{9.2.7}$$

$$\boldsymbol{B}=\left[-\mathrm{i}\beta ku\hat{\boldsymbol{x}}+\mathrm{i}\alpha ku\hat{\boldsymbol{y}}+\left(\beta\frac{\partial u}{\partial x}-\alpha\frac{\partial u}{\partial y}\right)\hat{\boldsymbol{z}}\right]\exp(\mathrm{i}kz) \tag{9.2.8}$$

将式(9.2.7)和式(9.2.8)代入式(9.1.18)和式(9.1.19)可计算傍轴近似下平均角动量流 $\bar{M}_{zz}$。角动量流作为电磁场中角动量的定义量，也可用于分析非傍轴区域。非傍轴波动方程则是指完整的 Helmholtz 方程。

9.2.2　光束的角动量特征

在激光光学中，人们对傍轴波动方程的解已有深入了解。对于矩形对称的物理系统，通常使用 HG(Hermite-Gaussian)光束。尽管 HG 光束不能携带 OAM，但它们形成一个解的完备集。LG 光束(Laguerre-Gaussian beam)是另一个完备解集，它是柱坐标系下傍轴波动方程的解。因此，在 HG 光束与 LG 光束之间进行变换是可行的。在傍轴近似下，LG 光束与严格定义的 OAM 联系起来。

在许多情况下，最简单解是 Bessel 光束，其横向和纵向部分是完全分离的，也形成一个完备解集，但它是傍轴和完整 Helmholtz 方程的解，它们对分析非傍轴区域的 OAM 光

束传播是有用的。从完整的 Helmholtz 方程变换到傍轴波动方程时，微分方程的横向部分不变地被保留，傍轴和非傍轴 Bessel 光束之间的差别仅体现在纵向因子上，横向分布是相同的。

Bessel 光束的空间分布在径向、方位角和轴向均可分离，即

$$\xi_m^{\mathrm{B}}(\rho,\varphi,z)=J_m(\kappa\rho)\exp(\mathrm{i}m\varphi)\exp(\mathrm{i}k_z z) \tag{9.2.9}$$

式中，$k_z=\sqrt{k^2-\kappa^2}$，$J_m()$为贝塞尔函数。Bessel 光束是完整 Helmholtz 方程在圆柱坐标系中的一个特解，它的横向分布在传播时不变，光束轮廓不扩大，这样的光束称为无衍射光束，但它们的横向分布是无限的。在实验室条件下，这样的光束会受到物理孔径的限制，在有限传输距离内可采用贝塞尔-高斯光束近似。

利用 Bessel 光束的完备性，由式(9.2.1)可建立光束电场的非傍轴精确形式[4]：

$$\boldsymbol{E}_m(\rho,\varphi,z)=\int_0^k \mathrm{d}\kappa C_m(\kappa)\exp(\mathrm{i}m\varphi)\exp(\mathrm{i}k_z z)\begin{bmatrix}(\alpha\hat{\boldsymbol{x}}+\beta\hat{\boldsymbol{y}})J_m(\kappa\rho)\\+(\hat{\boldsymbol{z}}\kappa/k_z)E_{mz}(\kappa\rho,\varphi)\end{bmatrix} \tag{9.2.10}$$

式中，$E_{mz}(\kappa\rho,\varphi)=(\mathrm{i}\alpha-\beta)\exp(-\mathrm{i}\varphi)J_{m-1}(\kappa\rho)-(\mathrm{i}\alpha+\beta)\exp(\mathrm{i}\varphi)J_{m+1}(\kappa\rho)$；$C_m(\kappa)$为展开系数，可利用 Bessel 函数的性质确定。随着κ的增大，$C_m(\kappa)$应下降足够快，以保证单位长度上能量、动量和角动量是有限值。

根据麦克斯韦方程，由式(9.2.10)还可得到磁场的表达式，将它们代入式(9.1.18)和式(9.1.19)可给出非傍轴近似下轨道和自旋角动量流的一般形式[5]：

$$\begin{cases}\bar{M}_{zz}^{(L)}=m\dfrac{\pi\varepsilon_0c^2}{2\omega^2}\displaystyle\int_0^k\left|C_m(\kappa)\right|^2\dfrac{2k^2-\kappa^2}{\kappa\sqrt{k^2-\kappa^2}}\mathrm{d}\kappa\\ \bar{M}_{zz}^{(S)}=\mathrm{i}(\alpha\beta^*-\alpha^*\beta)\dfrac{\pi\varepsilon_0c^2}{2\omega^2}\displaystyle\int_0^k\left|C_m(\kappa)\right|^2\dfrac{2k^2-\kappa^2}{\kappa\sqrt{k^2-\kappa^2}}\mathrm{d}\kappa\end{cases} \tag{9.2.11}$$

在单位时间内，穿过光束横截面的平均能量为

$$\begin{aligned}W&=\frac{1}{2\mu_0}\mathrm{Re}\iint\rho\mathrm{d}\rho\mathrm{d}\varphi(E_xB_y^*-E_yB_x^*)\\&=\frac{\pi}{2\mu_0\omega}\int_0^k\left|C_m(\kappa)\right|^2\frac{2k^2-\kappa^2}{\kappa\sqrt{k^2-\kappa^2}}\mathrm{d}\kappa\end{aligned} \tag{9.2.12}$$

总角动量$\bar{M}_{zz}^{(J)}=\bar{M}_{zz}^{(L)}+\bar{M}_{zz}^{(S)}$与能量$W$的比值为

$$\frac{\bar{M}_{zz}^{(J)}}{W}=\frac{m+\sigma_z}{\omega} \tag{9.2.13}$$

式中，$\sigma_z=\mathrm{i}(\alpha\beta^*-\alpha^*\beta)$，对于圆偏振光$\sigma_z=\pm1$。

由于一个光子的能量为$E=\hbar\omega$，将式(9.2.13)的分子、分母同乘$\hbar$，分析可知：①光场分布中，关于方位角的相位因子 $\exp(\mathrm{i}m\varphi)$与光子的轨道角动量$L_z=m\hbar$相联系，对应于轨道旋角动量算符$\hat{L}_z=-\mathrm{i}\hbar\partial/\partial\varphi$；②光场的偏振态与自旋量子数相联系，对应于光子的自旋角动量$S_z=\sigma_z\hbar$。

9.2.3　OAM 涡旋光束

上述分析表明，若光束的光场复振幅表达式中含有相位因子 $\exp(\mathrm{i}l\phi)$，对应的每个光子携带有轨道角动量(OAM) $L_z = lh$，光波的相位或波前呈螺旋形，这样的光束称为涡旋光束，也称螺旋光束。其中，l 和 ϕ 分别为拓扑荷(轨道角动量量子数)和方位角。更一般地，围绕某相位奇点，对标量光场的相位 $\Phi(\boldsymbol{r})$ 在横截面上沿一个封闭等高线 C 进行路径积分，可计算相应涡旋的拓扑荷 Q，即

$$Q = \frac{1}{2\pi}\oint_C \mathrm{d}\Phi(\boldsymbol{r}) = \frac{1}{2\pi}\oint_C \nabla\Phi(\boldsymbol{r})\cdot \mathrm{d}\boldsymbol{l} \tag{9.2.14}$$

式中，$\mathrm{d}\boldsymbol{l}$ 为线元。

相位涡旋光束中心存在相位奇点，其光强分布为中空的环形。设 OAM 涡旋光束沿+z 方向传输，其光场取如下形式：

$$E(\rho,\phi,z) \propto \exp(\mathrm{i}l\phi)\exp(\mathrm{i}\beta z) \tag{9.2.15}$$

式中，β 为光束传播常数。光场相位为 $\Phi(\phi,z) = \beta z + l\phi$，其相位结构可以用 MATLAB 命令 $\mathrm{mod}(l\phi,2\pi)$ 表示，同时还可以画出等相位面($\Phi = 0$)的空间分布，如图 9.2.1 和图 9.2.2

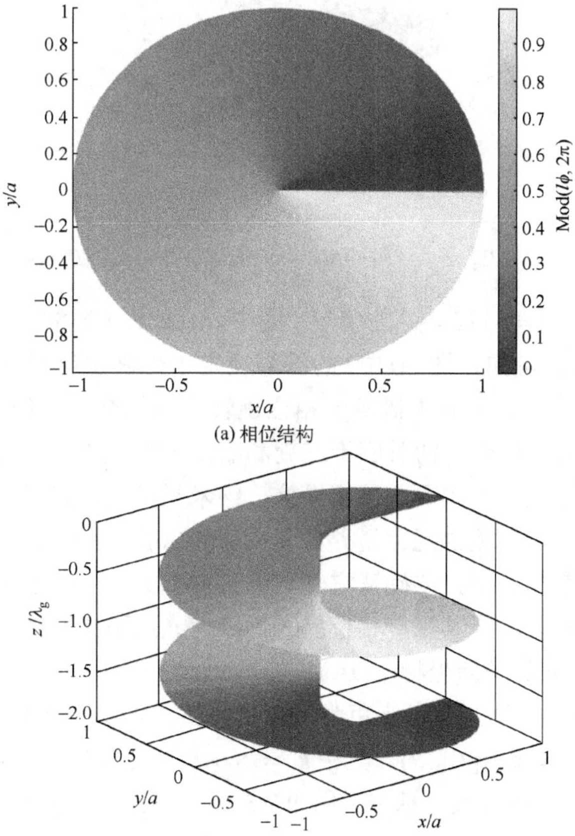

(a) 相位结构

(b) 等相位面

彩图

图 9.2.1　$l = 1$ 时 OAM 光束的螺旋相位或波前结构

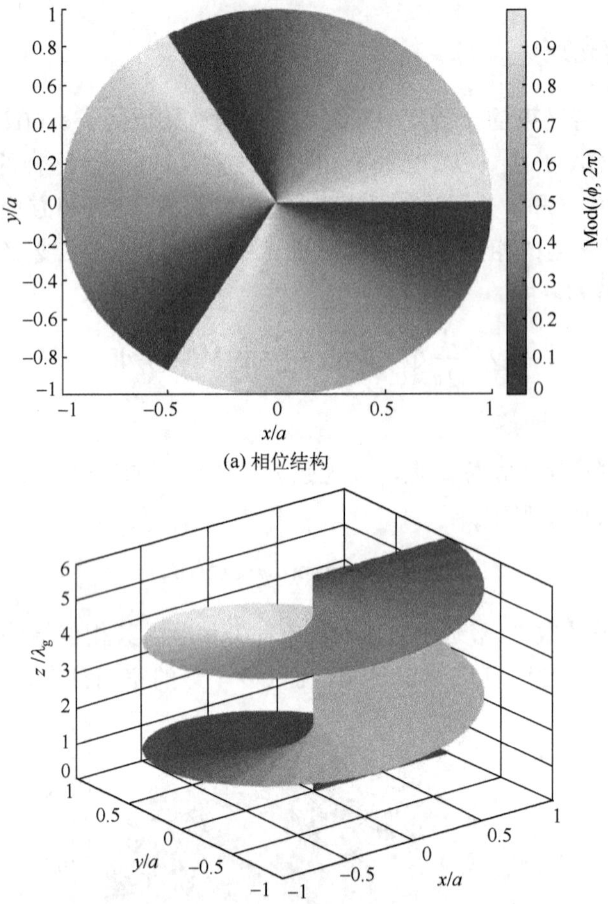

(a) 相位结构

(b) 等相位面

彩图

图 9.2.2　$l=-3$ 时 OAM 光束的螺旋相位或波前结构

所示，它们分别对应于 $l=1$ 和 $l=-3$ 的情形。图中，a 表示光纤波导半径，λ_g 为导波波长。比较图 9.2.1 和图 9.2.2 可知，图(a)中 l 的符号决定了螺旋相位梯度的方向，其绝对值决定了螺旋相位梯度的大小，或者说 $|l|$ 等于相位旋转的周期数；图(b)中波前旋转的方向取决于 l 的符号，正、负拓扑荷分别对应于左旋和右旋的螺旋波前分布。

相位涡旋光束已被应用于光镊、原子操控、纳米显微镜、光通信等方面。利用轨道角动量模式的固有正交性，可增加通信链路的复用容量。由于相位涡旋光束中心存在相位奇点，其光强分布为中空的环形，要确认它是一个 OAM 模式，可通过观察该光束与均匀偏振参考光束的干涉图样来测量其螺旋相位。①当参考光束稍微发散时，参考光场可表示为 $E_{\mathrm{ref}} \propto \exp(\mathrm{i}r^2)$，其中 r 是径向坐标；OAM 光束与参考光束干涉产生的强度分布为 $1+\cos(l\phi+r^2)$，形成螺旋图样。②当参考光束为一个平面波，其传播轴相对于 OAM 光束的传播轴略有倾斜角 θ 时，$E_{\mathrm{ref}} \propto \exp(\mathrm{i}k_x x)$，其中 $k_x = k\cos\theta$；它与 OAM 光束干涉产生的强度分布为 $1+\cos(l\phi+k_x x)$，形成分叉全息图。图 9.2.3 分别为扩散或倾斜高斯参考光束与 OAM $(l=\pm1, s=\pm1)$ 光束的干涉结果[6]，它们分别对应于螺旋图像和分叉全息图，其中螺旋方向或分叉方向取决于 OAM 状态。

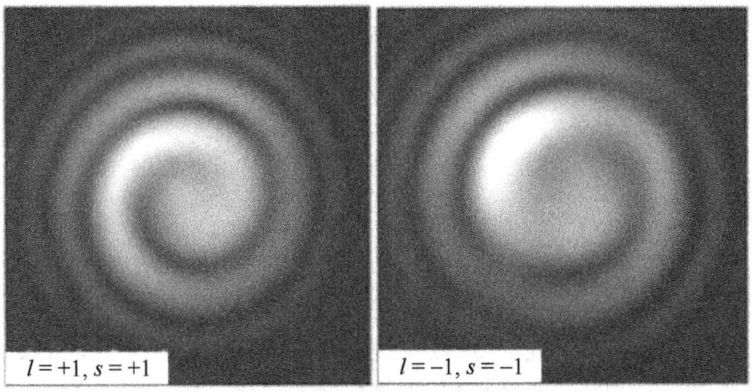

(a) 与扩散高斯参考光束的干涉结果

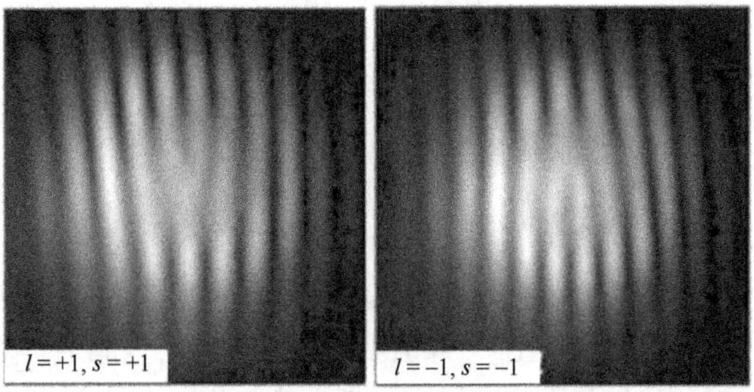

(b) 与倾斜高斯参考光束的干涉结果

图 9.2.3　OAM 光束与高斯参考光束的干涉图样[6]

广义来讲，涡旋光束(vortex beam)是一类具有相位或偏振奇点的复杂光束形状，光束奇点位置的光强为 0(暗的空心)。涡旋光束可分为相位涡旋光束和偏振涡旋光束两大类。其中，偏振涡旋光束也称为矢量光束，它在光束横截面上具有各向异性的偏振态分布，不同于常见的线偏振光、圆偏振光和椭圆偏振光等各向同性的均匀偏振光。通过高数值孔径透镜的聚焦特性，物理上可直观地看出偏振涡旋光束与线偏振高斯光束的区别。图 9.2.4 采用几何光学方法画出了线偏振高斯光束和径向偏振光束的聚焦情况[6]。高斯光束在焦点的偏振方向变得复杂，导致了自孔径效应。相比之下，径向偏振光束不同空间部分在焦点相长干涉，产生独特的光分布，其电场矢量指向光束传播方向，焦点处有一个非常高的能量密度，但在光束传播方向上没有能流密度[7]。矢量光束已经发现了一些用途，如实现超分辨成像、等离子体纳米聚焦、单分子光谱、金属加工、激光电子和粒子加速等。

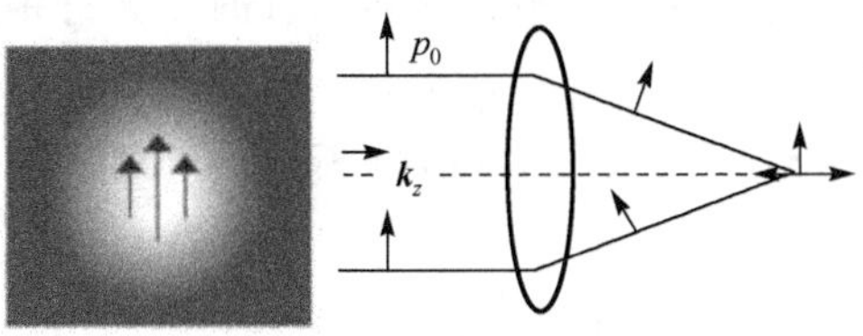

(a) 线偏振高斯光束

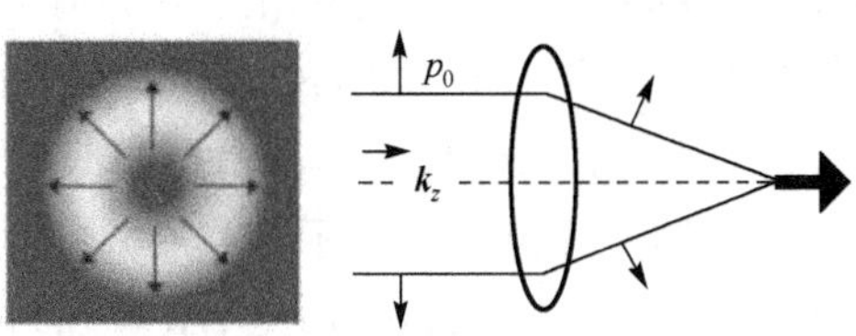

(b) 径向偏振光束

图 9.2.4　通过透镜的聚焦特性识别偏振涡旋光束[6]

9.3 光纤的轨道角动量模式

9.3.1 光纤 OAM 模态表示

在弱导阶跃光纤中，当忽略偏振效应时，横向电场满足标量波动方程(SWE)，可得到光纤的 LP 近似模。求解矢量波动方程(VWE)可以获得光纤中精确模式 HE 和 EH 。精确模式的横向电场可近似由 LP 模的横向电场来组合构建，反过来，LP 模也可以视为相应精确模的叠加，具体可参见表 3.2.2。例如，用 $\mathrm{LP}_{ln}\,(l\geqslant 2)$ 构建光纤 $\mathrm{HE}^{\mathrm{e/o}}_{l+1,n}$ 和 $\mathrm{EH}^{\mathrm{e/o}}_{l-1,n}$：

$$\begin{cases}\mathrm{HE}^{\mathrm{e}}_{l+1,n}=\mathrm{LP}^{\mathrm{ex}}_{ln}-\mathrm{LP}^{\mathrm{oy}}_{ln}=F_{ln}(R)[\hat{\boldsymbol{x}}\cos(l\phi)-\hat{\boldsymbol{y}}\sin(l\phi)]\\ \mathrm{HE}^{\mathrm{o}}_{l+1,n}=\mathrm{LP}^{\mathrm{ox}}_{ln}+\mathrm{LP}^{\mathrm{ey}}_{ln}=F_{ln}(R)[\hat{\boldsymbol{x}}\sin(l\phi)+\hat{\boldsymbol{y}}\cos(l\phi)]\\ \mathrm{EH}^{\mathrm{e}}_{l-1,n}=\mathrm{LP}^{\mathrm{ex}}_{ln}+\mathrm{LP}^{\mathrm{oy}}_{ln}=F_{ln}(R)[\hat{\boldsymbol{x}}\cos(l\phi)+\hat{\boldsymbol{y}}\sin(l\phi)]\\ \mathrm{EH}^{\mathrm{o}}_{l-1,n}=\mathrm{LP}^{\mathrm{ox}}_{ln}-\mathrm{LP}^{\mathrm{ey}}_{ln}=F_{ln}(R)[\hat{\boldsymbol{x}}\sin(l\phi)-\hat{\boldsymbol{y}}\cos(l\phi)]\end{cases}\tag{9.3.1}$$

在圆形弱导光纤中，$\mathrm{HE}_{l+1,n}$ 和 $\mathrm{EH}_{l-1,n}$ 是准简并的，它们的传播常数略有差异，而它们各自的奇偶模之间固有简并，即 $\mathrm{HE}^{\mathrm{e}}_{l+1,n}$ 和 $\mathrm{HE}^{\mathrm{o}}_{l+1,n}$ (或者 $\mathrm{EH}^{\mathrm{e}}_{l-1,n}$ 和 $\mathrm{EH}^{\mathrm{o}}_{l-1,n}$)组成一个简并对。这些简并对 90°相移后的线性组合也可以在光纤中稳定传输，形成光纤的 OAM 模态，其横向电场分布如下：

$$\begin{cases}\mathrm{OAM}^{\pm}_{\pm l,n}=(\mathrm{HE}^{\mathrm{e}}_{l+1,n}\pm \mathrm{i}\cdot\mathrm{HE}^{\mathrm{o}}_{l+1,n})/\sqrt{2}=\hat{\boldsymbol{\sigma}}_{\pm}F_{l,n}(r)\mathrm{e}^{\pm\mathrm{i}l\phi}\\ \mathrm{OAM}^{\mp}_{\pm l,n}=(\mathrm{EH}^{\mathrm{e}}_{l-1,n}\pm \mathrm{i}\cdot\mathrm{EH}^{\mathrm{o}}_{l-1,n})/\sqrt{2}=\hat{\boldsymbol{\sigma}}_{\mp}F_{l,n}(r)\mathrm{e}^{\pm\mathrm{i}l\phi}\end{cases}\tag{9.3.2}$$

式中，$\sigma_{\pm}=(\hat{\boldsymbol{x}}\pm\mathrm{i}\cdot\hat{\boldsymbol{y}})/\sqrt{2}$ 分别表示圆偏振单位矢量，该状态下每个光子携带自旋角动量(SAM) $S_z=\pm\hbar$，对应于 OAM 右上角符号“±”；涡旋相位 $\mathrm{e}^{\pm\mathrm{i}l\phi}$ 对应于 OAM 右下角符号“$\pm l$”。

由式(9.3.2)可知，光纤的 OAM 模态包含了螺旋相位和均匀圆极化信息，左右旋圆坐标系中圆偏振(CP)分量不发生耦合，$\mathrm{OAM}^{\pm}_{\pm l,n}$ 和 $\mathrm{OAM}^{\mp}_{\pm l,n}$ 的自旋与轨道角动量符号分别相同和相反。采用 LP 或 OAM 不同模基，在很大程度上是一个发射和探测的问题，它们有不同的传播特性。导模总是以光纤本征模式传播，传播过程中试图区分两种模基也是徒劳的。

需指出的是：①当 $l=0$ 时，不存在 EH 模，只存在 $\mathrm{HE}^{\mathrm{e/o}}_{1,n}$，它们的组合产生 $s=\pm1$ 的 SAM 和 $l=0$ 的 OAM，这是均匀极化的，很像自由空间中的基模解；②当 $l=1$ 时，光纤中的模式比较特殊，尽管 $\mathrm{TM}_{0,n}$ 和 $\mathrm{TE}_{0,n}$ 可分别视为 $\mathrm{EH}^{\mathrm{e}}_{0,n}$ 和 $\mathrm{EH}^{\mathrm{o}}_{0,n}$ 的替代形式，但 $\mathrm{TM}_{0,n}$ 和 $\mathrm{TE}_{0,n}$ 是非简并的。因此，只能使用 $l=1$ 情形下 $\mathrm{HE}^{\mathrm{e/o}}_{2,n}$ 的线性组合来产生 OAM 模式。在圆偏振(CP)基中，$l=1$ 的光纤模式可表示为[6]

$$\begin{cases}\mathrm{OAM}^{\pm}_{\pm1,n}=(\mathrm{HE}^{\mathrm{e}}_{2,n}\pm \mathrm{i}\cdot\mathrm{HE}^{\mathrm{o}}_{2,n})/\sqrt{2}=\hat{\boldsymbol{\sigma}}_{\pm}F_{1,n}(r)\mathrm{e}^{\pm\mathrm{i}\phi}\\ \mathrm{TM}_{0n}=F_{1,n}(r)(\hat{\boldsymbol{\sigma}}_{-}\,\mathrm{e}^{\mathrm{i}\phi}+\hat{\boldsymbol{\sigma}}_{+}\,\mathrm{e}^{-\mathrm{i}\phi})/\sqrt{2}\\ \mathrm{TE}_{0n}=-\mathrm{i}F_{1,n}(r)(\hat{\boldsymbol{\sigma}}_{-}\,\mathrm{e}^{\mathrm{i}\phi}-\hat{\boldsymbol{\sigma}}_{+}\,\mathrm{e}^{-\mathrm{i}\phi})/\sqrt{2}\end{cases}\tag{9.3.3}$$

由式(9.3.2)可知，$\mathrm{OAM}_{\pm l,n}$ 模态由相同 $\mathrm{LP}_{l,n}$ 模群中不同的真实矢量模组合形成。然而，

传统光纤中模群内模式的有效折射率 n_{eff} 相差太小，不能彼此分开。光纤弯曲导致的纵向不均匀、制造过程中几何结构的缺陷、应力诱导的折射率微扰等因素会导致每个 LP 模群的功率在模式间随机分配。图 9.3.1 画出了阶跃光纤中组成 LP_{11} 模群的矢量模态及其差拍干涉过程：图(a)为阶跃光纤中组成 LP_{11} 模群的矢量模态，TM_{01}、TE_{01} 和 $HE_{21}^{e/o}$ 三者有不同的有效折射率；图(b)为光纤中 TM_{01} 和 HE_{21}^{e} 模式线性叠加形成的相长和相消干涉图样；图(c)为光纤中 HE_{21}^{o} 和 TE_{01} 模式线性叠加形成的相长和相消干涉图样。由图 9.3.1(b)或(c)可以看出，有效折射率略有不同的两种模式在理想光纤中传播的过程中，其干涉图样不断变换，会周期性地出现与 LP_{11} 标量模态相似的图案(不同于 LP 本征模，因为真正的本征模是不随光纤长度变化的)，矢量模间的有效折射率差 Δn_{eff} 导致的拍长为 $\lambda/\Delta n_{\mathrm{eff}}$ ，λ 为工作波长。当光纤受到扰动时，这种干涉图案变得不稳定，很像多模光纤中的散斑图案。非圆对称光纤中的涡旋模态也会发生同样的耦合现象，因此，上述关于 OAM 的数学描述仅适用于圆对称光纤情况。可见，光纤中涡旋模式的长距稳定传输也取决于相应矢量模的有效折射率差。一方面，要求合成 OAM 的奇、偶矢量模的有效折射率差接近零(拍长足够大)，保证在光纤中能够形成稳定的 OAM 模态。另一方面，不同 OAM 模群之间的有效折射率差足够大，在光纤受到扰动情形下不发生模式耦合，降低串扰均衡的 MIMO 规模。模式耦合分析表明，同向传播模式的有效折射率差越大，它们之间的耦合越小。实验表明[8]，模态稳定传输所要求的有效折射率差为 $\Delta n_{\mathrm{eff}} > 10^{-4}$，这个值可导致保偏光纤，能够使两个正交偏振的 LP_{01} 模式的稳定传输距离超过 100m。

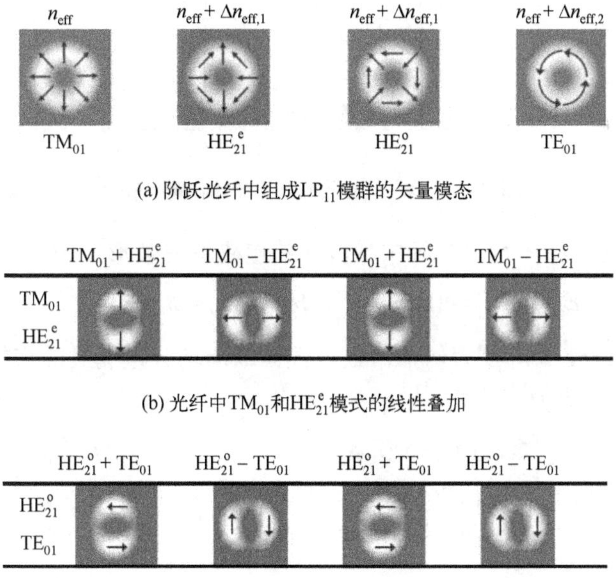

(a) 阶跃光纤中组成 LP_{11} 模群的矢量模态

(b) 光纤中 TM_{01} 和 HE_{21}^{e} 模式的线性叠加

(c) 光纤中 HE_{21}^{o} 和 TE_{01} 模式的线性叠加

图 9.3.1　阶跃光纤中矢量模态的差拍干涉过程

9.3.2　环芯光纤的 OAM 模式

轨道角动量(OAM)模具有独特的螺旋相结构和环状强度分布特性，在 OAM 调制和复用光纤通信中得到广泛研究。由于模式耦合，传统阶跃折射率分布的光纤不适合传输 OAM。一般来说，具有环形结构的不同类型特殊光纤更适合 OAM 的稳定传输，如实心的环芯光纤(RCF)和环状排布的光子晶体光纤(PCF)等，它们与标准的多模光纤(MMF)相比可能面临更大的制造挑战和更大的光纤损耗。基于广泛部署和商用的 OM3 标准的 MMF 也可以传输少量的低阶 OAM 模式。

OAM 光纤的设计通常考虑如下因素[9]：①增大模群间的有效折射率差使环芯光纤的高阶模群解耦，MIMO 均衡仅用于模群内的串扰均衡；②减小模群内的有效折射率差，降低差模群时延；③减缓径向折射率梯度，降低微弯微扰影响；④通过消除阶跃折射率界面，消除自旋轨道耦合导致的模式纯度劣化[10]。

下面采用纵向场分析方法，在圆柱坐标系(r,ϕ,z)中分析环芯光纤中轨道角动量模态及其特征方程。环芯光纤的阶跃折射率分布如图 9.3.2 所示[11]，n_1和n_2分别为芯层和内外包层的折射率，r_1和r_2分别为芯层与内外包层形成的圆形界面半径。

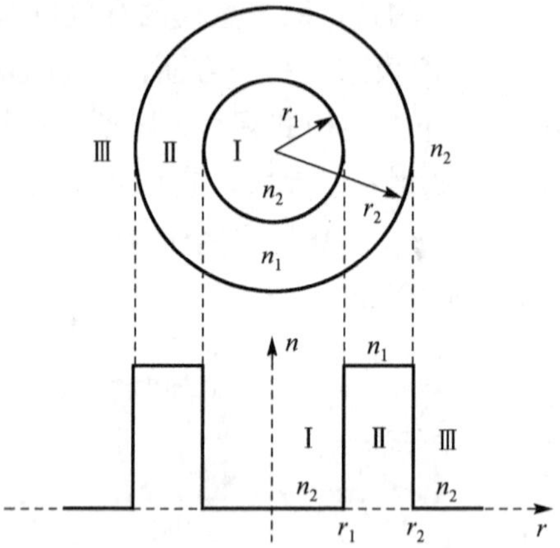

图 9.3.2　环芯光纤的阶跃折射率分布[11]

设光波沿$+z$方向传播，均匀光纤中导波光的电磁场复数形式为

$$\boldsymbol{E}(r,\phi,z)=\boldsymbol{e}(r,\phi)\mathrm{e}^{-\mathrm{j}\beta z},\ \boldsymbol{H}(r,\phi,z)=\boldsymbol{h}(r,\phi)\mathrm{e}^{-\mathrm{j}\beta z} \tag{9.3.4}$$

式中，省略了时谐因子$\mathrm{e}^{\mathrm{j}\omega t}$，$\beta$为传播常数。根据纵向场分量满足的亥姆霍兹方程，可将电磁场量的纵向分量表示为如下形式[11]：

$$e_z(r,\phi)=\begin{cases}C_1 I_m(qr)\cos(m\phi+\phi_0), & r<r_1\\ [A_1 J_m(pr)+A_2 N_m(pr)]\cos(m\phi+\phi_0), & r_1\leqslant r\leqslant r_2\\ C_2 K_m(qr)\cos(m\phi+\phi_0), & r>r_2\end{cases} \tag{9.3.5}$$

$$h_z(r,\phi)=\begin{cases}D_1 I_m(qr)\sin(m\phi+\phi_0), & r<r_1\\ [B_1 J_m(pr)+B_2 N_m(pr)]\sin(m\phi+\phi_0), & r_1\leqslant r\leqslant r_2\\ D_2 K_m(qr)\sin(m\phi+\phi_0), & r>r_2\end{cases} \tag{9.3.6}$$

式中，$A_{1,2}$、$B_{1,2}$、$C_{1,2}$和$D_{1,2}$为待定系数；$p^2=(n_1^2k_0^2-\beta^2)$；$q^2=(\beta^2-n_2^2k_0^2)$；$J_m(z)$和$N_m(z)$分别为第一类和第二类普通的贝塞尔函数；$I_m(z)$和$K_m(z)$分别为第一类和第二类修正的贝塞尔函数；m为非负整数。

根据麦克斯韦方程，电磁场量的横向分量(e_ϕ,e_r,h_ϕ,h_r)可由纵向场分量(e_z,h_z)表示，参见式(3.1.3)；再根据 4 个切向分量(e_ϕ,e_z,h_ϕ,h_z)在两个边界面上$(r=r_1,r_2)$连续的条件，可得到关于 8 个待定系数的方程组。消去$C_{1,2}$和$D_{1,2}$可得到芯层中待定系数$A_{1,2}$和$B_{1,2}$满足的齐次方程组[11]：

$$\begin{bmatrix} -J_\beta(r_1) & -N_\beta(r_1) & J(r_1)+J_I & N(r_1)+N_I \\ n_1^2J(r_1)+n_2^2J_I & n_1^2N(r_1)+n_2^2N_I & -J_\beta(r_1) & -N_\beta(r_1) \\ -J_\beta(r_2) & -N_\beta(r_2) & J(r_2)+J_K & N(r_2)+N_K \\ n_1^2J(r_2)+n_2^2J_K & n_1^2N(r_2)+n_2^2N_K & -J_\beta(r_2) & -N_\beta(r_2) \end{bmatrix}\begin{bmatrix} A_1 \\ A_2 \\ B_1 \\ B_2 \end{bmatrix}=\mathbf{0} \tag{9.3.7}$$

式中，$J_\beta(\ )$和$N_\beta(\ )$等不直接表示贝塞尔函数，即

$$J_\beta(r)=\left(\frac{1}{p^2}+\frac{1}{q^2}\right)\frac{m\beta}{k_0r^2}J_m(pr),\quad N_\beta(r)=\left(\frac{1}{p^2}+\frac{1}{q^2}\right)\frac{m\beta}{k_0r^2}N_m(pr)$$

$$J(r)=\frac{J_m'(pr)}{pr},\quad J_I=\frac{J_m(pr_1)I_m'(qr_1)}{(qr_1)I_m(qr_1)},\quad J_K=\frac{J_m(pr_2)K_m'(qr_2)}{(qr_2)K_m(qr_2)}$$

$$N(r)=\frac{N_m'(pr)}{pr},\quad N_I=\frac{N_m(pr_1)I_m'(qr_1)}{(qr_1)I_m(qr_1)},\quad N_K=\frac{N_m(pr_2)K_m'(qr_2)}{(qr_2)K_m(qr_2)}$$

式(9.3.7)有非零解的条件是其系数行列式为 0，由此可得关于传播常数的特征方程[12]。导模的传播常数应满足$n_2k_0\leqslant\beta\leqslant n_1k_0$。为便于分析，引入归一化频率$V_{1,2}=k_0r_{1,2}\sqrt{n_1^2-n_2^2}$和归一化传播常数$b=(n_{\text{eff}}^2-n_2^2)/(n_1^2-n_2^2)$。当归一化传输常数$b=0$时，模式开始截止。由此可得到环芯光纤中矢量模式的截止条件[11]：

$$\text{HE}_{1,n}:J_1(V_2)N_1(V_1)=N_1(V_2)J_1(V_1) \tag{9.3.8}$$

$$\text{TE}_{0,n}:J_0(V_2)N_2(V_1)=N_0(V_2)J_2(V_1) \tag{9.3.9}$$

$$\begin{aligned}\text{TM}_{0,n}:&J_0(V_2)N_2(V_1)-N_0(V_2)J_2(V_1)\\&=\frac{1-n_0^2}{n_0^2}[J_0(V_2)N_0(V_1)-N_0(V_2)J_0(V_1)]\end{aligned} \tag{9.3.10}$$

$$\begin{aligned}\text{HE}_{m,n}:&J_{m-2}(V_2)N_m(V_1)-N_{m-2}(V_2)J_m(V_1)\\&=\frac{1-n_0^2}{1+n_0^2}[J_m(V_2)N_m(V_1)-N_m(V_2)J_m(V_1)]\end{aligned} \tag{9.3.11}$$

$$\begin{aligned}\text{EH}_{m,n}:&J_{m+2}(V_1)N_m(V_2)-N_{m+2}(V_1)J_m(V_2)\\&=\frac{1-n_0^2}{1+n_0^2}[J_m(V_1)N_m(V_2)-N_m(V_1)J_m(V_2)]\end{aligned} \tag{9.3.12}$$

式中，$J_m(z)$和$N_m(z)$分别为第一类和第二类普通的贝塞尔函数，$n_0^2=n_1^2/n_2^2$。

图 9.3.3 给出了环芯光纤(RCF)中线性偏振(LP)和轨道角动量(OAM)模基的空间分布 [13]，其中，LP 和 OAM 模基可由相应的 HE 和 EH 波型构建，参见式(9.3.1)和式(9.3.2)。使用不同的模态基在很大程度上是一个发射和探测的问题，因为在传播过程中，试图区分它们是徒劳的。然而，LP 模式和 OAM 模式确实具有不同的传播特性，因此使用其中一种或另

一种模式进行发射/检测可能会导致不同的通信信道特性。由图 9.3.3 可知，对于每个高阶模群(MG)，RCF 支持固定数量的近简并模，更容易实现模块化接收。然而，在光纤传输过程中，模群内模式的相对振幅和相位随机变化在光域自适应测量或评估简并模的振幅和相位分布实际操作起来可能相当困难。

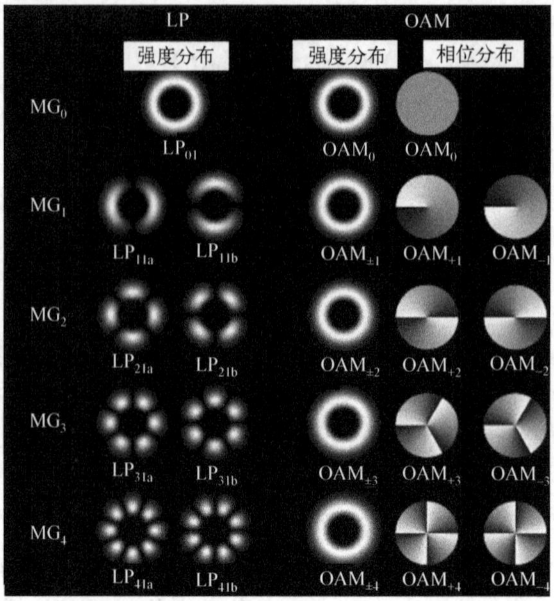

图 9.3.3　环芯光纤(RCF)中 LP 模基和 OAM 模基的空间分布[13]

环芯光纤的折射率分布可用平均环芯半径 R、环芯宽度 W 和纤芯/包层折射率差Δn 来表示。RCF 中相邻模群 i 和 i+1 间的有效折射率差可近似表示为[14]

$$\Delta n_{\text{eff}}^{i,i+1} \approx \left(\frac{\lambda_0}{2\pi R}\right)^2 \frac{l_i + l_{i+1}}{n_{\text{eff}}^i + n_{\text{eff}}^{i+1}} \tag{9.3.13}$$

式中，n_{eff}^i 和 n_{eff}^{i+1}、l_i 和 l_{i+1} 分别为相邻两个OAM模群的有效折射率及其拓扑荷。由式(9.3.13)可知，有效折射率差 $\Delta n_{\text{eff}}^{i,i+1}$ 近似随拓扑荷线性增加，即越高阶模群间的有效折射率差越大。当Δn 固定时，R 越大，支持的模群越多，但模群间的有效折射率差越小，因此平均环芯半径 R 主要决定模群间有效折射率差 $\Delta n_{\text{eff}}^{i,i+1}$。$W$ 的选择通常要求：对于所有方位角指数，径向模式指数为 1；在此限制下，W 越大，RCF 会支持越多的模群。

9.3.3　阶跃光纤的矢量 OAM 模态

1. 电场的矢量波动方程

考虑具有平移不变性的均匀光纤，折射率分布仅依赖于径向，即 $n = n(r)$。选取圆柱坐标系 (r,ϕ,z)，在均匀光纤中沿 +z 方向传播的导波光电磁场量取 $e^{im\phi}$ 形式：

$$\begin{bmatrix} \boldsymbol{E}^{(m)}(r,\phi,z,t) \\ \boldsymbol{H}^{(m)}(r,\phi,z,t) \end{bmatrix} = \begin{bmatrix} \boldsymbol{e}^{(m)}(r,\phi) \\ \boldsymbol{h}^{(m)}(r,\phi) \end{bmatrix} e^{i(\beta_m z - \omega t)} = \begin{bmatrix} \boldsymbol{e}^{(m)}(r) \\ \boldsymbol{h}^{(m)}(r) \end{bmatrix} e^{i(\beta_m z + m\phi - \omega t)} \tag{9.3.14}$$

式中，β_m 和 ω 分别为模式传播常数和角频率。电场 $\boldsymbol{e}^{(m)}(r,\phi)$ 可由径向分布 $\boldsymbol{e}^{(m)}(r)$ 和基函数 $\mathrm{e}^{\mathrm{i}m\phi}$ 表示为

$$\boldsymbol{e}^{(m)}(r,\phi)=\boldsymbol{e}^{(m)}(r)\mathrm{e}^{\mathrm{i}m\phi}=[\hat{\boldsymbol{r}}e_r^{(m)}(r)+\hat{\boldsymbol{\phi}}e_\phi^{(m)}(r)+\hat{\boldsymbol{z}}e_z^{(m)}(r)]\mathrm{e}^{\mathrm{i}m\phi} \tag{9.3.15}$$

利用直角坐标系与圆柱坐标系之间的基矢变换关系 $\hat{\boldsymbol{r}}=\hat{\boldsymbol{x}}\cos\phi+\hat{\boldsymbol{y}}\sin\phi$ 和 $\hat{\boldsymbol{\phi}}=-\hat{\boldsymbol{x}}\sin\phi+\hat{\boldsymbol{y}}\cos\phi$，电场的横向分量可表示为

$$\begin{aligned}\boldsymbol{e}_t^{(m)}(r,\phi)&=[\hat{\boldsymbol{r}}e_r^{(m)}(r)+\hat{\boldsymbol{\phi}}e_\phi^{(m)}(r)]\mathrm{e}^{\mathrm{i}m\phi}\\&=(1/\sqrt{2})\left\{\hat{\boldsymbol{\sigma}}_+\mathrm{e}^{\mathrm{i}(m-1)\phi}[e_r^{(m)}(r)-\mathrm{i}e_\phi^{(m)}(r)]\right.\\&\quad\left.+\hat{\boldsymbol{\sigma}}_-\mathrm{e}^{\mathrm{i}(m+1)\phi}[e_r^{(m)}(r)+\mathrm{i}e_\phi^{(m)}(r)]\right\}\end{aligned} \tag{9.3.16}$$

式中，$\hat{\boldsymbol{\sigma}}_\pm=(\hat{\boldsymbol{x}}\pm\mathrm{i}\hat{\boldsymbol{y}})/\sqrt{2}$ 为圆偏振单位矢量，对应的光子自旋角动量 $S_z=\pm\hbar$，自旋角动量量子数 $s=\pm1$。分析式(9.3.16)的每一项可知，它们的总角动量量子数为 $l+s=m$。我们知道，轨道角动量算符 $\hat{L}_z=-\mathrm{i}\hbar\partial/\partial\phi$ 作用于光场波函数所得本征值即为轨道角动量。因此，**电场的横向分量 $\boldsymbol{e}_t^{(m)}(r,\phi)$ 可视为总角动量算符 $\hat{J}_z=\hat{L}_z+\hat{S}_z$ 的本征态。**

光纤中电磁场的纵向分量可分别表示为

$$\begin{bmatrix}e_z^{(m)}(r)\\h_z^{(m)}(r)\end{bmatrix}=\begin{bmatrix}A_mJ_m(p_mr)\\B_mJ_m(p_mr)\end{bmatrix}_{r\leqslant a}+\begin{bmatrix}C_mK_m(q_mr)\\D_mK_m(q_mr)\end{bmatrix}_{r>a} \tag{9.3.17}$$

式中，a 为纤芯半径；A_m、B_m、C_m、D_m 为待定系数，可由边界条件确定；$p_m^2=n_1^2k_0^2-\beta_m^2$，$q_m^2=\beta_m^2-n_2^2k_0^2$，$n_1$ 和 n_2 分别为纤芯和包层材料的折射率；$J_m(z)$ 和 $K_m(z)$ 分别为第一类普通的贝塞尔函数和第二类修正的贝塞尔函数。

采用纵向场分析方法，由麦克斯韦方程组可得其他分量的径向分布[15]：

$$e_r^{(m)}(r)=\begin{cases}(\mathrm{i}\beta_m/p_m^2)[A_mp_mJ_m'(p_mr)+B_m(\mathrm{i}m/r)(\mu_0\omega/\beta_m)J_m(p_mr)], & r\leqslant a\\-(\mathrm{i}\beta_m/q_m^2)[C_mq_mK_m'(q_mr)+D_m(\mathrm{i}m/r)(\mu_0\omega/\beta_m)K_m(q_mr)], & r\geqslant a\end{cases} \tag{9.3.18}$$

$$e_\phi^{(m)}(r)=\begin{cases}(\mathrm{i}\beta_m/p_m^2)[A_m(\mathrm{i}m/r)J_m(p_mr)-B_mp_m(\mu_0\omega/\beta_m)J_m'(p_mr)], & r\leqslant a\\-(\mathrm{i}\beta_m/q_m^2)[C_m(\mathrm{i}m/r)K_m(q_mr)-D_mq_m(\mu_0\omega/\beta_m)K_m'(q_mr)], & r\geqslant a\end{cases} \tag{9.3.19}$$

进一步地，根据 $J_m(z)$ 和 $K_m(z)$ 与其导数之间的关系，可得式(9.3.16)中的相关项：

$$e_r^{(m)}(r)\mp\mathrm{i}e_\phi^{(m)}(r)=\begin{cases}\pm(\mathrm{i}\beta_m/p_m)A_mJ_{m\mp1}(p_mr)[1\pm\mathrm{i}(\mu_0\omega/\beta_m)(B_m/A_m)], & r\leqslant a\\(\mathrm{i}\beta_m/q_m)C_mK_{m\mp1}(q_mr)[1\pm\mathrm{i}(\mu_0\omega/\beta_m)(D_m/C_m)], & r\geqslant a\end{cases} \tag{9.3.20}$$

式中，$B_m/A_m=D_m/C_m$；$C_m/A_m=J_m(p_ma)/K_m(q_ma)$。

由式(9.3.16)和式(9.3.20)，并令 $m=l\pm1$ 可推导矢量 OAM 模态（HE_{l+1} 或 EH_{l-1}）的横向电场分布 $\boldsymbol{e}_t^{(l+1)}(r,\phi)$ 或 $\boldsymbol{e}_t^{(l-1)}(r,\phi)$，它们满足矢量波动方程(VWE)：

$$[\nabla_t^2+k_0^2n^2(r)]\boldsymbol{e}_t^{(l\pm1)}(r,\phi)+\nabla_t[\boldsymbol{e}_t^{(l\pm1)}\cdot\nabla_t\ln n^2(r)]=\beta_{l\pm1}^2\boldsymbol{e}_t^{(l\pm1)}(r,\phi) \tag{9.3.21}$$

式中，第二项 $\nabla_t[\boldsymbol{e}_t^{(l\pm1)}\cdot\nabla_t\ln n^2(r)]$ 与偏振效应相联系。一般地，若折射率分布为 $n^2(r)=n_{\mathrm{co}}^2[1-2\Delta f(r)]$，则 $\nabla_t\ln n^2(r)\approx-2\hat{\boldsymbol{r}}\Delta\,\partial f(r)/\partial r$，其中，相对折射率差 $\Delta=\dfrac{1}{2}(1-n_{\mathrm{cl}}^2/n_{\mathrm{co}}^2)\approx$

$\dfrac{n_{co}-n_{cl}}{n_{co}} \ll 1$（弱导近似），$f(r)$为分布函数。

在相对折射率差$\Delta \to 0$极限下，HE_{l+1}和EH_{l-1}简并为相同的LP_{ln}特征方程：

$$\frac{J_l(\overline{p}_l a)}{\overline{p}_l a J_{l-1}(\overline{p}_l a)} = -\frac{K_l(\overline{q}_l a)}{\overline{q}_l a K_{l-1}(\overline{q}_l a)} \tag{9.3.22}$$

式中，$\overline{p}_l = p_{l+1}(\mathrm{HE}) = p_{l-1}(\mathrm{EH})$。

同时，$\nabla_t \ln n^2(r)=0$，式(9.3.21)中的偏振效应项可以忽略，得到拓扑荷为l的OAM标量波动方程(SWE)：

$$[\nabla_t^2 + k_0^2 n^2(r)]\overline{\boldsymbol{e}}_t^{(l)}(r,\phi) = \overline{\beta}_l^2 \overline{\boldsymbol{e}}_t^{(l)}(r,\phi) \tag{9.3.23}$$

式中，$\overline{\boldsymbol{e}}_t^{(l)}(r,\phi) = \hat{\boldsymbol{\sigma}}_\pm F_l(r)\mathrm{e}^{\mathrm{i}l\phi}$为$\boldsymbol{e}_t^{(l\pm1)}(r,\phi)$在$\Delta \to 0$极限下的标量OAM模态；$\overline{\beta}_l$为标量OAM模的传播常数。

2. 矢量OAM模态分析

(1)当$m=l+1$时，可分析$\mathrm{OAM}_{\pm l}^{\pm}$（$HE_{l+1}$）模态。

由式(9.3.16)和式(9.3.20)可得纤芯内的横向电场分布为[15]

$$\begin{aligned}\boldsymbol{e}_t^{(l+1)}(r,\phi) &= A_{l+1}(1/\sqrt{2})(\mathrm{i}\beta_{l+1}/p_{l+1})\begin{bmatrix}\gamma_+^{(l+1)}\hat{\boldsymbol{\sigma}}_+ J_l(p_{l+1}r)\mathrm{e}^{\mathrm{i}l\phi} \\ +\gamma_-^{(l+1)}\hat{\boldsymbol{\sigma}}_- J_{l+2}(p_{l+1}r)\mathrm{e}^{\mathrm{i}(l+2)\phi}\end{bmatrix} \\ &\approx A_{l+1}(1/\sqrt{2})(\mathrm{i}\beta_{l+1}/p_{l+1})[\gamma_+^{(l+1)}\hat{\boldsymbol{\sigma}}_+ O_l(r,\phi) + \gamma_-^{(l+1)}\hat{\boldsymbol{\sigma}}_- \tilde{O}_{l+2}(r,\phi)]\end{aligned} \tag{9.3.24}$$

式中，用到了弱导近似结果$\overline{p}_l \approx p_{l+1}(\mathrm{HE})$，$\gamma_\pm^{(l+1)} = \pm[1\pm \mathrm{i}(\mu_0\omega/\beta_{l+1})(B_{l+1}/A_{l+1})]$；$O_l(r,\phi) = J_l(\overline{p}_l r)\mathrm{e}^{\mathrm{i}l\phi}$和$\tilde{O}_{l+2}(r,\phi) = J_{l+2}(\overline{p}_l r)\mathrm{e}^{\mathrm{i}(l+2)\phi}$分别为$\mathrm{QAM}_l$标量模和修正的$\mathrm{QAM}_{l+2}$标量模的复振幅。

为了分析修正QAM_{l+2}标量模与传统QAM_{l+2}标量模之间的差异，选择它们的最大幅度位置$\tilde{r}_{\max}$和$r_{\max}$进行比较。令$J_{l+2}(\overline{p}_l\tilde{r}_{\max}) = J_{l+2}(\overline{p}_{l+2}r_{\max})$，由于$\overline{p}_{l+2} > \overline{p}_l$，可知$\tilde{r}_{\max} = (\overline{p}_{l+2}/\overline{p}_l)r_{\max} > r_{\max}$。显然，相对于传统$\mathrm{QAM}_{l+2}$标量模，修正$\mathrm{QAM}_{l+2}$标量模的强度分布发生了外扩，即最大幅度位置向纤芯边缘移动。

根据$\gamma_\pm^{(l+1)}$的相对大小可评估偏振效应对QAM_l标量模的修正。对于阶跃折射率分布的弱导光纤[15]，

$$\begin{cases}\gamma_-^{(l+1)} = -\Delta \dfrac{K'_{l+1}(q_{l+1}a)}{q_{l+1}aK_{l+1}(q_{l+1}a)} \Bigg/ \left[\dfrac{J'_{l+1}(p_{l+1}a)}{p_{l+1}aJ_{l+1}(p_{l+1}a)} + \dfrac{K'_{l+1}(q_{l+1}a)}{q_{l+1}aK_{l+1}(q_{l+1}a)}\right] \\ \gamma_+^{(l+1)} = \gamma_-^{(l+1)} + 2\end{cases} \tag{9.3.25}$$

(2)当$m=l-1$时，可分析$\mathrm{OAM}_{\pm l}^{\mp}$（$EH_{l-1}$）模态。

由式(9.3.16)和式(9.3.20)可得纤芯内的横向电场分布为[15]

$$\begin{aligned}\boldsymbol{e}_t^{(l-1)}(r,\phi) &= A_{l-1}(1/\sqrt{2})(\mathrm{i}\beta_{l-1}/p_{l-1})\begin{bmatrix}\gamma_+^{(l-1)}\hat{\boldsymbol{\sigma}}_- J_l(p_{l-1}r)\mathrm{e}^{\mathrm{i}l\phi} \\ +\gamma_-^{(l-1)}\hat{\boldsymbol{\sigma}}_+ J_{l-2}(p_{l-1}r)\mathrm{e}^{\mathrm{i}(l-2)\phi}\end{bmatrix} \\ &\approx A_{l-1}(1/\sqrt{2})(\mathrm{i}\beta_{l-1}/p_{l-1})[\gamma_+^{(l-1)}\hat{\boldsymbol{\sigma}}_- O_l(r,\phi) + \gamma_-^{(l-1)}\hat{\boldsymbol{\sigma}}_+ \tilde{O}_{l-2}(r,\phi)]\end{aligned} \tag{9.3.26}$$

式中，用到了弱导近似结果 $\overline{p}_l \approx p_{l-1}(\mathrm{EH})$，$\gamma_{\pm}^{(l-1)} = \mp[1 \mp \mathrm{i}(\mu_0\omega/\beta_{l-1})(B_{l-1}/A_{l-1})]$；$O_l(r,\phi) = J_l(\overline{p}_l r)\mathrm{e}^{\mathrm{i}l\phi}$ 和 $\tilde{O}_{l-2}(r,\phi) = J_{l-2}(\overline{p}_l r)\mathrm{e}^{\mathrm{i}(l-2)\phi}$ 分别为 QAM_l 标量模和修正的 QAM_{l-2} 标量模的复振幅。对于阶跃折射率分布的弱导光纤，$\gamma_{\pm}^{(l-1)}$ 可近似表示为[15]

$$\begin{cases} \gamma_{-}^{(l-1)} = \Delta \dfrac{K'_{l-1}(q_{l-1}a)}{q_{l-1}aK_{l-1}(q_{l-1}a)} \Big/ \left[\dfrac{J'_{l-1}(p_{l-1}a)}{p_{l-1}aJ_{l-1}(p_{l-1}a)} + \dfrac{K'_{l-1}(q_{l-1}a)}{q_{l-1}aK_{l-1}(q_{l-1}a)} \right] \\ \gamma_{+}^{(l-1)} = \gamma_{-}^{(l-1)} - 2 \end{cases} \tag{9.3.27}$$

由于 $\overline{p}_{l-2} < \overline{p}_l$，修正 QAM_{l-2} 标量模的最大幅度位置 $\tilde{r}_{\max} = (\overline{p}_{l-2}/\overline{p}_l)r_{\max} < r_{\max}$，其中，$r_{\max}$ 为传统 QAM_{l-2} 标量模的最大幅度位置。显然，相对于传统 QAM_{l-2} 标量模，修正 QAM_{l-2} 标量模的强度分布发生了收缩，即最大幅度位置向纤芯中心移动。

9.4　轨道角动量复用技术

通过复用更多的模式，可提高模分复用系统容量，但也会急剧增加 MIMO 均衡的复杂性。多入多出(MIMO)均衡可用于处理模内串扰和差模时延(differential mode delay，DMD)。MIMO 的复杂性依赖于空间维度和时间维度，它们分别正比于互耦合的空间模式数目和差模时延[14]。就基于传统阶跃(SI)或渐变(GI)FMF 的弱耦合模分复用(MDM)方案而言，长距(LH)MDM 系统中所有模式的耦合不可忽略；短距(SH)系统(几十公里内)，有效折射率差大于 10^{-4} 的模式或模群间可保持弱耦合，可采用部分 MIMO 或 MIMO-free 方案，使用更小的 MIMO 模块处理偏振分集和模式简并。模群复用是另一种 MIMO-free 的 MDM 传输方案，在 GI-MMF 中，每一个模群内的多个近简并模作为一个数据信道(模群内的这些模式也需要同时检测)，不同模群间有弱耦合。

通过增加有效折射率差的方式能够降低弱耦合 FMF 中非简并模之间的耦合，这样只需用 MIMO 处理简并模之间的串扰。然而，在弱耦合 FMF 中，高阶模群(如 LP_{31a} 和 LP_{31b})简并性降低、DMD 增加，势必增加 MIMO 均衡器的抽头数。与弱耦合 FMF 相比，环芯光纤(RCF)有一个优点，就是 RCF 相邻模群间的耦合会随着模式方位角阶数的增加而减小，这有助于模式复用升级到高阶模式空间，同时高阶模群内有高的简并性。此外，由于相似的模式分布特性，RCF 光放大也可提供更加均衡的增益，从而降低 DMG。使用 RCF 和模块化 4×4 MIMO 均衡时的传输距离现已达到 100km[16]。

将高阶调制信号调制在 OAM 光束上，经 OAM 模式复用后耦合到 RCF 中，还可以与密集波分复用(DWDM)技术相结合，实现大容量 OAM 复用传输。光纤 OAM 模式复用传输系统如图 9.4.1 所示[17]。通过 IQ 调制器将任意波形发生器(AWG)输出的多电平信号调制到 WDM 光波上，经 OAM 模式转换复用后耦合到 RCF 中传输。RCF 传输中，每个模群内 OAM 模式的等权重线性叠加会产生与 LP 模相同的强度分布[14]。从 RCF 输出的 OAM 模式被转换为两束线偏振光，分别通过两个拓扑荷为 $\mp l$ 的涡旋相位板将 $\mathrm{OAM}_{\pm l}$ 光束转换为高斯光束，然后准直耦合到 SMF 进行相干接收，光电转换信号用实时示波器进行采样和存储，用于离线 4×4 MIMO 处理，包括定时相位恢复、恒模算法(CMA)均衡、频率偏移估计和载波相位估计等。

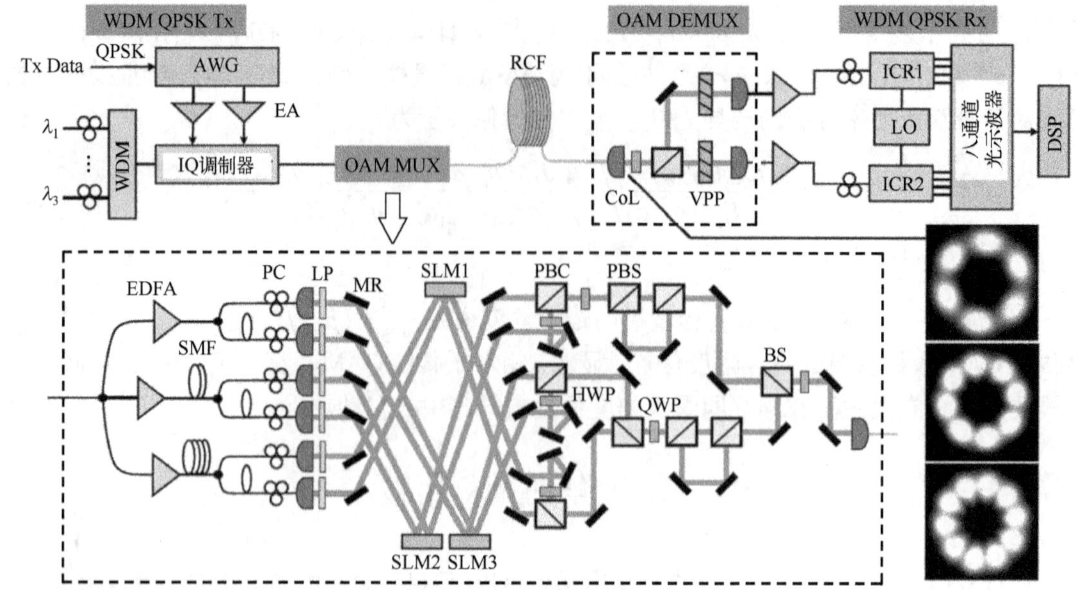

图 9.4.1　OAM 模式复用传输系统[17]

OAM 模式转换复用过程可采用空间光学方式实现[17]：对 WDM 信号进行光放大、分路和 SMF 延迟解相关，经线偏振调整和准直后由空间光调制器(SLM)转换成具有不同拓扑荷的 OAM 光束；利用反射镜可将 OAM$_{\pm l}$ 转换为 OAM$_{\mp l}$，借助 1/4 波片和半波片将线偏振转换为圆偏振，其中，偏振分束器(PBS)和偏振合束器(PBC)分别用于双偏振分离和复用；最后生成 OAM$^{\pm}_{\pm l}$（HE$_{l+1}$）光束或 OAM$^{\mp}_{\pm l}$（EH$_{l-1}$）光束，并被聚集耦合到 RCF 中。

用于环芯光纤 MDM 系统的模式选择复用/解复用器件，可分为以下三类[14]。

(1) 自由空间型。

在 MDM 研究的早期，空间模式的复用/解复用通常基于多个相位板和分束器的自由空间光学元件，将每个目标空间模式分别转换后再将它们组合起来。这种方案需要大量的器件，而且插入损耗高。通过一系列的空间相位调制和傅里叶变换可实现幺正变换，将一个正交模态集无损地转换为其他正交模态集，基于这个理念，人们提出了一种多平面光转换(MPLC)多路解复用方案。

基于自由空间光学元件的 OAM 模式复用/解复用方法包括多芬(Dove)棱镜干涉和用螺旋相位板进行自旋到轨道的转换。达曼涡旋光栅(Daman vortex grating)是一种更简单的 OAM(解)复用方案，可将所期望的拓扑电荷转移到不同衍射级的衍射光束上，从而将输入的 OAM 模解复用为高斯模。

(2) 波导集成型。

基于光子集成电路(PIC)平台可制作波导集成型的 OAM 模式复用/解复用器，它具有小型化和批量生产能力。为了缓解硅基 PIC 模式串扰和耦合损耗大的问题，也可结合三维波导光路在二氧化硅平面光路(PLC)平台上制造 OAM 模式复用/解复用器，以避免垂直光栅耦合。

另一种是基于微环谐振器的 OAM 模式复用/解复用器，由微环谐振器支持的回音壁模式(WGM)通过角光栅提取并转换为辐射 OAM 模式，并按方位相位匹配条件输出高模式纯度的拓扑电荷。

(3) 全光纤型。

在 MDM 系统中，全光纤模式选择 MUX/DEMUX 器件可直接与传输光纤熔接，没有“光纤-自由空间-光纤”或“光纤-芯片-光纤”的耦合，可以实现高稳定、低插损的模式复用或解复用。

基于光纤耦合器的全纤维 MUX/DEMUX 器件包括光斑耦合器和模式选择耦合器两种类型。光斑耦合器采用均匀分布在一个圆圈上的多个 SMF 端口对 RCF 中的模态横向分布进行取样。模式选择耦合器通过模式之间的相位匹配实现 RCF 中不同模式与 SMF 模之间的选择性耦合。

模式选择光子灯笼 (MSPL) 是另一类全光纤 MUX/DEMUX 器件，这是一种无源光纤/波导组件，可以绝热地将多个单模光纤或波导合并成一个多模光纤或波导，旨在实现它们之间的高效模式转换。

还有其他的方案，如由 RCF 和固定相阵组成的基于多模干涉 (MMI) 的 MUX/DEMUX。

思　考　题

9.1　利用散度定理，将连续性方程的微分形式 (9.1.3) 转化为积分形式，并描述它所揭示的能量守恒定律。

9.2　借用力学中动量与动能的物理概念，分析电磁场的线动量密度矢量 $\boldsymbol{\rho}^{(P)} = \varepsilon_0 \boldsymbol{E} \times \boldsymbol{B}$ 与能流密度 $\boldsymbol{j}^{(W)} = \boldsymbol{E} \times \boldsymbol{H}$ 之间的联系。

9.3　利用式 (9.1.18) 和式 (9.1.19) 以及式 (9.2.7) 和式 (9.2.8)，计算傍轴近似下 Bessel 光束的平均轨道和自旋角动量流强度。

9.4　请说明光偏振态与自旋角动量、涡旋光束的螺旋相位与轨道角动量之间的本质联系。

9.5　给出 OAM 涡旋光场表达式的相位信息，并指出拓扑荷 (或轨道角动量量子数) 与光场相位 $\boldsymbol{\Phi}(\boldsymbol{r})$ 梯度之间的关系。

9.6　从相位周期结构和波前螺旋方向两个方面，分析不同拓扑荷 OAM 光束的涡旋特性。

9.7　广义的涡旋光束可分为相位涡旋光束 (OAM 光束) 和偏振涡旋光束 (矢量光束) 两大类，如何通过实验手段进行检测和识别？

9.8　光纤的 OAM 模态可由光纤中导波光的精确模式 (HE 和 EH) 组合构建，给出具体的构建方法，并比较它们的特点。

9.9　描述环芯光纤 (RCF) 的结构及其适于传输 OAM 模式的优点。

9.10　如何评估阶跃折射率光纤中偏振效应对传统 OAM 标量模式的修正？

9.11　画出光纤 OAM 模式复用传输系统的结构框图，描述 OAM 模式信号的产生、模式转换 (解) 复用、光纤模式的激发耦合、光相干检测和 MIMO 数字信号处理等过程。

参 考 文 献

[1] ANDREWS D L, BABIKER M. The angular momentum of light[M]. Cambridge: Cambridge University Press, 2012.

[2] 谢处方, 饶克谨, 杨显清, 等. 电磁场与电磁波[M]. 5 版. 北京: 高等教育出版社, 2019.

[3] BARNETT S M, ZAMBRINI R. Orbital angular momentum of light[M]. New York: Springer, 2007.

[4] ANDREWS D L. 结构光及其应用：相位结构光束和纳米尺度光力导论[M]. 张彤, 张晓阳, 译. 南京: 东南大学出版社, 2017.

[5] BARNETT S M, ALLEN L. Orbital angular momentum and nonparaxial light beams[J]. Optics communications, 1994, 110(5/6): 670-678.

[6] RAMACHANDRAN S, KRISTENSEN P. Optical vortices in fiber[J]. Nanophotonics, 2013, 2(5/6): 455-474.

[7] YOUNGWORTH K S, BROWN T G. Focusing of high numerical aperture cylindrical-vector beams[J]. Optics express, 2000, 7(2): 77-87.

[8] RAMACHANDRAN S, FINI J M, MERMELSTEIN M, et al. Ultra-large effective-area, higher-order mode fibers: A new strategy for high-power lasers[J]. Laser & photonics reviews, 2008, 2(6): 429-448.

[9] ZHU G, HU Z, WU X, et al. Scalable mode division multiplexed transmission over a 10-km ring-core fiber using high-order orbital angular momentum modes[J]. Optics express, 2018, 26(2): 594-604.

[10] RAMACHANDRAN S, GREGG P, KRISTENSEN P, et al. On the scalability of ring fiber designs for OAM multiplexing[J]. Optics express, 2015, 23(3): 3721-3730.

[11] BRUNET C, UNG B, BÉLANGER P A, et al. Vector mode analysis of ring-core fibers: Design tools for spatial division multiplexing[J]. Journal of lightwave technology, 2014, 32(23): 4648-4659.

[12] ZHU Y, ZHANG F. Solving characteristic equation of orbital angular momentum modes in a ring fiber[J]. Chinese optics letters, 2015, 13(3): 030501.

[13] ZHANG J, ZHU G, LIU J, et al. Orbital-angular-momentum mode-group multiplexed transmission over a graded-index ring-core fiber based on receive diversity and maximal ratio combining[J]. Optics express, 2018, 26(4): 4243-4257.

[14] LIU J, ZHU G, ZHANg J, et al. Mode division multiplexing based on ring core optical fibers[J]. IEEE journal of quantum electronics, 2018, 54(5): 0700118.

[15] BHANDARI R. Nature of the orbital angular momentum (OAM) fields in a multilayered fiber[J]. OSA continuum, 2021, 4(6): 1859-1874.

[16] ZHANG J, LIU J, SHEN L, et al. Mode-division multiplexed transmission of wavelength-division multiplexing signals over a 100-km single-span orbital angular momentum fiber[J]. Photonics research, 2020, 8(7): 1236-1242.

[17] LIN Z, LIU J, LIN J, et al. 360-channel WDM-MDM transmission over 25-km ring-core fiber with low-complexity modular 4×4 MIMO equalization[C]. Optical fiber communication conference. Washington, 2021.